U0353312

高等教育"十三五"规划教材

中国矿业大学"十三五"品牌专业建设项目资助

固体废物处理与处置

（第二版）

主　编　　刘汉湖　　蒋家超

副主编　　胡术刚　　李　青

孙晓菲　　马建立

中国矿业大学出版社

·徐州·

内 容 简 介

本书为高等教育"十三五"规划教材,系统地介绍了固体废物的基本概念,处理、处置及资源化技术及方法,包括绪论、固体废物的收集和运输、固体废物的预处理(压实、破碎、分选、脱水等)、固体废物的生物处理(堆肥、厌氧消化等)、固体废物的热处理(焚烧、热解等)、煤系固体废物的资源化利用、非煤系固体废物的资源化利用、固体废物的填埋处置、危险废物及放射性废物的处置等九章。同时,书中还配有大量例题、习题及案例。

本书充分体现理论与实践相结合的特点,既可作为高等学校环境工程、环境科学、环境生态工程、环保设备工程等环境类专业的教材,也可供从事固体废物处理与处置研究工作人员、工程技术人员、管理人员参考使用。

图书在版编目(C I P)数据

固体废物处理与处置/刘汉湖,蒋家超主编. —2
版. —徐州:中国矿业大学出版社,2021.10
ISBN 978 - 7 - 5646 - 4995 - 1

Ⅰ. ①固… Ⅱ. ①刘… ②蒋… Ⅲ. ①固体废物处理
—高等学校—教材 Ⅳ. ①X705

中国版本图书馆 CIP 数据核字(2021)第 188214 号

书　　名	固体废物处理与处置	
主　　编	刘汉湖　蒋家超	
责任编辑	周　红	
出版发行	中国矿业大学出版社有限责任公司	
	(江苏省徐州市解放南路　邮编221008)	
营销热线	(0516)83884103　83885105	
出版服务	(0516)83995789　83884920	
网　　址	http://www.cumtp.com　E-mail:cumtpvip@cumtp.com	
印　　刷	江苏淮阴新华印务有限公司	
开　　本	787 mm×1092 mm　1/16　**印张** 18.75　**字数** 480 千字	
版次印次	2021 年 10 月第 2 版　　2021 年 10 月第 1 次印刷	
定　　价	46.00 元	

(图书出现印装质量问题,本社负责调换)

第二版前言

随着我国人民生活水平的提高和城市化、工业化进程的加快，固体废物的产量及种类迅速增加，性质更加复杂，引发的环境问题日趋严重。固体废物污染防治工作已成为继水污染防治、大气污染防治工作后，我国又一高度重视和大力推进的工作。为适应固体废物污染防治新形势新任务，《中华人民共和国固体废物污染环境防治法》已修订，自 2020 年 9 月 1 日起施行。

近年来，我国开设固体废物相关专业课程的院校与日俱增，相关教材的数量及水平也有了显著提高。同时，很多高校都将固体废物课程作为环境类专业的一门主干课程，课程重视程度增加，教学体系日趋完善，为培养我国固体废物管理人才打下了坚实的基础。中国矿业大学是国内较早开设固体废物专业课程的院校之一，编者根据多年教学、科研及工程实践经验，参考国内外相关文献资料，于 2009 年出版了《固体废物处理与处置》一书。十余年来国内外对固体废物的认识和研究不断深化，国家连续出台了许多与固体废物相关的政策、制度、规范及标准，城市生活垃圾、工业固废、餐厨垃圾、废弃电器电子产品、污泥、农业固废、危险废物等各种固体废物处理处置及资源化技术迅速发展，编者组织高校、研究院及相关政府部门专家在第一版教材基础上对内容进行了大量更新及补充完善，以期适应新时代生态文明建设和环境保护对环境类专业人才培养的新要求。

本书作为《固体废物处理与处置》第二版，在保留第一版整体结构设计基础上进行了局部优化，教材内容符合教育部高等学校环境科学与工程教学指导委员会及中国煤炭教育协会对"固体废物处理与处置"课程教学内容的指导意见，同时彰显矿业特色，突出矿业固体废物的资源化利用。本书由刘汉湖、蒋家超担任主编，胡术刚、李青、孙晓菲、马建立担任副主编。各章编写分工如下：第一章、第八章由中国矿业大学刘汉湖编写，第二章、第三章由中国矿业大学孙晓菲编写，第四章、第七章由中国矿业大学蒋家超编写，第五章由天津市环境保护科学研究院马建立、中国矿业大学蒋家超编写，第六章由山东科技大学胡术刚编写,第九章由江苏省生态环境厅李青编写。全书由中国矿业大学刘汉湖、蒋家超统稿。

　　本书的编写得到中国煤炭教育协会、中国矿业大学、中国矿业大学出版社的大力支持,对上述单位和有关个人表示感谢。本书在编写过程中参考了大量同行教材、文献、企业工程实践等资料,已将其在参考文献中列出,但难免仍有疏漏,在此一并表示感谢。

　　由于编者水平有限,书中疏漏之处在所难免,恳请使用本教材的教师、同学和同行提出宝贵意见。

编　者

2021 年 8 月

第一版前言

随着经济和社会的快速发展,我国固体废物产生量大幅度增加。目前,全国城市生活垃圾年产生量已近1.7亿t,全国668个城市中有2/3处于垃圾包围之中。与大气污染、水污染问题相比,固体废物污染有"四最",即"最难处置的环境问题""最具综合性的环境问题""最晚得到重视的环境问题""最贴近生活的环境问题"。加强固体废物的处理处置及其资源化是我国急需大力开展的工作。

我国是一个矿产资源比较丰富、矿种比较齐全的少数国家之一。截至2007年,全国已发现171种矿产,其中查明资源储量的矿产有159种,能源矿产10种,我国已成为世界上重要的矿产资源大国和矿业大国,矿业成为我国国民经济的重要基础产业。目前我国的能源消费结构中煤炭占68%,石油占23.45%,天然气仅占3%。根据我国资源状况和煤炭在能源生产及消费结构中的比例,以煤炭为主体的能源结构在相当长一段时间内不会改变。据统计,2008年全国煤炭产量达到27.16亿t。煤矸石是煤矿生产排放量最大的固体废物,也是中国工业固体废物中产生量和堆积量最大的固体废物,产生量一般为煤炭产量的10%左右。截至2007年,全国积存的煤矸石固体废物有50亿t,且每年以3亿t的速度增加。煤矸石在堆放过程中占用大量土地资源,遇水后产生物理化学反应,经常发生自燃和爆炸,同时对大气、土壤、地表水和地下水产生严重污染。近年来,煤矸石减量化(绿色开采技术)、综合利用及资源化技术发展很快。

"固体废物处理与处置"是环境科学与环境工程专业的核心课程,教育部环境科学与工程教学指导委员会制定了相应的教学大纲与基本要求。

近年来,国内陆续出版了一些有关固体废物处理处置方面的教材,为高等学校相关专业教学提供了很好的保障。但由于各高校行业特点不同,许多教材在内容上各有取舍或侧重。另外,固体废物处理技术发展也较快,因此,仍需要编写一本内容全面而简明、原理阐述透彻,并能反映当前固体废物处理处置与资源化的发展趋势的教材,以满足各高等学校环境科学与工程本科专业教学之需。

为此，2005 年年底在徐州成立了由中国矿业大学、安徽理工大学、辽宁工程技术大学、河南理工大学、西安科技大学、黑龙江科技学院、华北科技学院相关具有矿业背景的长期从事固体废物处理处置研究的教师组成的教材编写组，并根据编写者的研究背景进行了分工。编者们根据教育部高等学校环境科学与工程教学指导委员会对固体废物教材内容的规范要求，历经整整三年时间于2008 年全面完成了整个教材的编写。随后主编又进一步结合固体废物处理的最新进展和实际工程的需要，对各个章节进行了程度不等的删减、增补、订正。本教材编写过程中，主要遵循了以下四个原则：一是体现教育部高等学校环境科学与工程教学指导委员会的要求，教材内容覆盖固体废物处理、处置与资源化整个体系；二是突出矿业特色，在煤矸石及粉煤灰资源化利用上做了详尽介绍；三是体现可持续发展、清洁生产、绿色技术等新思想，内容具有较好的新颖性；四是加强政策性和环保法规及标准教学，在附录中摘录了固体废物污染环境防治、煤矸石利用技术政策及标准的相关内容。

教材编写分工如下：中国矿业大学刘汉湖编写前言、第一章、附件，安徽理工大学高良敏编写第二章，河南理工大学田采霞编写第三章，西安科技大学杨帆编写第四章，中国矿业大学孙晓菲编写第五章及第七章第三节，辽宁工程技术大学范军富编写第六章，黑龙江科技学院乔艳云编写第七章（第三节除外），华北科技学院李满编写第八章。

本书还参考引用了一些相关教材、专著和论文的内容，编者在此向他们一并表示谢意。

限于编写者水平，书中难免有错漏和不妥之处，敬请阅读本教材的同学、老师以及同行们提出宝贵意见。

编　者
2008 年 12 月

目　　录

第一章　绪论 ……………………………………………………… 1
　　第一节　固体废物的概念、特征及分类 ……………………… 1
　　第二节　固体废物对环境的影响 ……………………………… 8
　　第三节　固体废物处理处置与资源化方法 ………………… 10
　　第四节　固体废物管理 ……………………………………… 12
　　习题与思考题 ………………………………………………… 17

第二章　固体废物的收集和运输 ……………………………… 18
　　第一节　城市生活垃圾的收集与运输 ……………………… 18
　　第二节　其他固体废物的收集与运输 ……………………… 30
　　习题与思考题 ………………………………………………… 31

第三章　固体废物的预处理 …………………………………… 32
　　第一节　固体废物的压实 …………………………………… 32
　　第二节　固体废物的破碎 …………………………………… 34
　　第三节　固体废物的分选 …………………………………… 43
　　第四节　固体废物的脱水 …………………………………… 54
　　习题与思考题 ………………………………………………… 61

第四章　固体废物的生物处理 ………………………………… 62
　　第一节　有机废物堆肥化处理 ……………………………… 62
　　第二节　有机废物厌氧消化处理 …………………………… 78
　　第三节　其他生物处理技术 ………………………………… 89
　　习题与思考题 ………………………………………………… 96

第五章　固体废物的热处理 …………………………………… 97
　　第一节　焚烧处理 …………………………………………… 97
　　第二节　热解处理 ………………………………………… 123
　　第三节　其他热处理技术 ………………………………… 134
　　习题与思考题 ……………………………………………… 138

第六章 煤系固体废物的资源化 ························· 139
　　第一节　概述 ························· 139
　　第二节　煤矸石的资源化 ························· 139
　　第三节　粉煤灰的资源化 ························· 146
　　第四节　其他煤系固体废物的资源化 ························· 165
　　习题与思考题 ························· 174

第七章 非煤系固体废物的资源化 ························· 175
　　第一节　城市生活垃圾的资源化 ························· 175
　　第二节　矿山固体废物的资源化 ························· 186
　　第三节　工业固体废物的资源化 ························· 190
　　第四节　建筑垃圾的资源化 ························· 198
　　第五节　电子废物的资源化 ························· 201
　　第六节　农业废物的资源化 ························· 206
　　习题与思考题 ························· 212

第八章 固体废物的填埋处置 ························· 213
　　第一节　概述 ························· 213
　　第二节　填埋场总体规划及场址选择 ························· 215
　　第三节　填埋场防渗系统 ························· 218
　　第四节　地表水和地下水导排系统 ························· 222
　　第五节　填埋场渗滤液的产生及控制 ························· 223
　　第六节　填埋气体的产生、收集及利用 ························· 230
　　第七节　填埋场终场覆盖与场址修复 ························· 238
　　第八节　填埋场环境监测与评价 ························· 241
　　习题与思考题 ························· 243

第九章 危险废物的安全处置 ························· 245
　　第一节　危险废物的固化/稳定化 ························· 245
　　第二节　危险废物的焚烧处理 ························· 251
　　第三节　危险废物水泥窑协同处置技术 ························· 269
　　第四节　危险废物安全填埋处置 ························· 274
　　习题与思考题 ························· 282

参考文献 ························· 284

第一章 绪 论

固体废物是生产、生活及其他活动中产生的废弃物,具有来源广泛、种类繁多、成分复杂等特点,主要包括生活垃圾、工业固体废物、矿业固体废物、农业固体废物、危险废物等。这些废物可以通过多种途径进入环境,污染土壤、大气及水体,危害生态环境。随意弃置,还影响景观卫生。继水污染防治、大气污染防治工作后,固体废物的污染防治工作也已成为当前我国环境治理的重中之重。固体废物处理、处置及资源化技术方法很多,减量化、资源化、无害化("三化")是我国固体废物污染防治的基本原则。我国已经建立了从收集运输到处理、处置及资源化较为完善的固体废物管理体系。固体废物管理体系的建立及完善对我国固体废物污染防治工作具有极其重要的作用,将大力推动我国的生态文明建设。

第一节 固体废物的概念、特征及分类

一、固体废物的概念

人类在日常生活、生产过程中消耗资源,产生了性质不同,种类、数量不等的固体废物。《中国大百科全书》(环境科学卷)指出:固体废物是指在社会的生产、流通、消费等一系列活动中产生的,在一定时间和地点无法利用而被丢弃的污染环境的固体、半固体废弃物质。不能排入水体的液态废物和不能排入大气的置于容器中的气态废物,由于多具有较大的危害性,一般也归入固体废物管理体系。

随着科技的发展,人们对固体废物的认识逐步深化。《中华人民共和国固体废物污染环境防治法》对固体废物给出了明确规定:固体废物,是指在生产、生活和其他活动中产生的丧失原有利用价值或者虽未丧失利用价值但被抛弃或者放弃的固态、半固态和置于容器中的气态的物品、物质以及法律、行政法规规定纳入固体废物管理的物品、物质。

二、固体废物的特征

(一)时空性

时空性包括时间性和空间性。时间性指"资源"和"废物"在时间上是相对的,在当前经济技术条件下暂时无使用价值的废物,在发展了循环利用技术后可能就是资源。空间性是指固体废物在某一个过程和某一个方面没有使用价值,往往会成为另外过程的原料。从循环经济角度看,某个企业或生产过程产生的固体废物可能暂时无使用价值,但可以成为别的企业或生产过程的原料。在经济技术落后的国家或地区产生的废物,在经济技术发达国家或地区可能是宝贵的资源。因此,固体废物常被称为"放错地点的原料"。

(二)持久危害性

固体废物成分复杂而多样,包括有机物与无机物,金属与非金属,有毒物与无毒物,单一

物与聚合物,在进入环境后降解的过程漫长复杂,难以控制,如"20世纪最糟糕的发明"——塑料,在环境中降解的时间长达几百年。与废水、废气相比,固体废物对环境的危害更为持久。

(三)最难处置的环境问题

固体废物含有的成分相当复杂,来源多种多样,其物理性状(固态、半固态、液态、气态)也千变万化,因此处理处置的难度很大。

(四)最具综合性的环境问题

固体废物既是各种污染物质的富集终态,又是土壤、大气、地表水、地下水的污染源,因此固体废物的处理、处置具有综合性特征。如垃圾填埋场在处理垃圾的同时,必须考虑垃圾渗滤液和产生的气体的处理问题。

(五)最晚得到重视的环境问题

从国内外总的趋势看,固体废物污染问题较之于大气、水污染问题是最后引起人们注意的,也是最少得到重视的环境问题。

(六)最贴近生活的环境问题

固体废物问题,尤其是城市生活垃圾和农业废物问题,最贴近人们的日常生活,因而是与人类生活息息相关的环境问题。

三、固体废物的分类

固体废物的分类方法很多,既可以根据其组分、形态、来源等进行划分,也可以根据其危险性、燃烧特性等进行划分,目前主要的分类方法有:

(1)根据来源,可分为矿业固体废物、工业固体废物、农业固体废物、生活垃圾等;

(2)根据化学特性,可分为无机废物和有机废物;

(3)根据存在形态,可分为固态废物、半固态废物和液态(气态)废物;

(4)根据污染特性,可分为放射性废物、危险废物和一般废物;

(5)根据燃烧特性,可分为可燃废物和不可燃废物。

此外,《中华人民共和国固体废物污染环境防治法》从全过程管理角度,将固体废物分为矿业固体废物、工业固体废物、生活垃圾、农业固体废物及危险废物。

(一)矿业固体废物

矿业固体废物,来自矿山开采与选矿加工过程,主要包括尾矿、废矿石、废渣、剥离物、煤矸石等。其性质因矿物成分不同而异,量大类多。

我国是一个矿产资源比较丰富、矿种比较齐全的少数国家之一。截至2020年年底,全国已发现173种矿产,其中能源矿产13种、金属矿产59种、非金属矿产59种、水气矿产6种,我国已成为世界上重要的矿产资源大国和矿业大国。矿业成为我国国民经济的重要基础产业。

煤炭被人们誉为黑色的金子、工业的食粮,是18世纪以来人类社会使用的主要能源之一。从世界范围看,虽然煤炭的重要位置已被石油所代替,但在今后相当长的一段时间内,由于石油日渐枯竭,而煤炭储量巨大,加之科学技术的飞速发展使煤炭液化、气化等新技术日趋成熟,并得到广泛应用,煤炭仍是人类生产生活中无法替代的能源之一。从我国国情分析,我国煤炭资源总量为5.6万亿t,其中已探明储量为1万亿t。2020年我国的能源消费结构中煤炭占56.8%,石油占19%,天然气、水电、核电及风电等占24.2%。根据我国资源状况和煤炭在能源生产及消费结构中的比例,以煤炭为主体的能源结构在相当长一段时间内不会改变。据统计,2020年我国煤炭产量达到39.0亿t。

煤矸石是煤矿生产排放量最大的固体废物,也是我国工业固体废物中产生量和堆积量最大的固体废物,产生量一般为煤炭产量的10%左右。截至2020年年底,全国积存的煤矸石固体废物有50亿t,且每年以3亿t的速度增加。

尾矿主要包括黑色金属尾矿、有色金属尾矿、稀贵金属尾矿和非金属尾矿。据统计,2016年,我国尾矿堆存量146亿t,其中83%为铁矿、铜矿、金矿开采形成的尾矿,这部分尾矿中,稀贵金属含量比较丰富,综合利用价值较高,但我国尾矿综合利用率仅为18.9%,主要用于充填开采和建材。

（二）工业固体废物

工业固体废物,是指在工业生产活动中产生的固体废物。工业固体废物来源多样,主要包括化学工业、石油化工工业、有色金属工业、交通运输、机械工业、轻工业、建筑材料工业、纺织工业、食品加工工业、电力工业等产生的废物。该类废物具有来源广、种类繁杂、数量巨大等特点。表1-1列举了不同工业所产生的固体废物种类。

表1-1 主要工业类型及所产生的固体废物种类

工业类型	主要固体废物种类
化学工业	金属填料、陶瓷、沥青、化学药剂、油毡、石棉、烟道灰、涂料等
石油化工工业	催化剂、沥青、还原剂、橡胶、炼制渣、塑料、纤维素等
有色金属工业	化学药剂、废渣、赤泥、尾矿、炉渣、烟道灰、金属等
交通运输、机械工业	涂料、木料、金属、橡胶、轮胎、塑料、陶瓷、边角料等
轻工业	木质素、木料、金属填料、化学药剂、纸类、塑料、橡胶等
建筑材料工业	金属、瓦、灰、石、陶瓷、塑料、橡胶、石膏、石棉、纤维素等
纺织工业	棉、毛、纤维、塑料、橡胶、纺纱、金属等
食品加工工业	油脂、果蔬、五谷、蛋类食品、金属、塑料、玻璃、纸类、烟草等
电力工业	炉渣、粉煤灰、烟灰

（三）农业固体废物

农业固体废物来自农林牧渔业生产、加工和养殖过程所产生的固态和半固态废物。农业固体废物中产生量最大的是农作物秸秆。我国是农业大国,农作物秸秆具有数量大、种类多和分布广的特点。据统计,2020年我国秸秆产生量9亿t,综合利用率在85%左右,利用的方式包括秸秆还田、饲料化、基料化、原料化和能源化。

（四）生活垃圾

生活垃圾是指在日常生活中或者为日常生活提供服务的活动中产生的固体废物以及法律、行政法规规定视为生活垃圾的固体废物,主要包括厨余物、废纸屑、废塑料、废橡胶制品、废编织物、废金属、废玻璃、废旧家用电器、废旧家具等。《生活垃圾分类标志》(GB/T 19095—2019)将我国的生活垃圾分为可回收物、有害垃圾、厨余垃圾和其他垃圾4个大类。

城市生活垃圾的组成、产生量及组分与城市人口数量、居民生活水平、生活习惯、季节气候、环境条件等因素有密切关系。这些因素一般可分为四类:第一类为内在因素,是指直接导致垃圾产生量、成分变化的因素。例如,在其他因素不变的情况下,人口增加,垃圾产生量必然增加;经济的发展和居民生活水平的提高,使居民消费品数量与类别增加,相应垃圾产生量和成分都会增加。第二类为自然因素,主要是指地域(地理位置和气候等)、季节等因素。例如夏天瓜果大量上市,产生大量的易腐烂有机垃圾。第三类为个体因素,主要是指产生垃圾的个体行为习惯、生活方式、受教育程度等因素。第四类为社会因素,是指社会行为准则、社会道德规范、法律规章制度等,是一种制约内在因素和个体因素的外部因素。

表 1-2 列出了 2017 年徐州市、太仓市城市生活垃圾的组成。

表 1-2　徐州市、太仓市城市垃圾组分(湿基)　　　　　　　　单位:%

城市	厨余类	纸类	果类	竹木	塑料	纤维	橡胶	灰土	金属	玻璃
徐州	40.55	15.10	8.57	3.85	13.68	3.44	0.49	11.33	0.83	2.16
太仓	67.77	5.14		2.32	14.61	4.70		2.85	0.51	2.10

(五)危险废物

危险废物是指列入国家危险废物名录或者根据国家规定的危险废物鉴别标准和鉴别方法认定的具有危险特性的固体废物。工业固体废物中有很多种类的废物属于危险废物,城市生活垃圾中废电池、废日光灯、废鞋油及杀虫剂等都属于危险废物。据统计,全国产生的危险废物主要分布在化学原料及化学品制造业、采掘业、黑色金属冶炼及压延加工业、有色金属冶炼及压延加工业、石油加工及炼焦业、造纸及纸制品业等工业部门。

危险废物的特性包括腐蚀性(Corrosivity,C)、毒性(Toxicity,T)、易燃性(Ignitability,I)、反应性(Reactivity,R)、感染性(Infectivity,In)。其中毒性危险特性可通过急性毒性初筛、浸出毒性鉴别或毒性物质含量鉴别来进行判定。

根据上述性质,各国均制定了危险废物鉴别标准和危险废物名录。联合国环境规划署《控制危险废物越境转移及其处置巴塞尔公约》列出了"应加控制的废物类别"共 45 类,"须加特别考虑的废物类别"共 2 类。我国 2021 年 1 月 1 日实施的《国家危险废物名录(2021 年版)》中规定了 50 类、467 种危险废物(表 1-3),该名录中规定的危险废物既有固态废物,也有液体废物。

表 1-3　国家危险废物名录废物类别汇总

废物类别	行业来源	废物类别	行业来源
HW01 医疗废物	卫生	HW24 含砷废物	基础化学原料制造
HW02 医药废物	化学药品原料药制造,化学药品制剂制造,兽用药品制造,生物药品制造	HW25 含硒废物	基础化学原料制造
HW03 废药物、药品	非特定行业	HW26 含镉废物	电池制造
HW04 农药废物	农药制造,非特定行业	HW27 含锑废物	基础化学原料制造
HW05 木材防腐剂废物	木材加工,专用化学产品制造,非特定行业	HW28 含碲废物	基础化学原料制造

表 1-3（续）

废物类别	行业来源	废物类别	行业来源
HW06 废有机溶剂与含有机溶剂废物	非特定行业	HW29 含汞废物	天然气开采,常用有色金属矿采选,贵金属冶炼,印刷,基础化学原料制造,合成材料制造,常用有色金属冶炼,电池制造,照明器具制造,通用仪器仪表制造,非特定行业
HW07 热处理含氰废物	金属表面处理及热处理加工	HW30 含铊废物	基础化学原料制造
HW08 废矿物油与含矿物油废物	石油开采,天然气开采,精炼石油产品制造,电子元件及专用材料制造,橡胶制品业,非特定行业	HW31 含铅废物	玻璃制造,电子元件及电子专用材料制造,电池制造,工艺美术及礼仪用品制造,非特定行业
HW09 油/水、烃/水混合物或乳化液	非特定行业	HW32 无机氟化物废物	非特定行业
HW10 多氯（溴）联苯类废物	非特定行业	HW33 无机氰化物废物	贵金属矿采选,金属表面处理及热处理加工,非特定行业
HW11 精（蒸）馏残渣	精炼石油产品制造,煤炭加工,燃气生产和供应业,基础化学原料制造,石墨及其他非金属矿物制品制造,环境治理业,非特定行业	HW34 废酸	精炼石油产品制造,涂料、油墨、颜料及类似产品制造,基础化学原料制造,钢压延加工,金属表面处理及热处理加工,电子元件及电子专用材料制造,非特定行业
HW12 染料、涂料废物	涂料、油墨、颜料及类似产品制造,非特定行业	HW35 废碱	精炼石油产品制造,基础化学原料制造,毛皮鞣制及制品加工,纸浆制造,非特定行业
HW13 有机树脂类废物	合成材料制造,非特定行业	HW36 石棉废物	石棉及其他非金属矿采选,基础化学原料制造,石膏、水泥制品及类似制品制造,耐火材料制品制造,汽车零部件及配件制造,船舶及相关装置制造,非特定行业
HW14 新化学物质废物	非特定行业	HW37 有机磷化合物废物	基础化学原料制造,非特定行业
HW15 爆炸性废物	炸药、火工及焰火产品制造	HW38 有机氰化物废物	基础化学原料制造
HW16 感光材料废物	专用化学产品制造,印刷,电子元件及电子专用材料制造,影视节目制作,影视节目制作,摄影扩印服务,非特定行业	HW39 含酚废物	基础化学原料制造
HW17 表面处理废物	金属表面处理及热处理加工	HW40 含醚废物	基础化学原料制造

表 1-3(续)

废物类别	行业来源	废物类别	行业来源
HW18 焚烧处置残渣	环境治理业	HW45 含有机卤化物废物	基础化学原料制造
HW19 含金属羰基化合物废物	非特定行业	HW46 含镍废物	基础化学原料制造,电池制造,非特定行业
HW20 含铍废物	基础化学原料制造	HW47 含钡废物	基础化学原料制造,金属表面处理及热处理加工
HW21 含铬废物	毛皮鞣制及制品加工,基础化学原料制造,铁合金冶炼,金属表面处理及热处理加工,电子元件及电子专用材料制造	HW48 有色金属采选和冶炼废物	常用有色金属冶炼,稀有稀土金属冶炼
HW22 含铜废物	玻璃制造,电子元件及电子专用材料制造	HW49 其他废物	石墨及其他非金属矿物制品制造,环境治理,非特定行业
HW23 含锌废物	金属表面处理及热处理加工,电池制造,炼钢,非特定行业	HW50 废催化剂	精炼石油产品制造,基础化学原料制造,农药制造,化学药品原料药制造,兽用药品制造,生物药品制造,环境治理,非特定行业

名录中危险废物代码由 8 位数字组成,其中,第 1～3 位为危险废物产生行业代码[依据《国民经济行业分类》(GB/T 4754—2017)确定],第 4～6 位为危险废物顺序代码,第 7～8 位为危险废物类别代码。如科学研究、开发和教学活动中,化学和生物实验室产生的废物,其代码为 900-017-14。

对于危险废物的鉴别,我国制定了危险废物鉴别标准,包括腐蚀性鉴别(GB 5085.1)、急性毒性初筛(GB 5085.2)、浸出毒性鉴别(GB 5085.3)、易燃性鉴别(GB 5085.4)、反应性鉴别(GB 5085.5)、毒性物质含量鉴别(GB 5085.6)、通则(GB 5085.7)七个标准。腐蚀性、急性毒性、浸出毒性鉴别项目及限值见表 1-4。

根据《危险废物鉴别标准 通则》(GB 5085.7),我国危险废物的鉴别程序如下:

(1) 依据《中华人民共和国固体废物污染环境防治法》和《固体废物鉴别标准 通则》,判断待鉴别的物品、物质是否属于固体废物,不属于固体废物的,则不属于危险废物。

(2) 经判断属于固体废物的,则首先依据《国家危险废物名录》鉴别。凡列入《国家危险废物名录》的,属于危险废物,不需要进行危险特性鉴别。

(3) 未列入《国家危险废物名录》且无法根据相关判定规则判别属性的固体废物,经综合分析原辅材料、生产工艺、产生环节和主要危害成分,不可能具有腐蚀性、毒性、易燃性、反应性、感染性等危险特性的,不属于危险废物;可能具有危险特性的,应按照下面第(4)条进行危险特性鉴别。

(4) 危险特性鉴别应依据危险废物鉴别标准 GB 5085.1、GB 5085.3、GB 5085.4、GB 5085.5 和 GB 5085.6 和 HJ/T 298 进行。凡具有 GB 5085.1、GB 5085.3、GB 5085.4、GB 5085.5 和 GB 5085.6 中所列的腐蚀性、浸出毒性、易燃性、反应性等一种或一种以上危险特

性的,属于危险废物,并按照《国家危险废物名录》的有关规定确定废物类别和代码。

（5）对未列入《国家危险废物名录》且根据危险废物鉴别标准无法鉴别,但可能对人体健康或生态环境造成有害影响的固体废物,由国务院生态环境主管部门组织专家认定。

表 1-4 危险废物腐蚀性、急性毒性、浸出毒性鉴别项目及限值

危险特性	项目		危险废物鉴别值
腐蚀性	浸出液 pH 值		≥12.5 或≤2.0
	在 55 ℃条件下,对 GB/T 699 中规定的 20 号钢材的腐蚀速率		≥6.35 mm/a
急性毒性初筛	口服毒性半数致死量 LD_{50},接触毒性半数致死量 LD_{50},吸入毒性半数致死浓度 LC_{50}		经口 LD_{50}≤200 mg/kg（固体）、≤500 mg/kg（液体）,经皮肤接触 LD_{50}≤1 000 mg/kg,吸入 LC_{50}≤10 mg/L
浸出毒性	浸出液中危害成分浓度限值/(mg/L)	烷基汞	不得检出①
		汞（以总汞计）	0.1
		铅（以总铅计）	5
		镉（以总镉计）	1
		总铬	15
		铬（六价）	5
		铜（以总铜计）	100
		锌（以总锌计）	100
		铍（以总铍计）	0.02
		钡（以总钡计）	100
		镍（以总镍计）	5
		总银	5
		砷（以总砷计）	5
		硒（以总硒计）	1
		无机氟化物（不包括氟化钙）	100
		氰化物（以 CN^- 计）	5

注：① 不得检出指甲基汞<10 ng/L,乙基汞<20 ng/L。

危险废物混合后判定规则：

（1）具有毒性（包括浸出毒性、急性毒性及其他毒性）和感染性等一种或一种以上危险特性的危险废物与其他固体废物混合,混合后的废物属于危险废物。

（2）仅具有腐蚀性、易燃性或反应性的危险废物与其他固体废物混合,混合后的废物经 GB 5085.1、GB 5085.4 和 GB 5085.5 鉴别不再具有危险特性的,不属于危险废物。

（3）危险废物与放射性废物混合,混合后的废物应按照放射性废物管理。

危险废物处理后判定规则：

（1）具有毒性危险特性的危险废物利用过程中产生的固体废物,经鉴别不再具有危险特性的,不属于危险废物;具有毒性危险特性的危险废物处置后产生的固体废物,仍属于危险废物,除非国家有关法规、标准另有规定。

（2）具有感染性危险特性的危险废物利用处置后,仍属于危险废物,除非国家有关法规、标准另有规定。

（3）仅具有腐蚀性、易燃性或反应性的危险废物利用过程和处置后产生的固体废物,经鉴别不再具有危险特性的,不属于危险废物。

《国家危险废物名录》《危险废物鉴别标准》《危险废物豁免管理清单》《危险废物排除管理清单》等的发布实施推动了危险废物科学化和精细化管理,对防范危险废物环境风险、改善生态环境质量起到重要作用。

（六）环境工程废物

环境工程废物主要是指在处理处置废水、废气过程中产生的污泥、粉尘等,如烟气脱硫产生的脱硫石膏和烟气脱硝产生的废脱硝催化剂,水净化和废水处理产生的污泥及其他废弃物质,固体废物焚烧炉产生的飞灰、底渣等灰渣,烟气、臭气和废水净化过程中产生的废活性炭、过滤器滤膜等过滤介质,污染地块修复、处理过程中处置或利用的污染土壤。随着人们对环境治理的重视和大量环保设备投入运营,这类废物的数量越来越大。如 2017 年,全国污水处理厂约 4 063 座,污水总处理能力 1.78 亿 m^3/d,年产生含水率 80% 的污泥 5 000 万 t,剩余污泥的处置技术成为环境领域的研究热点。

第二节　固体废物对环境的影响

一、固体废物的污染途径

固体废物,特别是有害废物,如若处理处置不当,其中的有毒有害物质(重金属、病原微生物等)可以通过环境介质——大气、土壤、地表或地下水体进入生态系统形成污染,对人体产生危害,同时破坏生态环境。其具体途径取决于固体废物本身的物理、化学和生物性质,而且与固体废物处置所在场地的地质、水文地质条件有关。

固体废物污染途径是多方面的,主要有下列几种途径:① 通过填埋或堆放渗漏到地下污染地下水源;② 通过雨水冲刷流入江河湖泊造成地表水污染;③ 通过废物堆放或焚烧使臭气与烟雾进入大气,造成大气污染;④ 有些有害毒物质施用在农田上会通过生物链的传递和富集进入食品,进而进入人体。固体废物污染途径如图 1-1 所示。

二、固体废物对环境的影响

（一）对土壤环境的影响

固体废物任意露天堆放,必将占用大量的土地,破坏地貌和植被。据估算,每堆积 1×10^4 t 废渣约占地 667 m^2。固体废物及其淋洗和渗滤液中所含有害物质会改变土壤的性质和结构,并对土壤中微生物产生影响。这些有害成分的存在,不仅有碍植物根系的发育和生长,而且还会在植物体内积蓄,通过食物链危害人体健康。

固体废物中的有害物质进入土壤后,还可能在土壤中产生积累。我国西南某市市郊因农田长期施用垃圾,土壤中汞浓度超过本底值 8 倍,铜、铅浓度分别增加 87% 和 55%,对作

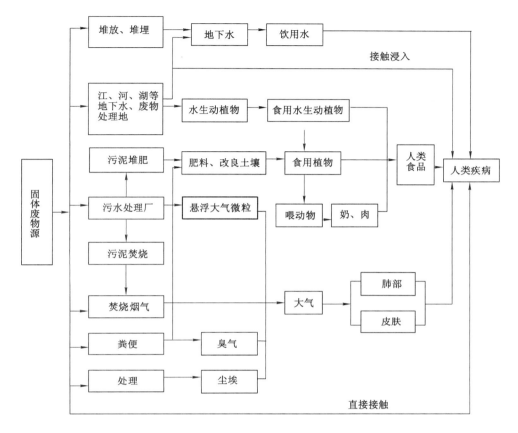

图 1-1 固体废物的污染途径(引自宁平)

物的生长等带来危害。据估算,全国每年受重金属污染的粮食达 1 200 万 t,造成的直接经济损失超过 200 亿元。

（二）对大气环境的影响

堆放的固体废物中的细微颗粒、粉尘随风飞扬,从而对大气环境造成污染。据研究表明,当风力在 4 级以上时,粉煤灰或尾矿堆表层粒径小于 1.5 mm 的粉末将出现剥离,其飘扬的高度可达 20～50 m 以上。而且堆积的废物中某些物质发生化学反应,可以产生毒气或恶臭,造成地区性空气污染。例如,我国大量堆放的煤矸石遇水后发生物理化学反应,经常发生自燃和爆炸,自 20 世纪 80 年代以来,河南平顶山煤业集团相继发生过 50 多起矸石山自燃和爆炸事件,自燃过程中产生大量的二氧化硫,污染当地空气。

垃圾填埋场堆放过程中产生的填埋气会对大气环境造成影响,如曾经引起全社会关注的北京六里屯垃圾填埋场污染严重,臭气使附近居民不敢开窗,无法入睡,一些老人出现呕吐情况,已影响了附近居民的身体健康。另外,填埋气在一定程度上加剧了全球温室效应,目前国内部分垃圾填埋场通过采用清洁发展机制(CDM)来收集、处理填埋气,达到节能减排的目的。

（三）对水环境的影响

在世界范围内,有不少国家直接将固体废物倾倒于河流、湖泊或海洋中。废渣等直接排入河流、湖泊或海洋,能造成更大污染。如 20 世纪 50 年代日本熊本县水俣市发生的"水俣病",产生的原因是工业废物向水体直接排放,甲基汞超标引起神经系统疾病,死亡 1 004 人。

生活垃圾即使填埋处置时,如果防渗措施设置不当或损坏也会造成渗滤液泄露,进而导致地下水污染。哈尔滨市韩家洼子垃圾填埋场的地下水色度和锰、铁、酚、汞含量及细菌总数、大肠杆菌数等都严重超标,锰含量超标 3 倍多,汞含量超标 20 多倍,细菌总数超标 4.3 倍,大肠杆菌数超标 11 倍以上。

（四）对环境卫生的影响

固体废物中含有有机物,对其处理处置不当或随意堆置会使蚊蝇孳生,有机物厌氧降解会产生恶臭、氨和硫化氢等有害气体,危及人类健康。如果固体废物大量堆放而又处理不当,会影响市容市貌以及人们的正常生产和生活。

第三节　固体废物处理处置与资源化方法

固体废物处理处置与资源化是一个系统工程,对城市生活垃圾和工业固体废物而言,固体废物处理处置系统由收运子系统、处理子系统和处置子系统三部分构成,其系统及其过程如图 1-2 所示。固体废物收运子系统内容见第二章。

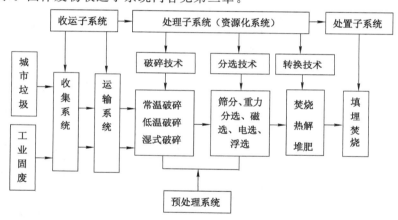

图 1-2　固体废物处理处置系统示意图

一、固体废物处理方法

固体废物处理是指通过物理、化学、生物等方法,使固体废物转化为便于运输、贮存、资源化利用以及最终处置的一种过程。按照处理方法的原理,固体废物的处理方法可划分为物理处理、化学处理、生物处理、热处理和固化处理等。

（一）物理处理

物理处理是指通过浓缩或相的变化改变固体废物的结构或状态,不破坏固体废物的化学组成,使之成为便于运输、贮存、利用或处置形态的方法。固体废物的物理处理通常作为后续处理处置或资源化前的一种预处理过程,常用的方法有压实、破碎、分选、浓缩、脱水等。

物理处理原理、方法、设备等内容见第三章。

（二）化学处理

化学处理是指采用化学方法将固体废物中有害成分转化为无害组分，或将其转变成适于进一步处理处置的形态，或使固体废物发生化学转化从而回收物质和能源的方法。该方法适于处理所含成分单一或所含几种化学成分特性相似的废物，包括中和、氧化还原、化学沉淀和化学溶出等方法。

（三）生物处理

生物处理是指利用微生物分解固体废物中可降解的有机物，从而达到无害化或综合利用的目的，或通过一些特异微生物的作用，使固体废物性质发生改变，有利于有害成分的溶出的方法。生物处理具有经济、环境友好的特点，按照对于氧气的需求程度，生物处理进一步划分为厌氧处理、缺氧处理和好氧处理。

生物处理原理、方法、设备等内容见第四章。

（四）热处理

热处理是指通过高温破坏和改变固体废物的组成和结构，达到减量化、无害化和资源化目的的方法。热处理方法包括焚烧、热解、焙烧、烧结和湿式氧化等。

热处理原理、方法、设备等内容见第五章。

（五）固化处理

固化处理是指采用惰性材料（固化基材）将有害废物固定或包覆起来以降低其对环境危害的方法，因而是较安全地运输和处置的一种处理过程。该方法适用于危险废物和放射性废物，常是危险废物和放射性废物安全填埋或浅（深）地层埋藏处置前的预处理。常使用的固化剂包括水泥、沥青、塑料和玻璃等。

固化处理原理、方法等内容见第九章。

二、固体废物处置与资源化方法

固体废物处置是指将固体废物焚烧或用其他改变固体废物的物理、化学、生物特性的方法，达到减少已产生的固体废物数量、缩小固体废物体积、减少或者消除其危险成分的活动，或者将固体废物最终置于符合环境保护规定要求的填埋场的活动。某些固体废物经过处理和利用，总是会有部分残渣存在，有些残渣还含有浓度很高的有毒有害成分；另外，有些固体废物在目前技术经济条件下尚无法利用，如让其长期滞留于环境中，是一种潜在污染源，因此必须对它们进行最终处置。

依据处置场所的不同，固体废物的最终处置分为海洋处置和陆地处置。海洋处置有海洋倾倒和海上焚烧，我国相关海洋环境保护法已经禁止在海上焚烧固体废物，海洋倾倒需要得到国家海洋行政主管部门审查批准，并领取许可证。陆地处置分为深井灌注、土地填埋等。

固体废物处置内容见第八章、第九章。

固体废物资源化工程是指利用物理、化学和生物工程等方法，将固体废物化害为利、变废为宝，既解决了环境污染问题，又在一定程度上缓解了资源供需矛盾。固体废物资源化利用途径很多，主要有提取有用组分、生产建筑材料、生产农肥、回收能源、取代某些工业原料等。

固体废物资源化详细内容见第六章、第七章。

第四节 固体废物管理

一、固体废物管理原则

关于固体废物管理,《中华人民共和国固体废物污染环境防治法》明确提出固体废物污染防治的"三化"原则和"全过程"管理原则。

(一)固体废物污染防治的"三化"原则

《中华人民共和国固体废物污染环境防治法》第四条规定:"任何单位和个人都应当采取措施,减少固体废物的产生量,促进固体废物的综合利用,降低固体废物的危害性。"这样,就从法律上确立了固体废物污染防治的"三化"原则,即"减量化、资源化、无害化",这是我国固体废物管理的基本原则。

固体废物"减量化"是指通过实施适当的技术,一方面减少固体废物的产生量(例如在废物产生之前,采取改革生产工艺、产品设计和改变物资能源消费结构等措施),另一方面减少固体废物容量(例如在废物排出之后,对废物进行分选、压缩、焚烧等处理)。通过适当的手段减少和减小固体废物的数量和体积,以减少固体废物的最终处置量。减量化要求我们转变经济发展模式,从粗放型经济向集约型经济转变,鼓励和支持企业开展清洁生产,开发和推广先进的生产技术和设备,充分合理地利用原材料、能源和资源。

固体废物"无害化"是指采用物理、化学或生物手段,对固体废物进行无害或低危害的安全处理、处置,达到消毒、解毒或稳定化,以防止或者减少固体废物对环境的污染危害。目前,无害化处理技术主要包括固体废物焚烧、危险废物稳定化/固定化、有机废物的热处理、固体废物填埋处置等。

固体废物"资源化"是指从固体废物中回收有用的物质和能源,加快物质循环,创造经济价值的广泛技术和方法。它包括物质回收、物质转换和能量转换。目前,工业发达国家出于资源危机和环境治理的考虑,已经将固体废物"资源化"纳入资源和能源开发利用之中,逐步形成了一个新兴的工业体系——资源再生工程。如欧洲各国将固体废物资源化作为解决固体废物污染和能源紧张的方式之一,并将其列入国民经济政策的一部分,投入巨资进行开发。日本由于资源缺乏,将固体废物"资源化"列为国家的重要政策,当作紧迫课题进行研究。美国把固体废物列入资源范畴,将固体废物资源化当作固体废物处理的替代方案。我国固体废物"资源化"起步较晚,在 20 世纪 90 年代将八大固体废物"资源化"列为国家的重大技术经济政策。2021 年 5 月,国家发展和改革委员会、住房和城乡建设部编制了《"十四五"城镇生活垃圾分类和处理设施发展规划》,明确提出到 2025 年年底,全国城市生活垃圾资源化率达到 60% 左右。

固体废物"资源化"具有环境效益高、生产成本低、生产效率高、能耗低等特点。固体废物"资源化"应遵循的原则是:技术上可行,经济效益好,就地利用产品,不产生二次污染,符合国家相应产品的质量标准。

(二)"全过程"管理原则

固体废物污染防治初期,世界各国将重点放在末端治理上。经历了许多事故与教训之后,人们越来越意识到对固体废物实行"源头"控制的重要性。由于固体废物本身往往是污染的"源头",故需对其产生—收集—运输—综合利用—处理—贮存—处置实行全过程管理,在每一环节都将其作为污染源进行严格的控制。因此,解决固体废物污染控制问题的基本对策是避免产生(clean)、综合利用(cycle)、妥善处置(control)的所谓"3C 原则"。另外,随着循环经济、生态工业园及清洁生产理论和实践的发展,有人提出了"3R 原则",即通过对固体废物实施减少产生(reduce)、再利用(reuse)、再循环(recycle)策略实现节约资源、降低环境污染及资源永续利用的目的。

依据上述原则,可以将固体废物从产生到处置的全过程分为五个连续或不连续的环节进行控制。其中,各种产业活动中的清洁生产是第一阶段,在这一阶段,通过改变原材料、改进生产工艺和更换产品等来减少或避免固体废物的产生。在此基础上,对生产过程中产生的固体废物,尽量进行系统内的回收利用,这是管理体系的第二阶段。对于已产生的固体废物,则进行第三阶段(系统外的回收利用)、第四阶段(无害化、稳定化处理)以及第五阶段(固体废物的最终处置)的控制。

二、固体废物管理体系

解决固体废物污染控制问题的关键之一是建立和健全相应的法规、标准体系。20 世纪 70 年代以来,人们逐步加深了对固体废物环境管理重要性的认识,不断加强对固体废物的科学管理,并从组织机构、环境立法、科学研究和财政拨款等方面给予支持和保证。许多国家开展了固体废物及其污染状况的调查,并在此基础上制定和颁布了固体废物管理的法规和标准。

世界各国的固体废物管理法规都经历了一个漫长的、从简单到完善的过程。美国于 1965 年制定的《固体废物处置法》是第一个关于固体废物的专业性法规,该法于 1976 年修改为《资源保护及回收法》(RCRA),并分别于 1980 年和 1984 年经美国国会加以修改,日臻完善,迄今为止成为世界上最全面、最详尽的关于固体废物管理的法规之一。根据 RCRA 的要求,美国 EPA(环境保护署)又颁布了《有害固体废物修正案》(HSWA),其内容共包括九大部分及大量附录,每一部分都与 RCRA 的有关章节相对应,实际上是 RCRA 的实施细则。为了清除已废弃的固体废物处置场对环境造成的污染,美国又于 1980 年颁布了《综合环境对策保护法》(CERCLA),俗称《超级基金法》。日本关于固体废物的法规主要是于 1970 年颁布并经多次修改的《废弃物处理及清扫法》,迄今为止成为包括固体废物资源化、减量化、无害化以及危险废物管理在内的相当完善的法规体系。此外,日本还于 1991 年颁布了《促进再生资源利用法》,对促进固体废物的减量化和资源化起到了重要作用。

我国全面开展环境立法的工作始于 20 世纪 70 年代末期。在 1978 年的宪法中,首次提出了"国家保护环境和自然资源,防止污染和其他公害"的规定,1979 年颁布了《中华人民共和国环境保护法(试行)》,1989 年通过了《中华人民共和国环境保护法》,这是环境保护的基本法,对我国的环境保护工作起着重要的指导作用。1995 年我国颁布了《中华人民共和国固体废物污染环境防治法》,2004 年进行了修订,2013 年、2015 年、2016 年分别进行了三次修正,2020 年进行了第二次修订。新版固体废物污染环境防治法的实施对防治固体废物污染环境、保障人体健康、维护生态安全具有重要作用。

(一)我国固体废物管理的法律法规体系

我国固体废物管理的法律法规体系主要由法律、行政法规和部门规章等构成。

1. 法律

《中华人民共和国固体废物污染环境防治法》是固体废物环境管理的基本法。1995 年

10 月 30 日,其由第八届全国人民代表大会常务委员会第十六次会议通过;2004 年 12 月 29 日,第十届全国人民代表大会常务委员会第十三次会议对其进行了第一次修订;2013 年 6 月 29 日,第十二届全国人民代表大会常务委员会第三次会议对其进行了第一次修正;2015 年 4 月 24 日,第十二届全国人民代表大会常务委员会第十四次会议对其进行了第二次修正;2016 年 11 月 7 日,第十二届全国人民代表大会常务委员会第二十四次会议对其进行了第三次修正;2020 年 4 月 29 日第十三届全国人民代表大会常务委员会第十七次会议对其进行了第二次修订。修订的《中华人民共和国固体废物污染环境防治法》共分为九章,内容涉及总则、监督管理、工业固体废物、生活垃圾、建筑垃圾和农业固体废物等、危险废物、保障措施、法律责任及附则。这些规定成为我国固体废物污染环境防治及管理的法律依据。

2. 行政法规

行政法规主要由国务院制定。近几年针对固体废物环境管理的需要,出台了数部与固体废物环境管理相关的行政法规,包括《建设项目环境保护管理条例》《医疗废物管理条例》《危险化学品安全管理条例》《中华人民共和国海洋倾废管理条例》《放射性废物安全管理条例》《废弃电器电子产品回收处理管理条例》。

3. 部门规章

部门规章主要由国务院组成部门负责制定,生态环境部、住房和城乡建设部、国家发展和改革委员会等部门制定的与固体废物环境管理相关的规章包括《国家危险废物名录》《危险废物经营许可证管理办法》《危险废物转移联单管理办法》《进口废物管理名录》《固体废物进口管理办法》《电子废物污染环境防治管理办法》《废电池污染防治技术政策》《危险化学品环境管理登记办法》《城市生活垃圾管理办法》《关于进一步加强城市生活垃圾焚烧处理工作的意见》《畜禽养殖污染防治管理办法》《防止尾矿污染环境管理规定》《煤矸石综合利用管理办法》《粉煤灰综合利用管理办法》等。

(二) 固体废物管理制度

1. 分类管理

固体废物具有量多面广、成分复杂的特点,需对城市生活垃圾、工业固体废物和危险废物分别管理。《中华人民共和国固体废物污染环境防治法》第八十一条规定:"收集、贮存危险废物,应当按照危险废物特性分类进行。禁止混合收集、贮存、运输、处置性质不相容而未经安全性处置的危险废物。"

2. 工业固体废物和危险废物申报登记制度

为了使环境保护部门掌握工业固体废物和危险废物的种类、产生量、流向以及对环境的影响等情况,进而进行有效的固体废物全过程管理,《中华人民共和国固体废物污染环境防治法》要求实施工业固体废物和危险废物申报登记制度,申报登记制度是国家带有强制性的规定。

3. 固体废物污染环境影响评价制度及其防治设施的"三同时"制度

环境影响评价制度和"三同时"制度是我国环境保护的基本制度,《中华人民共和国固体废物污染环境防治法》重申了这一制度。

4. 排污收费制度

固体废物污染与废水、废气污染有着本质的不同,废水、废气进入环境后可以在环境当中经物理、化学、生物等途径稀释、降解,并且有着明确的环境容量。而固体废物进入环境后,不易被环境所接受,其降解往往是一个难以控制的复杂而长期的过程。严格地说,固体废物是严禁不经任何处理与处置排入环境当中的。固体废物排污费的交纳,则是对那些在按规定或标准建成贮存设施、场所前产生的工业固体废物而言的。

5. 限期治理制度

为了解决重点污染源污染环境问题,对没有建设工业固体废物贮存或处理处置设施、场所或已建设施、场所不符合环境保护规定的企业和责任者,实施限期治理、限期建成或改造。限期内不达标的,可采取经济手段甚至停产的手段进行制裁。

6. 进口废物审批制度

《中华人民共和国固体废物污染环境防治法》明确规定:"禁止中华人民共和国境外的固体废物进境倾倒、堆放、处置","国家逐步实现固体废物零进口"。2017 年,按照党中央、国务院关于推进生态文明建设和生态文明体制改革的决策部署,为全面禁止洋垃圾入境,推进固体废物进口管理制度改革,促进国内固体废物无害化、资源化利用,保护生态环境安全和人民群众身体健康,国务院办公厅印发了《禁止洋垃圾入境 推进固体废物进口管理制度改革实施方案》,实施方案明确规定:严格固体废物进口管理,2017 年年底前,全面禁止进口环境危害大、群众反映强烈的固体废物;2019 年年底前,逐步停止进口国内资源可以替代的固体废物。

7. 危险废物经营单位许可证制度

危险废物的特性决定了并非任何单位和个人都可以从事危险废物的收集、贮存、处理、处置等经营活动。必须由具备一定设施、设备、人才和专业技术能力并通过资质审查获得经营许可证的单位才能进行危险废物的收集、贮存、处理、处置等经营活动。

8. 危险废物转移报告制度

也称作危险废物转移联单制度,这一制度是为了保证运输安全、防止非法转移和处置,保证废物的安全监控,防止污染事故的发生。《中华人民共和国固体废物污染环境防治法》规定:"转移危险废物的,应当按照国家有关规定填写、运行危险废物电子或者纸质转移联单。"

9. 危险废物管理豁免清单制度

根据《国家危险废物名录》,列入《危险废物豁免管理清单》中的危险废物,在所列的豁免环节,且满足相应的豁免条件时,可以按照豁免内容的规定实行豁免管理。

(三)固体废物管理系统

固体废物管理是运用环境管理的理论和方法,通过法律、经济、技术、教育和行政等手段,鼓励废物资源化利用和控制固体废物污染环境,促进经济与环境可持续发展。我国固体废物管理体系是以环境保护主管部门为主,结合有关的工业主管部门以及城市建设主管部门,共同对固体废物实行全过程管理。《中华人民共和国固体废物污染环境防治法》主管部门的分工有明确的规定:"国务院生态环境主管部门对全国固体废物污染环境防治工作实施统一监督管理。国务院发展改革、工业和信息化、自然资源、住房城乡建设、交通运输、农业农村、商务、卫生健康、海关等主管部门在各自职责范围内负责固体废物污染环境防治的监督管理工作。地方人民政府生态环境主管部门对本行政区域固体废物污染环境防治工作实施统一监督管理。"

三、固体废物管理标准

环境污染控制标准是各项环境保护法规、政策以及污染物处理处置技术得以落实的基本保障。我国的固体废物管理国家标准基本由生态环境部、住房和城乡建设部在各自的管理范围内制定。住房和城乡建设部主要制定有关垃圾清扫、运输、处理处置的标准。生态环境部制定有关污染控制、环境保护、分类、检测方面的标准。

（一）分类标准

主要包括《国家危险废物名录》《放射性废物分类标准》《危险废物鉴别标准》，住房和城乡建设部颁布的《生活垃圾产生源分类及其排放》以及生态环境部颁布的《进口可用作原料的固体废物环境保护控制标准》等。

（二）方法标准

主要包括固体废物样品采样、处理及分析方法的标准，如《固体废物浸出毒性测定方法》《城市污水处理厂污泥检验方法》《危险废物鉴别标准》《固体废物浸出毒性浸出方法》《危险废物鉴别技术规范》《工业固体废物采样制样技术规范》《城市生活垃圾采样和物理分析方法》《生活垃圾卫生填埋场环境监测技术要求》《生活垃圾焚烧灰渣取样制样与检测》等。

（三）污染控制标准

污染控制标准是固体废物管理体系中最重要的标准，是环境影响评价制度、"三同时"制度、限期治理和排污收费等一系列管理制度的基础。它可以分为废物处置控制标准、废物利用污染控制标准和设施控制标准三大类。

1. 废物处置控制标准

它是对某种特定废物的处置标准、要求，如《含氰废物污染控制标准》《恶臭污染物排放标准》《含多氯联苯废物污染控制标准》等。

2. 废物利用污染控制标准

这类标准主要有《建筑材料用工业废渣放射性物质限制标准》《农用污泥中污染物控制标准》《用于水泥和混凝土中的粉煤灰》。

3. 设施控制标准

目前已经颁布或正在制定的标准大多属于这类标准，如《一般工业固体废物贮存、处置场污染控制标准》《生活垃圾填埋场污染控制标准》《生活垃圾焚烧污染控制标准》《危险废物填埋污染控制标准》《危险废物焚烧污染控制标准》《危险废物贮存污染控制标准》等。这些标准中规定了各种处置设施的选址、设计与施工、入场、运行、封场的技术要求和释放物的排放标准以及监测要求。

（四）综合利用标准

为推进固体废物的"资源化"，并避免在废物"资源化"过程中产生"二次"污染，国家生态环境部制定了一系列有关固体废物综合利用的规范和标准，如《大宗固体废物综合利用实施方案》《关于煤炭工业"十三五"节能环保与资源综合利用的指导意见》《关于进一步加强城市生活垃圾焚烧处理工作的意见》《城市生活垃圾堆肥处理厂运行、维护及其安全技术规程》《废塑料回收与再生利用污染控制技术规范》以及电镀污泥、磷石膏等废物综合利用的规范和技术规定。

习题与思考题

1. 何谓固体废物？其特点有哪些？
2. 简述固体废物的来源及其分类，并对每类举 1～2 个例子。
3. 影响生活垃圾产生量的因素有哪些？
4. 固体废物的污染途径包括哪些？
5. 固体废物对环境有何危害？固体废物污染控制的途径有哪些？
6. 什么是固体废物的处理和处置？固体废物的处理与处置方法有哪些？
7. 简述固体废物"三化"管理原则的具体含义。
8. 我国有哪些管理制度与固体废物管理相关？有哪些固体废物管理标准？

第二章　固体废物的收集和运输

固体废物来源广泛,其组成、形状、大小、性质各异,在贮存、处理、处置或资源化利用前,需要将其从产生源收集并运输到处理处置设施或指定贮存场所。某些固体废物的收运是一项困难而复杂的工作,比如城市生活垃圾产生于千家万户及各个街道,这给生活垃圾的收集、运输带来很大困难。此外,不同固体废物,特别是危险废物,其收集、运输、管理等要求均与一般固体废物不同,需要区别对待。

第一节　城市生活垃圾的收集与运输

收集与运输是城市生活垃圾处理系统中的第一环节,也是耗资最大、操作最为复杂的一环。据统计,垃圾的收集和运输费用占整个处理系统费用的 60%～80%。因此,必须科学地制订合理的收集运输计划,以提高收集运输效率,降低此过程的费用。

城市垃圾的收集、运输可以分为三个阶段。第一阶段是垃圾发生源到垃圾桶的过程,即搬运与贮存(简称运贮)。第二阶段是垃圾的清除与收集(简称清运),通常指垃圾的近距离运输。一般用清运车辆沿一定路线收集贮存设施中的垃圾,并运至垃圾堆场或转运站,有时也可就近送至垃圾处理厂或处置场。第三阶段为转运,特指垃圾的远距离运输,即在转运站将垃圾转载至大容量运输工具上,运至远处的最终处置场。

一、生活垃圾的搬运与贮存

在城市垃圾收集运输前,城市垃圾的产生者必须将各自产生的生活垃圾短距离搬运至垃圾桶,进行暂时的贮存。这是整个垃圾收集运输的第一步。必须对此过程进行科学的管理,以提高垃圾收集运输管理的效率,为后续的处理处置降低费用,改善环境卫生,保障居民健康。

(一)垃圾的搬运管理

1. 居民住宅区的垃圾搬运

居民住宅区垃圾一般有两种搬运方式。第一种方式是由居民自行负责将产生的生活垃圾送至公共贮存容器、垃圾集装点或垃圾收集车内。国内多采用这种方式。第二种方式是由环卫部门的收集工人负责从各住宅把垃圾运至垃圾集装点或垃圾车内。但这种方式需要居民付费,且消耗大量的劳动力和作业时间,对于人口众多、经济欠发达的我国尚难以普及,而在发达国家应用较多。

2. 商业区与企业单位的垃圾搬运

商业区与企业单位的垃圾一般由产生者自行负责收集运输,环卫部门负责监督管理。如需委托环卫部门代为收运时,则其使用的垃圾收集容器应与环卫部门的收运车辆相配套,搬运地点和时间也应与环卫部门协商而定。

（二）垃圾的贮存管理

由于城市垃圾产生量、产生时间的不均匀性和随意性，以及环卫部门收集清除的规律性，需要设置垃圾贮存容器。

1. 垃圾贮存容器的分类

城市垃圾贮存容器类型繁多，可按照使用和操作方式、容量大小、容器形状以及材质等不同标准进行分类。按照材质，目前垃圾贮存容器可分为塑料垃圾桶、钢制垃圾桶、塑料袋以及纸袋。塑料垃圾桶重量轻而造价低，应用较为广泛，但不耐热，易损坏，使用寿命低；钢制垃圾桶结实耐用，但笨重且造价高昂。现已广泛提倡使用垃圾袋和纸袋贮存垃圾，以减少垃圾桶的清洗次数。

2. 垃圾贮存容器的标记

对垃圾贮存容器进行标记，可以促进垃圾的分类收集，并能降低后续处理处置费用，易于回收利用资源。根据国家标准《生活垃圾分类标志》（GB/T 19095—2019），垃圾贮存容器、设施宜使用的颜色为：可回收垃圾容器颜色为蓝色，色标为 PANTONE 647C，有害垃圾容器颜色为红色，色标为 PANTONE 485C，厨余垃圾容器颜色为绿色，色标为 PANTONE 2259C，其他垃圾容器颜色为黑色，色标为 PANTONE BLACK 7C。

3. 垃圾贮存容器设置数量

垃圾贮存容器数量对整个垃圾处理处置系统费用影响很大，应进行科学的规划和估算。某区域各类垃圾存放容器的容量和数量应按使用人口以及各类垃圾日排出量、种类和收集频率计算。垃圾存放容器的总容纳量必须满足使用需要，垃圾不得溢出而影响环境。垃圾日排出量及垃圾贮存容器设置数量的计算方法应符合国家相应标准。

根据国家相应标准《环境卫生设施设置标准》（CJJ 27—2012），垃圾贮存容器设置数量按照下述方法计算。首先按照式（2-1）求出垃圾贮存容器收集范围内的垃圾日排出量：

$$Q = A_1 A_2 RC \tag{2-1}$$

式中　Q——垃圾日排出量，t/d；

　　　A_1——垃圾日排出量不均匀系数，$A_1 = 1.1 \sim 1.5$；

　　　A_2——居住人口变动系数，$A_2 = 1.02 \sim 1.05$；

　　　R——收集范围内规划人口数量，人；

　　　C——预测的人均垃圾日排出量，t/(人·d)。

然后按照式（2-2）、式（2-3）计算垃圾日排出体积：

$$V_{\text{ave}} = \frac{Q}{D_{\text{ave}} A_3} \tag{2-2}$$

$$V_{\text{max}} = KV_{\text{ave}} \tag{2-3}$$

式中　V_{ave}——垃圾平均日排出体积，m³/d；

　　　A_3——垃圾密度变动系数，$A_3 = 0.7 \sim 0.9$；

　　　D_{ave}——垃圾平均密度，t/m³；

　　　K——垃圾高峰时日排出体积的变动系数，$K = 1.5 \sim 1.8$；

　　　V_{max}——垃圾高峰时日排出最大体积，m³/d。

最后按照式（2-4）、式（2-5）计算出收集点所需设置的垃圾贮存容器数量：

$$N_{ave} = \frac{V_{ave}}{EB}A_4 \qquad (2\text{-}4)$$

$$N_{max} = \frac{V_{max}}{EB}A_4 \qquad (2\text{-}5)$$

式中 N_{ave}——平均所需设置的垃圾贮存容器数量。

$\quad\quad E$——单只垃圾贮存容器的容积,m^3/只。

$\quad\quad B$——垃圾贮存容器填充系数,$B=0.75\sim0.9$。

$\quad\quad A_4$——垃圾清除周期,d/次。当每日清除 2 次时,$A_4=0.5$;每日清除 1 次时,$A_4=1$;每两日清除 1 次时,$A_4=2$。以此类推。

$\quad\quad N_{max}$——垃圾高峰时所需设置的垃圾贮存容器数量。

当已知 N_{max} 时,即可确定服务地段应设置垃圾贮存容器的数量,然后再适当地配置在各服务地点。容器最好集中于收集点,垃圾收集点的服务半径不宜超过 70 m。在规划建造新住宅区时,未设垃圾收集站的多层住宅每四幢应设置一个垃圾收集点,并建造垃圾贮存容器间,安置活动垃圾箱(桶);容器间内应设给排水和通风设施。

4. 分类贮存

分类贮存是指根据对生活垃圾回收利用或处理工艺的要求,由垃圾产生者自行将垃圾分为不同种类进行贮存,即就地分类贮存。城市垃圾的分类贮存与收集是复杂的工作,国外的分类方式如下:

(1) 分二类贮存,按可燃垃圾(主要是纸类)和不可燃垃圾分开贮存。其中塑料通常作为不可燃垃圾,有时也作为可燃垃圾贮存。

(2) 分三类贮存,按塑料除外的可燃物,塑料,玻璃、陶瓷、金属等不燃物三类分开贮存。

(3) 分四类贮存,按塑料除外的可燃物,金属类,玻璃类,塑料、陶瓷及其他不燃物四类分开贮存。金属类和玻璃类作为有用物质分别加以回收利用。

(4) 分五类贮存,在上述四类外,再挑出含重金属的干电池、日光灯管、水银温度计等危险废物作为第五类单独贮存收集。

根据我国生活垃圾特点,不同地方先后提出过两分法(即干湿分离)、三分法、四分法等,但均未得到大规模推广及普及。2017 年 3 月国务院出台了《生活垃圾分类制度实施方案》,计划在全国范围内实施垃圾强制分类工作。根据该方案,必须将有害垃圾作为强制分类的类别之一,同时参照生活垃圾分类及其评价标准,再选择确定易腐垃圾、可回收物等强制分类的类别。

二、生活垃圾的清除与收集

垃圾清运阶段的操作,不仅是按照收集线路收集垃圾桶中的垃圾,还包括清运车辆的往返运输过程以及在垃圾转运站的卸料等全过程。因此这一过程在整个收集运输系统中最复杂,耗资也最大。清运效率和费用的高低,主要取决于收集时间的长短。本节将主要讨论收集时间的估算。

(一)清运操作方式

清运系统可分为移动容器系统和固定容器系统两种。移动容器系统是从收集点将装满垃圾的容器运往转运站或处置场,倒空后再将容器送到原收集点,然后再去第二个垃圾收集点,如此重复直至该工作日结束[简便模式,图 2-1(a)];或者在去第一个收集点时,带去一只空的垃圾容器,以替换装满垃圾的容器,在运往转运站倒空后,又带着此空容器前往第二个垃圾收集点,如此重复,直至所有垃圾容器的垃圾被运往转运站[改进模式,图2-1(b)]。而在固定容器系统中,垃圾容器放在固定的收集地点不动,垃圾收集车辆到各个垃圾收集点收集垃圾,直至车装满或工作日结束。图2-2是固定容器系统示意图。

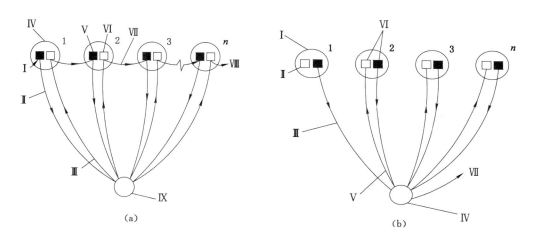

（a）简便模式

Ⅰ—从调度站来的车开始一天的行程;Ⅱ—满容器运往转运站;Ⅲ—空容器放回原收集点;Ⅳ—垃圾收集点;
Ⅴ—垃圾装车;Ⅵ—空容器放回原处;Ⅶ—车辆驶向下个收集点;Ⅷ—车辆返回调度站;Ⅸ—垃圾处置场或转运站。

（b）改进模式

Ⅰ—垃圾收集1点;Ⅱ—携带空容器的车辆,开始一天的行程;Ⅲ—满容器运到转运站;Ⅳ—处置场;
Ⅴ—空容器送到2垃圾收集点;Ⅵ—1点的空容器放在2点,2点容器运往转运站;
Ⅶ—携带空容器的车辆返回调度站。

图 2-1　移动容器系统

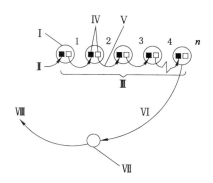

Ⅰ—垃圾收集点;Ⅱ—调度站开来的空车,开始一天的行程;Ⅲ—收集线路;Ⅳ—将容器中的垃圾装入收集车;
Ⅴ—驶向下一个收集点;Ⅵ—满载的收集车驶向转运站;Ⅶ—处置场或转运站、加工场;Ⅷ—车辆返回调度站。

图 2-2　固定容器系统

（二）收集时间计算

收集成本的高低,主要取决于收集时间的长短。因此将收集活动分解为几个单元操作,根据以往的数据,研究每个单元操作完成的时间,从而计算收集成本。收集时间可以分解为四个基本用时,即集装时间、运输时间、在处置场花费的时间和非生产性时间。下面就移动容器系统和固定容器系统的收集时间分别进行讨论。

1. 移动容器系统

(1) 集装时间

对于简便模式,每次双程集装时间分三个部分,包括车辆在收集地点之间的行驶时间、提起垃圾容器装车时间和把垃圾容器放回原处时间。对于改进模式,则只有后两项时间。用公式表示为:

$$P_{hcs} = t_{pc} + t_{uc} + t_{dbc} \tag{2-6}$$

式中　P_{hcs}——每个双程的集装时间,h;

　　　t_{pc}——提起垃圾容器装车时间,h;

　　　t_{uc}——垃圾容器放回原处时间,h;

　　　t_{dbc}——收集地点之间的行驶时间,h。

如果收集地点之间的行驶时间未知,可用下面的运输时间[式(2-7)]估算。估算时,用收集点之间的距离代替双程运输距离。

(2) 运输时间

运输时间是指垃圾车将装满垃圾的容器从收集点运到转运站和将空垃圾容器从转运站运到收集点所需的时间。当集装时间和在处置场的时间相对稳定时,运输时间取决于运输距离和车辆速度。分析大量收集车的运输数据,发现可用式(2-7)近似计算运输时间:

$$h = a + bx \tag{2-7}$$

式中　h——运输时间,h;

　　　a——经验常数,h;

　　　b——经验常数,h/km;

　　　x——每个双程的运输距离,km。

a、b 两个数值是由经验取得的,称为车辆速度常数,它们的数值与车辆速度极限有关。

(3) 在处置场花费的时间

该时间是指垃圾车在处置场的停留时间,包括卸车时间和等待卸车时间,用字母 S 表示(单位:h)。

(4) 非生产性时间

非生产性时间是指在收集操作过程中非生产性劳动所花费的时间。例如每天的报到、分配工作等花费的时间及车辆维护时间等。常用 $w(\%)$ 表示非生产性时间占总时间的百分数。

因此,一次完整的收集清运操作所需时间(T_{hcs})可用式(2-8)表示:

$$T_{hcs} = (P_{hcs} + S + h)/(1 - w) \tag{2-8}$$

在求出 T_{hcs} 后,每日每辆车的双程行程次数可用式(2-9)求出:

$$N_d = H/T_{hcs} \tag{2-9}$$

式中　N_d——每日每辆车的双程行程次数;

　　　H——各工作日的时间,h/d;

　　　其余符号含义同前。

每周所需的双程行程次数,即行程数可根据收集范围的垃圾量和容器平均容量,用式(2-10)求出：

$$N_w = V_w/Cf \tag{2-10}$$

式中　N_w——每周的行程次数,即行程数(若计算值带小数,将其进位到整数)；

　　　V_w——每周的垃圾产生量,m^3；

　　　C——垃圾容器平均容量,m^3；

　　　f——加权容器平均充填系数。

　　所以,每周所需作业时间可由式(2-11)求出：

$$D_w = N_w/N_d \tag{2-11}$$

式中　D_w——每周所需工作时间,d；

　　　N_w——每周行程数(整数)；

　　　其余符号含义同前。

　　应用式(2-7)至式(2-11)即可计算出移动容器系统收集时间,并据此合理编制作业计划。

2. 固定容器系统

　　由于运输车辆只需在各收集点间单程行车,故与移动容器系统相比,固定容器系统效率较高。但该方式对设备的要求也较高。例如,由于在现场集装垃圾,故要求设备的防尘性能较好,以防扬尘,引起大气污染。此外,为了提高运输效率,运输车辆应尽量一次收集尽可能多的垃圾,这就要求收集车辆的容积尽量大,最好配备垃圾压缩设备。固定容器系统的一次行程中,装卸时间是关键因素。由于装卸有机械装卸和人工装卸之分,故计算方法也略有不同。

　　(1) 机械装卸

　　一般用压缩机自动装卸垃圾,每个行程所需时间用式(2-12)表示：

$$T_{scs} = (P_{scs} - S - h)/(1 - w) \tag{2-12}$$

式中　T_{scs}——每个行程所需时间,h；

　　　P_{scs}——每个行程的集装时间,h；

　　　其余符号含义同前。

　　式(2-12)与式(2-8)的不同之处在于集装所需时间。对于固定容器系统,集装时间可由式(2-13)得到：

$$P_{scs} = C_t t_{uc} + (N_p - 1)t_{dbc} \tag{2-13}$$

式中　P_{scs}——每个行程的集装时间,h；

　　　C_t——每个行程出空的容器数；

　　　t_{uc}——出空一个容器的平均时间,h；

　　　N_p——每一行程经过的收集点数；

　　　t_{dbc}——每一行程各收集点之间的平均行驶时间,h。

　　如果收集点之间的平均行驶时间未知,也可用式(2-7)进行估算。估算时,用收集点之间的距离代替双程运输距离。

　　每个行程出空的容器数与收集车容积、压缩比以及容器容积有关,其关系可用式(2-14)表达：

$$C_t = Vr/(C \cdot f) \tag{2-14}$$

式中　C_t——每个行程出空的容器数；

V——收集车容积，m^3；

r——压缩比；

其余符号含义同前。

每周需要的行程数可用式(2-15)求出：

$$N_w = V_w/(V \cdot r) \qquad (2-15)$$

式中　N_w——每周行程数；

其余符号含义同前。

因此，每周需要的收集时间为：

$$D_w = [N_w P_{scs} + t_w(S + a + bx)]/[(1 - w)] \qquad (2-16)$$

式中　D_w——每周收集时间，d；

t_w——N_w值进到大整数的数值；

其余符号含义同前。

(2) 人工装卸

人工装卸垃圾的车辆，每日完成的收集行程数已知或不变。因此，可利用

$$N_d = (1 - w)H/(P_{scs} + S + h) \qquad (2-17)$$

求得集装所需时间(P_{scs})：

$$P_{scs} = (1 - w)H/N_d - (S + h) \qquad (2-18)$$

每一行程完成收集的收集点数可由式(2-19)估算：

$$N_p = 60 P_{scs} \cdot n/t_p \qquad (2-19)$$

式中　N_p——每一行程完成收集的收集点数；

60——小时转换为分钟的单位转换因子；

n——收集工人数；

t_p——每个收集点需要的集装时间，min；

其余符号含义同前。

t_p可由式(2-20)求得：

$$t_p = 0.72 + 0.18C_n + 0.014(\text{PRH}) \qquad (2-20)$$

式中　C_n——每个收集点上平均垃圾容器数；

PRH——服务到居民家中收集点占全部收集点的百分数，%。

垃圾车辆的合适车型尺寸可由式(2-21)求得：

$$V = V_p N_p/r \qquad (2-21)$$

式中　V——垃圾车的体积，m^3；

V_p——每个收集点收集的垃圾体积，m^3；

其余符号含义同前。

每周的行程数可由式(2-22)得到：

$$N_w = T_p F/N_p \qquad (2-22)$$

式中　N_w——每周的行程数；

T_p——收集点数；

F——每周收集频率；

其余符号含义同前。

因此

$$D_w = [N_w P_{scs} + t_w(S + a + bx)]/[(1 - w)] \tag{2-23}$$

（三）收集车辆

1. 收集车类型

不同地域的城市可根据当地的经济、交通、垃圾组成特点、垃圾收运系统的构成等实际情况,开发使用与其相适应的垃圾收集车。国外垃圾收集清运车类型很多,许多国家和地区都有自己的收集车分类方法和型号规格。尽管各类收集车构造形式有所不同(主要是装车装置),但它们都有一个共同点,即规定一律配置专用设备,以实现不同情况下城市垃圾装卸车的机械化和自动化。一般应根据整个收集区内不同建筑密度、交通便利程度和经济实力选择最佳车辆规格。按装车形式大致可分为前装式、侧装式、后装式、顶装式、集装箱直接上车等形式。

下面简要介绍几种国内常使用的垃圾收集车。

（1）简易自卸式收集车

这是国内出现较早的垃圾专用车,一般是在通常的卡车上加装液压倾卸机构和装料箱后改装而成(载重量 3～5 t)的。常见的有两种形式:一是罩盖式自卸收集车,为了防止运输途中垃圾飞散,在原敞口的货车上加装防水帆布盖或框架式玻璃钢罩盖,后者可通过液压装置在装入垃圾前启动罩盖,要求密封程度较高;二是密封式自卸车,即车厢为带盖的整体容器,顶部开有数个垃圾投入口。简易自卸式收集车一般配以叉车或铲车,便于在车厢上方机械装车,适宜于固定容器收集法作业。

（2）活动斗式收集车

这种收集车的车厢作为活动敞开式贮存容器,平时放置在垃圾收集点。因车厢贴地且容量大,适宜贮存装载大件垃圾,故亦称为多功能车,用于移动容器收集法作业。牵引车定期把装满垃圾的活动斗运至转运站或处理场地,卸空后再把活动斗放回原收集点,用于下一次垃圾的贮存和收集。

（3）侧装式密封收集车

这种车型车辆内侧装有液压驱动提升机构,提升配套圆形垃圾桶,可将地面上垃圾桶提升至车厢顶部,由倒入口倾翻,空桶复位至地面。倒入口有顶盖,随桶倾倒动作而启闭。国外这类车的机械化程度高,改进形式很多,一个垃圾桶的卸料周期不超过 10 s,可保证较高的工作效率。另外提升架悬臂长、旋转角度大,可以在相当大的作业区内抓取垃圾桶,故车辆不必对准垃圾桶停放。

（4）后装式压缩收集车

这种车在车厢后部开设投入口,装配有压缩推板装置。通常投入口高度较低,能适应居民中老年人和小孩倒垃圾,同时由于有压缩推板,适应体积大、密度小的垃圾收集。这种车与手推车收集垃圾相比,工作效率提高 6 倍以上,大大减轻了环卫工人的劳动强度,缩短了工作时间,另外还减少了二次污染,方便了群众。

2. 收集车数量配备

收集车数量配备是否得当,关系到费用及收集效率。收集服务区需配备的各类收集车辆数量可参照下列公式计算:

简易自卸车数＝垃圾日平均产生量/(车额定吨位×日单班收集次数定额×完好率)

式中,垃圾日平均产生量按式(2-1)计算;日单班收集次数定额按各省、直辖市、自治区环卫定额计算;完好率按85%计。

多功能车数＝垃圾日平均产生量/(车厢额定容量×厢容积利用率×

日单班收集次数定额×完好率)

式中,厢容积利用率按50%～70%计;完好率按80%计;其余含义同前。

侧装密封车数＝垃圾日平均产生量/(桶额定容量×桶容积利用率×

日单班装桶数定额×日单班收集次数定额×完好率)

式中,日单班装桶数定额按各省、直辖市、自治区环卫定额计算;完好率按80%计;桶容积利用率按50%～70%计;其余含义同前。

(四)收集次数与作业时间

垃圾收集在我国各城市住宅区、商业区基本上要求及时收集,即日产日清。在欧美各国则划分较细,一般情形,对于住宅区厨房垃圾,冬季每周二三次,夏季至少三次;对旅馆酒家、食品工厂、商业区等,不论夏冬每日至少收集一次;煤灰夏季每月收集二次,冬季改为每周一次;如厨房垃圾与一般垃圾混合收集,其收集次数可采取二者之折中或酌情而定。国外对废旧家用电器、家具等庞大垃圾则定为一月两次,对分类贮存的废纸、玻璃等亦有规定的收集周期。

垃圾收集时间,大致可分昼间、晚间及黎明三种。住宅区最好在昼间收集,晚间可能骚扰住户;商业区则宜在晚间收集,此时车辆行人稀少,可增快收集速度;黎明收集,可兼有白昼及晚间之利,但集装操作不便。总之,收集次数与时间,应视当地实际情况,如气候、垃圾产量与性质、收集方法、道路交通、居民生活习俗等确定,不能一成不变,其原则是希望能在卫生、迅速、低价的情形下达到垃圾收集目的。

(五)垃圾收集站

根据《环境卫生设施设置标准》(CJJ 27—2012)的规定,垃圾收集站的设立应遵循"三同时制度",即在新建、扩建或改建的居住区,垃圾收集站应与居住区同步规划、同步建设和同时投入使用。

垃圾收集站设置要求:收集站的服务半径不宜超过0.8 km。收集站的规模应根据服务区域内规划人口数量产生的垃圾最大月平均日产生量确定,宜达到4 t/d以上。收集站的设备配置应根据其规模、垃圾车厢容积及日运输车次来确定。建筑面积不应小于80 m²。收集站的站前区布置应满足垃圾收集小车、垃圾运输车的通行和方便、安全作业的要求,建筑设计和外部装饰应与周围居民住宅、公共建筑物及环境相协调。收集站应设置一定宽度的绿化带。收集站内应配置给排水设施。

(六)收运线路设计

在作业时间、收集车辆、收集操作方法以及收集人员确定后,就应当对收运线路进行科学的规划,以高效地发挥劳动力和设备的作用。收运线路规划的科学性与否是收运工作经济性高低的关键,因此收运线路规划是生活垃圾收运系统中研究最多的问题。

1. 收集线路注意因素

① 收集地点和收集频率应与现行法规标准等一致;② 收集人员的多少和车辆类型应与现实条件相协调;③ 行驶线路不应重叠,要尽可能紧凑;④ 线路的开始尽可能靠近车库,

线路的开始与结束应邻近主要道路,尽可能地利用地形和自然疆界作为线路的疆界;⑤ 在陡峭地区,线路开始应在道路倾斜的顶端,下坡时收集,便于车辆滑行;⑥ 对于一次只收集街道一侧的垃圾的线路,运输路线尽可能安排为沿着街区的顺时针方向;⑦ 线路上最后收集的垃圾桶应离处置场的距离最近;⑧ 交通拥挤地区的垃圾应尽可能地安排在一天的开始时收集;⑨ 垃圾量大的地区应安排在一天的开始时收集;⑩ 如果可能,收集频率相同而垃圾量小的收集点应在同一天或同一个旅程收集。

2. 线路设计步骤

图 2-3 中,F/N 数字中,F 表示收集频率,N 表示垃圾容器的数目。例如 5/1,表示每周收集 5 次,有 1 只垃圾桶。

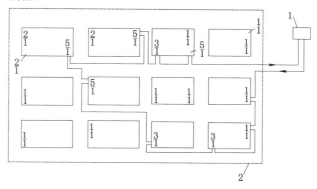

1—调度站或车库;2—工作边界。

图 2-3　某工作使用平面图

第一步,在适当比例的地形图上标出垃圾清运区域边界、道口,每个垃圾桶的放置点,垃圾桶的数量和收集频率。如果是固定容器系统,还应标明各收集点的垃圾产生量。根据面积的大小和放置点的数目,将地区划分成长方形和方形的小区域,使之与工作所使用的面积相符合(见图 2-3)。第二步,根据这个平面图,将每周收集频率相同的收集点的数目和每天需要出空的垃圾桶数目列出一张表,如表 2-1 所示。第三步,从调度站或垃圾车停车场开始设计初步的每天收集线路。第四步,对初步收集线路进行比较,通过反复试算进一步均衡收集线路,使每周各个工作日收集的垃圾量、行驶路程、收集时间等大致相等,最后将确定的收集线路画在收集区域图上。

表 2-1　容器收集工作运筹表

收集频率 (1)	收集点数目 (2)	每周行程次数 (1)×(2)=(3)	每日出空容器数				
			周一	周二	周三	周四	周五
1	10	10	2	2	2	2	2
2	3	6	0	3	0	3	0
3	3	9	3	0	3	0	3
4	0	0	0	0	0	0	0
5	4	20	4	4	4	4	4
总计	20	45	9	9	9	9	9

以上步骤是针对移动容器系统的,固定容器系统与此基本相同,只是第二步以每天收集的垃圾量来平衡制表。

三、生活垃圾的转运及转运站设计

在生活垃圾收运系统中,第三阶段的操作称为转运,它是指利用转运站将从各分散收集点较小的收集车收集的垃圾,转运到大型运输工具上并将其远距离运输到垃圾处理设施或处置场的过程。转运站就是指进行上述转运过程的建筑设施和设备。

(一)转运站的功能

(1)集中收集和暂时储存来源分散的各种生活垃圾。

(2)对垃圾进行适当的预处理,如压实、破碎等,还可以回收塑料、金属、废纸等有用资源。

(3)降低收运费用。

(二)转运站的分类

按转运规模划分,可划分为大型、中型和小型三大类,或者Ⅰ类、Ⅱ类、Ⅲ类、Ⅳ类、Ⅴ类等五小类,如表2-2所示。

表 2-2　转运站主要用地指标

类型		设计转运量/(t/d)	用地面积/m²	与相邻建筑间隔/m	绿化隔离带宽度/m
大型	Ⅰ类	≥1 000,≤3 000	≥1 500,≤3 000	≥30	≥20
	Ⅱ类	≥450,<1 000	≥10 000,<15 000	≥20	≥15
中型	Ⅲ类	≥150,<450	≥4 000,<10 000	≥15	≥8
小型	Ⅳ类	≥50,<150	≥1 000,<4 000	≥10	≥5
	Ⅴ类	<50	≥500,<1 000	≥8	≥3

注:① 表内用地不包括垃圾分类、资源回收等其他功能用地;② 用地面积含转运站周边专门设置的绿化隔离带,但不含兼起绿化隔离作用的市政绿地和园林用地;③ 与相邻建筑间隔自转运站边界起计算;④ 对于邻近江河、湖泊、海洋和大型水面的城市生活垃圾转运码头,其路上转运站用地指标可适当上浮;⑤ 以上规模类型Ⅱ类、Ⅲ类、Ⅳ类含下限值、不含上限值,Ⅰ类含上下限值。

(三)城市垃圾转运站的设计

生活垃圾转运站的详细设计可参考《生活垃圾转运站技术规范》(CJJ/T 47—2016)和相关技术手册,现仅就生活垃圾转运站的选址、规模和环境保护作简单介绍。

1. 生活垃圾转运站的选址

生活垃圾转运站的选址要注意:① 符合城市总体规划和环境卫生专项规划的要求;② 综合考虑服务区域、转运能力、运输距离、污染控制、配套条件等因素的影响;③ 设在交通便利、易安排清运线路的地方;④ 满足供水、供电、污水排放的要求;⑤ 在运距较远,并具备铁路运输或水路运输条件时,宜设置铁路或水路运输转运站。

生活垃圾转运站不应设在下列地区:① 立交桥或平交路口旁,以及大型商场、影剧院出入口等繁华地段,以免造成交通堵塞;② 学校、餐饮店等群众日常生活聚集场所,以免对群众的健康和正常生活造成危害。

2. 生活垃圾转运站的规模设计计算

生活垃圾转运站的设计规模可按式(2-24)计算:

$$Q_d = K_s \cdot Q_c \tag{2-24}$$

式中 Q_d——转运站设计规模（日转运量），t/d；

Q_c——服务区垃圾收集量（年平均值），t/d；

K_s——垃圾排放季节性波动系数，应按当地实测值选用，无实测值时可取 1.3～1.5。

当服务区垃圾收集量无实测值时，可按式(2-25)计算：

$$Q_c = n \cdot p/1\,000 \tag{2-25}$$

式中 n——服务区内实际服务人数，人；

p——服务区内人均垃圾排放量，kg/（人·d），应按当地实测值选用，无实测值时可取 0.8～1.2 kg/（人·d）。

当转运站由若干转运单元组成时，各单元的设计规模及配套设备应与总规模相匹配。转运总规模可按式(2-26)计算：

$$Q_t = m \cdot Q_u \tag{2-26}$$

式中 Q_t——由若干转运单元组成的转运站的总设计规模（日转运量），t/d；

Q_u——单个转运单元的转运能力，t/d；

m——转运单元的数量。

其中，转运站的服务半径应符合下列要求：① 采用人力方式进行垃圾收集时，收集服务半径宜为 0.4 km 以内，最大不应超过 1.0 km；② 采用小型机动车进行垃圾收集时，收集服务半径宜为 3.0 km 以内，最大不应超过 5.0 km；③ 采用中型机动车进行垃圾运输时，可根据实际情况扩大服务半径；④ 当垃圾处理设施距垃圾收集服务区平均运距大于 30 km 且垃圾收集量足够时，应设置大型转运站，必要时宜设置二级转运站。

3. 生活垃圾转运站的环境保护

若生活垃圾转运站操作管理不善，常会给环境带来危害，并可能引起附近居民的不满。故大多数现代化及大型垃圾转运站都采用封闭形式，规范作业，并采取一系列的环保措施。

① 转运站的环境保护配套措施必须采取"三同时制度"，即必须与转运站主体设施同时设计、同时建设、同时启用。

② 中型以上转运站应通过合理布局建（构）筑物、设置绿化隔离带、配备污染防治设施和设备等措施，对转运过程产生的污染进行有效防治。

③ 转运站应结合垃圾转运单元的工艺设计，强化在装卸垃圾等关键位置的通风、降尘、除臭措施；大型转运站必须设置独立的抽排风/除臭系统。

④ 配套的运输车辆必须有良好的整体密封性能。

⑤ 应对转运作业过程产生的噪声进行控制，并应符合《声环境质量标准》(GB 3096—2008)的规定。

⑥ 转运站应根据所在地区水环境质量要求和污水收集、处理系统等具体条件，确定污水排放、处理形式，并应符合国家现行有关标准及当地环境保护部门的要求。

⑦ 转运站的绿化隔离带应强化其隔声、降噪等环保功能。

第二节 其他固体废物的收集与运输

一、工业固体废物的收集与运输

我国工业固体废物的处理处置原则是"谁产生、谁负责","谁污染、谁治理"。工业企业对其产生的工业固体废物,必须按照国务院环境保护行政主管部门的规定建设贮存或处置的设施、场所,安全分类存放,或者进行资源化利用、无害化处置。这就需要将工业固体废物收集、运输到贮存或处置场所,同时避免收运过程中的环境污染。通常,工业固体废物的收集应遵循以下原则:工业固体废物的收集要以工业区规划为基础;工业固体废物的收集必须以企业为负责人;在资源综合利用基础上实行规模处理和处置,建立厂商或者企业之间的资源综合利用线路图和集中处理处置运输线路图;建立固体废物收集运输调度机构。

工业固体废物的收集、运输方式主要有车辆运输、铁路运输、管道运输和船舶运输等方式。所采用的收集、运输机械应与所收集和运输的废物的性质、状态等特征相适应。车辆运输具有灵活、便利的特点,方便上门收集和运送,短距离运输的运营成本较低,并且可与其他运输方式相结合使用,因此也是应用最广泛的一种方式。当运输距离较长时,车辆运输的成本高、效率低,铁路运输的优势就比较明显,而且铁路运输不受公路路况影响,时效更加有保证。船舶运输也是一种适合长距离运输的方法,适合沿江(河)、临海的企业,但受自然条件的限制,不能大范围推广普及。管道运输方式是一种不受天气影响,不用人工的低公害运输方式,但一般仅限于企业内部的颗粒废物或半固态、液态废物的输送。

二、危险废物的收集与运输

(一)危险废物的收集与贮存

危险废物的收集、贮存、运输应符合《危险废物收集 贮存 运输技术规范》(HJ 2025—2012)的规定。在进行特殊危险废物收集、贮存、运输时,除应遵守该规范外,还应符合国家现行的有关强制性标准的规定。

通常情况下,危险废物的收集有两种情况,一种是由产生者负责的危险废物产生源内的收集,另一种是由运输者负责的在一定区域内对危险废物产生源的收集。危险废物产生者如无妥善处理危险废物的技术设施,必须将其产生的危险废物交给持有危险废物经营许可证的单位进行运输、利用、处理、处置,严禁擅自倾倒、排放或交未经认证的取得经营资格的单位进行处理、处置。

危险废物的产生部门、单位或个人,都必须备有一种安全存放这种废物的装置,一旦危险废物产生,迅速将其妥善地放进装置内,并加以保管,直至运出产地做进一步贮存、处理或处置。危险废物包装、贮存容器应符合《危险废物贮存污染控制标准》(GB 18597—2001)中的相关规定,医疗废物承装容器应符合《医疗废物专用包装袋、容器和警示标志标准》(HJ 421—2008)的规定。危险废物的贮存设施应设立危险废物警告标志。

危险废物产生者在将危险废物运往处理、处置场所进行处理、处置之前必须对危险废物进行适当的包装并粘贴危险废物标签。同一包装容器、包装袋不能同时装盛两种以上不同性质或类别的危险废物。

典型的收集站由砌筑的防火墙及铺设有混凝土地面的若干库房式构筑物所组成,地质结构稳定,设施底部必须高于地下水最高水位。贮存废物的库房室内应保证空气流通,以防具有毒性和爆炸性的气体积聚产生危险。收进的废物应详实登载其类型和数量,并充分考虑拟堆放的危险废物的特点,并应按不同性质分别妥善存放。

转运站的位置宜选择在交通路网便利的区域,转运站由设有隔离带或埋于地下的液态危险废物贮罐、分离系统及盛装有废物的桶或罐等库房群所组成。站内工作人员应负责办理废物的交接手续,按时将所收存的危险废物如数装进运往处理场的运输车厢,并责成运输者负责运输途中安全。转运站内部的运作方式及程序可参见图 2-4。

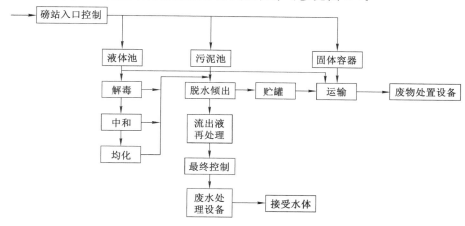

图 2-4　危险废物转运站的内部运行系统

（二）危险废物的运输

危险废物的运输,是指使用专用的交通工具,通过公路、水路、铁路等方式,或者通过管道方式转移危险废物的过程。危险废物转移,是指以贮存、利用或者处置危险废物为目的,在符合相关环境保护要求的前提下,将危险废物从移出人的厂区(场所)移出,交付承运人并移入接受人的厂区(场所)的过程。为保障危险废物运输转移过程的安全性,防止出现非法转移、倾倒等违法犯罪活动,除了对废物包装、转移车辆、标识、承运人/接受人资质等有严格要求外,我国还实行危险废物转移联单管理制度。《危险废物转移联单管理办法》已于 1999 年施行,为了进一步实现全程管控,提高效率,加强危险废物转移活动的监督管理,防止危险废物污染环境,2017 年国家生态环境部形成了《危险废物转移管理办法(修订草案)》征求意见稿,2020 年《中华人民共和国固体废物污染环境防治法》修订后,又形成了《危险废物转移环境管理办法(修订草案)》(征求意见稿),对危险废物运输转移过程提出了更为严格、明确、具体的要求。

习题与思考题

1. 生活垃圾的收集和运输可以划分为哪几个阶段?

2. 生活垃圾的清运系统有哪两种方式?

3. 根据垃圾收集线路设计原则,对你所在单位的垃圾收集线路进行最优化的设计。

4. 简述工业固体废物的收集原则。

5. 危险废物运输时有哪些要求?

第三章 固体废物的预处理

固体废物种类繁多,组成及性质千差万别。为使固体废物便于收集、运输、贮存,或满足后续处理、处置及资源化利用的要求,降低成本,提高效率,往往需要对固体废物进行预先的加工,即预处理。固体废物预处理技术主要包括对固体废物进行压实、破碎及分选等操作。

第一节 固体废物的压实

压实亦称压缩,是指通过外力加压于松散的固体废物,以缩小其体积,使其变得密实的操作。

一、压实的原理

当受到外界压力时,固体废物颗粒间会相互挤压、变形和破碎,空隙率减少,容重增大。压实的实质就是消耗压力能以减少空隙率、增加容重。此外,当采用高压压实时,除了空隙率减少,还可能产生分子晶格的破坏,从而使物质变性。

二、压实的目的和对象

固体废物压实处理的主要目的:增大容重,减小体积,便于装卸和运输,确保运输安全与卫生,降低运输成本;获得高密度惰性块料,便于贮存、填埋或作为建筑材料进行利用;减轻环境污染,节省填埋或贮灰场场地。

适于压实处理的固体废物应具有压缩性能大而复原性能小的特点,如金属加工厂的金属碎片、废金属丝、废电器、废纸箱等;不适于压缩的废物主要有玻璃、金属块、木头等已经很密实的固体,以及易燃易爆物品。

三、压实程度的衡量

（一）压缩比与压缩倍数

1. 压缩比

固体废物压实处理后体积减小的程度,称为压缩比,用符号 r 表示,则有:

$$r = \frac{V_f}{V_i}(r \leqslant 1) \tag{3-1}$$

式中　V_i——压实前废物的体积,m^3;

　　　V_f——压实后废物的体积,m^3。

压缩比 r 越小,压实效果越好。

2. 压缩倍数

固体废物压实处理后体积减小的倍数,称为压缩倍数,用符号 n 表示,则有:

$$n = \frac{V_i}{V_f}(n \geqslant 1) \tag{3-2}$$

显然,压缩倍数 n 与压缩比 r 互为例数,n 越大,表明压实效果越好。

（二）空隙比与空隙率

1. 空隙比

固体废物是固态颗粒与颗粒间空隙共同构成的集合体。因此,固体废物的总体积(V_m)就等于固态颗粒体积(V_s)与空隙体积(V_v)之和,即

$$V_m = V_s + V_v \tag{3-3}$$

固体废物的空隙比,是指空隙体积与固态颗粒体积的比,用 e 表示,则

$$e = \frac{V_v}{V_s} \tag{3-4}$$

2. 空隙率

固体废物的空隙率,是指空隙体积与固体废物总体积的比,常用 ε 表示,则

$$\varepsilon = \frac{V_v}{V_m} \tag{3-5}$$

空隙比或空隙率降得越低,则表明压实程度越高,压实效果越好。

（三）湿密度与干密度

忽略空隙中的气体质量,固体废物的总质量(W_h)等于固态颗粒质量(W_s)与水分质量(W_w)之和,即

$$W_h = W_s + W_w \tag{3-6}$$

1. 湿密度

固体废物的湿密度可由下式确定:

$$D_w = \frac{W_h}{V_m} \tag{3-7}$$

2. 干密度

固体废物的干密度可由下式确定:

$$D_d = \frac{W_s}{V_m} \tag{3-8}$$

实际上,固体废物收运及处理过程中测定的物料质量通常包含水分,故湿密度较为常用。压实前、后,固体废物密度值的变化是衡量压实效果的重要参数,也容易测定,故比较实用。

（四）体积减小百分比

压实处理后,固体废物体积减小百分比 $R(\%)$,可用下式表示:

$$R = (V_i - V_f)/V_i \times 100\% \tag{3-9}$$

式中,V_i 和 V_f 符号意义同前。

固体废物的压实程度取决于固体废物的种类和施加的压力。一般固体废物的压缩倍数为 3～5,同时采用破碎与压实两种处理技术,废物的压缩倍数可达 5～10 甚至更大。以城市生活垃圾为例,压实前容重通常在 0.1～0.6 t/m³,经过一般压实器或压实机械压实后容重可提高到 1 t/m³ 左右,体积可减少 60%～70%。某公司采用一种高压压实设备,对生活垃圾进行三次压缩,最后一次压力高达 25 MPa,制成的垃圾压缩块密度达到 1 380 kg/m³。

研究发现,由于高压产生的挤压和升温作用,垃圾中的 BOD 可从 6 000 mg/L 降至 200 mg/L,同时垃圾变成一种类塑料结构的惰性材料,自然暴露于空气中,3 年无任何明显降解。

四、压实设备类型

固体废物压实设备,可分为固定式压实器和移动式压实器两类。固定式压实器是指用人工或机械方法(液压方式为主)把废物送到压实机械里进行压实的设备。例如,各种家用小型压实器,废物收集车上配备的压实器,生活垃圾中转站配置的专用压实器等。移动式压实器主要指填埋场使用的轮胎式、履带式压土机,以及钢轮式压实机等。固定式压实器,通常由一个压实单元和一个容器单元组成,容器单元接受废物并把它们送入压实单元,压实单元中有一个液压或气压操作的挤压头,利用一定的挤压力把物料压成致密的形式。

第二节 固体废物的破碎

破碎是通过人力、机械力或其他外力的作用,破坏固体废物内部凝聚力而使废物破裂变碎的过程。进一步加工,将小块废物颗粒进一步破碎成细粉状的过程称为磨碎。破碎是一种常见的固体废物预处理技术,通过破碎预处理,可以使后续处理、处置或利用能够进行,或容易进行,或更加经济有效。

一、破碎的目的

对固体废物进行破碎处理,主要可以实现以下几个目的:

(1)减小固体废物的体积,便于压缩、运输、贮存和高密度填埋等;

(2)减小颗粒尺寸,增加废物比表面积,提高后续处理工艺(焚烧、热解等)的稳定性和处理效率;

(3)防止粗大、锋利的固体废物损坏后续处理工艺中的设备;

(4)使联生在一起的矿物或连接在一起的异种材料出现单体分离,便于回收利用。

二、破碎的原理

(一)破碎难易程度衡量

固体废物破碎的难易程度,可以用机械强度和硬度来表示。

1. 机械强度

固体废物的机械强度是指固体废物抗破碎的阻力,可以用抗压强度、抗拉强度、抗剪强度和抗弯强度等来表示。通常,以抗压强度来衡量固体废物的机械强度,抗压强度大于 250 MPa 的为坚硬固体废物,抗压强度在 40~250 MPa 的为中硬固体废物,抗压强度小于 40 MPa 的为软固体废物。

固体废物的机械强度与废物颗粒的粒度有关,粒度小的废物颗粒其宏观和微观裂缝比粒度大的颗粒要小,因而机械强度较高。

2. 硬度

硬度在一定程度上也可以反映固体废物破碎的难易程度。一般硬度越大的固体废物,其破碎难度越大。固体废物的硬度有两种表示方法:① 对照矿物的硬度确定。矿物的硬度按莫氏硬度分为十级,其软硬排列顺序如下:滑石、石膏、方解石、萤石、磷灰石、长石、石英、黄玉石、刚玉、金刚石,各种固体废物的硬度可通过与这些矿物相比较来确定。② 按废物破碎时的性状确定,分为最坚硬物料、坚硬物料、中硬物料和软质物料 4 种。

(二)破碎比和破碎段

破碎前后,原废物粒度与破碎产物粒度的比值称为破碎比。破碎比表示废物粒度在破碎过程中减少的倍数,表征了废物被破碎的程度。破碎比的表征方法主要有以下两种。

1. 极限破碎比

极限破碎比是用废物破碎前的最大粒度($D_{\max}$)与破碎后的最大粒度($d_{\max}$)的比值来确定的破碎比(i)。

$$i = \frac{D_{\max}}{d_{\max}} \tag{3-10}$$

2. 真实破碎比

真实破碎比是用废物破碎的平均粒度(D_{cp})与破碎后的平均粒度(d_{cp})的比值来确定的破碎比(i)。

$$i = \frac{D_{\mathrm{cp}}}{d_{\mathrm{cp}}} \tag{3-11}$$

一般破碎机的平均破碎比在 3~30 之间,磨碎机破碎比可达 40~400 以上。

固体废物每经过一次破碎机或磨碎机称为一个破碎段。如若要求的破碎比不大,则一段破碎即可。但若要求出料粒度很细,破碎比很大,则应根据实际需要将几台破碎机或磨碎机依次串联起来组成破碎流程,对固体废物进行多次(段)破碎。总破碎比(i)等于各段破碎比($i_1, i_2, i_3 \cdots, i_n$)的乘积,如下式所示:

$$i = i_1 \times i_2 \times i_3 \times \cdots \times i_n \tag{3-12}$$

破碎段数是决定破碎工艺流程的基本指标,它主要决定破碎废物的原始粒度和最终粒度。破碎段数越多,破碎流程越复杂,投资及运行费用相应增加,因此在满足破碎要求条件下,应尽量减少破碎段数。

(三)破碎流程

根据固体废物的性质、颗粒大小、要求达到的破碎比和经济性等要求,破碎可分为如下几个基本工艺流程,如图 3-1 所示。

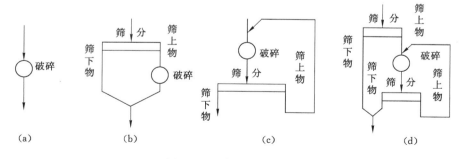

图 3-1 破碎基本工艺流程

(a)单纯破碎工艺;(b)带预先筛分破碎工艺;
(c)带检查筛分破碎工艺;(d)带预先筛分和检查筛分破碎工艺

三、破碎的方法与设备

破碎方法包括干式破碎、湿式破碎和半湿式破碎三类。干式破碎应用最为广泛,湿式破碎和半湿式破碎应用相对较少。按照所用外力即消耗的能量形式不同,干式破碎可分为机械能破碎和非机械能破碎。机械能破碎是利用机械对固体废物施力而将其破碎,非机械能破碎通常包括低温破碎、热力破碎、低压破碎和超声破碎等,消耗的具体能量形式不同。

目前,广泛应用的机械破碎有压碎、劈裂、折断、磨削、冲击破碎等方法(图 3-2),对应的破碎设备有颚式破碎机、剪切式破碎机、冲击式破碎机、球磨机等。

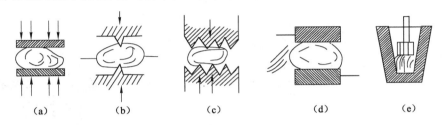

图 3-2 机械破碎方法
(a) 压碎;(b) 劈裂;(c) 折断;(d) 磨削;(e) 冲击

选择破碎方法时,应根据固体废物的机械强度或硬度而定。对于坚硬性废物,如各种废石、废渣等多采用挤压、劈裂、弯曲、冲击和磨削破碎;对于柔硬性废物,如废钢铁、废器材、废塑料、废橡胶等,多采用冲击、剪切破碎等。近些年来,还采用半湿式和湿式破碎等方式回收废物中的纸张。

(一) 颚式破碎

颚式破碎机具有构造简单、工作可靠、制造容易、维修方便等优点,至今仍在广泛应用。颚式破碎机通常按照可动颚板(动颚)的运动特性分为两种类型:动颚作简单摆动的颚式破碎机[图 3-3(a)],动颚作复杂摆动的颚式破碎机[图 3-3(b)]。近年来,液压技术在破碎设备上得到应用,出现了液压颚式破碎机[图 3-3(c)]。

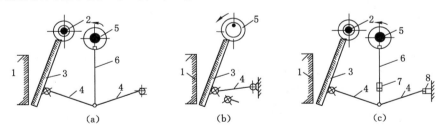

1—固定颚板;2—动颚悬挂轴;3—可动颚板;4—前(后)推力板;5—偏心轴;
6—连杆;7—连杆液压油缸;8—调整液压油缸。
图 3-3 颚式破碎机主要类型
(a) 简摆颚式破碎机;(b) 复摆颚式破碎机;(c) 液压颚式破碎机

1. 简单摆动颚式破碎机

图 3-4 为国产 2 100 mm×1 500 mm 简单摆动颚式破碎机构造图。它主要由机架、工作机构、传动机构、保险装置等部分组成。皮带轮带动偏心轴转动时,偏心定点牵动连杆上

下运动,也就牵动前后推力板做舒张及收缩运动,从而使动颚时而靠近固定颚,时而又离开固定颚。动颚靠近固定颚时就对破碎腔内的物料进行压碎、劈碎及折断。破碎后的物料在动颚后退时靠自重从破碎腔内落下。

2. 复杂摆动颚式破碎机

图 3-5 为复杂摆动颚式破碎机构造图。从构造上看,复杂摆动颚式破碎机与简单摆动颚式破碎机的区别是少了一根动颚悬挂的心轴,动颚与连杆合为一个部件,没有垂直连杆,轴板也只有一块。可见,复杂摆动颚式破碎机构造简单。但动颚的运动却较简单摆动颚式破碎机复杂,动颚在水平方向上有摆动,同时也在垂直方向运动,是一种复杂运动,故称复杂摆动颚式破碎机。复杂摆动颚式破碎机的优点是它的破碎产品粒度较细,破碎比大(一般可达 4~8,简摆型只达 3~6)。规格相同时,复杂摆动型比简摆型破碎能力高 20%~30%。

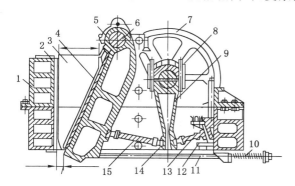

1—机架;2,4—破碎齿轮;3—侧面衬板;
5—可动颚板;6—心轴;7—飞轮;
8—偏心轴;9—连杆;10—弹簧;
11—拉杆;12—砌块;13—后推力板;
14—轴板支座;15—前推力板。

图 3-4 2 100×1 500 mm 简单摆动颚式破碎机构造

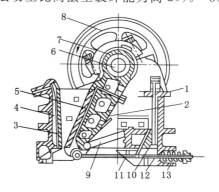

1—机架;2—可动颚板;3—固定颚板;
4,5—破碎齿板;6—偏心转动轴;7—轴孔;
8—飞轮;9—轴板;10—调节楔;
11—楔块;12—水平拉杆;13—弹簧。

图 3-5 复杂摆动颚式破碎机构造

(二)冲击破碎

冲击式破碎机大多是旋转式,利用旋转产生的冲击作用进行破碎。给入破碎机空间的物料块,被绕中心轴高速旋转的转子猛烈碰撞后,受到第一次破碎;物料从转子获得能量高速飞向坚硬的机壁,受到第二次破碎;在冲击过程中弹回的物料再次被转子击碎,难于破碎的物料,被转子和固定板挟持而剪断,破碎产品由下部排出。

冲击式破碎机具有破碎比大、适应性强、构造简单、操作方便、易于维护等特点,适用于破碎中等硬度、软质、脆性、韧性及纤维状等多种固体废物。

1. 反击式破碎机

图 3-6 为 Hazemag 型反击式破碎机。该机装有两块反击板,形成两个破碎腔,转子上安装有两个坚硬的板锤。机体内装有特殊钢制衬板,用以保护机体不受损坏。固体废物从上部给入,在冲击和剪切作用下破碎。该机主要用来破碎家具、器具、电视机、草垫等大型固体废物,处理能力为 50~60 m³/h,碎块为 30 cm。也可用来破碎瓶类、罐头等不燃废物,处理能力为 15~90 m³/h。

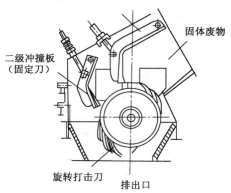

图 3-6　Hazemag 型反击式破碎机

2. 锤式破碎机

目前,用于破碎固体废物的锤式破碎机主要有以下几种:

(1) BJD 普通锤式破碎机

BJD 锤式破碎机如图 3-7 所示,转子转速 1 500～4 500 r/min,处理量 7～55 t/h。它主要用于破碎家具、电视机、电冰箱、洗衣机等大型废物,破碎块可达到 50 mm 左右。该机设有旁路,不能破碎的废物由旁路排出。

(2) BJD 型金属切削锤式破碎机

BJD 型金属切削锤式破碎机结构如图 3-8 所示。经该机破碎后,金属块体积减小 1/3～1/8,便于运输。锤子呈钩形,对金属施加剪切拉撕等作用而破碎。

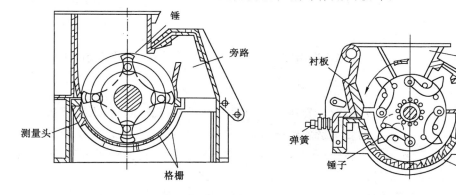

图 3-7　BJD 锤式破碎机　　　　　图 3-8　BJD 型金属切削锤式破碎机

(3) Hammer Mills 式锤式破碎机

Hammer Mills 式锤式破碎机如图 3-9 所示。机体分成两部分:压缩机部分和锤碎机部分。大型固体废物先经压缩机压缩,再给入锤式破碎机。转子由大小两种锤子组成,大锤子磨损后,改作小锤用,锤子铰接悬挂在绕中心旋转的转子上做高速旋转。转子半周下方装有筛板,筛板两端装有固定反击板,起二次破碎和剪切作用。这种锤碎机用于破碎废汽车等大型固体废物。

(4) Novorotor 型双转子锤式破碎机

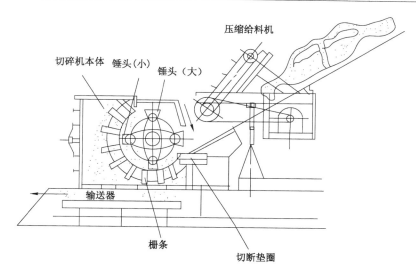

图 3-9 Hammer Mills 式锤式破碎机

图 3-10 是 Novorotor 型双转子锤式破碎机。这种破碎机具有两个旋转方向的转子,转子下方均装研磨板。物料自右方给料口送入机内,经右方转子破碎后排至左方破碎腔,经左方研磨板运动 3/4 周后,借助风力排至上部旋转式风力分级机,分级后的细粒产品自上方排出机外,粗粒产品返回破碎机再度破碎。

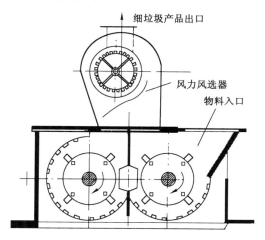

图 3-10 Novorotor 型双转子锤式破碎机

（三）辊式破碎

辊式破碎机主要靠剪切和挤压作用,包括光辊破碎机和齿辊破碎机两种。光辊破碎机的辊子表面光滑,主要作用为挤压与研磨,可用于硬度较大的固体废物的中碎与细碎。齿辊破碎机辊子表面有破碎齿牙,其主要作用为劈裂,可用于脆性或黏性较大的废物,也可用于堆肥物料的破碎。

按齿辊数目的多少,可将齿辊破碎机分为单齿辊和双齿辊两种。齿辊破碎机的工作原理如图 3-11 所示。前者由一旋转的齿辊和一固定的弧形破碎板组成,两者之间的破碎空间呈上宽下窄状,上方供入固体废物,达到要求尺寸的产品从下部缝隙中排出。后者由两个相对运动的齿辊组成,齿牙咬住物料后,将其劈碎,合格产品仍随齿辊转动由下部排出,齿辊间隙大小决定产品粒度。

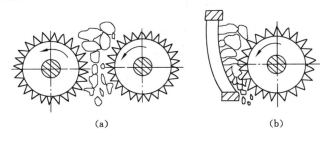

(a)　　　　　　　　　　　　　　　　(b)

图 3-11　辊式破碎机工作原理

(a) 双齿辊破碎机;(b) 单齿辊破碎机

辊式破碎机可有效防止产品过度破碎,具有结构简单、紧凑、轻便、工作可靠、价格低廉等优点,广泛应用于处理脆性物料和含泥黏性物料,作为中、细碎之用。

（四）剪切破碎

剪切式破碎机通过固定刀和可动刀之间的齿合作用,将固体废物剪切成段或块,特别适合破碎低二氧化硅含量的松散物料。

1. 往复剪切破碎机

图 3-12 为 Von Roll 型往复剪切式破碎机。该破碎机由装配在横梁上的可动机架和固定机架构成。在框架下面连着轴,往返刀和固定刀交叉排列。当处于打开状态时,从侧面看,往复刀和固定刀成 V 字形,固体废物从上面投入,通过液压装置(油泵)缓缓将活动刀推向固定刀,废物受到挤压,并依靠往复刀和固定刀的齿合将废物剪切。往复刀和固定刀之间宽度为 30 cm,剪切尺寸为 30 cm。刀具由特殊钢制成,磨损后可以更换。液压油泵最高压力为 13 MPa,电机功率为 374 W,处理量为 80～150 m³/h,可将厚度为 200 mm 以下的普通型钢板剪切成 30 cm 的碎块。该破碎机适用于垃圾焚烧场的废物破碎。

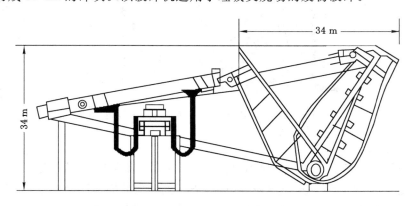

图 3-12　Von Roll 型往复剪切式破碎机

2. Lindemann 式剪切破碎机

如图 3-13 所示,该机分为预备压缩机和剪切机两部分。固体废物送入后先压缩,再剪切。预备压缩机通过一对钳形压块开闭将废物压缩。压块一端固定在机座上,另一端由压杆推进或拉回。剪切机由送料器、压紧器和剪切刀片组成。送料机将废物每向前推进一次,压块即将废物压紧定位,剪刀从上往下将废物剪断,如此往返工作。

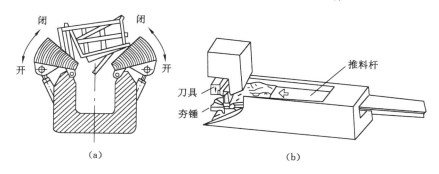

图 3-13　Lindemann 式剪切破碎机

(a) 预备压缩机;(b) 剪切机

3. 旋转剪切破碎机

其构造如图 3-14 所示,旋转剪切破碎机装有 1～2 个固定刀和 3～5 个旋转刀,固体废物投入后,在固定刀和高速旋转的旋转刀夹持下而被剪切破碎。该机的缺点是当混进硬度大的杂物时,易发生操作事故。

(五) 球磨破碎

球磨机主要由圆柱形筒体、端盖、中空轴颈、轴承和传动大齿轮圈等部件组成。筒体内装有钢球和被磨物料,其装入量为 25％～50％。筒体两端的中空轴颈有两个作用:一是起轴颈的支撑作用,使球磨机全部重量经中空轴颈传给轴承和机座;二是起给料和排料的漏斗作用,电动机通过联轴器和小齿轮带动大齿轮圈和筒体缓缓转动。当筒体转动时,在摩擦力、离心力和衬板共同作用下,钢球和物料被衬板提升,当提升到一定高度后,在钢球和物料本身重力作用下,产生自由泻落和抛落,从而对筒体内底脚区内的物料产生冲击和研磨作用,使物料粉碎。物料达到磨碎细度要求后,由风机抽出。图 3-15 是球磨机结构和工作原理示意。

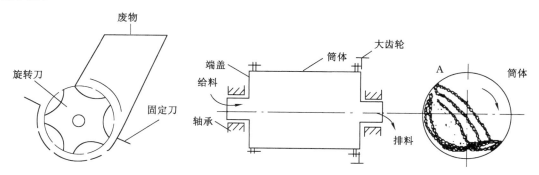

图 3-14　旋转剪切式破碎机　　　　图 3-15　球磨机结构和工作原理示意图

(六) 低温破碎

对于一些难以用机械方法破碎的固体废物,如汽车轮胎、包覆电线等,可采用低温破碎技术。固体废物各组分在低温冷冻(−60 ℃～−120 ℃)条件下易脆化,且脆化温度不同,某些物质易冷脆,一些物质则不易冷脆。利用低温变脆既可将一些废物有效地破碎,又可以利用不同材质脆化温度的差异进行选择性分选。

在低温破碎技术中,通常需要配置制冷系统,液态氮常被用作制冷剂,因为液态氮无毒、无爆炸性且货源充足。低温破碎的工艺流程如图 3-16 所示。橡胶制品、汽车轮胎、塑料导线等废物先被投入预冷装置,再进入浸没装置,橡胶、塑料等易冷脆物质迅速脆化,由高速冲击式破碎机破碎,破碎产品再进入不同的分选设备。低温破碎所需动力为常温破碎的四分之一,噪声约降低 7 dB,振动强度减轻 1/4～1/5。但由于所需的液氮量较大,因而费用昂贵。在目前情况下,低温破碎仅适用于常温难破碎处理的物料,如橡胶、塑料等。

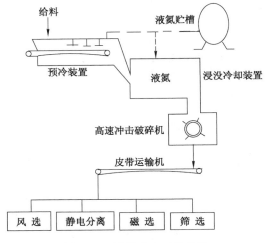

图 3-16　低温破碎工艺流程

（七）湿式破碎

湿式破碎技术是利用纸类在水力作用下易浆液化的特性,以回收城市垃圾中大量纸类为目的而发展起来的,通常将废物破碎与制浆造纸结合起来。

湿式破碎机的构造如图 3-17 所示。破碎机有一圆形立式转筒,底部设有多孔筛。初步

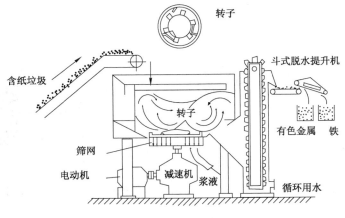

图 3-17　湿式破碎机

分选的垃圾经由传输带投入机内后,靠筛上安装的六只切割叶轮的旋转作用,使废物与大量水流在同一个水槽内急速旋转、搅拌、破碎成泥浆状;浆体由底部筛孔流出,送到纸浆纤维回收工序。除去纸浆的有机残渣可脱水处理后送至焚烧炉焚烧,回收热能。破碎机内未能粉碎和未通过筛板的金属、陶瓷类物质从机内的底部侧口排出,由提升斗送到传输带,由磁选器进行分离。

第三节　固体废物的分选

分选的目的,是将固体废物中可回收利用的或不利于后续处理利用的物料,用人工或机械方法分离出来。根据物料组成及物理化学性质(包括粒度、密度、重力、磁性、电性、光电性、摩擦性、弹性和表面湿润性等)的不同,可采用不同的分选方法。分选方法包括人工捡选和机械分选,机械分选又分为筛分、重力分选、浮选、磁力分选、电力分选、光电分选、摩擦与弹跳分选等。

一、筛分

(一)筛分原理及筛分效率

筛分是利用筛子将粒度范围较宽的颗粒群分成窄级别的作业。该分离过程可看作是由物料分层、细粒透筛两个阶段组成的。物料分层是完成分离的条件,细粒透筛是分离的目的。为了使粗、细物料通过筛面分离,必须使物料和筛面之间具有适当的相对运动,使筛面的物料层处于松散状态,即按颗粒大小分层,形成粗粒位于上层、细粒位于下层的规则排列。细粒透筛时,尽管粒度都小于筛孔,但它们透筛的难易程度是不同的,粒度小于筛孔 3/4 的颗粒,很容易透筛,称为"易筛粒";粒度大于筛孔 3/4 的颗粒且粒度越接近筛孔尺寸就越难透过,称为"难筛粒"。

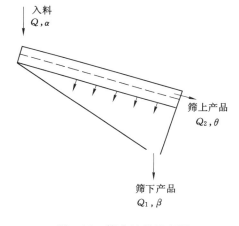

图 3-18　筛分过程示意图

通常用筛分效率(E)来描述筛分的效果。筛分效率是指实际得到的筛下产物质量与原料中所含粒度小于筛孔尺寸的物料的质量比。

由图 3-18 可知,固体废物入筛质量(Q)等于筛上产品质量(Q_2)和筛下产品质量(Q_1)之和,即

$$Q = Q_1 + Q_2 \tag{3-13}$$

固体废物中小于筛孔尺寸的细粒质量等于筛下产品与筛上产品中所含有小于筛孔尺寸的细粒质量之和,即

$$Q\alpha = Q_1\beta + Q_2\theta \tag{3-14}$$

式中　α——入筛物料中小于筛孔尺寸的细粒含量,%;

　　　β——筛下产品中小于筛孔尺寸的细粒含量,%;

　　　θ——筛上产品中小于筛孔尺寸的细粒含量,%。

将式(3-16)代入式(3-15)得到

$$Q_1 = \frac{(\alpha - \theta)Q}{\beta - \theta} \tag{3-15}$$

根据筛分效率的定义,可知

$$E = \frac{Q_1 \beta}{Q\alpha} \times 100\% \tag{3-16}$$

将式(3-15)代入式(3-16)得:

$$E = \frac{(\alpha - \theta)\beta}{\alpha(\beta - \theta)} \times 100\% \tag{3-17}$$

筛分效率受很多因素的影响,主要因素有:

1. 固体废物性质的影响

固体废物的粒径组成对筛分效率具有较大影响,废物中"易筛粒"含量越大,筛分效率越高,"难筛粒"含量越大,筛分效率越低。

固体废物的含水率和含泥量对筛分效率也有一定影响。通常,废物含水率小于10%时,筛分效率随含水率增高而降低。当废物含水率大于10%时,筛分效率则随着含水率增高而增大。当废物含泥量较高时,少量水就可引起废物结团,造成筛分效率下降。

2. 筛分设备性能的影响

筛分设备有效面积对筛分效率具有重要影响,有效面积越大,筛分效率越高。常见的筛面有棒条、钢板冲空和钢丝编织三种,这三种筛面的有效筛分面积从小到大的排列顺序为:棒条筛、钢板冲空筛、钢丝编织筛。因此,它们的筛分效率从小到大的排列顺序为:棒条筛、钢板冲空筛、钢丝编织筛。

筛分设备运动方式对筛分效率也有较大影响。一般固定筛的筛分效率低于运动筛。同样是运动筛,运动强度不同,筛分效率也不同(表 3-1)。

表 3-1 不同类型筛分设备的筛分效率

筛分设备类型	固定筛	圆筒筛	摇动筛	振动筛
筛分效率/%	50~60	60	70~80	>90

此外,筛面长宽比和筛面倾角对筛分效率也有一定的影响。一般平板筛长宽比取2.5~3为宜,筛面与水平倾斜度取 15~25° 为宜。

3. 筛分操作条件的影响

在筛分操作中要连续均匀给料,使废物沿整个筛面宽度铺成一薄层,能充分利用筛面,便于细粒透筛,提高筛子的处理能力和筛分效率。

(二)筛分设备类型及应用

适用于固体废物处理的筛分设备主要有固定筛、筒形筛和振动筛。

1. 固定筛

固定筛筛面由许多平行排列的筛条组成,可以水平安装或倾斜安装。固定筛由于构造简单、不耗用动力、设备费用低和维修方便,在固体废物处理中被广泛应用。

固定筛包括格筛和棒条筛。格筛一般安装在粗破碎机之前,以保证入料块度适宜。棒条筛主要用于粗碎和中碎之前,为保证废物料沿筛面下滑,摩擦角一般为 30~35°。棒条筛筛孔尺寸为筛下粒度的 1.1~1.2 倍,一般筛孔尺寸不小于 50 mm。筛条宽度应大于固体废物中最大粒度的 2.5 倍。该筛适用于筛分粒度大于 50 mm 的粗粒废物。

2. 筒形筛

筒形筛也叫转筒筛。它是一个倾斜的圆筒,置于若干滚子上,圆筒的侧壁上开有许多筛孔,如图 3-19 所示。圆筒以很慢的速度转动(10～15 r/min),因此不需要很大动力,这种筛的优点是不会堵塞。筒形筛筛分时,固体废物在筛中不断翻滚,不同粒径的物料颗粒最终通过不同筛孔筛出。

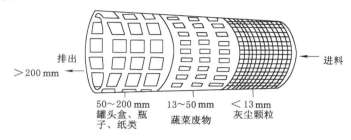

图 3-19　筒形筛

3. 振动筛

振动筛在筑路、建筑、化工、冶金和谷物加工等部门得到广泛应用。振动筛的特点是振动方向与筛面垂直或近似垂直,振动次数 600～3 600 r/min,振幅 0.5～1.5 mm。物料在筛面上发生离析现象,密度大而粒度小的颗粒钻过密度小而粒度大的颗粒的空隙,进入下层到达筛面,大大有利于筛分的进行。振动筛的倾角一般在 8°～40°之间。

振动筛由于筛面强烈振动,消除了堵塞筛孔的现象,有利于湿物料的筛分,可用于粗、中细粒的筛分。振动筛主要有惯性振动筛和共振筛。

惯性振动筛工作原理如图 3-20 所示。它是通过由不平衡体的旋转所产生的离心惯性力,使筛箱产生振动的一种筛子。由于该种筛子激振力是离心惯性力,故称之为惯性振动筛。

共振筛工作原理如图 3-21 所示。它利用连杆上装有弹簧的曲柄连杆机构驱动,使筛子在共振状态下进行筛分。共振筛具有处理能力大、筛分效率高、耗电少及结构紧凑等优点,是一种有发展前途的筛分设备,但其制造工艺复杂,机体较重。

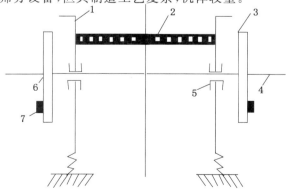

1—筛箱;2—筛网;3—皮带轮;4—主轴;5—轴承;6—配重轮;7—重块。
图 3-20　惯性振动筛的工作原理示意图

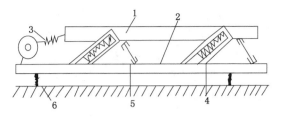

1—上筛箱；2—下机体；3—传动装置；4—共振弹簧；5—板簧；6—支承弹簧。

图 3-21　共振筛工作原理示意图

二、重力分选

重力分选是根据固体废物在介质中的密度差进行分选的一种方法。它利用不同物质颗粒间的密度差异，在运动介质中受到重力、介质动力和机械力的作用，使颗粒群产生松散分层和迁移分离，从而得到不同密度产品。按分选介质的不同，重力分选包括重介质分选、风力分选、跳汰分选、摇床分选等。

（一）重介质分选

通常将密度大于水的介质称为重介质。在重介质中使固体废物中的颗粒群按密度分开的方法称为重介质分选。为使分选过程有效地进行，需选择重介质密度介于固体废物中轻、重物料密度之间。

凡颗粒密度大于重介质密度的物料都下沉，集中于分选设备的底部成为重产物，颗粒密度小于重介质密度的轻物料都上浮，集中于分选设备的上部成为轻产物，从而达到分选目的。可见，在重介质分选过程中，重介质的性质是影响分选效果的重要因素。

重介质是由高密度的固体颗粒和水构成的固液两相分散体系，它是密度高于水的非均匀介质。高密度固体颗粒起着加大介质密度的作用，故称为加重质。最常用的加重质有硅铁、磁铁矿等。一般来说，重介质应具有密度高、黏度低、化学稳定性好（不与处理的废物发生化学反应）、无毒、无腐蚀性、易回收再生等特性。

目前常用的是重介质鼓形分选机，其构造和工作原理如图 3-22 所示。该设备外形是一水平安装的圆筒形转鼓，由四个辊轮支撑，通过其外壁腰间的大齿轮被传动装置驱动旋转。固体废物和重介质一起由圆筒一端给入，在向另一端流动过程中，密度大于重介质的颗粒沉于下部筒壁。随着圆筒旋转，其内壁上沿纵向设置的扬板将这些沉于下部筒壁的颗粒提升倒入溜槽内，顺槽排到筒外成为重产物；密度小于重介质的颗粒随重介质从圆筒溢流口排出成为轻物料。

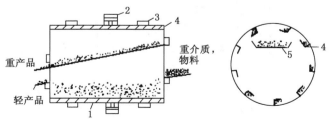

1—圆筒形转鼓；2—大齿轮；3—场极；4—扬板；5—溜槽。

图 3-22　重介质鼓形分选机构造和工作原理示意图

重介质分选具有结构简单、紧凑,便于操作,动力消耗低等优点,适于分离密度相差较大的固体颗粒。

（二）风力分选

风力分选又称风选、气流分选,是以空气为分选介质,在气流作用下,根据固体颗粒在空气中的沉降规律不同进行分选的一种方法。

风力分选机主要包括立式(图 3-23)、水平(图 3-24)两种。其原理如下:气流将较轻的物料向上带走或在水平方向带向较远的地方,而重物料则由于向上气流不能支承它而沉降,或是由于重物料的足够惯性而不被剧烈改变方向从而穿过气流沉降。

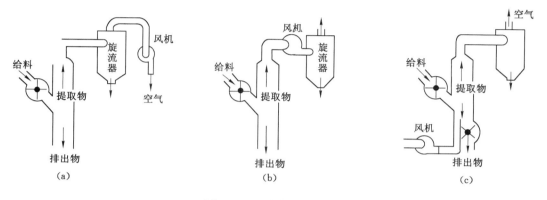

图 3-23　立式气流分选机

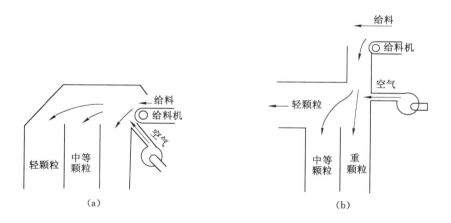

图 3-24　水平气流分选机

风力分选工艺简单,被许多国家广泛应用于城市垃圾分选。实践表明,采用锯齿形、振动式或回转式的气流通道(图 3-25),使气流在分选筒中产生湍流和剪切力,把物料团块进行分散,能够实现轻、重颗粒的分离,显著提高了分选效果。

（三）跳汰分选

跳汰分选是在垂直变速介质中按密度分选固体物料的方法。在固体废物分选方面,跳汰分选作为混合金属的分离、回收综合流程中的一个选择工序,已在国内外得到广泛应用。当分选介质为水时,称为水力跳汰。

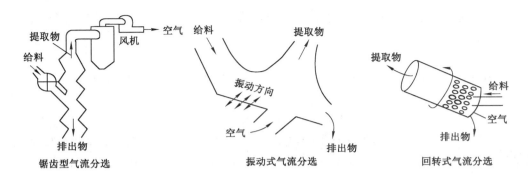

图 3-25 锯齿型、振动式和回转式气流分选机

跳汰分选废物的过程如图 3-26 所示。跳汰分选时,将混合废物颗粒倒在跳汰机的筛板上形成密集的物料层,从下面透过筛板周期性地给以上下交变的水流。在水流的垂直脉冲运动作用下,物料层松散并按密度分层。大密度的颗粒群位于下层,透过筛板或由特殊的排料装置排出,成为重物;小密度的颗粒群位于上层,被水平水流带到机外,成为轻产物。随着物料不断给入和轻、重产物的不断排出,形成连续不断的分选过程。

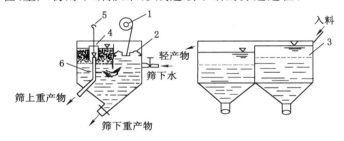

1—偏心机构;2—隔膜;3—筛板;4—外套筒;5—锥形阀;6—内套筒。
图 3-26 隔膜跳汰机分选示意图

（四）摇床分选

摇床分选是在一个倾斜的床面上,借助于床面的不对称往复运动和薄层斜面水流的综合作用,使细物料按密度差异在床面上呈扇形分布而进行分选的方法。摇床分选主要用于分选微细粒物料。在固体废物处理中,目前主要用于从含硫铁矿较多的煤矸石中回收硫铁矿,是一种分选精度很高的单元操作。

图 3-27 是摇床分选的原理示意图。由给水槽给入的冲洗水,横向布满倾斜的床面,形成均匀的斜面薄层水流,当固体废物从给料口给入往复摇动的床面时,颗粒群在重力、水流冲力、床层摇动产生的惯性力以及摩擦力等综合作用下,按密度差产生松散分层。不同密度的颗粒以不同的速度沿床面的横向或纵向运动,因此它们的合速度偏离摇动力的角度也不同,并呈扇形分布,密度大的重产物分布在床面的前段,密度小的轻产物分布在后段。最后达到分选的目的。

常用的摇床分选设备见图 3-28。平面摇床由床面、床头和传动机构组成。梯形床面向轻产物排出端有 1.5°～5° 的倾斜。床面上铺有耐磨层,其上方设置有给水槽和给料槽。沿纵向布置有床条,床条高度从传动端向对侧逐渐降低,并逐渐趋向于零。整个床面由机架支承,床面横向坡度借机架上的调坡装置调节。在传动装置带动下,床面做往复不对称运动。

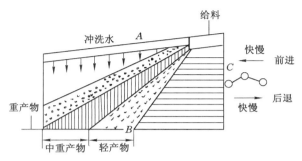

A—给料端;B—轻产物端;C—传动端。

图 3-27 摇床上颗粒分段示意图

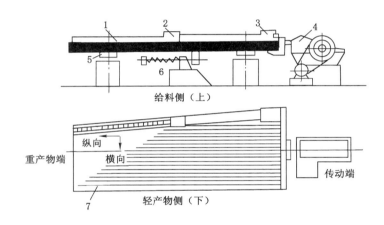

1—床面;2—给水槽;3—给料槽;4—床头;5—滑动支撑;6—弹簧;7—床条。

图 3-28 摇床结构示意图

三、浮选

（一）原理

浮选是在固体废物与水调制的料浆中加入浮选药剂并通入空气形成无数细小气泡,使欲选颗粒黏附于气泡上,随气泡上浮于料浆表面成为泡沫层,然后刮出泡沫层回收,不上浮的颗粒物仍留在料浆内,从而达到分选的目的。

浮选过程中,固体废物各组分对气泡黏附的选择性,是由固体颗粒、水、气泡组成的三相界面间的物理化学特性所决定的,其中物质表面的润湿性起着决定作用。某些组分表面的疏水性较弱,则易黏附于气泡上而上升,另一些组分表面的亲水性较强,则不会黏附在气泡之上。

不同组分的表面亲水性或疏水性,可通过浮选药剂来调整。因此,浮选工艺中正确选择合适的浮选药剂、调整物料的可浮性非常关键。

（二）浮选药剂

根据药剂在浮选过程中的作用不同,其可分为捕收剂、起泡剂和调整剂三大类。

1. 捕收剂

其主要作用是使欲浮的废物颗粒表面疏水,增加可浮性,使其易于向气泡附着。

良好的捕收剂应具备:捕收作用强,具有足够的活性;具有较高的选择性,最好只对某一种物料颗粒具有捕收作用;易溶于水、无毒、无臭、成分稳定、不易变质;价廉易得。

常用的捕收剂有异极性捕收剂和非极性油类捕收剂。异极性捕收剂有黄药类、脂肪酸类。从煤矸石中回收硫铁矿石,常用黄药做捕收剂。非极性油类捕收剂主要成分是脂肪烷烃(C_nH_{2n+2})和环烷烃(C_nH_{2n}),最常用的是煤油。从粉煤灰中回收碳,常用煤油做捕收剂。

2. 起泡剂

它是一种表面活性物质,主要作用在水-气界面上使其界面张力降低,促使空气在料浆中弥散,形成小气泡,防止气泡兼并,增大分选界面,提高气泡与颗粒的黏附和上浮过程中的稳定性,以保证气泡上浮形成泡沫层。常用的起泡剂有松醇油、脂肪醇等。

3. 调整剂

调整剂的主要作用是调整其他药剂(主要是捕收剂)与物质颗粒表面之间的作用,还可以调整料浆的性质,提高浮选过程的选择性。调整剂的种类很多,常见的如表 3-2 所示。

表 3-2　常用的调整剂种类

调整剂系列	pH 调整剂	活化剂	抑制剂	絮凝剂	分散剂
典型代表	酸、碱	金属阳离子、阴离子 HS^-、$HSiO_3^-$ 等	O_2、SO_2 和淀粉、单宁等	腐植酸 聚丙烯酰胺	水玻璃 磷酸盐

(三)浮选工艺过程

1. 浮选前料浆的调制

主要是废物的破碎、磨碎等。磨料细度必须做到使有用的固体废物基本上解离成单体,粗粒单体颗粒粒度必须小于浮选粒度上限,且避免泥化。进入浮选的料浆浓度必须适合浮选工艺的要求。若浓度很低,则回收率很低,但产品质量很高。当浓度太高时,回收率反而下降。因而料浆浓度要适当。另外,在选择料浆浓度时还应考虑到浮选机的浮选药剂的消耗、处理能力及浮选时间等因素的影响。

2. 加药调整

浮选过程中选择加入药剂的种类和数量及加药地点和方式是浮选的关键,都必须由实验确定。

3. 充气浮选

将调制好的料浆引入浮选机内,由于浮选机的充气搅拌作用,形成大量的弥散气泡,提供颗粒与气泡碰撞接触机会,可浮性好的颗粒附于气泡上而上浮形成泡沫层,经刮出收集、过滤脱水即为浮选产品;不能黏附在气泡上的颗粒仍留在料浆内,经适当处理后废弃或作它用。固体废物中若有两种或两种以上的有用物质,其浮选方法有优先浮选和混合浮选两种。优先浮选是将固体废物中有用物质依次一种一种地选出,成为单一物质产品。混合浮选是将固体废物中有用物质共同选出为混合物,然后再把混合物中有用物质一种一种地分离。

(四)浮选设备

目前,国内外浮选设备类型很多,我国使用最多的是机械搅拌式浮选机,其构造如图

3-29所示。大型浮选机每两个槽为一组,第一个槽称为吸入槽,第二槽称为直流槽。小型浮选机多 4～6 个槽为一组,每排可以配置 2～20 个槽。每组有一个中间室和料浆面调节装置。

浮选工作时,料浆由进浆管进入,给到盖板与叶轮中心处,由于叶轮的高速旋转,在盖板和叶轮中心处造成一定的负压,空气由进气管和套管吸入,与料浆混合后一起被叶轮甩出。在强烈的搅拌下气流被分割成无数微小气泡。欲选物质颗粒与气泡碰撞黏附在气泡上面,形成泡沫层,经刮泥机刮出成为泡沫产品,再经消泡脱水后即可回收。

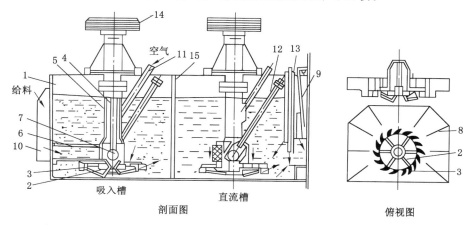

1—槽子;2—叶轮;3—盖板;4—轴;5—套管;6—进浆管;7—循环孔;8—稳流板;9—闸门;
10—受浆箱;11—进气管;12—调节循环量的闸门;13—闸门;14—皮带轮;15—槽间隔板。

图 3-29　机械搅拌式浮选机

四、磁力分选

磁力分选简称磁选。磁选是利用固体废物中各组分磁性的差异,在不均匀磁场中进行分选的一种方法。在固体废物处理中,磁选一般有两种目的,一是回收废物中的黑色金属,二是从废物中排除铁磁性物质。

固体废物依其磁性,可分为强磁性、中磁性、弱磁性和非磁性。如图 3-30 所示,不同磁性的组分通过磁场时,磁性较强的颗粒会被吸在磁选设备上,并随设备运动被带到一个非磁性区而脱落;磁性弱和非磁性颗粒,由于所受磁场作用力小,在自身重力或离心力的作用下掉落到底部区域,从而完成磁选过程。

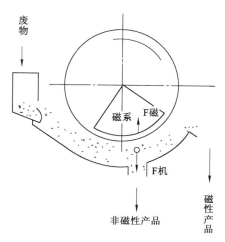

图 3-30　磁选过程示意图

五、电力分选

电力分选简称电选,是利用固体废物中各种组分在高压电场中电性的差异来实现分选的一种方法。

电选分离过程是在电选设备中进行的。废物颗粒在电晕-静电复合场电选设备中的分离

过程如图 3-31 所示。废物由给料斗均匀地给入辊筒
上,随着辊筒的旋转进入电晕电场区。由于电场区空
间带有电荷,导体和非导体颗粒都获得负电荷,导体
颗粒一面荷电,一面又把电荷传给辊筒(接地电极),
其放电速度快,因此当废物颗粒随辊筒旋转离开电晕
电场区而进入静电区时,导体颗粒的剩余电荷少,而
非导体颗粒则因放电较慢,致使剩余电荷多。导体颗
粒进入静电场后不再继续获得负电荷,但仍继续放
电,直至放完全部负电荷,并从辊筒上得到正电荷而
被辊筒排斥,在静电力、离心力和重力的综合作用下,
其运动轨迹偏离辊筒,而在滚筒前方落下。非导体颗
粒由于仍有较多的负电荷,被吸附在辊筒上,带到辊
筒后方,被毛刷强制刷下;半导体颗粒的运动轨迹介
于导体和非导体颗粒之间,成为半导体产品落下,从
而完成电选分离过程。

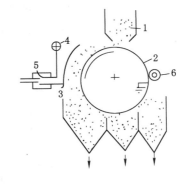

1—给料口;2—滚筒电极;

3—电晕电极;4—偏向电极;

5—高压绝缘子;6—毛刷

图 3-31　电选分离过程示意图

六、光电分选

(一)光电分选系统及工作过程

光电分选系统及工作过程包括以下:

1. 给料系统

固体废物入选前,需要预先进行筛分分级,使之成为窄粒级物料,并清除废物中的粉尘,
以保证信号清晰,提高分离精度。分选时,逐一通过光检区受检,以保证分离效果。

2. 光检系统

光检系统包括光源、透镜、光敏元件及电子系统等。这是光电分选机的"心脏"。因此,
要求光检系统工作准确可靠,工作中要维护保养好,经常清洗,减少粉尘污染。

3. 分离系统(执行机构)

固体废物通过光检系统后,其检测所收到的光电信号经过电子电路放大,与规定值进行
比较处理,然后驱动执行机构,一般为高频气阀(频率为 300 Hz),将其中一种物质从物料流
中吹动使其偏离出来,从而使物料中不同物质得以分离。

(二)光电分选机及应用

图 3-32 是光电分选过程示意图。固体废物经预先窄分级后进入料斗。由振动溜槽均
匀地逐个落入高速沟槽进料皮带上,在皮带上拉开一定距离并排队前进,从皮带首端抛入光
检箱受检。当颗粒通过光检测区时,受光源照射,背景板显示颗粒的颜色或色调,当欲选颗
粒的颜色与背景颜色不同时,反射光经光电倍增管转换为电信号(此信号随反射光的强度变
化),电子电路分析该信号后,产生控制信号驱动高频气焰,喷射出压缩空气,将电子电路分
析出的异色颗粒(即欲选颗粒)吹离原来下落轨道,加以收集。而颜色符合要求的颗粒仍按
原来的轨道自由下落加以收集,从而实现分离。光电分选可用于从城市垃圾中回收橡胶、塑
料、金屑等物质。

七、摩擦与弹跳分选

摩擦与弹跳分选是根据固体废物中各组分摩擦系数和碰撞系数的差异,在斜面上运动

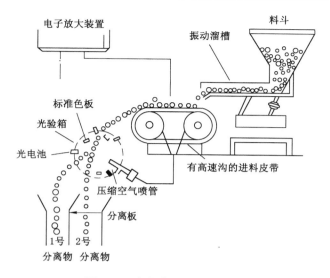

图 3-32　光电分选过程示意图

或与斜面碰撞弹跳时产生不同的运动速度和弹跳轨迹而实现彼此分离的一种处理方法。

（一）分选原理

固体废物从斜面顶端给入，并沿着斜面向下运动时，其运动方式随颗粒的形状或密度不同而不同，其中纤维状废物或片状废物几乎全靠滑动，球形颗粒有滑动、滚动和弹跳三种运动。

当废物离开斜面抛出时，又受空气阻力的影响，抛射轨迹并不严格沿着抛物线前进，其中纤维废物由于形状特殊，受空气阻力影响较大，在空气中运动减速很快，抛射轨迹表现严重的不对称（抛射开始接近抛物线，其后接近垂直落下），故抛射不远；球形颗粒受空气阻力影响较小，在空气中运动减速较慢，抛射轨迹表现对称，抛射较远。因此，在固体废物中，纤维状废物与颗粒状废物、片状废物与颗粒废物，因形状不同在斜面上运动或弹跳时，产生不同的运动速度和运动轨迹，因而可以彼此分离。

（二）分选设备

摩擦与弹跳分选设备有带式筛、斜板运输分选机和反弹滚筒分选机 3 种，如图 3-33 所示。

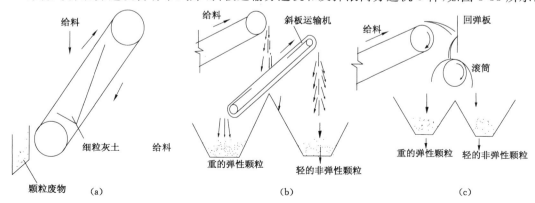

图 3-33　摩擦与弹跳分选设备与分选原理示意图
（a）带式筛；（b）斜板运输分选机；（c）反弹滚筒分选机

第四节　固体废物的脱水

对高含水率固体废物进行脱水预处理,可以减容、减重,便于后续包装、运输、贮存、处理处置或资源化利用,降低成本,提高效率。污泥是一种典型的高含水率固体废物,来源广、产量大,本节主要介绍污泥脱水。

一、污泥的分类及性质

(一)污泥的分类

由于污泥的来源及水处理方法不同,产生的污泥种类多样,性质差别也很大。通常,可以根据来源、处理方法及污泥性质进行分类。

(1)根据来源

可分为生活污水处理厂污泥、工业企业废水处理污泥、给水厂污泥、河道清淤污泥等。

(2)根据处理方法

主要分为初次沉淀污泥、剩余活性污泥、消化污泥及深度处理污泥等。

(3)根据成分及性质

主要分为有机污泥和无机污泥,亲水性污泥和疏水性污泥。

(二)污泥的性质

污泥的性质主要包括含水率与含固率、密度、脱水性能、热值、消化程度、营养成分、有毒有害物质、病原菌等。下面主要介绍与污泥浓缩、脱水有关的性质参数。

1. 含水率与含固率

污泥含水率是指污泥中水含量的百分数,含固率则是污泥中固体或干泥含量的百分数。湿污泥与含固率的乘积就是干污泥量。通常,城市污水处理厂初沉污泥含固率在 $2\%\sim4\%$;剩余活性污泥含固率在 $0.5\%\sim0.8\%$,密度接近于水,几乎为液态;从污水厂污泥脱水车间排出的脱水泥饼含固率一般为 $20\%\sim25\%$,呈柔软、不流动的半固体状态。污泥的含水率可根据式(3-18)进行计算,而污泥在浓缩、脱水过程中,体积、质量及其中干固体含量之间的关系,可根据式(3-20)进行换算

$$p = M/(M+S)\times100\% \tag{3-18}$$

式中　p——污泥含水率,%;

　　　M——污泥中水分质量,kg;

　　　S——污泥中固体质量,kg。

$$\frac{w_1}{w_2} = \frac{W_1}{W_2} = \frac{100-p_2}{100-p_1} = \frac{C_2}{C_1} \tag{3-19}$$

式中　w_1、w_2——污泥含水率为 p_1、p_2 时的污泥体积;

　　　W_1、W_2——污泥含水率为 p_1、p_2 时的污泥质量;

　　　p_1、p_2——污泥含水率,%;

　　　C_1、C_2——污泥含水率为 p_1、p_2 时的固体物浓度。

含水率降低(即含固率的提高)将大大地降低湿泥量。在含水率高、污泥呈流态时,污泥体积与含固率基本呈反比关系。从式(3-19)可以看出,当污泥含水率从 99% 降至 98% 时,污泥体积减半、质量减半;从 98% 降至 80% 时,污泥体积、质量仅为脱水前的 $1/10$,减量化

效果非常显著。需要指出,式(3-19)适用于含水率在65％以上的污泥,当污泥含水率低于65％时,污泥体积会由于固体颗粒的弹性而不再收缩。当污泥含水率降低到污泥颗粒之间的空隙不再被水填满时,就形成了泥饼,除了有些固结外,泥饼的体积基本不变。泥饼的体积可用式(3-20)计算

$$w = \frac{W_s}{(1-\varepsilon)\gamma_s \rho_w} \tag{3-20}$$

式中　　w——泥饼体积,L;

$\quad\quad W_s$——污泥中干固体质量,kg;

$\quad\quad \rho_w$——水的密度,kg/L;

$\quad\quad \gamma_s$——干固体相对密度;

$\quad\quad \varepsilon$——污泥空隙率,一般为40％～50％。

2. 污泥比阻和压缩系数

根据污泥中所含水分与污泥的结合情况,污泥中所含水可以分为自由水和结合水两大类。自由水是不与污泥直接结合的部分,可以通过浓缩直接去除。污泥中的水大部分以自由水的形式存在。结合水分为间隙水、毛细水、水合水。间隙水可以通过改变条件转化成自由水,之后通过浓缩等方式去除。毛细水和水合水无法通过浓缩方式去除,毛细水可以采用干化、机械脱水、热处理等方法去除,水合水则只有通过热处理才能去除。污泥在不同状态下去除水的能力可以通过污泥的浓缩性能、脱水性能和可压缩性能来衡量。

污泥的浓缩性能表现为,当污泥长时间静置时,会释放出间隙水。这时可以通过实验绘制污泥的沉淀和浓缩曲线,以此来评价污泥的浓缩性能。污泥的脱水性能一般用污泥比阻来衡量。污泥比阻是指单位过滤面积上,滤饼上单位固体质量所受到的阻力,单位为m/kg。污泥比阻越大,脱水越困难。污泥比阻与过滤压力、过滤面积的平方成正比,与滤液的动力黏度和滤液所产生的滤饼干质量成反比。污泥来源及成分不同,其比阻差别较大。通常,污泥比阻小于1×10^{11} m/kg时容易脱水,大于1×10^{13} m/kg时难于脱水。

测定污泥比阻的原理是,利用抽真空的方法造成压力差,并调节压力使整个实验过程压力差恒定,根据定压抽滤状态下滤液量随时间的变化,求出污泥比阻值。测定装置如图3-34所示。

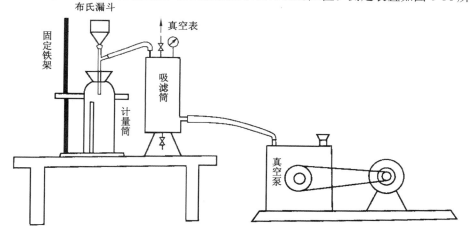

图 3-34　污泥比阻测定装置

污泥的压缩系数可用来反映污泥的渗滤性质。压缩系数大的污泥,其比阻随过滤压力升高而增大得较快,不利于深度脱水。压缩系数大的污泥宜采用真空或离心脱水方式进行脱水,压缩系数小的污泥常采用板框或带式压滤机进行脱水。

3. 毛细吸水时间(CST)

毛细吸水时间(Capillary Suction Time,CST)的值等于污泥与滤纸接触时,在毛细管作用下,水分在滤纸上渗透 1 cm 长度的时间,以 s 计。在一定范围内,污泥的毛细吸水时间与其比阻有一一对应关系。CST 测量设备简单,操作方便简捷,特别适用于调理剂的选择和剂量的测定。其测定装置如图 3-35 所示。

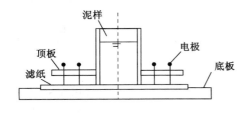
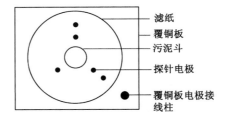

图 3-35 CST 测定装置

二、污泥中水的存在形式

污泥中水的存在形式主要有以下四种(图 3-36)。

（一）间隙水

在污泥总含水量中,间隙水含量一般在 65%～85%,是污泥脱水处理的主要对象。间隙水是一种游离水,包围在大小污泥颗粒之间,间隙水并不能够直接与固体结合,作用力弱,因而只需利用重力作用并控制其在浓缩池中的停留时间,能够很容易将其与固体颗粒进行分离。

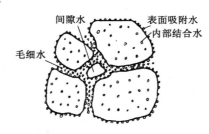

图 3-36 污泥中水分存在形式示意图

（二）表面吸附水

污泥是由絮状的胶体颗粒聚集而成的。污泥胶体比表面积很大,颗粒很小,由于表面张力的作用能够吸附很多的水分。由于胶体颗粒全部带有相同性质的电荷,彼此相互排斥,并且妨碍颗粒的聚集以及长大,能够保持相对稳定的状态,因而用普通的浓缩或脱水方法去除表面吸附水比较困难。只有通过加入电解质,发挥其混凝作用,让污泥颗粒由于互相之间变得不稳定而黏到一起,并一起沉降,使胶体颗粒的电荷得到中和,才能达到预想的效果。

（三）毛细水

污泥的组成成分是高度密集的细小固体颗粒,在这些固体颗粒的接触表面上,由于受到毛细力的作用,彼此之间会形成毛细结合水。在一般的污泥中,污泥中总含水量的 15%～25% 是毛细结合水。污泥颗粒和毛细水之间有很强的结合力,仅仅通过浓缩作用不能实现将毛细结合水分离的目的,需借助如真空过滤、压力过滤和离心分离之类的较高的机械作用力和能量,才能达到去除这部分水分的目的。

（四）内部结合水

污泥内部结合水一般是指微生物细胞体内的水分,占总含水量的 10％左右,它的含量与污泥中微生物细胞体的数量有很大的关系。一般来说,初沉污泥内部结合水的含量较少,而二沉污泥中含有较多的内部结合水。污泥中的内部结合水与固体结合得非常紧密,不能够使用机械方法来去除内部结合水。必须破坏细胞膜,使水分从细胞中渗出,将内部结合水变为外部液体实现去除这部分水的目的。如通过好氧菌或厌氧菌的作用对其进行生物分解,或采用冷冻高温和加热等措施,去除内部结合水。

三、污泥浓缩

污泥的含水率很高,一般在 96％～99％,其中水的存在形式主要以间隙水为主,污泥浓缩是脱除间隙水最经济有效的方法。常用的污泥浓缩方法有重力浓缩、气浮浓缩和离心浓缩等三种。

1. 重力浓缩

重力浓缩法是利用重力作用将污泥中的水分去除的方法。这种方法一般不能进行彻底的固液分离,常与机械脱水配合使用。进行重力浓缩的构筑物称为重力浓缩池。重力浓缩池可分为间歇式和连续式两种。前者主要用于小型处理厂或工业企业的污水处理厂,后者则多用于大、中型污水处理厂。

2. 气浮浓缩

气浮浓缩是使微小空气泡附着在污泥颗粒上,形成颗粒＋气泡的结合体以此降低固体颗粒的密度,并随气泡上浮到液体表面达到浓缩目的的一种浓缩方法。气浮到液体表面的污泥颗粒用刮泥机刮除,澄清水从池底部排出。

根据亨利定律,在一定温度条件下,空气在液体中的溶解度与空气受到的压力成正比。当压力恢复正常以后,溶解的空气会变成微小的气泡从液体中释放,大量微小气泡可以附着在污泥的固体颗粒周围,从而使疏水性的颗粒密度降低而强制上浮。

3. 离心浓缩

离心浓缩法的原理是利用污泥中的固体和水的密度及惯性差,在离心力作用下实现固液分离。由于离心力远远大于重力,因此离心浓缩法占地面积小,造价低,但运行费用与机械维修费用较高。

四、污泥调质与破解

（一）污泥破解调质技术种类

1. 污泥调质技术种类

通过预先处理,可以改变污泥水与污泥固体颗粒之间较强的结合力,使污泥脱水更容易,这种对污泥的预先处理就叫作污泥调质。通过污泥调质可以改变污泥粒子表面的物化性质和组分,破坏其胶体结构,减少其与水的亲和力,从而改变脱水性能。

污泥调质技术主要包括物理调质、化学调质和生物调质三大类。污泥调质的具体分类见图 3-37。

2. 污泥破解技术种类

污泥破解就是破坏污泥的结构及微生物的细胞壁,使污泥絮体的结构发生变化,细胞内的内含物流出,同时释放出酶,在酶的作用下,其余未破解的微生物细胞对环境的适应能力丧失,因此容易被厌氧微生物消耗,使难于降解的固体性物质转化为易降解的溶解性物质,从而促进污泥厌氧消化。

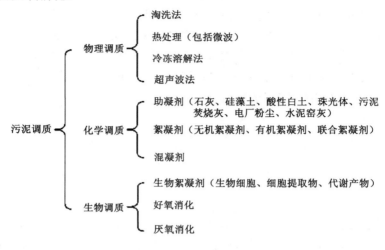

图 3-37 污泥调质技术

目前国内外通用的污泥破解方法主要有物理法、化学法、生物法以及各种方法的组合。在污泥进行厌氧消化前,采用这些技术进行强化处理,可以增加生物降解效率,同时还可以减少污泥处理量。污泥破解技术的具体分类如图 3-38。

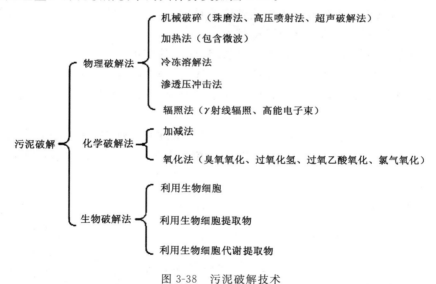

图 3-38 污泥破解技术

（二）污泥破解调质技术

1. 物理破解调质技术

传统物理调质主要包括加热法和冷冻法。加热法是通过破坏污泥细胞结构,使得污泥粒子间的间隙水游离,便于在机械脱水的过程中改善污泥脱水性能,提高污泥处理过程中脱水程度的方法。冷冻融化调质也是通过充分破坏污泥絮体结构组成,大大降低污泥结合水含量。但是这两种调质方法成本较高且易受气候条件制约,因而国内目前应用较多的物理调质方法主要有超声波法和微波法。

超声波调质利用超声波破坏污泥的细胞结构,将内部结合水释放出来,变成容易去除的自由水,从而提高可脱水性。而微波污泥调质实质上也是通过加热的方法来调理污泥,但微波是均衡地穿透材料并且均匀加热,而并非是从物质表面开始进行加热。微波调质相对于传统的加热调质来说具有易于控制、加热速度快以及节省能量等特点。

除上述几种方法外,物理破解调质技术还包括珠磨法、高压喷射法、淘洗法等。

2. 化学破解调质技术

化学破解调质技术分为加碱法、氧化法和化学药剂调质法。

(1)加碱法

在常温下用较低的碱量就可以达到溶解脂类物质促进细胞分解的目的,经碱处理后的污泥再进行厌氧消化,其底物去除速率明显增加。利用碱处理具有如下优点:增加 COD 和 VS 降解速率,增大产气量,提高产气中甲烷含量;缩短污泥厌氧周期;使污泥处在适于厌氧消化的 pH 值范围内。但加碱法还会发生一些抑制厌氧消化的反应,也产生一些难溶性物质,因此还需要对加碱量和碱处理法的负面影响做进一步探究。

(2)氧化法

包括臭氧氧化法和过氧化氢氧化法。臭氧可以与微生物的细胞壁发生反应,从而溶解细胞壁,使胞内的物质流出,增加污泥中溶解性 TOC 的浓度,提高污泥的厌氧消化性能,被污泥溶液稀释了的蛋白质还会继续与臭氧反应而被溶解,因为氧化分解的速率较高,因此在氧化后的污泥液中检测不到蛋白质含量的增加,蛋白质的减少量约为 90%。臭氧氧化的效果好坏与投入的臭氧量成正比,对厌氧消化有利,但投加大量的臭氧会增加处理成本,因此目前没有广泛应用。过氧化氢氧化法的技术过程见图 3-39。

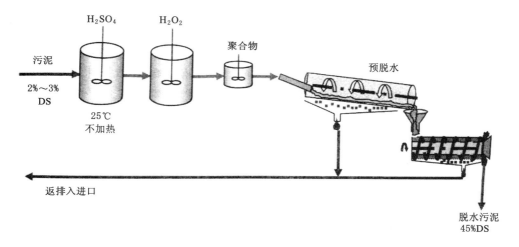

图 3-39 过氧化氢破解污泥技术过程

图 3-39 中过氧化氢破解污泥的过程:在污泥进行脱水之前,用硫酸将 pH 值调至 4,金属盐类(磷酸铁和氢氧化铁)被溶解,污泥的胶体结构被破坏;加入强氧化剂后,溶解的二价铁被氧化为三价铁,溶解的磷酸根离子再次以磷酸铁的形式沉淀,更利于污泥脱水;强氧化环境的形成以及有机胶体结构的部分破坏,使得污泥中包裹的水分释放出来。

（3）化学药剂调质法

化学药剂调质就是在污泥中加入助凝剂、混凝剂等化学药剂，促使污泥颗粒絮凝，改善其脱水性能。固体颗粒由于带有负电，造成相互之间的静电排斥，形成了稳定的分散体系。通过加入化学药剂减小固体颗粒和水分子的亲和力，使其得失电子或共享电子，从而破坏该体系。

助凝剂本身一般不起混凝作用，而在于调节污泥的 pH 值，改变污泥颗粒结构，破坏胶体的稳定性，提高混凝剂的混凝效果，增强絮体强度。

3. 生物破解调质技术

生物调质分为投加生物絮凝剂、好氧消化和厌氧消化。

投加生物絮凝剂就是向污泥中投加微生物物质。根据微生物物质的组成不同，可以将该法分为三类：① 直接投加微生物，如细菌、霉菌、放线菌和酵母；② 投加微生物细胞提取物，如酵母细胞壁的葡聚糖、甘露聚糖、蛋白质和 N-乙酰葡萄糖胺等成分；③ 投加微生物细胞分泌到细胞外的代谢产物，主要是细菌的荚膜和黏液质。

生物絮凝剂具有无毒、无二次污染、可生物降解、污泥絮体密实、高效、价格较低、对环境和人类无害等优点。

好氧消化和厌氧消化就是使污泥经历好氧消化和厌氧消化的过程，之后污泥中微生物死亡，微生物的细胞会被分解破坏，细胞内部的水也会被释放出来，可提高污泥的脱水性能，使有机物转化为其他的无机能量，有机物含量大为减少，所能吸附的水分也减少，使得消化污泥更易脱水。所以，污泥消化通过污泥稳定的方式，也可以改善污泥的脱水性能。

五、污泥机械脱水

浓缩后的污泥含水率依然高达 85%～90%，体积还很大，为了有效而经济地进行污泥的干燥、焚烧、堆肥等处理，必须充分地脱水进行减量化。常用的污泥脱水方法有自然干化、机械脱水和加热等，其中机械脱水技术应用最为广泛。衡量污泥机械脱水效果的指标主要是脱水泥饼的含水率、脱水过程的固体回收率；衡量污泥机械脱水效率的指标主要是脱水泥饼产率。脱水泥饼的含水率、脱水过程的固体回收率和脱水泥饼产率越高，机械脱水的效果和效率越好。目前国内应用较多的机械脱水机有板框压滤机、带式压滤机、真空过滤机与离心脱水机等。

1. 板框压滤机

在密闭状态下，经过高压泵打入的污泥被板框挤压，污泥内的水分通过滤布过滤而排出，实现脱水的目的。该方法的优点是适用范围广，过滤推动力大，泥饼含水率低，结构简单。但由于是间歇作业，操作强度大。

2. 带式压滤机

将化学调理后的污泥放在两条滤带之间，从一连串有规律排列的辊压筒间呈 S 形经过，依靠滤带本身的张力对污泥产生压力，将其中的水分挤压出来。由于能够连续运行，机械结构简单，占地面积小，在实际工程中得到了广泛的应用。但也存在着滤带易堵塞，气味较大等缺点。

3. 真空过滤机

利用抽真空的方法使得过滤介质两侧形成压力差，从而形成了脱水的推动力，在滚筒内对滤饼进行脱水。该设备具有连续进泥，连续出泥，运行平稳的优点，但操作较为复杂，能耗较高。

4.离心脱水机

离心脱水机主要由转毂和带空心转轴的螺旋输送器组成,污泥由空心转轴送入转筒后,在高速旋转产生的离心力的作用下,立即被甩入转毂腔内。离心脱水机具有噪声大、能耗高、处理能力低等缺点。离心脱水机的优点是脱水污泥饼含水率低、占用空间小、安装基建费用低等。

习题与思考题

1. 简述固体废物预处理的方法和分类。
2. 固体废物压实的目的是什么?压实设备有哪些类型?
3. 试述固体废物破碎的目的、方法和设备。
4. 简述固体废物筛分的原理、分类和类型。
5. 简述分选的目的及分类?
7. 什么是污泥调质?具体有哪些方法?
8. 污泥机械脱水方法有哪些?

第四章 固体废物的生物处理

固体废物的生物处理,主要是依靠生物的新陈代谢,将固体废物中的有机组分降解、转化或目标组分分离、富集等,最终实现固体废物的资源化利用或无害化、稳定化处理。生物包括微生物、植物、动物,处理对象包括有机废物、贫杂矿、放射性废物、重金属/有机污染废物等。限于篇幅,本章重点介绍应用广泛的有机废物堆肥化及厌氧消化处理。

第一节 有机废物堆肥化处理

一、堆肥化的概念及分类

（一）堆肥化的概念

堆肥化（composting）是利用自然界中广泛存在的微生物,有控地促进固体废物中可降解有机物转化为稳定的腐殖质的生物化学过程。

堆肥化的产物称为堆肥（compost）,它是一类腐殖质含量很高的疏松物质,可用作肥料或土壤改良剂。堆肥化处理的废物包括有机垃圾、农林废物、生物污泥等。

（二）堆肥化的分类

堆肥化包括好氧堆肥化和厌氧堆肥化两种。好氧堆肥化是指在有氧条件下,好氧微生物对废物中的有机组分进行分解转化的过程,最终产物主要是 CO_2、H_2O、腐殖质和热量。厌氧堆肥化是指在无氧或缺氧条件下,厌氧微生物对废物中的有机组分进行分解转化的过程,最终产物主要是 CH_4、CO_2、腐殖质和热量。由于厌氧微生物对有机物的分解速度慢,处理效率低,容易产生恶臭,工艺控制较难,故其实际使用较少,工程实践中多使用好氧堆肥化处理技术。

二、堆肥化技术发展历程

有机废物堆肥化技术的历史十分悠久。人类很早就将农作物秸秆、落叶、杂草、人畜粪便等混合堆积,经过一段时间的发酵后将其作为肥料使用。我国《氾胜之书》《陈旉农书》等古代著作中都对粪肥的堆积制造过程进行了阐述。这种古老的方式至今世界上不少地区仍在使用。

现代的堆肥化技术始于 20 世纪早期。1920 年,英国人首先在印度提出了"印多尔法"堆肥化技术,1925 年班加罗尔将之改进后,又称之为班加罗尔法。该法将人畜粪便、杂草、树叶、秸秆及其他一些有机物料混合堆积 4~6 个月,期间多次翻堆以促进好氧发酵。1931 年,荷兰一家公司对班加罗尔法进行了改进,采用起重抓斗车进行翻堆。1933 年,丹麦出现的达诺堆肥化方法标志着现代连续性机械化堆肥工艺的开端。该方法使用一种卧式滚筒加快了好氧发酵过程,有机废物的发酵周期显著缩短至 3～4 天。1939 年出现了立式多段发酵塔,将物料从塔顶向下逐段移动,同时强化通风和搅拌,提高了发酵温度,缩短了发酵周期,进一步促进了堆肥化工艺在许多国家和地区的应用。

在 20 世纪 70 年代至 80 年代,现代堆肥化技术的发展出现了低谷,由于城市生活垃圾中有毒有害物质及高分子有机物增加,严重影响了堆肥产品的质量和销路,国内外很多堆肥厂陆续停产倒闭。进入 90 年代后,由于土地资源日益紧张,垃圾填埋需要大量土地,垃圾焚烧又带来严重的二次污染,同时随着科技进步和人们对固体废物、堆肥等认识的深入,固体废物堆肥化处理技术的研究及应用又重新出现回升趋势。针对传统堆肥化技术所存在的问题,相应的技术和设备得到了开发和应用。

我国作为一个农业大国,目前仍有很多贫瘠土地需要施用大量有机肥料进行改良,城市的园林、绿化也有施用堆肥的需求,因此堆肥有着十分广阔的应用前景。然而,目前堆肥产品利用尚存在一些问题需要解决,如堆肥的肥效比较低,一些堆肥产品含有废塑料、玻璃、陶瓷等难降解物质,破坏土壤性能;堆肥中有时存在未被杀灭的病原微生物,会产生致病作用;堆肥中存在重金属等污染物,施用后可能造成作物、土壤及地下水污染;人们对堆肥所带来的长久效益还缺乏深入理解,积极性不高等。但这些问题并非是不可解决的技术问题,随着人们对堆肥认识的深入,我国堆肥产品质量控制和检验程序及标准的出台,堆肥化工艺必将得到更为广泛的推广应用。

三、堆肥化的原理

(一)堆肥的基本原理

有机废物中存在的各种有机物(分子量大、能位高)作为微生物的营养源,在有氧条件下经过一系列生化反应,逐级释放能量,最终转化成分子量小、能位低的物质而稳定下来,达到无害化的要求,以便利用或进一步妥善处理,使其回到自然环境中去。

好氧堆肥原理如图 4-1 所示。

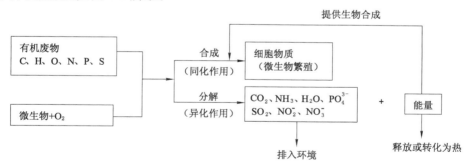

图 4-1　好氧堆肥原理

堆肥过程中,有机废物中的可溶性小分子有机物直接透过微生物的细胞膜被微生物吸收利用,不溶性有机物则先附着在微生物体外,经胞外酶分解为可溶性小分子物质后再输送到细胞内供微生物利用。微生物通过自身生命活动——新陈代谢作用,把一部分进入体内的有机物氧化分解成简单的无机物,并提供生命活动所需要的能量,把另一部分有机物转化合成新的细胞物质,使微生物增殖,产生更多生命体。总的来说,有机废物的好氧堆肥过程分为氧化过程和合成过程。通过氧化及合成,可以实现有机废物的分解和稳定化。

（二）堆肥原料与微生物

1. 堆肥原料

堆肥原料来源广泛,主要包括城市生活垃圾、污泥、家畜粪尿、树皮、锯末、糠壳、秸秆等。这些原料通过配比后,可以提高堆肥化处理的效果。例如,城市生活垃圾中可堆肥物数量、碳氮比、水分等常常不能满足堆肥化要求,需要配入粪便或污泥来调整碳氮比及水分,以保证堆肥化处理的效果。

我国实施的城镇建设行业标准《城市生活垃圾堆肥处理厂技术评价指标》(CJ/T 3059—1996)、《城市生活垃圾堆肥处理厂运行、维护及其安全技术规程》(CJJ/T 86—2000)中规定,生活垃圾作为堆肥原料的评价指标主要有以下几个方面。

① 密度:适用于堆肥的垃圾密度一般为 $350 \sim 650 \ kg/m^3$;

② 组成成分(湿重,%):其中有机物含量不少于 20%;

③ 含水率:适合堆肥的垃圾含水率为 $40\% \sim 60\%$;

④ 碳氮比(C/N):适合堆肥的垃圾碳氮比为(20:1)~(30:1)。

2. 堆肥微生物

堆肥是在微生物作用下的生物化学转化过程,堆肥微生物主要来源于两个方面,一是待处理废物中固有的微生物种群(每千克城市垃圾中含有细菌数量为 $10^{14} \sim 10^{16}$ 个);二是人工加入的特殊菌种,它们具有活性强、繁殖快、分解有机物迅速的特点,加快了堆肥反应过程。

堆肥过程中,发生作用的主要微生物有细菌、放线菌、真菌、微型生物等。细菌是形体最小、数量最多的微生物,它们将大部分有机物分解并产生热量。放线菌在分解蛋白质、纤维素、木质素和角素等复杂有机物时发挥重要作用,它们的酶能分解树皮、纸张等有机物。堆肥后期水分减少,温度下降,真菌可以对残余难分解有机物继续分解。轮虫、线虫、甲虫、潮虫、蚯蚓等生物的移动和吞食作用可增大堆肥的比表面积,消耗部分有机物并促进微生物的生命活动。

（三）堆肥化过程

堆肥化过程发生的生物化学反应极为复杂,一个完整的堆肥化过程可分为四个阶段(图 4-2),即升温阶段、高温阶段、降温阶段和腐熟阶段。

1. 升温阶段

升温阶段是堆肥化过程的起始阶段,堆体温度(环境温度~45 ℃)不高,主要是嗜温性微生物利用堆体中容易分解的可溶性物质进行新陈代谢并迅速增殖。堆体的主要变化是易被微生物分解的有机物质被迅速

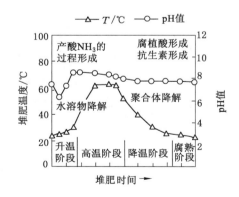

图 4-2 堆肥过程的四个阶段

分解,同时产生大量热能,使堆体温度大幅上升,一般在几天之内就可达 50 ℃ 以上,因此升温阶段又称为产热阶段。在升温阶段,微生物主要为氨化细菌、糖分解菌等无芽孢细菌,属于嗜温性微生物;基质主要为粗有机质、糖分等水溶性有机物和单糖类。此时细菌为主要作用菌群,对发酵升温起主导作用。

2. 高温阶段

堆体温度上升到 45 ℃ 以上时,即进入高温阶段。除残留的和新形成的可溶性有机物继续被氧化分解外,堆体中的复杂有机物质如纤维素、半纤维素、果胶质等,也逐渐被微生物分解,并开始形成腐殖质。在该阶段,嗜温性微生物受到抑制甚至死亡,嗜热性微生物占优势,它们新陈代谢活动产生的热量促使堆体温度进一步升高。常见的嗜热性微生物包括嗜热真菌属（*Thermomyces*）、褐色嗜热链霉菌（*Streptomyces thermofucus*）、普通嗜热放线菌（*Thermoactinomyces vulgaris*）等。

在高温阶段,各种嗜热性微生物活动的最适温度不同,随着温度上升,微生物的种类发生变化。温度在 50 ℃ 左右时,微生物主要是嗜热性真菌和放线菌,如嗜热真菌属、褐色嗜热放线菌、普通小单孢菌等;温度升到 60 ℃ 后,嗜热性真菌的活动几乎完全停止,放线菌、嗜热性芽孢杆菌和梭菌的活动逐渐占优势;温度达到 70 ℃ 时,对大多数嗜热性微生物已不适宜,嗜热性微生物大量死亡或进入休眠状态,只有少量嗜热性芽孢杆菌在活动。虽然各种酶对有机质的分解仍在进行,但高温导致酶活性迅速衰退,产热量减少,堆体温度开始下降。当温度下降到 70 ℃ 以下时,处于休眠状态的嗜热性微生物重新恢复其分解活动,产热量增加,堆体温度再次升高。因此,高温阶段是一个自然调节、延续持久的阶段,对堆体的快速腐熟起着至关重要的作用。

3. 降温阶段

高温阶段后,高温分解菌活动受到限制,真菌等中温性微生物数量显著增加,分解堆体中大部分的纤维素、半纤维素、果胶质,剩下难以降解的复杂成分和新形成的腐殖质。随着可降解的有机物的耗尽,微生物进入内源呼吸期,活动减弱,产热量减少,温度逐渐下降。当温度下降到 40 ℃ 以下时,嗜温性微生物代替嗜热性微生物而重新成为优势种群。

4. 腐熟阶段

经过上述三个阶段的分解,堆体中可生物降解的成分已被完全转化,堆体温度仅稍高于环境温度,此时进入腐熟保肥阶段。在这一阶段,一些嗜温性微生物重新开始活动,堆体继续缓慢腐解,进一步稳定化,最终成为与土壤腐殖质十分相近的物质。

（四）腐殖质的形成途径

堆肥过程中,腐殖质的形成途径一般如下:堆肥中的木质素和纤维素由于分子结构较复杂,不易被微生物利用,是形成腐殖质的主要来源;在微生物作用下,木质素的侧链氧化生成木质素类衍生物,构成了腐殖质的核心和骨架;由微生物水解产生的小分子有机酸、氨基酸、核酸等在局部高温及高浓度条件下相互聚合或与木质素类衍生物缩合,形成腐殖质。

腐殖质并非单一的有机化合物,而是在组成、结构及性质上既有共性又有差别的一系列有机化合物的混合物,其中以富里酸（Fulvic acid）与胡敏酸（Humic acid）为主。胡敏酸是一类能溶于碱溶液而被酸溶液所沉淀的腐殖质,其相对分子质量比富里酸大,为 400 ～ 100 000。分子结构中含芳香环、杂环及多环化合物,边缘的官能团决定了其酸度、吸收交换容量及形成有机与无机复合物的能力。胡敏酸比富里酸的酸度小,吸收容量高,它的一价盐类溶于水,二价和三价盐类不溶于水,这对土壤养分的维持及土壤结构的形成都具有重要意义。富里酸是一类既溶于碱溶液又溶于酸溶液的腐殖质,其相对分子质量比胡敏酸小,在结构上所含的芳香核较胡敏酸小,聚合度低,酚羟基及甲氧基较多;富里酸呈强酸性,它的一价、二价、三价盐类均可溶于水。因此,富里酸对促进矿物的分解和养分的释放具有重要作用。

四、堆肥化的影响因素

堆肥化过程实质上是微生物利用堆体中的有机质进行新陈代谢的过程,影响因素主要是指影响微生物生长繁殖的因素。影响堆肥化过程的因素很多,对于快速高温二次发酵堆肥工艺来说,通风供氧、堆体含水率和温度是最重要的影响因素,此外,有机质含量、碳氮比、pH 值、颗粒度、碳磷比等也会对堆肥化过程产生一定的影响。

1. 通风供氧

通风供氧是好氧堆肥化的基本条件之一。在机械化堆肥生产系统里,应供给充足的氧气以满足微生物氧化分解有机质的需要。堆肥过程中适宜的氧浓度为 18%,低于 8% 时将限制好氧微生物的生命活动,易发生厌氧作用而产生恶臭。

通风供氧量主要取决于堆肥原料中有机物的含量、含水率、物料尺寸、可降解系数等。堆肥过程中,有机物转化可用式(4-1)进行表示,从而计算理论需氧量。

$$C_a H_b N_c O_d + \frac{1}{2}(nz + 2s + r - d)O_2 \longrightarrow$$

$$nC_w H_x N_y O_z + rH_2O + sCO_2 + (c - ny)NH_3 + 能量 \tag{4-1}$$

式中,$r = 0.5[b - nx - 3(c - ny)]$,$s = a - nw$,$n$ 为可降解系数,$C_a H_b N_c O_d$ 和 $C_w H_x N_y O_z$ 分别代表堆肥原料和堆肥产物的组成。

例 4-1 用组成为 $C_{31} H_{50} N O_{26}$ 的堆肥物料进行实验室规模的堆肥试验,发现每 1 000 kg 物料在堆肥化后仅剩下 200 kg,堆肥产品组成为 $C_{11} H_{14} N O_4$。试计算,每 1 000 kg 物料完全堆肥化所需要的理论氧气量。

解 堆肥物料 $C_{31} H_{50} N O_{26}$ 的千摩尔质量为 852 kg,则 1 000 kg 堆肥物料的摩尔数为 1 000/852 = 1.17 kmol。

堆肥产品 $C_{11} H_{14} N O_4$ 的千摩尔质量为 224 kg,则堆肥产品的摩尔数为 200/224 = 0.89 kmol。

即可降解系数 $n = 0.89/1.17 = 0.76$。

再根据已知条件 $a = 31$,$b = 50$,$c = 1$,$d = 26$,$w = 11$,$x = 14$,$y = 1$,$z = 4$,可算出:

$r = 0.5[50 - 0.76 \times 14 - 3(1 - 0.76 \times 1)] = 19.32$,

$s = 31 - 0.76 \times 11 = 22.64$。

所以,1 000 kg 物料完全堆肥化所需的理论氧气量为:

$$W = 0.5(0.76 \times 4 + 2 \times 22.64 + 19.32 - 26) \times 1.173 \times 32 = 781.5 \text{ (kg)}$$

需要指出,为维持充分的好氧条件,实际堆肥化系统所需氧气量远大于理论需氧量(两倍以上)。主发酵强制通风的经验数据如下:静态堆肥取 0.05~0.2 m³/(min·m³)堆料,动态堆肥则根据生产性试验确定。

通风供氧的方式包括自然通风、机械翻堆、向堆体插入风管、风机强制通风等。其中,强制通风不仅需要配备必需的机械设备,而且在运行控制方面需要采用合适的措施来保证其有效性。具体通风供氧方式的选择,应视具体堆肥化系统而定。

2. 堆体含水率

水分是维持微生物生长代谢活动的基本条件之一,水分适当与否直接影响堆肥发酵速率及腐熟程度。堆肥过程中,堆体含水率的最大值取决于物料的空隙容积,最低值取决于微生物活性,含水率过低会抑制微生物的活性。堆体的最佳含水率通常为 50%~60%,此时微生物分解速率最快。当含水率在 $40\%\sim50\%$ 时，微生物活性开始下降，堆肥温度随之降低，温度的降低又导致微生物活性加速下降。相关研究表明，生活垃圾与污泥混合堆肥时，保证堆肥过程顺利进行的最低含水率为 40%。当含水率小于 20% 时，微生物的活动基本停止。当含水率超过 70% 时，堆肥物料之间充满水，严重影响通风供氧，抑制了好氧微生物的生长活动，堆体温度难以升高，易厌氧并产生 H_2S 等恶臭气体。

3. 温度

初期堆体温度一般与环境温度相当，在嗜温性微生物降解作用下堆体温度快速上升。堆体最佳温度为 $55\sim60$ ℃，这个温度范围内，一方面加速有机质分解过程，另一方面也可杀灭虫卵、致病菌及杂草籽等，使得堆肥产品可以安全地施用于农田。有效地保温、控温措施对于实现堆肥过程的高效进行非常重要。

4. 碳氮比（C/N）

堆肥原料中的碳氮比是影响堆肥化效果的重要因素。碳和氮是微生物生长繁殖需要的重要元素，碳是堆肥反应的能量来源，是生物发酵过程中的动力和热源；氮是微生物的营养来源，主要用于合成微生物体，是控制生物合成的重要因素，也是反应速率的控制因素。堆肥原料理想的 C/N 在 30:1 左右，C/N 过低容易引起菌体衰老和自溶，N 将过剩，并以氨气形式释放，发出难闻的气味；C/N 过高将导致 N 不足，影响微生物正常生长繁殖活动，有机物分解代谢速度减慢，堆体温度降低。C/N 超过 40 时，需要补加低 C/N 废物来调整 C/N 到 30 以下，如畜禽粪便、肉食品加工废弃物、污泥等。

不同堆肥原料的 C/N 比值如下：锯末屑 $300\sim1\,000$，秸秆 $70\sim100$，垃圾 $50\sim80$，人粪 $6\sim10$，牛粪 $8\sim26$，猪粪 $7\sim15$，鸡粪 $5\sim10$，下水污泥 $5\sim15$，活性污泥 $5\sim8$。常见有机废物的 C/N 见表 4-1。通常认为，垃圾作为堆肥原料时，最佳 C/N 应在 $(26\sim35):1$。如果垃圾中 C/N 偏离正常范围，可以通过添加含氮高或含碳高的物料加以调整。

堆肥发酵后，C/N 比值一般会减少 $10\%\sim20\%$ 甚至更多。堆肥产品的碳氮比过高或过低时，会严重影响作物的生长发育。故通常以成品堆肥 C/N 为 $10\sim20$ 为标准，来调整和确定原料的 C/N；或向堆肥产品中补加 N 素等，来调整产品的 C/N。

表 4-1　常见有机废物的 C/N

物质	$W_N\%$	C/N	物质	$W_N\%$	C/N
大便	$5.5\sim6.5$	$6\sim10:1$	厨房垃圾	2.15	25:1
小便	$15\sim18$	0.8:1	羊厩肥	8.75	
家禽肥料	6.3		猪厩肥	3.75	
屠宰场废物	$7\sim10$	2:1	混合垃圾	1.05	34:1
活性污泥	$5\sim6$	6:1	农家庭院垃圾	2.15	14:1
马齿草	4.5	8:1	牛厩肥	1.70	18:1
嫩草	4	12:1	干麦秸	0.53	87:1
杂草	2.4	19:1	干稻草	0.63	67:1
马厩肥	2.3	25:1	玉米秸	0.75	53:1

5. 碳磷比（C/P）

除碳、氮外，磷的含量对微生物的生长繁殖活动也有很大影响。垃圾堆肥有时需要添加污泥进行混合堆肥，以利于污泥中丰富的磷来调整堆肥原料的 C/P。堆肥原料适宜的 C/P 为 75～150，范围较大，要求相对没有 C/N 严格。

6. pH

堆肥过程中，堆料 pH 值随着时间和温度的变化而变化，是表示堆肥化进行程度的一个重要指标。在堆肥的最初阶段，细菌和真菌消化有机物释放出有机酸，导致 pH 值下降。pH 值的下降会刺激真菌生长，促使木质素和纤维素等分解。随着堆肥过程进行，有机酸被进一步分解，堆料 pH 值上升。适宜的 pH 值可使微生物有效地发挥作用，而 pH 值太高或太低都会影响堆肥效率。一般认为堆体 pH 值在 7.5～8.5 时，可获得最大堆肥速率。

7. 颗粒尺寸

堆肥物料颗粒的大小将影响颗粒间空隙，进而影响通风供氧。空隙率及空隙大小取决于颗粒大小及结构强度。由于微生物通常在有机颗粒的表面活动，因此减少颗粒尺寸，可增加表面积，增强微生物的代谢活动，加快堆肥速率。但颗粒过细时，颗粒间空隙变小，严重阻碍空气在堆体中的流动，减少堆体中的有效氧气量，降低微生物活动及堆肥效果。因此，堆肥原料的颗粒尺寸有一定要求，通常适宜的颗粒粒径范围是 12～60 mm。纸张、纸板等破碎粒度尺寸要在 38～50 mm 之间；材质比较坚硬的废物，颗粒粒度要求小些，在 5～10 mm；以餐厨垃圾为主的有机废物，破碎尺寸要求大些，以免碎成浆状物料。一般情况下，如果物料结构坚固，不易挤压，则粒径可小些，否则粒径应大些，因为结构坚固的物料不易被挤压变形造成空隙变小。

8. 有机质

有机质含量的高低将影响堆体温度及通风供氧的要求。有机质含量过低时，分解产生的热量不足以维持堆肥化所需要的温度，影响无害化处理效果及堆肥产品的肥效、安全卫生条件等。有机质含量过高时，则会造成通风供氧困难，有可能产生厌氧状态。结果表明，堆体有机质含量在 20%～80% 之间是适宜的。

五、堆肥化工艺

现代化堆肥生产，通常由前处理、主发酵（一次发酵）、后发酵（二次发酵）、后处理、脱臭及贮存等工序组成（图 4-3）。

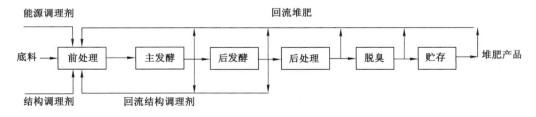

图 4-3 现代化堆肥工艺的基本流程

1. 前处理

前处理包括破碎、分选、配料等操作，主要目的是去除粗大垃圾，降低不可堆肥化物质的含量，并使堆肥物料颗粒度、含水率、营养比等满足堆肥化要求。

当以城市生活垃圾为堆肥原料时,由于垃圾中往往含有粗大垃圾和不能堆肥的物质,这些物质的大量存在会影响堆肥化过程及最终堆肥效果,且大量非堆肥物质的存在还会增加堆肥发酵仓的容积。因此,需要利用破碎、分选等操作去除粗大垃圾并降低非堆肥物质的含量,通过破碎、配料等操作使堆肥原料粒度、营养配比、含水率等均化,合理化。同时,破碎、筛分使原料的表面积增大,便于微生物繁殖,提高发酵速度。理论上讲,粒径越小越容易分解。但是,考虑到在增加物料表面积的同时,还必须保持其一定程度的孔隙率,以便于通风而使物料能够获得充足的氧气。此外,从经济方面考虑,破碎得越细小,动力消耗就越大,会导致整体处理费用增加。

前处理是整个堆肥工艺能否顺利进行的关键因素之一,目前国内许多堆肥工艺不能正常运行的主要问题是没有根据城市生活垃圾特点设置适宜的前处理工艺。

2. 主发酵(一次发酵)

主发酵主要在发酵仓内进行,靠强制通风或翻堆搅拌等方式来供给空气,具体方式随发酵仓种类而异。

发酵初期物质主要靠嗜温菌(生长繁殖最适宜温度为 30～40 ℃)进行分解。随着堆温升高,最适宜温度 45～65 ℃的嗜热菌取代了嗜温菌,能进行高效率的分解,堆肥从中温阶段进入高温阶段。供氧及保温情况对堆料的温度上升有很大影响。堆体在 55 ℃以上的高温环境下持续 8 h 以上能够达到彻底杀灭病原微生物的目的。通常将堆体温度升高到开始降低的阶段,称为主发酵期。城市生活垃圾中有机组分的主发酵期为 4～12 d。

3. 后发酵(二次发酵)

经过主发酵的堆肥半成品被送到后发酵工序,将主发酵工序尚未分解的有机物进一步分解,使之变成腐殖酸等比较稳定的有机物,得到完全腐熟的堆肥制品。后发酵工序一般采用静态条垛的方式进行,堆体高度 1～2 m,发酵期间应采取措施防止雨水流入。为提高后发酵效率,有时仍需进行翻堆或通风,但通常不采用强制通风,而是每周进行一次翻堆。后发酵时间通常在 20～30 d 以上。

4. 后处理

为提高堆肥质量、精制堆肥产品,必须取出其中的杂质,或加入 N、P、K 添加剂,或研磨造粒,最后打包装袋。有时,为减少物料提升次数、降低能耗,后处理也可放在一次发酵和二次发酵之间。经过二次发酵后的物料,几乎所有的有机物都被稳定化和减量化,但前处理工序中没有完全去除的塑料、玻璃、陶瓷、金属、小石块等杂物依然存在。因此,还要经过后处理分选工序以去除杂物,可以用回转式振动筛、磁选机、风选机、惯性分离机等设备分离去除上述杂质,并根据需要进行再破碎。后处理工序除分选、破碎设备外,还包括打包装发、压实选粒等设备,在实际工艺过程中,可根据需要来选择、组合。

5. 脱臭

堆肥过程中,由于堆肥物料中含有 N、S 等元素,这些物质在堆体局部或某段时间内厌氧发酵会产生臭气,臭气主要成分包括氨、硫化氢、硫醇、有机胺等物质,恶化了工作环境。脱臭方法主要有生物除臭法,化学除臭剂除臭法,碱溶液吸收法,活性炭、沸石、熟堆肥吸附法等。露天堆肥时,可在堆肥表面覆盖熟堆肥,以防止臭气逸散。有条件的场地,如附近有工业锅炉或焚烧设施时,可以把收集的堆肥排气作为焚烧炉的助燃空气,利用炉内高温,通过热处理的方法彻底破坏臭味物质以达到臭味控制的目的。

6. 贮存

堆肥产品的供应期多集中在秋天和春天(中间隔半年),在夏冬两季生产的堆肥需要贮存。因此,堆肥化工厂一般需要设置至少能容纳 6 个月产量的贮存设施。贮存方式可采用直接堆放在二次发酵仓内或袋装后存放,要求干燥透气。加工、造粒、包装可在贮存前或贮存后销售前进行,要求包装袋干燥而透气,因为完全不透气或者产品受潮均会影响堆肥产品的质量。

我国的高温好氧堆肥,以前大多采用一次发酵方式,周期在 30 d 以上,目前推广的二次发酵工艺,周期可缩短至 20 d,工艺流程见图 4-4。整个工艺流程由预处理、一次发酵、后处理、二次发酵四部分组成。城市生活垃圾运到处理厂后,由给料机送到预处理工段,经磁选、手选、筛选后,回收部分有用物质,去除一部分非堆肥化粗大物,然后送入一次发酵仓,经仓内调节水分和碳氮比,通风发酵 10 d 后出料至后处理工段,由分选机械去除堆肥物中的杂物,经破碎后进入二次发酵仓发酵,并将一次发酵产生的尾气送入二次发酵仓风道,脱臭的同时保证二次发酵的供氧量,二次发酵 10 d 后结束,成品堆肥贮存或销售。

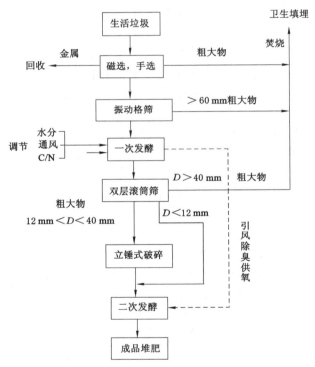

图 4-4 快速高温堆肥法二次发酵工艺流程

六、堆肥化设备

堆肥化设备包括预处理设备、翻堆设备、发酵设备、后处理设备、除臭设备等。其中,堆肥发酵主设备是堆肥系统的主体,目前常用的有多段竖炉式发酵塔、达诺式发酵滚筒、搅拌式发酵装置和筒仓式堆肥发酵仓等。

（一）预处理设备

预处理设备主要包括破碎设备、混合设备、输送设备(输送机)、分离设备(筛分设备)等,其中最重要的是混合设备。物料通过预处理设备为高的发酵速率提供合格的原料,包括较高的有机质含量,50 mm 左右的粒度,合理的 C/N 配比,合适的水分含量等。

（二）翻堆设备

条垛堆肥系统的翻堆设备分为 3 类:斗式装载机或推土机、垮式翻堆机、侧式翻堆机。翻堆设备可由拖拉机等牵引或自行推进。中小规模的条垛宜采用斗式装载机或推土机,大规模的条垛宜采用垮式翻堆机或侧式翻堆机。这 3 类翻堆设备的优缺点见表 4-2。

表 4-2　不同翻堆设备的优缺点

项目	斗式装载机或推土机	垮式翻堆机	侧式翻堆机
优点	操作简单	条垛间距小, 堆肥占地面积小	翻堆彻底,堆料混合均匀; 条垛大小不受限制
缺点	堆料易压实;堆料混合不均匀;条垛间距 应不小于 10 m,可利用的堆肥场地小	条垛大小受到严重限制, 处理的物料少	易损坏,翻堆能力小

（三）发酵设备

1. 发酵设备的分类

堆肥发酵设备的分类见表 4-3。

表 4-3　堆肥发酵设备的分类

堆肥发酵设备	堆肥装置	堆肥发酵设备	堆肥装置
料仓型发酵装置	犁式翻堆机	塔式发酵设备	多阶段立式发酵塔
	搅拌式发酵装置		多层立式发酵塔
	吊斗式翻堆机		多层浆式发酵塔
	螺旋式发酵装置		活动层多阶段发酵塔
履带式、条垛式翻堆机	条垛式发酵设备		直落式发酵塔
	履带式条垛式翻堆机		窑型发酵塔
熟化设备	带式熟化发酵仓	水平式发酵滚筒	达诺式发酵滚筒
	板式熟化发酵仓		单元式发酵滚筒
	其他熟化设备		圆鼓型发酵滚筒

2. 几种常用的堆肥发酵设备

装置式工艺采取连续进料和连续出料方式发酵,原料在一个专设的发酵装置内完成中温和高温发酵过程。这种系统发酵时间短,能杀灭病原微生物,还能防止异味,成品质量高,已在欧美、日本等国家和地区广为采用。连续发酵装置类型较多,包括立式堆肥发酵塔、卧式堆肥发酵滚筒、搅拌式发酵装置、筒仓式堆肥发酵仓等。

（1）立式堆肥发酵塔

多段竖炉式发酵塔是一种立式发酵设备,因与污泥焚烧用的多段竖炉相似而得名,通常由 5～8 层组成。整个立式设备被水平分隔成多段(层)。堆肥物料由塔顶进入塔内,在塔内堆肥物料通过不同形式的机械运动,由塔顶一层层地向塔底移动。堆肥物料由塔顶移动至塔底完成一次发酵的时间一般为 5~8 d。立式堆肥发酵塔通常为密闭结构,塔内温度分布从上到下逐渐升高,即最下层温度最高。塔式装置的供氧通常依靠风机强制通风,以满足微生物对氧的需要。立式堆肥发酵设备的具体种类包括立式多层圆筒式、立式多层板闭合门式、立式多层桨叶刮板式、立式多层移动床式等。

(2)卧式堆肥发酵滚筒

达诺发酵滚筒是一种典型的卧式堆肥发酵滚筒,世界范围内使用相当广泛。发酵滚筒通常由钢板制成,内壁装有物料抄板,直径 2.5~4.5 m,长 20~60 m。滚筒水平轴线与地平面略有倾角,随着滚筒转动(旋转速度 1~3 r/min),堆肥物料由筒壁抄板抄起、跌落,不断翻动,与筒内空气充分接触,进行快速好氧发酵,并由进料端慢慢地向出料端移动,经 1~5 d 发酵后排出。图 4-5 为达诺发酵滚筒示意图,表 4-4 列出了达诺发酵滚筒的技术参数。达诺滚筒的生产效率相当高,欧美发达国家常采用其与发酵塔组合使用,高速完成发酵任务,实现自动化大生产。

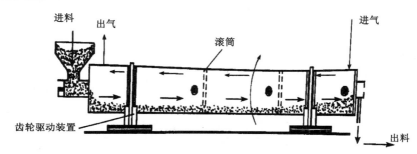

图 4-5　达诺发酵滚筒示意图

表 4-4　达诺发酵滚筒技术参数

指标	KM-101	KM-102A	丹麦的 Dano 公司	德国的 Reinstal 公司
生产量/[(t・m³)/a]	100	160	75	127
转筒直径/m	4	4	3.5	3.75
发酵筒长度/m	36	60	36	40
腐熟周期/昼夜	2.5	2.5	2.5	2.5
旋转率/min⁻¹ 进料或卸料时	1.4	1.5	1.0	0.8~1.0
电驱动装置的功率/kW	177	290	180	350
质量/t	320	458	340	360

(3)搅拌式发酵装置

这种发酵装置属水平固定类型,如图 4-6 所示。通过安装在槽两边的翻堆机对物料进行搅拌,使物料混合均匀和充分好氧,并使堆肥物料迅速分解,防止臭气的产生。

(4)筒仓式堆肥发酵仓

筒仓式堆肥发酵仓为单层圆筒状(或矩形),发酵仓深度一般为 4~5 m,大多采用钢筋混凝土筑成。发酵仓内供氧均采用高压离心风机强制供氧,以维持仓内好氧堆肥发酵。空

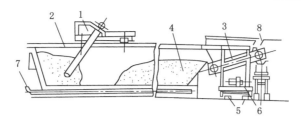

1—翻堆机；2—翻堆机行走轨道；3—排料胶带机；4—发酵仓；5—活动轨道；

6—活动小车；7—孔气管道；8—叶片输料机。

图 4-6　搅拌式发酵装置

气一般由仓底进入发酵仓，堆肥原料由仓顶加入，为防止下料时在仓内形成架桥起拱现象（形成穹隆），筒仓直径由上到下逐渐变大或者安装简单的消拱设施。经过 6～12 d 的好氧发酵，初步腐熟的堆肥由仓底通过出料机出料。

根据堆肥在发酵仓内的运动形式，筒仓式发酵仓可分为静态和动态两种。对于筒仓式静态发酵仓，堆肥物料由仓顶经布料机进入仓内，经过 10～12 d 的好氧发酵后，由仓底的螺杆出料机进行出料。静态发酵仓结构简单，螺杆出料方便可靠，在我国得到了广泛应用。

筒仓式动态发酵仓运行时，堆肥物料由输料机传送至池顶中部，然后由布料机均匀地向池内布料，位于旋转层的螺旋钻以公转和自转来搅拌仓内物料，可有效防止形成沟槽，并且螺旋钻的形状和排列能保证空气的均匀分布。物料在仓内依靠重力从上部向下部跌落，既公转又自转的旋转切割螺杆装置安装在仓底，无论上部的旋转层是否旋转，产品均可从池底排出。好氧发酵所需的空气从仓底的布气板强制通入。

（四）后处理设备

根据后处理的目的，后处理设备包括分选、研磨、压实造粒、打包装袋等设备。在实际工艺过程中，根据实际需求来选择组合后处理设备。

（五）除臭设备

脱臭方法不同，用到的除臭设备也不一样。常用的除臭设备有化学除臭塔、活性炭吸附塔、生物滤塔等，也有利用腐熟堆肥制成的堆肥过滤器装置处理臭气。

七、堆肥产品及腐熟度评价

（一）堆肥产品的质量要求

堆肥原料及工艺对最终堆肥产品质量有着重要影响。为了防止城市生活垃圾堆肥产品农用对土壤、农作物、水体造成污染，堆肥产品宜满足表 4-5 质量要求。

表 4-5　堆肥产品的质量要求

项目	杂质	粒度	蛔虫卵死亡率	大肠杆菌	有机质（以 C 计）
标准限值	≤3%	≤12 mm	95%～100%	10^{-1}～10^{-2}	≥10%
项目	总氮（以 N 计）	总磷（以 P_2O_5 计）	总钾（以 K_2O 计）	pH	水分
标准限值	≥0.5%	≥0.3%	≥0.1%	6.5～8.5	25%～35%
项目	总汞（以 Hg 计）	总镉（以 Cd 计）	总铅（以 Pb 计）	总铬（以 Cr 计）	总砷（以 As 计）
标准限值	≤5 mg/kg	≤3 mg/kg	≤100 mg/kg	≤300 mg/kg	≤30 mg/kg

（二）堆肥产品腐熟度评价方法

堆肥腐熟度，是指堆肥中的有机质经过矿化、腐殖化过程最后达到的稳定程度。"腐熟度"是国际上公认的衡量堆肥反应进行程度的一个概念性参数。其作为一项生产中用以衡量堆肥进行程度的指标，必须具有操作方便、反应直观、适应面广、技术可靠等特点。然而，目前国内、外尚无统一的腐熟度评判标准，通常从物理学指标、化学指标、生物学指标及植物毒性指标等方面对堆肥腐熟、稳定及安全性进行评价。

1. 评价指标

（1）物理学指标

物理学指标能直观反映堆肥过程，易于监测，常用于定性描述堆肥过程所处的状态。常用的物理学指标有以下几种：

① 气味。在堆肥进行过程中臭味逐渐减弱并在堆肥结束后消失。

② 粒度。腐熟后的堆肥产品呈现疏松的团粒结构。

③ 色度。堆肥的色度受原料成分的影响很大，统一的色度标准难以建立。一般堆肥过程中堆料逐渐变黑，腐熟后的堆肥产品呈深褐色或黑色。

（2）化学指标

化学指标主要有以下几种：

① pH 值。pH 值随堆肥的进行而变化，可作为评价腐熟程度的一个指标。

② 有机质变化指标。反映有机质变化的参数有化学需氧量（COD）、生化需氧量（BOD）、挥发性固体（VS）。在堆肥过程中，由于有机物的降解，物料中有机质的含量会发生变化，因而可以用 COD、BOD、VS 来反映堆肥有机物降解和稳定化的程度，通常堆肥产品腐熟后 COD 降低 85%，$VS \leqslant 65\%$。

③ 碳氮比（C/N）。固相 C/N 比是最常用的堆肥腐熟度评价指标之一。一般堆肥物料尚未腐熟时，C/N 比值为 $(30 \sim 50):1$；当其腐熟后，C/N 比值降至 $(10 \sim 20):1$。

④ 氮化合物。由于堆肥中含有大量的有机氮化合物，而在堆肥中伴随着明显的硝化反应过程，在堆肥后期，部分铵态氮可被氧化成硝态氮或亚硝态氮，因此，铵态氮、硝态氮及亚硝态氮的浓度变化，也是评价堆肥腐熟度的常用参数。

⑤ 腐殖酸。随着堆肥腐熟化过程的进行，腐殖酸的含量上升。因此，腐殖酸含量是一个相对有效的反映堆肥质量的参数。

（3）生物学指标

常见的生物学指标有以下几种：

① 呼吸作用。代表参数有耗氧速率和二氧化碳产生速率，且二者具有很好的相关性，通常其数值的最佳稳定范围为 $0.02 \sim 0.1 \, molO_2/min$。

② 微生物种群及数量。堆肥过程中温度不同，微生物种群和数量也随之不同，因此采用生物量测量法来反应微生物数量的变化，三磷酸腺苷（ATP）的分析是测定土壤中生物量的一种常用方法，目前在堆肥中也有应用。

③ 酶学分析。通过分析酶活力，间接反映微生物的代谢活性和酶特定底物的情况，但该方法尚处于研究中。

（4）植物毒性指标

常见的植物毒性指标有以下几种：

① 种子发芽实验。该方法直接且迅速,常使用发芽指数(GI)来评价植物毒性。

② 植物生长实验。通常把其作为一种辅助指标,在理论上是可靠的,但是工作量巨大。

2. 评价方法

表 4-6 给出了一些判定堆肥腐熟度的方法。通常,利用物理方法、化学方法、生物活性和植物毒性分析等手段,对堆肥的腐熟和稳定做多方面的联合监测较为可靠。化学方法可提供堆肥的基础数据,其中 C/N 及水溶性有机化合物的分析最为常用。通过生物活性测试对呼吸作用、微生物种群和数量及酶学进行研究,可反映堆肥的稳定性,其中呼吸作用是较为成熟的评估堆肥稳定性的方法。植物毒性分析是检验正在堆肥的有机质腐熟度较精确、有效的方法,其中发芽指数的测定较为快速、简便,植物的生长分析可以最直接地反映堆肥对植物的影响,但存在时间长、劳动量大等缺点。随着分析技术和微生物技术的发展,先进快捷的堆肥腐熟度评估方法不断出现,实际堆肥过程中,可根据实际情况进行选择。

表 4-6 判定堆肥腐熟度的方法

方法名称	参数、指标或项目	判别标准
物理方法	温度	温度下降,达到 45~50 ℃且一周内持续不变,可认为堆肥已达到了稳定程度。不同堆肥系统的温度变化差别显著且堆体各区域的温度分布不均衡,因此,限制了温度作为腐熟度定量指标的应用,但它仍是堆肥过程最重要的常规检测指标之一
	气味	堆肥结束和翻堆后,堆体内无不快气味产生,并检测不到低分子脂肪酸,堆肥产品具有潮湿泥土的霉味(放线菌的特征)
	色度	堆肥过程中堆肥物料的颜色变化,应是由开始的淡灰逐渐发黑,腐熟后的堆肥产品呈黑褐色或黑色
	残余浊度和水电导率	Sela 等用城市垃圾进行堆肥试验,将不同腐熟程度的堆肥按比例与某些结构上有缺陷的土壤混合,在温度 30 ℃下好氧培养一段时间,分析堆肥对土壤结构的影响以评价堆肥的腐熟度。结果发现,堆肥时间为 7~14 天的堆肥产物在改进土壤残余浊度和水电导率方面具有最适宜的影响,同时混合物中多糖的成分也达到最高。但该研究只是初步的试验,需与植物毒性物质和化学指标结合进行综合研究
	光学性质	通过检测堆肥时 E6(E6 表示堆肥萃取物在波长 665 nm 下的吸光度)的变化可反映堆肥腐熟度,腐熟堆肥 E6 应小于 0.008
	热重分析	尚无具体定量指标
化学方法	碳氮比(固相 C/N 和水溶态 C/N)	一般地,堆肥的固相 C/N 比值从初始的(25~30):1 或更高,降低到(15~20):1 以下时,认为堆肥达到腐熟
	氮化合物(NH_4-N、NO_3-N、NO_2-N)	当总氮量超过干重的 0.6%,其中有机氮达 90%以上和 NH_4-N<0.04%时,堆肥达到腐熟。对于活性污泥、稻草的堆肥,当氨化作用已经完成,亚硝化作用开始的时候,可以认为堆肥已腐熟了。多数情况下,该参数只能作为参考,不能作为堆肥腐熟的绝对指标
	阳离子交换量(CEC)	对于城市垃圾堆肥,建议 CEC>60 mmol 作为堆肥腐熟的指标。但对 C/N 比值较低的废物,CEC 值波动,不能作为堆肥腐熟度评价参数

表 4-6(续)

方法名称	参数、指标或项目	判别标准
化学方法	有机化合物（水溶性或浸提有机碳、还原糖、脂类等化合物、纤维素、半纤维素、淀粉等）	腐熟堆肥的 COD 为 60～110 mg/g，动物排泄物堆肥 COD 小于 700 mg/g 干堆肥时达到腐熟。堆肥产品中，BOD_5 值应小于 5 mg/g 干堆肥。挥发性固体 VS 含量应低于 69%，淀粉检不出。水溶性有机质含量＜22 g/L，可浸提有机物的产生或消失，可作为堆肥腐熟的指标。烷基和长链脂肪酸酯等在腐熟后很少发现
	腐殖质（腐殖质指数、腐殖质总量和功能基团）	腐殖质（HS）可分为胡敏酸（HA）、富里酸（FA）及未腐殖化的组分（NHF），腐殖化指数（HI）：HI＝HA/FA；腐殖化率（HR）：HR＝HA/（FA＋NHF）；胡敏酸的百分含量（HP）：HP＝HA×100/HS。HI、HP 与 C/N 有很好的相关性。HA 代表了堆肥的腐殖化和腐熟程度。当 HI 值达到 3、HR 达到 1.35 时，堆肥已腐熟。腐殖质的功能基团指标尚没有定量化
生物活性	呼吸作用（耗氧速率、CO_2 释放速率）	研究表明，耗氧速率降到小于 100 $\mu L/(L \cdot s)$ 时，达到腐熟。当堆肥释放 CO_2 在 5 mg/g 堆肥碳以下时，堆肥达到相对稳定，而在 2 mg/g 堆肥碳以下时，可认为达到腐熟
	微生物种群和数量	堆肥中的寄生虫、病原体被杀死，腐殖质开始形成，堆肥达到初步腐熟。在堆肥腐熟期主要以放线菌为主
	酶学分析	水解酶活性较低反映堆肥达到腐熟；纤维素酶和脂酶活性在堆肥后期（80～120 d）迅速增加，可间接用来了解堆肥的稳定性
植物毒性分析	发芽实验	植物的毒性消除，可认为堆肥已腐熟
	植物生长实验	植物生长评价只能作为堆肥腐熟度评价的一个辅助性指标，而不能作为唯一的指标

八、堆肥的功效

有机废物堆肥化处理后得到的堆肥产品具有广泛的应用，施用于农田时，可以提供一定的肥效，改良土壤的理化性能，提高农作物的产量。此外，堆肥产品在园林、绿化、盆栽等方面也有大量应用。施用堆肥产品，对土壤的改良主要包括两个方面：改善土壤结构，增加土壤养分。

1. 改善土壤结构

堆肥产品是优良的土壤结构改良剂，施用堆肥产品可以促进土壤团粒结构的形成，明显降低土壤的容重、增加孔隙率、提高保水能力，可以使黏性土壤松散、砂质土壤聚结成团粒，增强通风透水性，调节土壤 pH 值，促进植物根系的发育增长。表 4-7 给出了施用堆肥产品前后土壤理化性质的变化情况。

表 4-7 施用堆肥对土壤理化性质的改变

处理	有机质/%	容重/(g/cm³)	总孔隙率/%	持水量/%	pH
未用堆肥	2.06	1.62	35.1	14.1	5.9
使用堆肥	4.43	1.15	57.8	23.6	7.3
效果对比	增加 115%	降低 40%	增加 60%	增加 67%	酸性降低

2. 增加土壤养分

堆肥产品具有优于化肥的一些独特的性质。堆肥产品中有机物质吸附量大,许多养分不易流失,可长时间发挥作用。堆肥产品含有 N、P、K 及多种微量元素,可明显提高土壤中各种养分的含量,且养分配比很适合植物吸收利用,起到促进农作物增产的作用。研究发现,施用堆肥产品在补给土壤养分的同时,还能活化土壤中的养分,如堆肥产品中的有机酸或某些有机物基团与铁、铝络合,可以减少土壤对磷的固定,提高磷的溶解度。表 4-8 给出了施用堆肥产品前后土壤养分的变化情况。

表 4-8　使用堆肥对土壤养分的改变

处理	全氮/%	全磷/(g/cm)	碱解氮/%	速效磷/%	速效钾/%
未用堆肥	2.06	1.62	35.1	14.1	5.9
使用堆肥	4.43	1.15	57.8	23.6	7.3
效果对比	增加 34.3%	增加 101%	增加 41.1%	增加 186%	增加 76%

此外,堆肥产品中含有丰富的微生物,施用堆肥产品可以提高土壤微生物的种类、数量和活性,有利于将被土壤固定的一些养分释放出来。例如,微生物能分解含磷化合物,使被土壤固定的磷释放出来,钾细菌可以提高土壤钾的活性。微生物还能固定土壤中易流失的养分,例如对土壤游离氮的微生物固定。在北京某绿色食品基地的黄瓜及番茄茬口取土,测定土壤微生物数量,结果如表 4-9 所示。可以看出,化肥区土壤微生物数量最少,随着培肥时间的延长,其微生物活性即数量并不增加,堆肥处理的土壤微生物总数较高,而沤肥处理的土壤微生物数量略高于化肥区。

表 4-9　施用不同肥料对土壤微生物总量的改变　　　　　　　　单位:个/g 干土

处理	黄瓜地	番茄地
高温堆肥	15.9×10^9	17.8×10^9
当地沤肥	7.50×10^9	7.38×10^9
化肥	6.69×10^9	4.5×10^9

需要指出,对于有毒有害物质如重金属、持久性污染物等含量较高的堆肥产品,长期施用于土壤会造成土壤中有毒有害物质的积累。为此,应从源头控制堆肥物料来源,减少堆肥产品中有毒有害物质的数量及含量;对堆肥产品进行严格管理,禁止重金属含量高的堆肥产品进入农田,并对施用堆肥后农田的重金属含量进行跟踪监测;通过一定的技术途径降低堆肥施用后土壤中重金属的生物有效性。表 4-10 为长期施用堆肥对土壤性质的可能影响。

表 4-10 施用堆肥对土壤性质的可能影响

土壤性质	类别	变化
化学性质	有机质含量	增大
	N、P、S 含量	不一
	K、Na、Mg 含量	增大
	pH	升高
	CEC	增大
微生物学性质	细菌群体	增大
	真菌和放线菌群体	增多
	滋养硝化细菌	增多
	纤维素分解活性	增强
	脲酶活性	增强
污染物	重金属总量	增大
	可浸提重金属量	增大
	重金属的生物有效性	增大
	难降解有机污染物含量	增大

第二节 有机废物厌氧消化处理

一、厌氧消化的概念及特点

（一）厌氧消化的概念

厌氧消化，又称厌氧发酵、沼气发酵或甲烷发酵，是指在厌氧微生物作用下有控制地促使有机废物中可生物降解的有机物转化为 CH_4、CO_2 和稳定物质的生物化学过程。

（二）厌氧消化的特点

厌氧消化处理具有以下特点：

① 可以将潜在于有机废物中的低品位生物能转化为可直接利用的高品位沼气；

② 适于处理高浓度有机废水和废物；

③ 经厌氧消化后的废物基本得到稳定，可以用作农肥、饲料或堆肥化原料；

④ 与好氧堆肥相比，厌氧消化不需要通风动力，设施简单，运行成本低；

⑤ 厌氧微生物的生长速度慢，常规厌氧处理方法的处理效率低，设备体积大；

⑥ 厌氧过程中会产生 H_2S 等恶臭气体。

二、厌氧消化技术发展历程

厌氧消化处理可以实现有机废物资源化、稳定化和无害化。人们对于沼气的探究有着悠久的历史，早在 1630 年德国科学家海尔曼（Van Helment）就发现了沼气。其后三百多年科学家进行了大量研究，特别是进入 20 世纪后成功分离出产甲烷菌，人们逐步掌握了有机物厌氧消化产沼气的微生物学机理。1896 年，英国出现了第一座处理生活污水的厌氧消化池，可为一条街的照明提供能量。1906 年，印度建造了人粪生产沼气的沼气池。19 世纪 80

年代,我国广东民间开始制取沼气的试验。20世纪50年代,我国一些地区曾掀起过沼气推广运动,但由于组织和技术不完善,效果不好,没有坚持下来。

20世纪70年代以来,由于能源危机和石油价格上涨,许多国家开始寻找新的替代能源,厌氧消化技术显示出技术经济优势,重新受到人们的注目,于是出现了大量的厌氧消化工艺和技术。1982年天津建成了我国第一座大型城市污水处理厂,其污泥采用厌氧消化工艺,产生的沼气可供工厂及职工宿舍的燃气之用。在欧洲,20世纪80年代的垃圾处理危机促进了垃圾分类收集的发展,90年代中后期,单独收集的有机垃圾厌氧消化技术得到迅速发展。目前,厌氧消化已成为欧洲垃圾有机组分生化处理的重要组成部分。在国内,随着现代化农业、牧业、养殖业的快速发展,我国大中小型产沼工程正在全面建设中,厌氧消化技术、工艺、设备均得到了深入研究和推广应用。

三、厌氧消化的原理

(一)厌氧消化微生物

参与厌氧消化过程的微生物种类很多,主要为厌氧菌,可分为不产甲烷菌和产甲烷菌两大类。

1. 不产甲烷菌

在厌氧发酵过程中,不直接参与甲烷形成的微生物,统称为不产甲烷菌。不产甲烷菌的主要作用有:① 将复杂的大分子有机物降解为简单的小分子有机物,为产甲烷菌提供营养基质;② 为产甲烷菌创造适宜的氧化还原条件;③ 为产甲烷菌消除部分有毒物质;④ 和产甲烷菌一起,共同维持发酵的 pH 值。

2. 产甲烷菌

产甲烷菌是一类独特菌群,在20世纪70年代后期被科学家确认。产甲烷菌具有以下几个特点:① 严格厌氧,对氧和氧化剂非常敏感;② 要求中性偏碱环境条件;③ 菌体倍增时间较长,一般需要 4～5 d;④ 只能利用少数简单化合物作为营养,但所有产甲烷菌几乎都能利用分子氢;⑤ 代谢产物主要是 CH_4 和 CO_2。

(二)厌氧消化过程

有机废物厌氧消化时,由于原料来源复杂,参加反应的微生物种类繁多,消化过程中物质代谢、转化等非常复杂。对于厌氧消化过程,当前主要有两阶段理论、三阶段理论和四阶段理论。多数研究者认为厌氧消化过程可分为水解、产酸和产甲烷3个阶段,简称三阶段理论(图4-7)。厌氧消化的三个阶段分别由水解发酵菌群、产氢产乙酸菌群和产甲烷菌群完成。在水解和发酵细菌的作用下,大分子有机物被分解为小分子有机物,利于微生物吸收和利用;在产氢产乙酸菌的作用下,第一阶段的产物被转换成 H_2、CO_2 和乙酸等;第三阶段,在产甲烷菌的作用下,将第二阶段的产物转化成 CH_4 等。

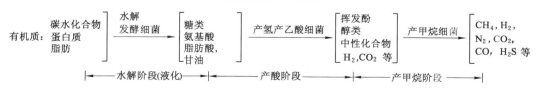

图 4-7　厌氧消化三阶段

1. 水解阶段（液化）

水解阶段是非溶解性固体有机物质转化成可溶性物质的过程。水解发酵细菌利用胞外酶对有机物进行体外酶解，把禽畜粪便、作物秸秆、污泥等有机废物中的大分子有机物，包括碳水化合物、蛋白质、脂肪等，分解成能溶于水的单糖、氨基酸、甘油和脂肪酸等小分子有机物。大分子有机物的水解速率较低，取决于温度、pH、物料性质和微生物浓度等环境条件。

2. 产酸阶段（酸化）

这个阶段将水解发酵菌群的分解产物转化成更简单的低分子有机物，如低级脂肪酸、醇、中性化合物等。其中，挥发性酸（包括乙酸、丙酸和丁酸）特别是乙酸所占比例最大，约达80%。水解、酸化两个阶段是连续的过程。由于产酸菌群的分解产物或代谢产物多呈酸性，随着有机酸的积累厌氧消化系统的 pH 值降至 5～6 以下。在此阶段，常有大量 H_2 游离而出，因此又称之为氢发酵期。

3. 产甲烷阶段（气化）

在产甲烷阶段，产甲烷菌群利用前阶段所生成的脂肪酸和其他低分子有机物质，如 H_2、乙酸、甲醇、甲酸、甲胺等，生成 CH_4、CO_2 和新的细胞物质。研究表明，H_2、CO_2 和乙酸为主要基质，通常 CH_4 的形成主要来自乙酸的分解和 H_2 还原 CO_2。对于一般的厌氧反应器来说，前者产生的甲烷约占总量的 70%，因此乙酸是厌氧发酵中最重要的中间产物。

四、厌氧消化的影响因素

厌氧消化是有机物在多种厌氧菌群作用下的生物化学反应过程，水解发酵菌、产酸菌和产甲烷菌的活动处于动态平衡状态，当一个环节受到阻碍时，会使其他环节甚至整个厌氧消化过程受到影响。为了维持厌氧消化的最佳运行状态，应对各种影响因素加以控制，具体包括厌氧条件（氧化还原电位）、原料配比、温度、pH 值、添加物和抑制物、接种物、搅拌、停留时间、水分及毒性物质含量等。

1. 厌氧条件

厌氧消化最显著的一个特点是厌氧微生物在无氧条件下分解有机物，将其最终转化成 CH_4 和 CO_2。产酸阶段的不产甲烷微生物大多数是厌氧菌，在厌氧条件下，把复杂的有机物质分解成简单的有机酸等；产气阶段的产甲烷细菌更是专性厌氧菌，不仅不需要氧，且氧化剂也会对产甲烷细菌造成毒害作用，因此必须创造严格的厌氧环境条件。厌氧程度一般用氧化还原电位（E_h）表示。严格厌氧的产甲烷细菌要求的 E_h 为 $-300～-350$ mV 左右，而一些兼性产酸的厌氧菌在 E_h 为 $-100～+100$ mV 时就能正常生活。为了保证厌氧条件，修建沼气池时应保证沼气池不漏水、不漏气。

2. 原料配比

充足的发酵原料是产生沼气的物质基础。各种微生物在其生命活动过程中不断地从周围环境吸收营养，以构成菌体和提供生命活动所需的能量，并在降解有机质过程中生成许多中间代谢产物。大量实验和研究表明，当厌氧消化反应物的 C/N 比控制在（20～30）：1 比较适宜。各种有机物中 C、N 的含量差异很大，具体见表 4-11。当 C/N 比过小，细菌增殖量降低，氮不能被充分利用，过剩的氮变成游离的 NH_3，抑制产甲烷细菌的活动，厌氧消化不易进行；当 C/N 比过高，反应速率降低，产气量明显下降。

磷含量（以磷酸盐计）一般为有机物量的 1/1 000 为宜，氮与磷之比以 5：1 为宜。

表 4-11 常用厌氧发酵原料的碳氮比

原料	碳素/%	氮素/%	碳氮比(C/N)
干麦草	46	0.53	87：1
干稻草	42	0.63	67：21
玉米秆	40	0.75	53：1
落叶	41	1.00	41：1
野草	14	0.54	27：1
鲜牛粪	7.3	0.29	25：1
鲜马粪	10	0.42	24：1
鲜猪粪	7.8	0.6	13：1
鲜人粪	2.5	0.85	2.9：1
鲜人尿	0.4	0.93	0.43：1

注：此值为近似值，以质量百分比表示。

3. 温度

温度是影响厌氧消化效果的重要因素。一般来讲，池内发酵液温度在 10 ℃以上，只要其他条件配合得好（如酸碱度适宜、发酵菌多）就可以开始发酵，产生沼气。大量实验及研究表明，在一定范围内温度愈高微生物活性愈强，有机物分解速率愈快，产气量愈大。但温度过高时，微生物处于休眠状态或死亡，不利于消化进行；温度过低时，厌氧消化速率低、产气量低，不易达到杀灭病原菌等目的。通常，厌氧微生物的代谢速率在 35～38 ℃（中温发酵）和 50～65 ℃（高温发酵）时各有一个高峰，故常把发酵温度控制在这两个范围内，从而获得较高的分解速率。

4. pH 值

产酸细菌适宜在酸性条件下生长，其最佳 pH 约为 5.8；产甲烷细菌适宜在碱性条件下代谢，当 pH 低于 6.2 时，它就会失去活性。通常，在产酸细菌和产甲烷细菌共存的厌氧消化过程中，系统的 pH 一般控制在 6.5～7.5 之间，最佳 pH 范围是 6.8～7.2。为提高系统对 pH 的缓冲能力，需要维持一定的碱度，可通过投加石灰或含氮物料实现。

5. 添加物和抑制物

在发酵液中添加少量有益的化学物质，有助于促进厌氧发酵，提高产气量和原料利用率。例如，在发酵液中添加少量的硫酸锌、磷矿粉、炼钢渣、碳酸钙或炉灰等，可不同程度地提高产气量、甲烷含量及有机物质的分解率，其中以添加磷矿粉的效果最佳。在发酵液中添加纤维素酶，能促进纤维素分解，提高稻草的利用率，使产气量提高 34%～59%。添加少量活性炭粉末则产气量可提高 2～4 倍。添加浓度为 0.01% 的表面活性剂"叶温 20"，则可降低表面张力，增强原料和菌的接触，产气量最高可增加 40%。

有些化学物质能抑制发酵微生物的活性，统称为抑制物。抑制物的种类很多，沼气发酵菌对它们有一定的耐受程度，超过允许浓度时，沼气发酵过程会受到阻碍。当原料中含氮化合物过多，如蛋白质、氨基酸、尿素等被分解成铵盐，会抑制甲烷发酵。因此，当原料中氮化合物较多时应适当添加碳源，调节 C/N 比在（20～30）：1 范围内。此外，Cu、Zn、Cr 等重金属及氰化物含量过高时，会不同程度地抑制厌氧消化。因此，在厌氧消化过程中应尽量避免混入抑制物。

6. 接种物

厌氧消化中细菌数量和种群会直接影响甲烷的生成,含有丰富沼气微生物数量的污泥叫接种物。不同来源的厌氧发酵接种物,对产气量和气体组成有不同的影响。添加接种物可有效提高消化液中微生物的种类和数量,提高反应器的消化处理能力,加快有机物的分解速率,提高产气量,还可使开始产气的时间提前。在新进料的沼气池中加入接种物,特别是新建沼气池,第一次投料时微生物数量和种类都不够,应人工添加接种物,可大大缩短停滞期。使用工业废水为原料的沼气池启动时,特别要注意接种。

7. 搅拌

搅拌可使消化原料分布均匀,增加微生物与消化基质的接触,使消化产物及时分离,防止原料浮面结壳、局部出现酸积累,并及时排除抑制厌氧菌活动的气体,从而提高产气量和原料利用率。在常规的发酵池中,发酵液通常自然分为 4 层,从上到下分别为浮渣层、上清层、活性层和沉渣层。我国农村的沼气发酵原料以秸秆、杂草和树叶为主,需要搅拌才能达到好的发酵效果。

常见搅拌方式主要包括机械搅拌、充气搅拌、充液搅拌三种。机械搅拌,即采用一定的机械装置,如提升式、桨叶式等搅拌机械进行搅拌。充气搅拌,即将厌氧池内的沼气抽出,然后再从池底压入,产生较强的气体回流,达到搅拌的目的。充液搅拌,即从厌氧池的出料间将发酵液抽出,然后将液体从加料管加入厌氧池内,产生较强的液体回流,达到搅拌的目的。

五、厌氧消化工艺

一个完整的厌氧消化工艺系统,包括预处理、消化产气、气体净化与贮存、沼液及沼渣处理和利用等。可从消化温度、进料方式、投料的固体浓度等方面,对厌氧消化工艺进行分类。

(一)按消化温度分类

可将厌氧消化工艺分为常温消化(自然发酵)、中温消化和高温消化三种。

1. 常温消化

常温消化,是指在自然界温度影响下发酵温度发生变化的厌氧发酵,也称自然发酵、变温发酵。其主要特点为发酵温度随自然气温的变化而变化,沼气产量不稳定,转化效率低。我国农村一般采用这种发酵类型,其工艺流程见图 4-8。这种工艺的消化池结构简单、成本低廉、施工容易、便于推广。我国地域广大,采用自然温度发酵时,其发酵周期需根据季节和地区的不同加以控制。

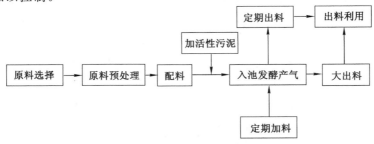

图 4-8　自然温度半批量投料沼气发酵工艺流程

2. 中温消化

中温消化的温度控制在 28～38 ℃。该工艺的优点是沼气产量稳定,转化效率较高,其主要用于大中型产沼工程、高浓度有机废水处理等。

3. 高温消化

高温消化的温度一般控制在 48～60 ℃,该工艺具有分解速度快、处理时间短、产气量高、能有效杀死寄生虫卵等优点,但需加温、保温设备。

(二)按进料方式分类

厌氧消化的进料方式有连续进料、半连续进料和批量进料。

1. 连续消化工艺

连续消化工艺由于处理量在设计时已确定,只需连续不断地或每天定量地加入新的发酵原料,同时排走相同数量的发酵料液,使发酵过程连续进行下去。其流程见图 4-9。此发酵工艺易于控制,能保持稳定的有机物消化速率和产气率,但该工艺要求较低的原料固形物浓度,发酵装置结构和发酵系统比较复杂,造价昂贵,适用于大型的沼气发酵工程系统。

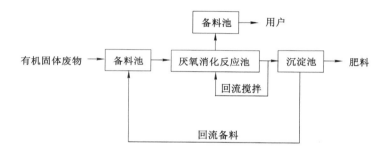

图 4-9 连续消化工艺流程图

2. 半连续消化工艺

半连续消化工艺在初始投料发酵启动时,一次性投料较多(一般占整个发酵周期投料总固体量的 1/4～1/2),经过一段时间,开始正常发酵产气,随后产气量逐渐下降,此时就需要每天或定期加入新物料,以维持正常发酵产气。其流程见图 4-10。由于我国广大农村的原料特点和农村用肥集中等,该工艺在农村沼气池应用方面已比较成熟。

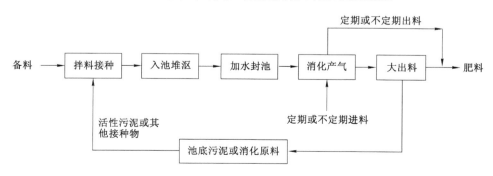

图 4-10 半连续消化工艺流程图

3. 批量消化工艺

批量消化工艺是将发酵原料成批量地一次投入沼气池,待其发酵完毕,将残留物全部取出后,再次批量进料,开始第二个发酵周期,如此循环往复的过程。农村小型沼气干发酵装置就是采用这种发酵工艺。这种工艺的优点是投料启动成功后,无须后期管理,简单方便,其缺点是产气分布不均衡,高峰期产气量高,其后产气量低,因此所产沼气适用性较差。

（三）按投料的固体浓度分类

根据投料的固体浓度,厌氧消化分为低固体厌氧消化和高固体厌氧消化。

1. 低固体厌氧消化

低固体厌氧消化是在固体浓度为 4%～8% 的情况下发酵有机物,在人、畜、农业废物和城市生活垃圾处理等方面应用广泛。低固体厌氧发酵工艺的缺点是废物中必须加入水,以使固体浓度达到所需要的 4%～8%。加水导致消化污泥被稀释,在处置之前必须脱水。对脱水产生的上清液处置,是选择低固体厌氧发酵工艺必须考虑的重要问题。

2. 高固体厌氧消化

高固体厌氧消化工艺的总固体浓度约在 22% 以上。高固体厌氧消化工艺相对较新,它在有机废物的能量回收方面的应用还没有得到充分的发展。高固体厌氧发酵工艺的优点是反应器单位体积的需水量低,产气量高,缺点是目前大规模运行的经验不足。

六、厌氧消化设备

厌氧消化设备主要包括厌氧消化池及其附属设备。厌氧消化池亦称厌氧消化器,是整套装置的核心部分。附属设备有预处理设备、固液分离设备、沼气净化设施、沼渣处理设施、监测设备等。

厌氧消化池的种类很多,按贮气方式有水压式、浮罩式和气袋式等;按消化池的结构形式有长方形池、圆形池。

（一）水压式沼气池

水压式沼气池是我国推广最早、数量最多的池型,也是在我国农村广泛推广的类型,并受到其他发展中国家的欢迎。水压式沼气池是一种埋设在地下的立式圆筒形发酵池(图 4-11),主要结构包括加料管、发酵间、出料管、水压间、导气管几个部分。

图 4-11(a)是启动前的状态。发酵间的液面为 O—O 水平,发酵间内尚存的空间为死气箱容积。

图 4-11(b)是启动后的状态。发酵池内开始发酵产气,发酵间的气压随产气量增加而增大,结果水压间液面高于发酵间液面。当发酵间内贮气量达到最大值时,发酵间的液面下降到最低位置 A—A 水平,水压间的液面上升到最高位置 B—B 水平;此时达到极限工作状态,两液面的高差最大,称为极限沼气压强,其值可表示为

$$\Delta H = H_1 + H_2 \tag{4-2}$$

式中　H_1——发酵间液面最大下降值;

　　　H_2——水压间液面最大上升值;

　　　ΔH——沼气池最大液面差。

图 4-11(c)是使用沼气时的状态。使用沼气时发酵间压力减小,水压间液体被压回发酵间。这样,随着气体的产生和被利用,水压间和发酵间的水位差也不断变化,始终保持与池内气压相平衡。

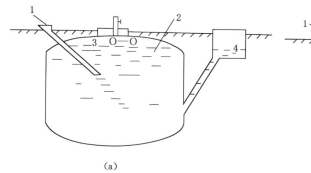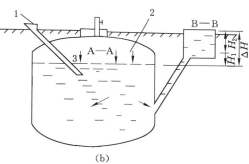

（a）

1—加料管；2—发酵间（贮气部分）；
3—池内液面O—O；4—出料间液面。

1—加料管；2—发酵间（贮气部分）；
3—池内料液面A—A；4—出料间液面B—B。

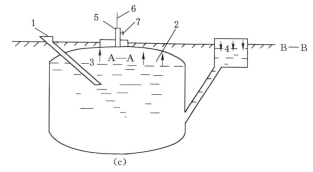

（c）

1—加料管；2—发酵间（贮气部分）；3—池内料液面A—A；4—出料间液面B—B；
5—导气管；6—沼气输气管；7—控制阀。

图 4-11　水压式沼气池示意图
（a）沼气池启动前状态；（b）沼气池启动后状态；（c）使用沼气时

　　水压式沼气池结构简单、造价低、施工方便，但由于温度不稳定，产气不稳定，原料利用率低。

　　（二）浮罩式沼气池

　　浮罩式沼气池在印度应用较多。基础池底用混凝土浇制，两侧为进、出料管，池体呈圆柱状。浮罩大多数用钢材制成，或采用薄壳水泥构件。发酵池产生沼气后，慢慢将浮罩顶起，并依靠浮罩的自身重力，使气室产生一定的压力，便于沼气输出。根据浮罩安装的位置，浮罩式沼气池可以分为顶浮罩式沼气池和侧浮罩式沼气池两种，见图 4-12。

　　浮罩式沼气池的优点是具有恒定的气压，能被燃烧器具稳定使用，池内气压低，对沼气发酵池的防渗要求较低等；缺点是建池成本较高（相对于水压式沼气池提高 30% 左右），占地面积大，施工周期长、难度大，材料价格较贵等。

　　（三）红泥塑料沼气池

　　红泥塑料沼气池是一种用红泥塑料（红泥-聚氯乙烯复合材料）做池盖或池体材料的沼气池，进料多采用批量进料的方式。红泥塑料沼气池分为半塑式、两模全塑式、袋式全塑式和干湿交替式等。

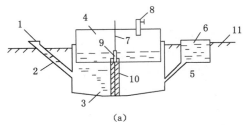

1—进料口；2—进料管；3—发酵间；4—浮罩；5—出料连通管；6—出料间；
7—导向轨；8—导气管；9—导向槽；10—隔墙；11—地面。

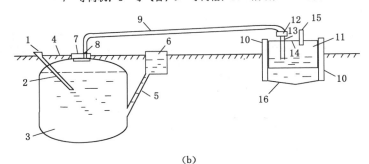

1—进料口；2—进料管；3—发酵间；4—地面；5—出料连通管；6—出料间；7—活动盖；8—导气管；
9—输气管；10—导向柱；11—卡具；12—进气管；13—开关；14—浮罩；15—排气；16—水池。

图 4-12 浮罩式沼气池示意图
（a）一体式；（b）分体式

① 半塑式沼气池。半塑式沼气池由水泥料池和红泥塑料气罩两大部分组成,如图 4-13 所示。料池上沿部设有水封池,用来密封气罩与料池的结合处。这种消化池适于高浓度料液或干发酵、成批量进料,不设进出料间。

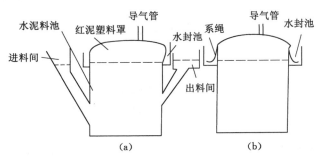

图 4-13 半塑式沼气池
（a）设进料间；（b）不设进出料间

② 两模全塑式沼气池。两模全塑式沼气池的池体与池盖由两块红泥塑料膜组成。它仅需挖一个浅土坑,压平整成形后即可安装。安装时,先铺上池底膜,然后装料,再把池盖膜的边沿和池底膜的边沿对齐,以便黏合紧密。待合拢后向上翻,将池盖膜覆上,折数卷,卷紧后用砖或泥把卷紧处压在池边沿上,其加料液面应高于两块膜黏合处,这样可以防止漏气,

如图 4-14 所示。

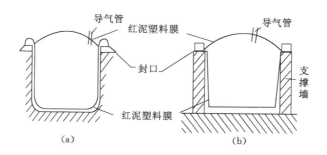

图 4-14　两模全塑式沼气池
(a) 地下式;(b) 地上式

③ 袋式全塑式沼气池。袋式全塑式沼气池的整个池体由红泥塑料膜热合加工制成,设进料口和出料口,安装时需建槽,主要用于处理牲畜粪便的沼气发酵,采用半连续进料。

④ 干湿交替式沼气池。干湿交替式沼气池设有两个消化室,上消化室用来进行批量投料、干消化,所产沼气由红泥塑料罩收集。下消化室用来半连续进料、湿消化,所产沼气贮存在消化室的气室内。下消化室中的气室处在上消化室料液的覆盖下,密封性好。上、下消化室之间由连通管连通,在产气和用气过程中,两个消化室的料液可随着压力的变化而上、下流动。下消化室产气时,一部分料液通过连通管压入上消化室用于浸泡消化原料。用气时,进入上消化室的浸泡液又流入下消化室。

(四)现代大型工业化沼气发酵设备

早期,由于混凝土施工技术水平受限,发酵罐结构比较简单,效率较低。到了 20 世纪 20 年代,密闭加热式发酵罐开始流行,同时一些相关的技术开始萌芽并发展起来。目前最常用的几种发酵罐如下:

① 欧美型(Anglo-American shape)。这种结构的发酵罐,顶部有浮罩,其直径/高度通常大于 1,顶部和底部都有一小坡度,并从四周向中心凹陷,形成一个小锥体。运行时,可通过向罐中加气形成循环对流来消除发酵罐底部的沉积及表面的浮渣层。

② 经典型(classical shape)。经典型发酵罐在结构上主要由三部分组成,中间为直径/高度为 1 的圆桶,上下两头分别有一个圆锥体。顶部锥体的倾斜度为 0.6～1.0,底部为 1.0～1.7。经典型结构有助于发酵污泥处于均匀且完全循环的状态。

③ 蛋型(egg shape digester)。蛋型发酵罐是在经典型发酵罐的基础上改进而成的。由于混凝土施工技术的进步,这种发酵罐的建造技术得到迅速发展。蛋型发酵罐主要有两个特点:发酵罐两端的锥体与中部罐体结合时是光滑的、逐步过渡的,不像经典型发酵罐那样形成一个角度,这样有利于发酵污泥的彻底循环,避免形成循环死角;底部锥体比较陡峭,反应污泥与罐壁的接触面积较小。

④ 欧洲平底型(European plain shape)。欧洲平底型发酵罐的各类指标介于经典型与欧美型之间。同经典型相比,它的施工费用较低;同欧美型相比,其直径/高度更合理。但这种结构的发酵罐在其内部安装污泥循环设备的种类选择方面余地较小。

七、厌氧消化的应用

目前,有机废物的厌氧消化处理正成为固体废物处理的一种新趋势。比较典型的厌氧消化系统日处理有机废物 100 t 左右,每日可以产生 12 000 m³ 左右沼气,同时产生 25 t 左右的优质有机肥。针对不同有机废物原料,采用的厌氧消化处理系统不同。

（一）城市垃圾厌氧发酵与沼气回收

厌氧发酵适用于处理经过加工、分选预处理后的大部分可生物降解垃圾的有机组分。预处理过程去除了有毒有害废物,但是此时颗粒较大,不能满足发酵处理的技术要求,需要经过破碎和筛分,减小颗粒粒度,达到均匀质地后再进行厌氧发酵。

垃圾厌氧发酵处理设备与操作基本工艺参数:设备内水力停留时间为 3~4 d;常采用机械搅拌或沼气回流搅拌方式,合适的搅拌强度、搅拌频率可以保证槽内浆料混合均匀,防止表面结壳;为了防止破坏厌氧菌活性,浆液最大运动线速度小于 0.5 m/s;在高温即 55~60 ℃条件下进行操作;新鲜浆液必须预加热到操作温度再输入发酵反应器内;设备有机负荷率为 0.6~1.6 kg/(m³·d)。

（二）禽畜粪便的生物处理

禽畜粪便中含有大量有机质及丰富的氮、磷、钾等营养元素,一直被当作有机肥利用。但规模化、集约化养殖业的粪便产生量过大,采用传统方法还田往往难以消纳,需要借助高新技术及装备高效地把禽畜粪便转化成有用的资源。如通过干湿分离、固液分离得到的干粪可应用高效菌种发酵转变成饲料或肥料;高浓度粪水可采用厌氧处理技术产生沼气、回收利用能源。

（三）厨余垃圾与污泥联合厌氧消化

厨余垃圾中有机物含量较高,有机成分占总量的 70% 以上,开发利用价值较大。然而,由于易降解的有机质含量高,且其水解过程较为迅速。此外,随着厨余垃圾有机质降解产甲烷菌缓慢生长,会产生挥发性短链脂肪酸(VFAs)等中间代谢产物,对厌氧消化产生毒性抑制作用,可能导致厌氧发酵过程失败。因此,厨余垃圾单独进行厌氧消化的效果不理想。研究发现,污泥中富含蛋白质,在降解过程中易造成氨氮的积累,影响厌氧发酵的进程,同时蛋白质降解速率较慢。结合厨余垃圾和污泥的特性,将厨余垃圾和污泥进行联合厌氧发酵有以下优点:① 调节厌氧发酵体系中的有机营养成分;② 产生的 VFAs 与氨氮等中间代谢产物可进行部分中和反应,稳定 pH 值,使厌氧发酵能够持续进行;③ 可提高处理效率,资源共享能得到显著的经济效益。

厨余垃圾与污泥联合厌氧消化的工艺流程如下:厨余垃圾破碎处理后输送至混合室;将含水率为 80%~90% 的脱水污泥输送至混合室,其体积为厨余垃圾体积的 0.5~2 倍;注水搅拌,得到浆液化的混合物料,含水率为 90%~95%;将混合物料输送到水解酸化池处理 1~3 d;将水解酸化处理后的混合物料泵入中温厌氧消化罐进行发酵处理,温度控制在 32~38 ℃,发酵时间 10~15 d;处理后的物料进行臭氧氧化处理,臭氧通入量为 0.05~0.2 gO₃/gTS,处理时间为 60~100 min;将上述处理后的物料泵入高温消化罐进一步发酵,温度控制在 52~58 ℃,处理 5~10 d;最后,对得到的物料进行脱水处理,得到的泥饼用作有机肥。

目前,有机废物的厌氧消化处理正在向大型化发展。现代大型工业化沼气发酵工艺能够更好地利用沼气和堆肥产品,对周围环境不会造成破坏性污染,具有良好的环境、经济和社会效益,是一个真正的生态工业沼气发酵生产系统。它的主要特点有:① 能处理大量有机物,适应于城市垃圾和污水处理厂污泥的处理和处置;② 发酵周期短;③ 产生的沼气量大,质量高;④ 发酵污泥制堆肥,产品肥效高,市场潜力大;⑤ 整个系统在运行过程中不会产生二次污染,不会对周围的环境造成危害;⑥ 整个系统的运行完全是自动化管理。

第三节　其他生物处理技术

一、微生物浸矿

(一)概述

微生物浸矿,是指通过微生物的直接或间接作用,将矿物原料中的有价金属以离子形式溶解到浸出液中,然后加以回收,或者将原料中多余的成分氧化溶解除去的过程。微生物浸出主要用来处理复杂的低品位矿石及尾矿,这些原料通常金属品位较低,难以采用浮选等方法富集和传统工艺处理。

早在 1887 年就有报道指出:有些细菌能够把硫单质氧化成硫酸,反应式如下:

$$S+\frac{3}{2}O_2+H_2O \xrightarrow{\text{细菌}} H_2SO_4 \tag{4-3}$$

1922 年有人成功地利用细菌氧化浸出 ZnS。1947 年美国科学家发现矿井酸性水中有一种细菌能把水里的 Fe^{2+} 氧化成 Fe^{3+},还有一种细菌能把 S 或还原性硫化物氧化为硫酸获得能源,从空气中摄取 CO_2、O_2 以及水中其他元素(如 N、P 等)来合成细胞组织,到 1951 年人们才研究出这些细菌为硫杆菌属的一个新种,将其命名为氧化铁硫杆菌。1954 年,美国、苏联、英格兰、刚果等国家发现,氧化铁硫杆菌在酸性溶液中对硫化矿的氧化速率比溶于水中的氧进行一般化学氧化的速率要高 $10\sim20$ 倍。1958 年,美国肯科特(Kennecott)铜矿公司获得了利用细菌浸出回收各种硫化矿中有价金属的专利。1965 年美国用此法生产 Cu 130 kt,1970 年达到 200 kt。

微生物浸出技术在最近三四十年已陆续应用于工业化生产,并由于具有以下优点而逐渐得到重视:原料利用范围广,几乎所有的硫化矿都可以应用该技术,并且越来越多种类及低品位的矿石、废渣、尾矿等能得到有效利用;工艺流程简单,通常只需生物浸出、金属回收、菌液再生三步即可;投资少,运行成本低,能耗小,环境污染轻;能够进行大规模工业化应用,如大型的生物堆浸,甚至整个矿山原位生物浸出。

普遍认为硫化矿生物浸出机理包括微生物的直接作用和间接作用。直接作用是指微生物吸附于矿物表面并通过蛋白分泌物或其他代谢产物直接将硫化矿氧化分解;间接作用是指微生物将硫化矿氧化过程中产生的亚铁离子氧化成三价铁离子,由于产生的三价铁离子具有强氧化作用,可以对硫化矿进行氧化,硫化矿氧化后产生有价金属及亚铁离子,产生的亚铁离子再被微生物氧化,如此循环。直接作用和间接作用发生的化学反应如下:

直接作用:

$$MS+2O_2 \xrightarrow{\text{浸矿菌}} M^{2+}+SO_4^{2-} \tag{4-4}$$

间接作用:

$$4Fe^{2+}+4H^++O_2 \xrightarrow{\text{浸矿菌}} 4Fe^{3+}+2H_2O \tag{4-5}$$

$$MS+2Fe^{3+} \longrightarrow M^{2+}+S^0+2Fe^{2+} \tag{4-6}$$

$$2S^0+3O_2+2H_2O \xrightarrow{\text{浸矿菌}} 2H_2SO_4 \tag{4-7}$$

目前,微生物浸出已应用于铜、铀和金的浸出,特别是铜和金的生物冶金技术已经有较大的产业化应用,全世界每年利用细菌浸出从贫矿、尾矿等原料中回收的铜超过 40 万 t,此外还能浸出锌、锰、砷、镍、钴、钼等金属。近年来,采用细菌浸出处理放射性废渣也取得了较大的进展。

(二)细菌浸出机理

自提出能浸出硫化矿中有价金属为硫杆菌属的一个新种以来,科学家们又进行了大量的研究,现在一般认为主要有以下几种:氧化硫杆菌(*Thiobacillus thiooxidans*)、氧化铁杆菌(*Ferrobacillus ferrooxidans*)、氧化铁硫杆菌(*Thiobacillus ferooxidans*)。

它们都属自养菌,经扫描电镜观察外形为短杆状和球状,它们生长在普通细菌难以生存的较强的酸性介质里,通过对 S、Fe、N 等的氧化获得能量,从 CO_2 中获得 C。从铵盐中获得 N 来构成自身细胞。其最适宜的生长温度为 25~35 ℃,在 pH 为 2.5~4 的范围能生长良好。在含硫的矿泉水、硫化矿床的坑道水、下水道以及某些沼泽地里都有这类细菌生长。只要取回这些水中的某种来加以驯化、培养,即可接种于所要浸出的废渣中进行细菌浸出。

常见矿物浸出细菌及其生理特性见表 4-12。

表 4-12 浸矿细菌及主要生理特性

菌种	主要生理特性	最佳 pH
氧化铁硫杆菌	$Fe^{2+} \rightarrow Fe^{3+}$,$S_2O_3^{2-} \rightarrow SO_4^{2-}$	2.5~5.3
氧化铁杆菌	$Fe^{2+} \rightarrow Fe^{3+}$	3.5
氧化硫铁杆菌	$S \rightarrow SO_4^{2-}$,$Fe^{2+} \rightarrow Fe^{3+}$	2.8
氧化硫杆菌	$S \rightarrow SO_4^{2-}$,$S_2O_3^{2-} \rightarrow SO_4^{2-}$	2.0~3.5
聚生硫杆菌	$S \rightarrow SO_4^{2-}$,$H_2S \rightarrow SO_4^{2-}$	2.0~4.0

目前细菌浸出机理有两种学说,即化学反应学说和细菌直接作用学说。

1. 化学反应学说

这种学说认为,废料中所含金属硫化物,如 FeS_2 先被水中的氧氧化成 $FeSO_4$,细菌的作用仅在于把 $FeSO_4$ 氧化成 $Fe_2(SO_4)_3$,把浸出金属硫化物生成的 S 氧化为 H_2SO_4,即

$$2FeS_2 + 7O_2 + 2H_2O \xrightarrow{\text{氧化硫杆菌}} 2FeSO_4 + 2H_2SO_4 \quad (4-8)$$

$$4FeSO_4 + 2H_2SO_4 + O_2 \xrightarrow{\text{氧化铁(铁硫)杆菌}} 2Fe_2(SO_4)_3 + 2H_2O \quad (4-9)$$

$$2S + 3O_2 + 2H_2O \xrightarrow{\text{氧化硫杆菌}} 2H_2SO_4 \quad (4-10)$$

换言之,化学反应学说认为细菌的作用仅在于生产优良浸出剂 H_2SO_4 和 $Fe_2(SO_4)_3$,而金属的溶解浸出则是纯化学反应过程,至少 Cu_2O、CuS、UO_2、MnS 等化合物的细菌浸出确系化学反应过程。即

$$Cu_2S + Fe_2(SO_4)_3 \longrightarrow CuSO_4 + 2FeSO_4 + CuS \quad (4-11)$$

$$CuS + Fe_2(SO_4)_3 \longrightarrow CuSO_4 + 2FeSO_4 + S \quad (4-12)$$

$$Cu_2O + Fe_2(SO_4)_3 + H_2SO_4 \longrightarrow 2CuSO_4 + 2FeSO_4 + H_2O \quad (4-13)$$

$$UO_2 + Fe_2(SO_4)_3 \longrightarrow UO_2SO_4 + 2FeSO_4 \quad (4-14)$$

$$MnS + Fe_2(SO_4)_3 \longrightarrow MnSO_4 + 2FeSO_4 + S \quad (4-15)$$

通过纯化学反应浸出过程,$Fe_2(SO_4)_3$ 转化为 $FeSO_4$,$FeSO_4$ 再通过细菌转化成

$Fe_2(SO_4)_3$，而生成的 S 通过细菌转化成 H_2SO_4，这些反应反复发生，浸出作业则不断进行。这样就把废渣尾矿中的重金属硫化物转化成可溶解的硫酸盐进入液相。

2. 细菌直接作用学说

这种学说认为，附着于矿物表面的细菌能通过活性酶直接催化矿物而使矿物氧化分解，并从中直接得到能源和其他矿物营养元素满足自身生长需要。据研究，细菌能直接利用铜的硫化物（$CuFeS_2$、CuS）中低价铁和硫的还原能力，导致矿物结晶晶格结构破坏，从而易于氧化溶解，其可能的反应如下：

$$CuFeS_2 + 4O_2 \xrightarrow{\text{细菌}} CuSO_4 + FeSO_4 \tag{4-16}$$

$$Cu_2S + H_2SO_4 + \frac{5}{2}O_2 \xrightarrow{\text{细菌}} 2CuSO_4 + H_2O \tag{4-17}$$

关于细菌直接作用学说，国内外还在进一步研究。

（三）细菌浸出工艺

细菌浸出通常采用就地浸出、堆浸和槽浸。它主要包括浸出、金属回收和菌液再生 3 个过程。图 4-15 为含铜废渣细菌浸出的工艺流程。

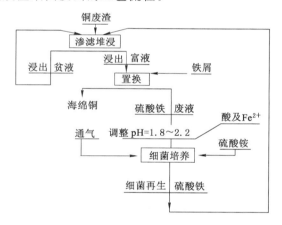

图 4-15　细菌浸出工艺流程

废渣堆积可选择不渗透的山谷，利用自然坡度收集浸出液，也可选在微倾斜的平地，开出沟槽并铺上防渗材料，利用沟槽来收集浸出液。每堆废渣数十万至数百万吨，用推土机推平即成浸出场。

1. 布液

可以用喷洒法、灌溉法和垂直管法进行布液，这应根据当地气候条件、堆高和表面积、操作周期、浸出物料组成和浸出要求等仔细考虑后决定。

喷洒法：通常用多孔塑料管将浸出液均匀地淋洒于堆表面，这样做的优点是浸出液分布均匀；缺点是蒸发损失大，干旱地区蒸发损失可达 60%。

灌溉法：用推土机或挖沟机在堆表面上挖掘沟、槽渠或浅塘，然后用灌溉法或浅塘法将浸出液分布于堆表面。

垂直管法：浸出液通过多孔塑料流入堆内深处，在间距管交点 30 m 处用钢绳冲击钻打直径 15 cm 的钻孔，并在堆高 2/3 的深度上加套管。钻孔间距为 30 m×30 m 至 15 m×7.5

m 不等,浸出液由高位槽注入。沿管网线挖有沟槽,浸出液沿沟槽流入垂直管内。此法的优点是有利于浸出液和空气在堆内均匀分布。

2. 操作控制

浸出液在堆内均匀分布,但因卡车卸料置堆时,大块沿斜坡滚落下来,并随推土机平整过程形成自然分级,使得堆内出现粗细物料层交替,浸出液总是沿阻力小的路径流过,容易从周边而不是从堆底流出。必须在置堆时注意使物料分布均匀才能克服这个问题。

当 pH 大于 3 时,铁盐等许多化合物会发生沉淀,形成不透水层,妨碍浸出液在堆内流动,也容易堵塞管道,使浸出效果不好。所以,要控制 pH 在 2 以下,须经常取样测定其中金属含量和溶液的 pH,随时加以调整。

3. 金属回收

经过一定时间的循环浸出后,废料中的铜含量降低,浸出液中铜含量增高,一般可达 1 g/L,采用常规的铁屑置换法或萃取电积法便可以回收铜。同时要注意废料中的其他金属,如镍、钴等在浸出液中达到一定浓度时也要加以综合回收。

4. 菌液再生

一般有两种方法进行菌液再生:一种是将贫液和回收金属之后的废液调节 pH 后直接送矿堆,让它在渗透过程中自行氧化再生;另一种是将这些溶液放在专门的菌液再生池中培养,除了调整 pH 外,还要加入营养液、鼓入空气以及控制 Fe^{3+} 的含量,培养后再送去做浸出液。

(四) 细菌浸出处理放射性废渣

在整个核燃料的循环过程中,即核燃料的生产、使用和回收过程,包括核燃料(主要指铀矿)的开采、提炼、净化、转化,U_{235} 的浓缩,核燃料的制备、加工、燃烧,废料的运输。后处理和回收以及废料的储存和处理等整个过程都要产生废水、废气、废渣,如果处理不当,就会导致环境的严重污染。放射性物质对人体的危害主要是由于射线的电离辐射(外照射和内照射)导致的各种疾病甚至死亡,还可以引起基因突变和染色体畸变,影响人类的生存和发展。

人们对矿产的开采利用是随着科学技术的发展,逐步向低品位、多元素的复合矿、共生矿过渡的,过去认为含铀 0.1% 的矿才能开采利用,而现在含铀 0.05% 的矿也要开采利用,甚至把边界品位降至 0.03%。过去对含铀较高的废渣,多采用深海投弃处理,先进的方法是采用固化处理,但对那些含铀较低、数量较大的尾矿、废石、冶炼渣等大多还是采用露天堆放、回填坑道等方法来处理。

近年来,许多国家用细菌浸出来处理这些放射性废渣,取得了较大的进展,主要还是利用氧化硫杆菌、氧化铁杆菌和氧化铁硫杆菌来处理,处理流程如图 4-16 所示。

浸出过程中氧化硫杆菌能把硫单质氧化成 H_2SO_4。

$$2S + 3O_2 + 2H_2O \xrightarrow{\text{氧化硫杆菌}} 2H_2SO_4 \tag{4-18}$$

同时

$$2FeS_2 + 7O_2 + 2H_2O \xrightarrow{\text{氧化硫杆菌}} 2FeSO_4 + 2H_2SO_4 \tag{4-19}$$

而氧化铁杆菌和氧化铁硫杆菌则以氧化 Fe^{2+} 来获得能源,在含有矿物盐类的酸性介质中生长:

$$4FeSO_4 + 2H_2SO_4 + O_2 \xrightarrow{\text{氧化铁(铁硫)杆菌}} 2Fe_2(SO_4)_3 + 2H_2O \tag{4-20}$$

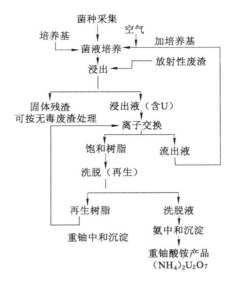

图 4-16　细菌浸出放射性废渣处理工艺图

然后是对废渣中铀的浸出：

$$UO_2 + Fe_2(SO_4)_3 \longrightarrow UO_2SO_4 + 2FeSO_4 \tag{4-21}$$

$$3U_3O_8 + 9H_2SO_4 + \frac{3}{2}O_2 \longrightarrow 9UO_2SO_4 + 9H_2O \tag{4-22}$$

随着上述反应不断发生,浸出作业不断进行,即可按照常规的离子交换沉淀法用浸出液制取重铀酸铵产品。

二、有机废物的蚯蚓处理

有机废物的蚯蚓处理是近些年发展起来的一项主要针对生活垃圾、农林废物及污水处理厂污泥的生物处理技术。蚯蚓是杂食性动物,喜欢吞食腐烂的落叶、枯草、蔬菜碎屑、作物秸秆、畜禽类及生活垃圾。蚯蚓消化力极强,它的消化道分泌蛋白酶、脂肪分解酶、纤维素酶、甲壳酶、淀粉酶等,除金属、玻璃、塑料及橡胶外,几乎所有的有机物都可被消化。此外,蚯蚓分布广、适应性强、繁殖快、抗病力强、养殖简单。因此,利用蚯蚓处理有机废物是一种投资少、见效快、简单易行且效益高的工艺技术。

蚯蚓处理有机废物的过程,实际上是蚯蚓和微生物共同处理的过程,二者构成了以蚯蚓为主导的蚯蚓微生物处理系统:蚯蚓吞食有机废物,经消化后可将有机物质转化为可给态物质,这些物质同蚯蚓排出的钙盐与黏液结合,形成蚓类颗粒,为微生物生长提供了理想的基质;被微生物分解或半分解的有机物质是蚯蚓的优质食物。二者构成了相互依存的关系,共同促进有机固体废物的分解。

（一）生活垃圾的蚯蚓处理技术

1. 蚯蚓在垃圾处理中的作用

在垃圾的生物发酵处理中,蚯蚓的引入可以起到以下几方面的作用:① 蚯蚓对垃圾中的有机物质有选择作用。② 通过砂囊和消化道,蚯蚓具有研磨和破碎有机物质的功能。③ 垃圾中的有机物通过消化道的作用后,以颗粒状形式排出体外,利于与垃圾中其他物质的分离。④ 蚯蚓的活动能改善垃圾中的水汽循环,同时也使得垃圾和其中的微生物得以运动。

⑤ 蚯蚓自身通过同化和代谢作用使得垃圾中的有机物质逐步降解,并释放出可为植物所利用的 N、P、K 等营养元素。⑥ 可以非常方便地对整个垃圾处理过程及其产品进行毒理监察。

2. 蚯蚓处理垃圾的工艺流程

生活垃圾的蚯蚓处理技术是指将生活垃圾经过分选除去垃圾中的金属、玻璃、塑料、橡胶等物质后,经初步破碎、喷湿、堆沤、发酵等处理,再经蚯蚓吞食加工制成有机复合肥料的过程。从收集垃圾到蚯蚓处理获得最终肥料产品的工艺流程如图 4-17 所示。

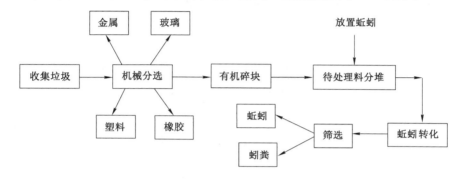

图 4-17　蚯蚓处理生活垃圾的工艺流程

① 垃圾的预处理。主要是将垃圾粉碎,以利于分离。

② 垃圾的分离。将金属、玻璃、塑料和橡胶等分离除去,再进一步粉碎,以增加微生物的接触表面积,利于与蚯蚓一起作用。

③ 垃圾的堆放。将处理后的垃圾进行分堆,堆的大小为宽度 180~200 cm,长度按需要而定,高度为 40~50 cm。

④ 放置蚯蚓。垃圾发酵熟化后达到蚯蚓生长的最佳条件时(在分堆 10~20 d 后),就可以放置蚯蚓,开始转化垃圾。

⑤ 检查正在转化的料状况。要定期检测,修正可能发生变化的所有参数,如温度、湿度和酸碱度,保证蚯蚓迅速繁殖,加快垃圾的转化。

⑥ 收集料和最终产品的处理。在垃圾完全转化后,需将肥堆表面 5~6 cm 的肥料层收集起来,剩下的蚯蚓粪经过筛分、干燥、装袋,即得有机复合肥料。

⑦ 加有益微生物。适量的微生物将有利于堆肥快速而有效地进行,蚯蚓以真菌为食,故在垃圾处理过程中应有选择地添加真菌群落。

3. 蚯蚓处理生活垃圾的物料配比

城市生活垃圾的特点是有机物含量相当高,最高可超过 80%,最低为 30% 左右。由于蚯蚓是以垃圾中腐烂的有机物质为食,垃圾中有机物质含量的多少直接关系到蚯蚓的生长繁殖是否正常。但许多实验研究表明,当城市生活垃圾中有机成分比例小于 40% 时,就会影响蚯蚓的正常生存和繁殖。因此,为了保证蚯蚓的正常生存和快速繁殖,用于蚯蚓处理的城市生活垃圾中的有机成分的含量需大于 40%。

(二)农林废物的蚯蚓处理技术

1. 农林废物的种类及性质

农林废物主要是指各种农作物的秸秆、牧草残渣树叶、花卉残枝、蔬菜瓜果等。农林废物的主要成分有纤维素、半纤维素、木质素等,此外还含有一定量的粗蛋白、粗脂肪等。

例如,作物残体一般含纤维素 30％～45％,半纤维素 16％～27％,木质素 3％～13％。因此,农林废物都能被蚯蚓分解转化而形成优质有机肥料。

2. 蚯蚓处理农林废物的过程

(1)农林废物的发酵腐熟

① 废物的预处理。将杂草树叶、稻草、麦秸、玉米秸秆、高粱秸秆等铡切、粉碎至 1 cm 左右;蔬菜瓜果、禽畜下脚料要切剁成小块,以利于发酵腐烂。

② 发酵腐熟废物的条件。主要有:良好的通气条件;适当的水分;微生物所需要的营养;料堆内的温度;料堆的酸碱度。

③ 堆制发酵。a. 预湿,将植物秸秆浸泡吸足水分,预堆 10～20 h。干畜禽粪同时淋水调湿、预堆。b. 建堆,原料由约 40％植物秸秆、约 60％粪料和适量的土组成。先在地面上按 2 m 宽铺一层 20～30 cm 厚的湿植物秸秆,接着铺一层 3～6 cm 厚的湿畜禽粪,然后再铺 6～9 cm 厚的植物秸秆、3～6 cm 厚的湿畜禽粪。这样按植物秸秆、粪料交替铺放,直至铺完为止。料堆应松散,不要压实,高度 1 m 左右。料堆呈梯形、龟背形或圆锥形,最后在堆外面用塘泥封好或用塑料海绵覆盖,以保温保湿。c. 翻堆,堆置后第二天堆温开始上升,4～5 d 后堆内温度可达 60～70 ℃。待温度开始下降时,要翻堆以便进行二次发酵。翻堆时要求把底部的料翻到上部,边缘的料翻到中间,中间的料翻到边缘,同时充分拌松、拌和,适量淋水,使其干湿均匀。第一次翻堆 7 d 后,再进行第二次翻堆,以后隔 6 d、4 d 各翻堆一次,共翻堆 3～4 次。

(2)发酵腐熟料的蚯蚓分解转化

① 物料腐熟程度的鉴定。废物堆区发酵 30 d 左右,需要鉴定物料的腐熟程度,发酵腐熟的物料应无臭味,无酸味,色泽为茶褐色,手抓有弹性,用力一拉即断,有一种特殊的香味。

② 投喂前腐熟料的处理。将发酵好的物料摊开混合均匀,然后堆积压实,用清水从料堆顶部喷淋冲洗,直到堆底有水流出,检查物料的酸碱度是否合适,一般 pH 在 6.5～8.0 都可以使用,过酸可添加适量石灰,碱度过大用水淋洗;含水量需要控制在 37％～40％,即用手抓一把物料挤捏,指缝间有水即可。

③ 蚯蚓对腐熟料的分解转化。经过上述处理的物料先用少量蚯蚓进行饲养实验,经1～2 d 后,如果有大量蚯蚓自由进入栖息、取食,无任何异常反应,即可大量正式喂养。

④ 蚯蚓和蚯蚓粪的分离。在废物的蚯蚓处理过程中要定期清理蚯蚓粪并将蚯蚓分离出来,这是促进蚯蚓正常生长的重要环节。

(三)禽畜粪便的蚯蚓处理技术

当前对畜禽粪便进行处理的方法很多,而利用蚯蚓的生命活动来处理畜禽粪便是很受欢迎的一种方法,此方法能获得优质有机肥料和高级蛋白质肥料,不产生二次污染,具有显著的环境、经济和社会效益,符合社会经济的可持续发展要求,是一种很有发展前途的畜禽粪便处理方法。

(四)蚯蚓对固体废物中重金属的富集

蚯蚓对某些重金属具有很强的富集作用,因此可以利用蚯蚓来处理含这类重金属的废物,从而实现重金属污染的生物净化。在蚯蚓处理废物的过程中,废物的重金属可被摄入蚯蚓体内,通过消化过程,一部分重金属会蓄积在蚯蚓体内,其余部分则排泄出体外。

蚯蚓对镉有明显的富集作用,且对不同重金属有着不同的耐受能力。当某一种重金属元素的浓度超过蚯蚓的耐受极限时,它就会通过排粪或其他方式排出体外。

习题与思考题

1. 简述固体废物堆肥化和厌氧消化的原理及技术特点。

2. 简述固体废物好氧堆肥过程中,温度、基质、微生物等在各个阶段的变化。

3. 简述堆肥发酵过程中预处理的目的、作用以及处理的设备。

4. 影响堆肥的因素有哪些? 如何控制以便更好地适应堆肥化的进程?

5. 简述堆肥腐熟度的判定标准。

6. 简述有机废物厌氧消化三阶段理论。

7. 厌氧消化按照温度该如何分类? 各自具备什么特点?

8. 用一种成分为 $C_{31}H_{50}NO_{26}$ 的堆肥物料进行实验室规模的好氧堆肥实验。实验结果表明,每 1 000 kg 堆料在完成堆肥化后仅剩下 198 kg,测定产品成分为 $C_{11}H_{14}NO_4$,试求每 1 000 kg 物料的理论需氧量。

9. 废物混合最适宜的 C/N 比计算:树叶的 C/N 比为 50,与来自污水处理厂的活性污泥混合,活性污泥的 C/N 比为 6.3。分别计算各组分的比例使混合 C/N 比达到 25。假定条件如下:污泥含水率为 76%,树叶含水率为 52%;污泥含氮率为 5.6%;树叶含氮率为 0.7%。

10. 从 1 000 kg 猪粪中称取 10 g 样品,在 105±2 ℃ 烘至恒重后的质量为 1.95 g。① 求其总固体质量分数和总固体量;② 如果将 10 g 样品的总固体在 550±20 ℃ 灼烧至恒重后质量为 0.39 g,求猪粪原料固体中挥发性固体的百分含量。

第五章　固体废物的热处理

固体废物的热处理，主要是指依靠热能改变固体废物的化学、物理或生物特性及组成，使固体废物中可回收利用的物质转化为能源，或使固体废物便于后续处置及利用的过程。常见的热处理技术包括焚烧、热解、热干化、熔融、焙烧等。处理的对象及目的决定了所采用的具体热处理技术。限于篇幅，本章主要介绍焚烧和热解处理技术。

第一节　焚　烧　处　理

一、焚烧的概念及目的

（一）焚烧的概念

焚烧是一种高温热处理技术，即固体废物在高温焚烧炉内与一定的过剩空气进行快速氧化燃烧反应，废物中的有毒有害物质在高温下氧化、分解而被破坏，是一种可同时实现废物无害化、减量化、资源化的处理技术。

焚烧适合处理有机成分多、热值高的废物。它不但可以处理固态废物，还可以处理液态、气态废物，比如液态、气态的危险废物，以及固体废物焚烧厂垃圾贮存产生的渗滤液、臭气等。

（二）焚烧的目的

焚烧的主要目的是焚毁废物，使被焚烧的废物无害化并最大限度地减容，同时尽可能避免二次污染物的产生。对于大、中型废物焚烧厂，能同时实现废物减量、有毒有害物质焚毁及回收废热这三个目的。

二、焚烧处理技术的发展历程

固体废物焚烧处理技术，最早出现在19世纪80年代，大致经历了萌芽、发展、成熟、完善四个阶段。

（1）萌芽阶段：从19世纪下半叶到20世纪初。1870年，世界上第一台固体废物焚烧炉在英国帕丁顿投入运行。1874年和1885年，英国诺丁汉和美国纽约先后成功建造了处理固体废物的焚烧炉。1896年，德国汉堡建立了世界上最早的固体废物焚烧厂，两年后法国巴黎也建立了固体废物焚烧厂。这标志着生活固体废物焚烧技术开始走向工程应用。但由于当时固体废物焚烧技术比较原始，固体废物水分大、灰分多、发热量低且焚烧产生的浓烟及恶臭对环境的二次污染十分严重，人们曾一度放弃此法处理垃圾。

（2）发展阶段：从20世纪初到60年代末。第一次世界大战结束后，经济快速发展，人们生活水平不断提高，城市生活垃圾热值上升，为城市生活垃圾焚烧处理提供了契机。1902

年,德国威斯巴登市建造了第一座立式焚烧炉,从此在欧洲风靡各种改进型的立式焚烧炉。此后,又出现了阶梯式炉排、倾斜炉排和链条炉排及转筒式固体废物焚烧炉。第二次世界大战后,经济的发展促进了固体废物焚烧技术的进一步推广应用,特别是20世纪60年代后,由于各种先进技术在固体废物焚烧炉上的应用,固体废物焚烧炉得到了进一步完善。

(3)成熟阶段:从20世纪70年代初到90年代中期。这一阶段是固体废物焚烧技术发展最快的时期。随着城市建设发展和城市规模扩大,城市生活垃圾产量快速递增,几乎所有发达国家、中等发达国家都建设了不同规模及数量的固体废物焚烧厂。此时固体废物焚烧技术已经相当成熟,主要以炉排炉、流化床和旋转窑式焚烧炉为代表,同时重视焚烧过程中二次污染的防治。

(4)完善阶段:20世纪90年代以来,计算机及自动化技术广泛应用于固体废物焚烧系统,高效焚烧、回收能量、完善烟气处理及精细控制成为固体废物焚烧技术的发展方向,焚烧技术日趋成熟和完善。今后很长一段时间内,发展城市固体废物焚烧技术的有利因素将依然存在。同时,固体废物焚烧管理与经营的集约化程度比较适宜民营化运行,因此固体废物焚烧技术在全球范围内仍有较大的发展空间。综合近些年来固体废物焚烧技术的发展过程,将来的固体废物焚烧技术将会向着多功能、资源化和智能化的方向发展。

三、焚烧的原理

1. 焚烧过程

焚烧过程指从物料被送入焚烧炉到形成烟气和固态残渣的整个过程,主要包括干燥、燃烧和燃尽(成渣)三个阶段。实际焚烧过程中,这三个阶段并无明显的分界线。从炉内实际过程来看,会出现有的物料还在预热干燥,有的物料已经开始燃烧,甚至已燃尽的情况。

(1)干燥阶段

干燥阶段是指从物料被送入焚烧炉起,到物料开始析出挥发分着火的这段时间。固体废物,尤其是生活垃圾的含水率较高,当水分蒸发后,垃圾才开始着火燃烧。因此,干燥阶段是十分重要的。当物料被送入焚烧炉后,其表面水分开始蒸发。温度升到100 ℃左右,物料中水分开始大量蒸发,物料逐渐干燥。当水分基本蒸发完全后,物料温度迅速上升直至着火,进入真正的燃烧阶段。

(2)燃烧阶段

燃烧阶段是指物料开始着火至强烈的发热发光氧化反应结束的这段时间。燃烧阶段包括了三个同时发生的化学反应过程。

① 强氧化反应。强氧化反应是物料与氧发生的强氧化反应过程,反应中有若干的中间反应。

② 热解反应。热解是在缺氧或无氧条件下,利用热能破坏含碳高分子化合物元素间的化学键,使碳化合物破坏或进行化学重组的过程。在燃烧过程中,部分物料无法与氧气充分接触,形成了无氧或缺氧的条件,在高温条件下就会热解。

③ 原子基团碰撞。燃烧中的火焰实质上是高温下富含原子基团的气造成的。原子基团的碰撞,进一步促进了废物的热分解。

(3)燃尽阶段

燃尽阶段是主燃烧阶段结束至燃烧完全停止的这段时间,是生成固体残渣的阶段。在燃尽阶段,参与反应的物质大量减少,燃烧强度减弱。延长焚烧过程,能使物料中未燃的可燃成分完全燃烧掉。以翻动、拨火等方法来减少物料外表面的灰层,增加过剩空气量使物料与空气充分接触,可以改善燃尽阶段的工况。

2. 焚烧产物

固体废物中的可燃成分主要是有机物,其基本构成单位为碳、氢和氧,部分还含有氮、硫、卤素等成分。这些元素在焚烧过程中与空气中的氧反应,其焚烧产物可归纳如下:

（1）碳（C）:CO_2,CO;

（2）氢（H）:H_2O,HF,HCl;

（3）氮（N）:N_2,NO_x;

（4）硫（S）:SO_2,SO_3;

（5）卤素（F、Cl 等）:HF、HCl、二噁英等;

（6）金属:元素态金属（Hg）、碳酸盐、磷酸盐、硫酸盐、氢氧化物、氧化物和卤化物等;

（7）未燃物。

以上产物会伴随烟气、飞灰和炉渣从锅炉中排出,且烟气、飞灰、炉渣的产生量和相对比例不固定。图 5-1 是某城市生活垃圾焚烧后产物占比情况。一般而言,垃圾焚烧的主要产物是烟气,高达 75％,炉渣次之,飞灰的量最少。

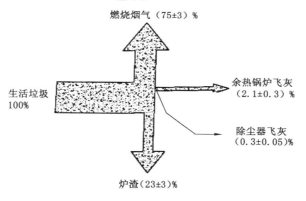

图 5-1　某城市生活垃圾焚烧厂产物质量占比

3. 焚烧效果评价指标

评价固体废物焚烧效果的主要指标包括热灼减率和燃烧效率。对于危险废物的焚烧,还需要考察焚毁去除率这一指标。

（1）热灼减率（P）

热灼减率是指焚烧残渣经灼热减少的质量占原焚烧残渣质量的百分数,计算方法如下:

$$P = \frac{A - B}{A} \times 100\% \tag{5-1}$$

式中　P——热灼减率,％;

　　　A——焚烧残渣经 110 ℃干燥 2 h 后在室温下的质量（其中还含有未燃烧的物质）,g;

　　　B——焚烧残渣经 800 ℃（±25 ℃）3 h 灼热后冷却至室温的质量（可燃物完全燃烧后的质量）,g。

（2）燃烧效率（CE）

燃烧效率计算方法如下:

$$CE = \frac{[CO_2]}{[CO_2] + [CO]} \times 100\% \tag{5-2}$$

式中 $[CO_2]$、$[CO]$——分别为焚烧烟气中相应气体的浓度值。

（3）焚毁去除率（DRE）

焚毁去除率又叫焚毁率，它是有害物质经焚烧后减少的质量百分比，计算方法如下：

$$DRE = \frac{m_{in} - m_{out}}{m_{in}} \times 100\% \tag{5-3}$$

式中 m_{in}——加入焚烧炉内的有害物质的质量；

m_{out}——烟道排放气和焚烧残渣中残留的有害物质的质量之和。

四、焚烧过程的影响因素

影响固体废物焚烧过程的因素很多，最重要的影响因素有焚烧温度（temperature）、停留时间（time）、湍流度（turbulence）和过剩空气系数（excess air coefficient）。这四种因素之间相互影响，形成"3T＋1E"体系。此外，废物本身性质、焚烧炉型对焚烧过程也有重要影响。

1. 焚烧温度

废物中有毒有害物质在高温下氧化、分解至被破坏所需的温度，通常比物料的着火温度高得多。

废物的燃烧特性（如热值、燃点、含水率）及焚烧炉结构、空气量决定了其焚烧温度。一般来说，焚烧温度越高，废物燃烧所需的停留时间就越短，焚烧效率也越高。如果温度高于 1 300 ℃，会对炉体内衬耐火材料产生影响，还可能发生炉排结焦等问题；如果温度低于 700 ℃，容易导致燃烧不完全，产生有毒副产物。炉膛的最低温度应保持在物料的燃点温度以上。部分物质的燃点温度见表 5-1。

表 5-1 部分物质的燃点温度 单位:℃

物质	碳	氢	硫	甲烷	乙烯	一氧化碳	城市垃圾
燃点	410	575～590	240	630～750	480～550	610～660	260～370
物质	软质纸	硬质纸	皮革	纤维	木炭	混合厨余	
燃点	180～200	200～250	250～300	350～400	300～700	230～250	

2. 停留时间

停留时间是指废物（尤其是焚烧尾气）在燃烧室内与空气接触的时间。停留时间不仅直接影响焚烧的效果，同时还是确定焚烧炉炉膛容积的重要参数。

焚烧废物是气相燃烧和非均相燃烧的混合过程，固体废物在炉内的停留时间必须大于理论上固体废物干燥、热分解及固定碳组分完全燃烧所需要时间之和，同时固体废物中的挥发分在燃烧室中必须有足够的停留时间才能完全燃烧。然而，停留时间并不是越长越好，停留时间过长会降低焚烧炉处理量，增加投资建设费用。

物料的停留时间受其粒径和含水率影响。粒径越小，与空气接触面积越大，燃烧越迅速，则固体废物在炉内的停留时间越短；含水率越大，干燥段所需时间越长，则固体废物在炉内的停留时间越长。

3. 湍流度

湍流度是表征废物燃料和空气混合程度的指标。湍流度越大,表明燃料和空气的混合程度越好,燃烧越充分。

对于城市生活垃圾燃烧炉,往往通过搅动助燃空气、加大空气供给量来提供高湍流环境。适宜的空气供给方式有利于提高湍流度,改善传质与传热的效果。

4. 过剩空气系数

过剩空气系数表示实际空气量与理论空气量的比值。

由于在实际燃烧过程中,空气与可燃物的混合与反应无法达到理想状态,故需要加上比理论空气量更多的助燃空气,使燃烧完全。但过剩空气系数不宜太高,否则导致炉膛内温度降低,烟气排放量增大,最终影响焚烧效果。对于固体废物焚烧而言,一般过剩空气系数为 $1.7 \sim 2.5$。

5. 废物性质

废物的热值、组分、含水率、粒径等也是影响废物焚烧效果的重要因素。热值越高,焚烧过程释放的热量越高,焚烧越容易进行,焚烧效果也就越好;易燃组分多,燃烧越容易;含水率越低,燃烧越容易进行;粒径越小,比表面积越大,燃烧时与空气的接触面积就越大,传热传质效果越好,燃烧越完全。

五、焚烧系统平衡分析

(一)焚烧过程的物质平衡

1. 物质转化

对于固体废物焚烧系统,输入系统的物料包括固体废物、空气、净化烟气所需的化学物质和水等。可燃组分主要转化为碳氧化物、硫氧化物、氮氧化物和水蒸气,最终以烟气(包括水蒸气和干烟气)、废水、飞灰和炉渣的形式排出。绝大多数水分以水蒸气的形式进入烟气。根据质量守恒定律,输出量等于输入量。

从设计、操作等角度,通常重点关注空气量、空气过剩系数和燃烧产物的计算。其中,空气量包括理论空气量和实际空气量,燃烧产物计算主要包括烟气量(即理论烟气量和实际烟气量)及烟气污染物浓度的计算。根据计算结果,便于选择炉型、风机,确定操作参数及烟气净化工艺。

2. 所需空气量、过剩空气系数及烟气量

(1)理论空气量

理论空气量,是单位物料(单位质量的固体废物)按燃烧反应方程式完全燃烧所需的空气量,即物料完全燃烧时所需要的最低空气量,一般以符号 V_0 表示。按照燃烧方程式计算理论空气量时,通常假设:空气仅由氮气和氧气组成(体积比为 $79:21=3.76$);物料中碳全部氧化成二氧化碳;硫全部氧化成二氧化硫;氮全部以氮气的形式存在于烟气中;空气和烟气中各组分(包括水蒸气)均按理想气体处理。

设 1 kg 物料中含有碳 $C(\text{kg})$、氢 $H(\text{kg})$、氧 $O(\text{kg})$、氮 $N(\text{kg})$、硫 $S(\text{kg})$ 和水分 $W(\text{kg})$,在标准状况下,1 kg 物料完全燃烧时的理论需氧量可表达如下。

① 以体积(m³/kg)表示

$$V_0 = 22.4\left(\frac{C}{12} + \frac{H}{4} + \frac{S}{32} - \frac{O}{32}\right) = \frac{22.4}{12}C + \frac{22.4}{4}\left(H - \frac{O}{8}\right) + \frac{22.4}{32}S \tag{5-4}$$

② 以质量（kg/kg）表示

$$V_0 = 32\left(\frac{C}{12} + \frac{H}{4} + \frac{S}{32} - \frac{O}{32}\right) = \frac{32}{12}C + 8H - O + S \tag{5-5}$$

按空气中氧气的体积分数为 21％，质量分数为 23％计，则 1 kg 物料完全燃烧所需要的理论空气量可表达如下：

① 以体积（m³/kg）表示

$$V_0 = \frac{1}{0.21}\left[1.867C + 5.6\left(H - \frac{O}{8}\right) + 0.7S\right] \tag{5-6}$$

② 以质量（kg/kg）表示

$$V_0 = \frac{1}{0.23}(2.67C + 8H - O + S) \tag{5-7}$$

需要指出，固体废物特别是生活垃圾中还常含有 Cl、F 等元素，它们在燃烧时与部分 H 结合，减少了 H 对 O 的需求，做相关计算时还应扣除这一部分需氧量，理论空气量也相应减少。

（2）过剩空气系数

实际燃烧时，物料与空气的混合及反应通常无法达到理想状态，因此实际供给的空气量要大于理论空气量。过剩空气系数即为实际空气量与理论空气量之比，显然 $\alpha > 1$，即

$$\alpha = \frac{V}{V_0} \tag{5-8}$$

过剩空气系数是燃料燃烧及燃烧装置运行时非常重要的指标之一，它的最佳值与燃料种类、燃烧方式及燃烧装置结构完善程度有关。空气过剩系数太大，导致烟气量增加，热损失增加，燃烧温度降低；空气过剩系数太小，不能保证燃烧充分，会增加一氧化碳、炭黑及碳氢化合物的排放量。

（3）实际空气量

实际空气量（V）是理论空气量与过剩空气系数 α 的乘积，即

$$V = \alpha V_0 \tag{5-9}$$

（4）理论烟气量

理论烟气量是在理论空气量下，燃料完全燃烧所生成的烟气量。理论烟气的成分是 CO_2、SO_2、N_2 和 H_2O，前三者称为理论干烟气，加上 H_2O 后则称为理论湿烟气。

1 kg 物料完全燃烧产生的理论湿烟气量（m³/kg）为

$$G_0 = 0.79V_0 + 1.867C + 0.7S + 0.631Cl + 0.8N + 11.2H + 1.244W \tag{5-10}$$

若不考虑烟气中含水量，则干烟气量（m³/kg）为

$$G_0' = 0.79V_0 + 1.867C + 0.7S + 0.631Cl + 0.8N \tag{5-11}$$

（5）实际烟气量

实际烟气量为理论烟气量与过剩空气量之和，则 1 kg 物料完全燃烧产生的实际湿烟气量（m³/kg）为

$$G = G_0 + (\alpha - 1)V_0 \tag{5-12}$$

实际干烟气量为

$$G' = G_0' + (\alpha - 1)V_0 \tag{5-13}$$

例 5-1 若已知某垃圾样品的三成分分析及元素分析资料如表 5-2 和表 5-3 所示，试求

每单位质量垃圾所需的理论空气量及燃烧后总烟气量。

表 5-2　垃圾样品三成分分析表

项目	高	中	低
可燃组分 $B/\%$	42.3	37.5	33.7
灰分 $A/\%$	16.0	15.9	12.4
水分 $W/\%$	41.0	49.1	50.4
低位发热量/(kcal/kg)	1 942	1 672	1 405

注:1 cal=4.18 J。

表 5-3　垃圾样品元素分析表

元素	全样品/%	可燃组分/%
C	20.33	53.9
H	2.80	7.4
N	0.45	1.2
S	0.02	0.1
Cl	0.34	0.9
O	13.76	36.5
总计	37.7	100

解　若仅针对可燃组分 B,则所需理论空气量为:

$$V_a=\frac{1}{0.21}\left[1.867C+5.6\left(H-\frac{O}{8}+0.7S\right)\right]$$

$$=\frac{1}{0.21}\left[1.867\times0.539+5.6\times\left(0.074-\frac{0.365}{8}\right)+0.7\times0.001\right]$$

$$=5.55(\text{m}^3/\text{kg})$$

所以,针对单位垃圾样品,所需理论空气量为:

$$V_a=5.55\frac{B}{100}=0.055\ 5B(\text{m}^3/\text{kg})$$

实际空气量为:

$$V'_a=\alpha V_a=0.055\ 5\ \alpha B(\text{m}^3/\text{kg})$$

因此,$\alpha=1$ 时,各种理论所需空气量的状况可计算如下:

$$B=42.3,V_a=0.055\ 5\times42.3=2.35\ (\text{m}^3/\text{kg})$$

$$B=37.5,V_a=0.055\ 5\times37.5=2.08\ (\text{m}^3/\text{kg})$$

$$B=33.7,V_a=0.055\ 5\times33.7=1.87\ (\text{m}^3/\text{kg})$$

烟气量可由下式计算:

$$V=(\alpha-0.21)V_a+\frac{22.4}{12}\left(C+6H+\frac{2}{3}W+\frac{3}{8}S+\frac{3}{7}N\right)$$

所以 $V_a=0.055\ 5B$,若 $B=37.5,\alpha=1,W=49.1$

$$C=0.539\left(\frac{B}{100}\right),H=0.074\left(\frac{B}{100}\right),S=0.001\left(\frac{B}{100}\right),N=0.012\left(\frac{B}{100}\right)$$

所以：

$$G=(\alpha-0.21)0.055\,5B+$$

$$\frac{22.4}{12}\left[\left(0.539+6\times0.074+\frac{3}{8}\times0.001+\frac{3}{7}\times0.012\right)\frac{B}{100}+\frac{2}{3}\frac{W}{100}\right]$$

$$=2.94(\mathrm{m^3/kg})$$

（6）烟气污染物浓度计算

烟气是由各种焚烧产物组成的，包括 CO_2、H_2O、SO_2、SO_3、NO_x 等，这些组分各占一定的体积，并共同构成了烟气。因此，在计算烟气体积时，同时还可以计算出某种烟气组分（污染物）的体积，并进一步计算得到污染物在烟气中的浓度。

（二）焚烧系统热平衡计算

从能量转换的角度分析，固体废物焚烧系统实际上可看作一个能量转换设备：将物料的化学能通过燃烧转化为烟气的热能，烟气再通过传热将热能分配交换。

焚烧系统的输入热量有三类，即物料的热量、助燃空气的热量和辅助燃料的热量；而输出热量包括有效利用的热量、排烟热损失、化学不完全燃烧热损失、机械不完全燃烧热损失、散热损失和灰渣物理热损失。

工况稳定的情况下，焚烧系统输入热量与输出热量是平衡的，二者数值相等。

1. 固体废物的热值

固体废物的热值是单位质量的固体废物燃烧释放出来的热量，包括高位热值和低位热值两种。高位热值和低位热值之差为水的汽化潜热，二者的关系为：

$$\mathrm{LHV}=\mathrm{HHV}-2420\times\left[W+9\times\left(H-\frac{Cl}{35.5}-\frac{F}{19}\right)\right] \tag{5-14}$$

式中　LHV——低位热值；

　　　HHV——高位热值；

　　　W——物料含水量，%；

　　　H、F、Cl——分别为物料中氢、氟、氯的含量，%。

由于焚烧及排烟温度较高，焚烧产物中的水一般以气态存在，因此低位热值更具有实际指导意义。固体废物热值的大小，可用来判断燃烧效果和能量回收潜力。当固体废物的热值无法满足燃烧的热量和温度要求时，必须加入辅助燃料。在我国，固体废物焚烧厂垃圾的平均低位热值通常高于 5 000 kJ/kg 才能获得较好的焚烧效果，欧洲对炉排式焚烧炉进炉垃圾热值的要求和日本对流化床焚烧炉进炉垃圾热值的要求分别为 7 530 kJ/kg 以上和 5 440 kJ/kg 以上。

2. 输入热量

如前所述，焚烧系统的输入热量为物料的热量、助燃空气的热量和辅助燃料的热量之和。

① 物料的热量。若不考虑废物的物理显热，废物的热量等于送入系统的废物量与废物热值的乘积。

② 助燃空气的热量。助燃空气的热量等于送入系统的空气量与送入空气量的热焓的乘积。当采用自然状态下的空气助燃时，助燃空气的热量数值为零。

③ 辅助燃料的热量。辅助燃料的热量等于辅助燃料投入量和单位辅助燃料的热值的乘积。对于起动点火或焚烧工况不正常时才投入辅助燃料的情况,辅助燃料的热量数值为零;只有在运行过程中连续投入辅助燃料时才计入。

3. 输出热量

固体废物焚烧产生热能后,会向外界输出热量。焚烧系统的输出热量为有效利用的热量、排烟热损失、化学不完全燃烧热损失、机械不完全燃烧热损失、散热损失和灰渣物理热损失之和。

① 有效利用的热量——单位时间内工质在锅炉中所吸收的热量,包括水和蒸汽吸收的热量及排污水和自用蒸汽所消耗的热量。

② 排烟热损失——焚烧炉排出的烟气所带走的热量,受排烟温度和排烟容积的影响。排烟热损失等于排烟容积和烟气单位容积的热容差之积。

③ 化学不完全燃烧热损失——燃料及烟气成分中一些可燃物未燃烧的损失。

④ 机械不完全燃烧热损失——未燃烧或未完全燃烧的物料带来的热损失。

⑤ 散热损失——焚烧炉表面向周围空间散失的热量。

⑥ 灰渣物理热损失——焚烧后的炉渣物理显热。

4. 热效率

热效率是指锅炉有效利用的热量占输入热量的百分数,即有效利用的热量和输入热量之比。

例 5-2　某固体废物中含可燃物 60%、水分 20%、惰性物 20%。固体废物的元素组成为碳 28%、氢 4%、氮 4%、硫 1%、水分 20%、灰分 20%。假设:固体废物的热值为 11 630 kJ/kg;炉栅残渣含碳量为 5%;空气进入炉膛的温度为 65 ℃,离开炉栅残渣的温度为 650 ℃;残渣的比热容为 0.323 kJ/(kg·℃);水的汽化潜能 2 420 kJ/kg;辐射损失为总炉膛输入热量的 0.5%;碳的热值为 32 564 kJ/kg,试计算这种废物燃烧后可利用的热值。

解　以 1 kg 固体废物为计算标准:

(1)残渣中未燃烧的碳热含量

未燃烧碳的量

惰性废物的质量:1 kg×20%=0.2 kg

总残渣量:0.2 kg/(1−0.5)=0.210 5 kg

未燃烧碳的量:0.210 5 kg−0.2 kg=0.010 5 kg

未燃烧碳的热损失

$$32\ 564\ \text{kJ/kg} \times 0.010\ 5\ \text{kg} = 341.9\ \text{kJ}$$

(2)水的汽化潜热

生成水的总质量:

$$总水量=固体废物原含水量+组分中氢与氧结合生成水的量$$

固体废物原含水量:1 kg×20%=0.2 kg

组分中氢与氧结合生成水的量:1 kg×4%×9/1=0.36 kg

总水量:0.2 kg+0.36 kg=0.56 kg

水的汽化潜热:2 420 kJ/kg×0.56 kg = 1 355.2 kJ

(3)辐射热损失

$$11\ 630\ kJ \times 0.5\% = 58.2\ kJ$$

（4）残渣带出的显热

$$0.210\ 5\ kg \times 0.323\ kJ/(kg \cdot ℃) \times (650-65)℃=39.8\ kJ$$

（5）可利用的热值

可利用的热值＝固体废物的热值－各种热损失之和

$$=11\ 630\ kJ-(341.9+1\ 355.2+58.2+39.8)\ kJ = 9\ 834.9\ kJ$$

5. 烟气温度

燃料与空气混合燃烧后，假设没有任何热量损失，称燃烧烟气所能达到的最高温度为"绝热火焰温度"。燃料的热值是决定火焰温度的关键因素。由于燃烧过程中必然存在部分热量损失，因此实际烟气温度总是低于绝热火焰温度。

理论燃烧温度（绝热火焰温度）可以通过下列近似方法求得：

$$H_L = GC_{pg}(T-T_0) \tag{5-15}$$

式中　H_L——燃料的低热值，kJ/kg；

C_{pg}——废气在 T 及 T_0 间的平均比热容，在 $0 \sim 100$ ℃ 范围内，$C_{pg} \approx 1.254$ kJ/(kg·℃)；

T_0——大气或助燃空气温度，℃；

T——最终烟气温度，℃；

G——燃烧产生的烟气体积，m^3。

此时 T 可当成是近似的理论燃烧温度（绝热火焰温度），式(5-15)可以变换为：

$$T = \frac{H_L}{VC_{pg}} + T_0 \tag{5-16}$$

若系统总热损失为 ΔH，则实际燃烧温度可由下式估算：

$$T = \frac{H_L - \Delta H}{VC_{pg}} + T_0 \tag{5-17}$$

例 5-3 若采用以下假设：① 过剩空气系数 $\alpha=2$；② 废气平均比热容 $C_{pg}=0.333$ kcal/(m^3·℃)；③ 大气温度为 20 ℃；④ $H_L = 1\ 488$ kcal/kg。化学元素分析资料为：$C=0.194$ kg/kg、$H=0.027$ kg/kg、$S=0.000\ 4$ kg/kg、$O=0.131$ kg/kg、$W=0.5$ kg/kg、$N=0.004$ kg/kg。试求烟气量及燃烧温度。

解 理论空气量为：

$$V_a = \frac{1}{0.21}\left\{1.867C+5.6\left(H-\frac{O}{8}\right)+0.7S\right\}$$

$$= \frac{1}{0.21}\left\{1.867 \times 0.194+5.6 \times \left(0.027-\frac{0.131}{8}\right)+0.7 \times 0.000\ 4\right\}$$

$$= 2.01(m^3/kg)$$

烟气量计算如下：

$$G = (\alpha-0.21)V_a + \frac{22.4}{12}\left(C+6H+\frac{2}{3}W+\frac{3}{8}S+\frac{3}{7}N\right)$$

$$= (2-0.21) \times 2.01+\frac{22.4}{12} \times \left(0.194+6 \times 0.027+\frac{2}{3} \times 0.5+\frac{3}{8} \times 0.000\ 4+\frac{3}{7} \times 0.004\right)$$

$$= 3.60+1.29 = 4.89(m^3/kg)$$

已知：$H_L = 1\,488$ kcal/kg，$G = 4.89$ m³/kg，$C_{pg} = 0.333$ kcal/(m³·℃)，$T_0 = 20$ ℃，则理论燃烧温度为：

$$T_2 = \frac{H_L}{GC_{pg}} + T_0 = \frac{1\,488}{4.89 \times 0.333} + 20 = 934（℃）$$

6. 热平衡式的应用

① 焚烧系统的设计（已知废物处理量）。设计固体废物焚烧系统工艺时，需要通过焚烧炉系统的热平衡以确定焚烧炉的可利用热量。若已知需要焚烧处理的废物量，应根据要求确定各项热损失（热效率），得到热能的利用量，进一步就可确定受热面的结构和大小。

② 废物处理量和可回收热量的计算（焚烧系统已确定）。有时，焚烧炉的结构已确定，则需要计算垃圾焚烧量和蒸汽或热水的产生量。计算方法同上。当求得有效利用热后，再根据公式就可得到蒸汽产生量或热水输出量，以及相应的气、水参数。

③ 计算系统的热效率。在利用热平衡公式时，最重要的是求热效率，而热效率往往是通过求热损失得出的。这种求热效率的方法称为反平衡法。反平衡法的核心是通过求各项热损失来发现整个焚烧炉重大热损失的原因，然后采取有效的方法解决问题。

六、焚烧工艺与设备

不同国家、地区的固体废物焚烧厂处理生活垃圾所采取的焚烧工艺各不相同，但都有一定的共性。固体废物焚烧处理工艺流程图如图 5-2 所示。

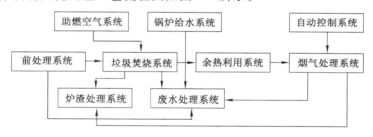

图 5-2　固体废物焚烧处理工艺流程图

（一）焚烧系统

一个典型的焚烧系统通常由废物预处理、焚烧、热能回收、尾气和废水的净化四个基本过程组成。而一座大型工业废物焚烧厂通常包括下述 9 个系统。

1. 废物预处理系统

系统根据工业废物性质、种类和数量不同，需要对其进行破碎、分选等预处理操作。焚烧系统中如果废物热值较低，需加入燃料助燃。燃料多采用液体燃料和气体燃料。相比来说，液体燃料容易贮存，气体燃料容易燃烧。常用的固体燃料主要为煤和焦炭，常用的液体燃料有重油、渣油、有机废液等，常用的气体燃料有碳氢化合物、天然气、煤气等。

2. 贮存及进料系统

本系统由废物贮坑、抓斗、破碎机（有时可无）、进料斗及故障排除/监视设备组成，废物贮坑提供了废物贮存、混合及去除大型垃圾的场所。一座大型焚烧厂通常设有一座贮坑，负责为 3～4 座焚烧炉进行供料。每一座焚烧炉均有一进料斗，贮坑上方由一至二座吊车及抓斗负责供料，操作人员由屏幕监视或目视垃圾从进料斗滑入炉体内的速度以决定进料频率。

若有大型物件卡住进料口,进料斗内的故障排除装置将大型物顶出,落回贮坑。操作人员也可指挥抓斗抓取大型物件,吊送到贮坑上方的破碎机破碎,以利进料。

3. 焚烧系统

焚烧系统是焚烧炉本体内的设备,包括炉床及燃烧室。每个炉体仅一个燃烧室。炉床由可移动式炉排构成,垃圾可在炉床上翻转及燃烧。燃烧室一般在炉床正上方,可提供数秒钟废气燃烧的停留时间,由炉床下方往上喷入的一次空气可与炉床上的垃圾层充分混合,由炉床正上方喷入的二次空气可以提高废气的搅拌时间。

4. 废热回收系统

废热回收系统包括布置在燃烧室四周的锅炉炉管(即蒸发器)、过热器、节热器、炉管吹灰设备、蒸汽导管、安全阀等装置。锅炉炉水循环系统为一封闭系统,炉水不断在锅炉炉管中循环,经不同的热力学变化将能量传输给发电机。炉水每日需冲放以泄出管内污垢,损失的水则由饲水处理厂补充。

在焚烧过程中,废料燃烧会产生大量的高温烟气(850~1 000 ℃),若不对其进行回收利用,会造成极大的浪费。对焚烧余热回收利用可降低运行成本,同时向外界提供热能和动力,经济效益较为可观。因此,现代化的焚烧厂通常都设有尾气冷却和废热回收系统。其主要目的为:① 降低尾气温度,保证尾气处理设备的正常运行并且避免高温尾气对周围环境的热污染;② 通过回收废热,获得经济效益并降低垃圾焚烧处理厂的运行成本。

5. 发电系统

由锅炉产生的高温高压蒸汽被导入发电机后,在急速冷凝的过程中推动了发电机的涡轮叶片,产生电力,并将未凝结的蒸汽导入冷却水塔,冷却后贮存在凝结水贮槽,经由饲水泵再打入锅炉炉管中,进行下一循环的发电工作。在发电机中的蒸汽亦可中途抽出一小部分作次级用途,例如助燃空气预热等工作。饲水处理厂送来的补充则可注入饲水泵前的除氧器中,除氧器则以特殊的机械构造将溶于水中的氧去除,防止炉管腐蚀。

6. 饲水处理系统

饲水处理系统主要处理外界送入的自来水或地下水,将其处理到纯水或超纯水的品质,再送入锅炉水循环系统,其处理方法为高级用水处理程序,一般包括活性炭吸附、离子交换及逆渗透等单元。

7. 废气处理系统

从炉体产生的废气在排放前必须处理到排放标准,早期常使用静电集尘器去除悬浮颗粒,再用湿式洗涤塔去除酸性气体(如 HCl、SO_x、HF 等)。近年来则多采用干式或半干式洗涤塔去除酸性气体,配合滤袋集尘器去除悬浮微粒及其他重金属等物质。

8. 废水处理系统

由锅炉泄放的废水、员工生活废水、实验室废水或洗车废水,可以综合在废水处理厂一起处理,达到排放标准后再放流或回收再利用。废水处理系统一般由数种物理、化学及生物处理单元所组成。

9. 灰渣收集及处理系统

炉体产生的底灰及废气处理单元所产生的飞灰,可合并收集,也可分开收集。国外一些焚烧厂将飞灰进一步固化或熔融后,再合并底灰送到灰渣填埋场处置,以防止沾在飞灰上的重金属或有机性毒物产生二次污染。

（二）焚烧设备

焚烧设备主要包括焚烧炉及其附属的供料斗、退料器、炉体、助燃器和出渣机。其中焚烧炉是整个焚烧过程的核心。焚烧炉的结构型式与废物的种类、性质及燃烧形态等因素有关。目前，焚烧炉型号已达 200 多种，可从不同的角度对焚烧炉进行分类。根据处理的废物形态进行分类，其可分为液体废物焚烧炉、固体废物焚烧炉和气体废物焚烧炉；根据处理的废物对环境和人体健康造成的危害大小以及要求处理程度的大小，其可分为城市垃圾焚烧炉、一般工业废物焚烧炉和危险废物焚烧炉三类；根据焚烧室数量分类，其可分为单室焚烧炉和多室焚烧炉。单室焚烧炉的主要特征是焚烧的所有过程均在一个燃烧室内完成，多用于处理某些工业垃圾；由于城市垃圾会产生不完全燃烧现象，故在城市垃圾处理中几乎不用单室焚烧炉。多室燃烧炉多用于固体废物焚烧处理领域，将垃圾中有害成分经多次焚烧达到完全燃烧。

典型固体废物焚烧炉主要包括：机械炉排式焚烧炉、旋转窑式焚烧炉、流化床式焚烧炉和模组式固定床焚烧炉（控气式焚烧炉）。

1. 机械炉排式焚烧炉

炉排式焚烧炉是一种将废物置于炉排上焚烧的炉子，是世界使用最广泛的处理固体废物的焚烧炉。炉排式焚烧炉可分为固定式炉排焚烧炉（主要是小型焚烧炉）和活动式炉排焚烧炉，而后者又可以细分为倾斜往复式炉排焚烧炉、水平往复式炉排焚烧炉、滚动式炉排焚烧炉、链条式炉排焚烧炉、铲削式炉排焚烧炉、摇摆式炉排焚烧炉和振动式炉排焚烧炉等。

（1）固定式炉排焚烧炉

固定式炉排焚烧炉按照引风方式分为固定式炉排自然引风炉和固定式炉排机械引风炉。固定式炉排自然引风炉在工作时，物料一般间歇地从炉顶上方加入，会在固定炉排上形成一层厚度超过 500 mm 的燃烧层，燃烧所需的空气主要从炉排下方靠自然引风补给。而固定式炉排机械引风炉将燃烧过程分为干燥段和燃烧段两段，先对固体废物进行干燥，然后燃烧。燃烧段空间十分低小，温度很高，燃烧因此得到强化。燃烧所需的空气由引风机控制。

（2）活动式炉排焚烧炉

活动式炉排焚烧炉由进料器、炉排、炉膛、空气引导系统、辅助燃烧器、底灰排放器等组成，其核心为炉排、炉膛和空气引导系统。

① 倾斜往复式炉排焚烧炉。倾斜往复式炉排焚烧炉的炉排由一排固定炉排和一排活动炉排交替安装构成（图 5-3）。按照炉排运动方向，倾斜往复式炉排焚烧炉分为倾斜顺推往复式炉排焚烧炉（图 5-4）和倾斜逆推往复式炉排焚烧炉（图 5-5）。Von Roll 系统是典型

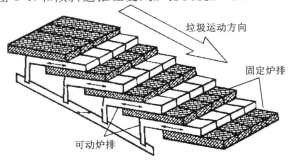

图 5-3　倾斜往复式炉排

的倾斜顺推往复式炉排,由独立驱动的三段分离炉排组成。每段炉排由固定炉排和活动炉排相间构成阶梯,二者有一部分重叠且均有通风截面,每段炉排的速度可调。德国马丁公司的炉排是典型的倾斜逆推往复式炉排,后来经改进在我国得到应用。与倾斜顺推相比,倾斜逆推可以延长垃圾在炉内的停留时间,使得在相同处理能力的情况下炉排的面积小;同时,混合更充分,有利于垃圾点火。倾斜逆推往复式炉排焚烧炉适用于焚烧含水量高、热值低的垃圾。

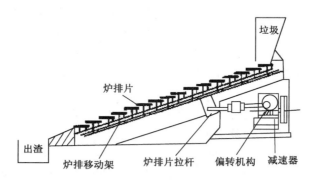

图 5-4　倾斜顺推往复式炉排

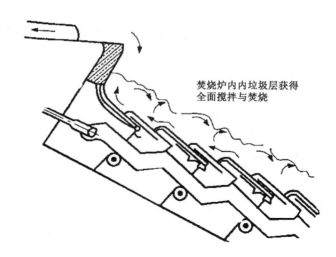

图 5-5　倾斜逆推往复式炉排

② 水平往复式炉排焚烧炉。水平往复式炉排焚烧炉没有倾斜度,采用逆推的方式,但炉条搁置方向为顺向,炉排呈锯齿状(图5-6)。焚烧垃圾的推进阻力较大,逆推式比顺推式机械动力消耗大。焚烧中垃圾以波浪式前后运动,其表面会形成一个波形面。该焚烧炉燃烧强度和燃烧率较高,适用于不同季节垃圾成分差异较大的场合。

③ 滚动式炉排焚烧炉。该焚烧炉的炉排也是一种前推式炉排(图5-7),一般由自上而下倾斜放置的空心圆筒组成。垃圾波浪运动,对滚筒上垃圾充分搅拌,使其燃烧充分。滚动式炉排焚烧炉的特点为:可处理不同种类的垃圾,范围较广;圆筒多由铸铁材料制造,造价低,使用寿命长;部件磨损较少;进风压力较低,节约风机能耗且出口飞灰少。

④ 链条式炉排焚烧炉。炉排通常为两段或三段结构,各段独立传动。前段为倾斜布置

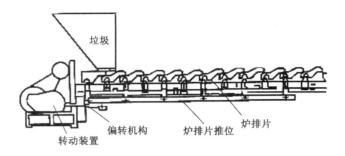

图 5-6　水平往复式炉排

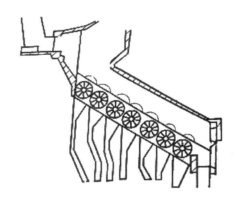

图 5-7　滚动式炉排

的干燥段,后段为水平布置的燃烧段,采用分段送风,多用于大型垃圾焚烧炉。

2. 旋转窑式焚烧炉

旋转窑式焚烧炉属于最经典的活动式炉床焚烧炉,是目前使用最多、适应性最强、用途最广的垃圾焚烧炉之一。旋转窑式焚烧炉的主要功能为销毁工业废物和焚烧干湿混合的固体废物,特别是焚烧污泥。

(1) 旋转窑式焚烧炉基本结构

旋转窑式焚烧炉包括滚筒式炉体、后燃烧炉排和二次燃烧室。炉的主体设备是一个横置的滚筒式炉体,炉体缓慢转动,能够搅拌和移送废物。炉体一般采用钢制滚筒,内衬为耐火材料,筒体主轴沿废物移动方向稍微倾斜。炉中废物随着移动过程,完成干燥、燃烧和后燃烧。

旋转窑式焚烧炉结构简单,可以达到较高的炉膛温度,适于处理 PCBs 等危险废物和一般工业废物,处理城市生活垃圾的成本较大。旋转窑式焚烧炉的构造示意图见图 5-8。

旋转窑式焚烧炉采用二段式燃烧,第一段和水泥的水平圆筒式燃烧室类似,定速旋转搅拌垃圾,将垃圾从前端送入窑中进行焚烧。若采用多用途式设计,即使整桶装的污泥,也可整桶送入第一燃烧室内燃烧。其缺点在于备料及进料较复杂,废气中仍含有部分有机物,故废气及灰渣须导入二次燃烧室,辅以助燃油及超量空气才能完全燃烧。二次燃烧后,再送入尾气污染控制系统,分别收集底灰及飞灰。旋转窑式焚烧炉的工艺流程如图 5-9 所示。

按照第一燃烧室的操作温度来区分,旋转窑式焚烧炉分为灰渣式旋转窑焚烧炉和熔渣

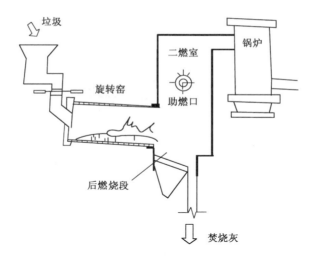

图 5-8　旋转窑式焚烧炉的构造示意图

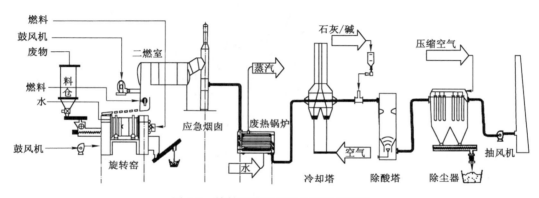

图 5-9　旋转窑式焚烧炉的工艺流程图

式旋转窑焚烧炉。前者操作温度在 650～980 ℃,而后者在 1 203～1 430 ℃之间。工艺要考虑喷注液体的黏度与雾化效果和进料的相容性及腐蚀性。燃烧室的内壁均采用耐火砖,旋转时要保持适当倾斜。旋转窑的转速及长径比影响停留时间,长径比越大,停留时间越长,但成本越高;长径比太小,垃圾则无法完全燃烧。转速越大,搅拌能力越强,停留时间越短。

每一座旋转窑常配有 1～2 个燃烧器,二次燃烧室通常也装有一到数个燃烧器。高温烟道气在通过二次燃烧室后,通过废热回收装置回收热能,或者经过冷却系统冷却后送入尾气污染控制系统处理。

应当分别收集底灰与飞灰,如若采用湿式洗烟,飞灰主要存在于废水中,必须絮凝沉淀后进行脱水处理。增大旋转窑的体积可以使停留时间变长,增大热灼减量。

(2) 旋转窑式焚烧炉类型

按照进料方式,其可以分为同向式旋转窑焚烧炉和逆向式旋转窑焚烧炉;按照旋转窑内温度及灰渣状态,则其可以分为灰渣式旋转窑焚烧炉和熔渣式旋转窑焚烧炉。同向式旋转窑焚烧炉的空气、垃圾和燃料都从旋转窑前方进入,燃烧的阶段性很明显;逆向式旋转窑焚烧炉则从其后方进料,燃烧效率较前者更高,但烟气中颗粒物含量增加。若采用模组式来建造旋转窑式焚烧炉,进料器应采用螺旋式进料器,可以处理废液、垃圾和污泥等多种废物。

（3）旋转窑设计及操作参数

影响旋转窑焚烧炉焚烧效率的因素主要有温度、氧含量、固体停留时间、气体停留时间及空气和废物的混合程度。它们之间相互影响,在设计时要综合考虑。

① 温度。对于灰渣式旋转窑焚烧炉,温度通常控制在 650～980 ℃之间。如果温度过高,窑内固体易于熔融,温度太低,反应速率慢,不易完全燃烧;而熔渣式旋转窑焚烧炉的温度一般控制在 1 200 ℃以上,二次燃烧室气体的温度控制在 1 100～1 400 ℃,温度过高会产生大量的氮氧化物。

② 氧含量。旋转窑所配置的废液燃烧器的过剩空气系数一般为 1.1～1.2,过剩空气量太低容易导致火焰产生烟雾,太高可能导致火焰中断;旋转窑中的总过剩空气量通常维持在100％～150％之间,保证可燃物与氧气充分接触。二次燃烧室的过剩空气系数一般在 1.80左右。

③ 固体停留时间,其是指保证固体废物完全燃烧所需的停留时间,此参数受旋转窑长度、旋转窑内直径、旋转窑每分钟转速、旋转窑倾斜度的影响。

④ 气体停留时间。燃料的燃烧、蒸汽及其他化学反应所产生的气体决定焚烧尾气的流量,间接影响了气体停留时间,故一般旋转窑二次燃烧室体积设计须满足气体停留 2 s以上。

3. 流化床式焚烧炉

（1）流体化原理

当一流体由下往上通过固体颗粒层时,固体颗粒在流体的作用下呈现类似流体行为的现象,称之为流体化。应用此原理,以带有一定压强的气流通过粒子床,当气体的上浮力超过粒子本身的重量,使粒子移动并悬浮于气流中,称之为流化床。

（2）流化床式焚烧炉基本结构

流化床式焚烧炉的构造简单,主体设备是一个圆形塔体,塔内壁衬耐火材料,下部设有分配气体的布风板,板上装有载热的惰性颗粒。布风板通常采用倒锥体结构,一次风经由风帽通过布风板送入流化层,二次风由流化层上部送入。生活垃圾一般从炉顶或炉侧进入炉内,与高温载热体及气流交换热量,经过干燥、破碎,最后燃烧。燃烧产生的热量被贮存在载热体中,并将气流的温度提高。若焚烧温度太高,床层材料会出现粘连现象。对于焚烧残渣,可以在焚烧炉的上部与焚烧废气分离或另设置分离器,分离出载热体在回炉内循环使用。流化床式焚烧炉的构造如图 5-10 所示。

（3）流化床式焚烧炉类型

流化床式焚烧炉可分为四类,包括气泡式流化床、循环式流化床、压力式流化床和涡流式流化床焚烧炉。其中,气泡式流化床焚烧炉和循环式流化床焚烧炉发展较为成熟;而压力式流化床焚烧炉是气泡式流化床焚烧炉的改良版本,总发电效率更高;涡流式流化床焚烧炉较前三者都有改进,燃烧效率更高且载体流失有所降低。

（4）流化床式焚烧炉的特点

流化床式焚烧炉具有以下优点:① 适宜处理多种废物,如城市生活垃圾、有机污泥、化工废物等。② 无机械转动部件,不易产生故障。③ 炉床单位面积处理能力大,炉子体积小,且床料热容量大,启停容易,垃圾热值波动对燃烧的影响较小。④ 炉内床层的温度均

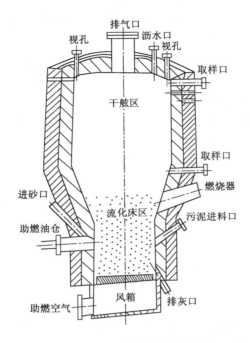

图 5-10 流化床式焚烧炉的构造

衡,避免局部过热的问题。

  同时流化床式焚烧炉存在以下缺陷:① 对进料粒度要求很高,要保证垃圾颗粒尺寸均一化(15 cm 以下)。② 燃烧速度快,易生成 CO。③ 废气中粉尘较多。④ 操作运行及维护复杂,费用高,垃圾预处理设备的投资成本也较高。

  循环式流化床生活垃圾焚烧系统工艺流程如图 5-11 所示。

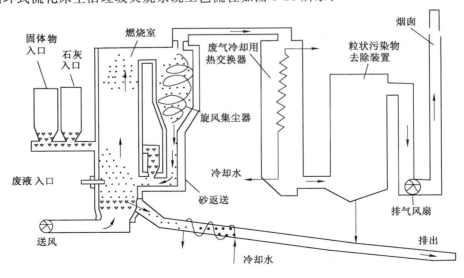

图 5-11 循环式流化床生活垃圾焚烧系统工艺流程

4．模组式固定床焚烧炉(控气式焚烧炉)

(1) 模组式固定床焚烧炉的基本结构

模组式固定床焚烧炉亦称控气式焚烧炉，或简称为模组式焚烧炉。一般模组式焚烧炉单炉的处理容量较小，每日处理量为数百千克到数十吨，其构造图及流程示意图分别如图 5-12、图 5-13 所示。

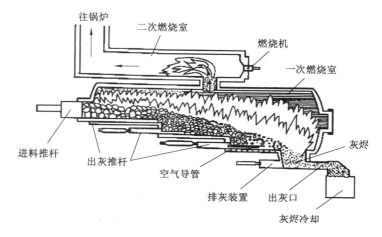

图 5-12　模组式焚烧炉构造图

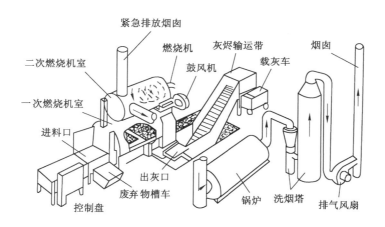

图 5-13　模组式焚烧炉流程示意图

模组式固定床焚烧炉的进料方式为堆高机推送进料和槽车举升翻转两种方式。其具有两个燃烧室，第一燃烧室常采用缺空气系统，即助燃空气未达理论空气量，燃烧变为热解；而第二燃烧室则设计为过量空气系统，即助燃空气超过理论空气量，使进入二次燃烧室的废气能完全燃烧。这样做的好处是可以在二次燃烧室完全氧化不完全燃烧的碳氢化合物。

模组式固定床焚烧炉的两个燃烧室均由耐火砖砌筑，外围覆面材料为碳素钢。废气可以选择传统的直线式或改良的切线式由一次燃烧室进入二次燃烧室。采用切线式进入可以增加废气的停留时间，使燃烧完全。

后来人们对工艺进行了改良，将两个燃烧室采用过量空气系统来设计，以螺旋推进器连续进料或以推进臂配合进料斗进行批次进料。采用连续式出灰系统出灰,将燃烧室与集灰坑以水封阻隔开来。

（2）模组式固定床焚烧炉的特点

模组式固定床焚烧炉具有以下优点：有能源回收的潜力；焚烧垃圾不需大量辅助燃油；热效率较高；空气污染物排放少（如悬浮颗粒）；将有机碳氢化合物转变为气体，使其易于焚烧；不需垃圾前处理，结构简单。

同时流化床焚烧炉存在以下缺陷：有较多的不完全燃烧的碳氢化合物存在残渣中；连续式进料，产物易附着于炉壁；对低热值的废液处理效果很差；焚烧过程的操控性受进料特性的影响很大。

（3）模组式固定床焚烧炉的应用

模组式固定床焚烧炉一般多在小乡镇、岛屿、医院、工厂内使用，操作简便，但建造成本较高，操作年限较短（一般为 5～10 年）。模组式固定床焚烧炉主要用来处理乡镇垃圾及医疗垃圾，在美国很多城市主要用于处理医疗废物。在焚烧符合焚烧规定的医疗废物时，一次燃烧室温度约为 800 ℃，二次燃烧室则控制在 1 000 ℃，阶梯式固定床每隔 7～8 min 推进一次，产生的飞灰送入洗涤塔，洗涤废水需送入污水处理厂进行化学混凝沉淀，沉淀污泥脱水处理后最终和底灰一起填埋。

七、焚烧产生的污染物及其控制

（一）污染物种类

固体废物焚烧是一个复杂的过程，焚烧尾气中含有大量污染物，需要净化后方可排放。焚烧尾气中的污染物成分及其含量受多种因素的影响，包括废物成分、焚烧炉类型、燃烧条件（燃烧温度、供氧量等）和废物进料方式等。焚烧尾气中的污染物主要分为以下几类。

① 不完全燃烧产物。碳氢化合物燃烧后主要产物为水蒸气及二氧化碳，可以直接排入大气中。不完全燃烧产物是燃烧效果不良时产生的副产品，包括一氧化碳、炭黑、烃、烯、酮、醇、有机酸、聚合物等。

② 酸性气体。酸性气体包括氯化氢及其他卤化氢（氯以外的卤素氟、溴、碘等）、硫氧化物（SO_2 及 SO_3）、氮氧化物（NO_x）、磷酸（H_3PO_4）等；硫氧化物（SO_x）主要来源于固体废物中 S 的高温氧化；燃烧过程中产生的氮氧化物（NO_x），包括热力型 NO_x、瞬时型 NO_x 和燃料型 NO_x。燃料型 NO_x 是固体废物焚烧产生的 NO_x 的主要存在形式，约占总量的 90%（以体积分数计）。

③ 重金属类污染物。重金属类污染物包括铅、汞、铬、镉等的元素态及氧化物、氯化物。

④ 二噁英类物质。二噁英是含二噁英的有机氯化物族的简称，一般将多氯二苯并二噁英（75 种异构体）PCDDs 和多氯二苯并呋喃（135 种异构体）PCDFs 统称为二噁英类物质。二噁英类物质的分类见表 5-2。

⑤ 粉尘。粉尘指由焚烧烟气污染控制设备所收集到的各种细微颗粒，包括被燃烧烟气吹起的微细灰分和未燃物颗粒、高温蒸发汽化的盐类、重金属等在后续冷却过程中凝缩形成或发生化学反应而生成的物质。

垃圾焚烧产生的烟气中，各污染物含量的典型值为：飞灰 2 000～5 000 mg/m³、氯化氢 200～800 mg/m³、NO_x 90～150 mg/m³、SO_2 20～80 mg/m³，烟气温度 220～300 ℃，含水率 15%～30%。其特点是飞灰浓度较高，酸性气体中 HCl 浓度很高。焚烧烟气控制的重点是酸性气体、重金属、二噁英和粉尘。

表 5-2　二噁英类物质的分类

名　称	分子式	相对分子质量	异构物数量
二氯二苯对位二噁英(DCDD)	$C_{12}H_6Cl_2O_2$	253.1	10
三氯二苯对位二噁英(T_{ri}-CDD)	$C_{12}H_5Cl_3O_2$	287.5	14
四氯二苯对位二噁英(TCCD)	$C_{12}H_4Cl_4O_2$	322.0	22
五氯二苯对位二噁英(Penta-CDD)	$C_{12}H_3Cl_5O_2$	356.4	14
六氯二苯对位二噁英(Hexa-CDD)	$C_{12}H_2Cl_6O_2$	390.9	10
七氯二苯对位二噁英(Hepta-CDD)	$C_{12}HCl_7O_2$	425.3	2
八氯二苯对位二噁英(OCDD)	$C_{12}Cl_8O_2$	459.8	1
异构物总数			73

（二）酸性气体控制技术

酸性气体控制技术指 HCl、HF 和 SO_x 控制技术,此类酸性气体,通常采用酸碱中和反应来控制。根据碱性吸收剂不同,可分为湿式洗气法、干式洗气法和半干式洗气法。

1. 湿式洗气法

将碱性溶液喷淋到洗涤塔(图 5-14)内,在适当的排气温度条件(70 ℃)下,对焚烧烟气进行洗涤,达到去除酸性气体的目的。常用的碱性洗涤药剂为 15%～20% 的氢氧化钠溶液和 10%～30% 的氢氧化钙溶液,当以氢氧化钠溶液作为碱性药剂时,HCl 和 SO_2 会生成氯化钠、亚硫酸钠和水。碱性洗涤液可以循环使用,当达到一定限度时,需排除部分并补充新的部分。湿式洗气法的优点是酸性气体去除率很高。其缺点为造价高、耗电、耗水量大;会产生含高盐废水;尾气排放伴有白烟等。

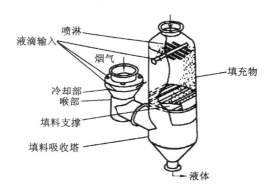

喷淋
液滴输入
烟气
填充物
冷却部
喉部
填料支撑
填料吸收塔
液体

图 5-14　湿式烟气净化系统

2. 干式洗气法

如图 5-5 所示,将碳酸钙、碳酸钠、氢氧化钙等干粉状碱性物质直接喷入炉内或烟道内,使其与酸性气体发生中和反应,从而去除酸性气体。进行干式洗气时,酸性气体与碱性干粉的接触时间较短,传质效果不好,往往需要超量加药(是理论加药量的 3～4 倍)。近期研究表明,将碱性药品混合硫化钠和活性炭粉末喷入,可以提高二噁英等物质的去除效率。干式洗气法的最大优点是没有废液产生,不需要废水处理系统;设备简单,费用较低。其缺点是药品消耗量大,去除效率低且对后续除尘设备容量要求大。

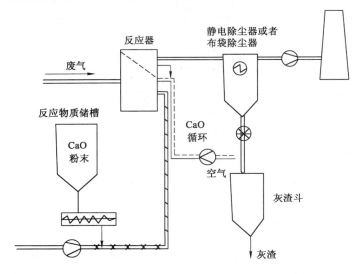

图 5-15　干式烟气净化系统

3. 半干式洗气法

如图 5-16 所示,原理和湿式洗气法基本一致,它利用高效雾化器将消石灰泥浆等碱浆喷入反应器,使其与酸性气体发生中和反应,从而去除酸性气体。当以消石灰泥浆作为碱性药剂时,HCl 和 SO_2 会生成氯化钙、亚硫酸钙和水。半干式洗气法的关键是高效雾化器,它能够增大酸性气体和碱浆之间的接触面积和传质效果,从而提高去除效率。半干式洗气法综合了干式洗气法和湿式洗气法的优势之处,构造相对简单、投资较小;能耗低、运行成本

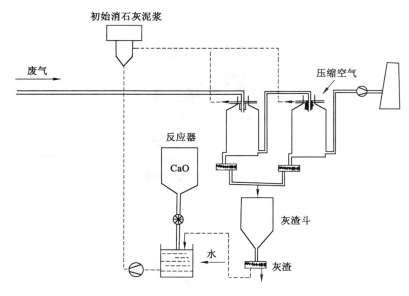

图 5-16　半干式烟气净化系统

低；与湿式法相比，耗水量少，产生废水量少；气体和碱浆之间的接触面积大、传质效果好，去除率高于干式洗气法等。半干式洗气法的缺点为容易造成堵塞，且对水量控制要求较高。

（三）氮氧化物控制技术

焚烧烟气中的氮氧化物（NO_x）的生成主要受焚烧炉内温度及化学组成的影响，NO_x的主要成分为NO，体积分数高达95%以上。然而，NO不溶于水，难以通过净化HCl、SO_x等酸性气体的常规化学洗涤法来去除，必须选用专门的技术加以控制。焚烧烟气中的氮氧化物的控制方法主要包括燃烧控制法、吸收法（氧化吸收法和还原吸收法）、选择性催化还原法（SCR）和选择性非催化还原法（SNCR）四种。

① 燃烧控制法。调整焚烧炉内焚烧条件，降低NO_x生成量。狭义的燃烧控制法指低氮燃烧法、两阶段燃烧法和抑制燃烧法；广义的燃烧控制法则还包括喷水法和废气再循环法。燃烧控制法的核心是有效地进行自身脱硝，通过促进炉内干燥区氨气、一氧化碳等热分解气体与NO_x充分接触，控制炉内氧含量在一个较低的水平来实现。

② 吸收法。还原吸收法主要利用EDTA-Fe水溶液络合NO_x；氧化吸收法主要通过在净化系统中加入臭氧、高锰酸钾等氧化剂将NO氧化成溶于水的NO_2，再使用碱液中和。

③ 选择性催化还原法。在选择性催化还原剂的作用下（温度应达到350 ℃），通过氨气将NO_x还原为无害的氮气和水。SCR法对氮氧化物的去除效果很好，去除率高达80%以上，但是催化剂价格昂贵，易中毒，再生和更换费用较高。

④ 选择性非催化还原法。即将尿素或氨注入高温（900～1 000 ℃）废气中，将NO_x还原为无害的氮气和水。此方法操作维护成本较低，且无废水处理的问题，在实际中应用广泛，缺点是去除率通常不高于50%，远低于SCR法。

（四）重金属物质控制技术

固体废物焚烧过程中，在高温条件下部分重金属会附着于飞灰而随废气排出。废物的组成性质、重金属存在形式、焚烧炉的操作、空气污染控制方式等因素共同影响焚烧烟气中重金属的含量。

重金属物质控制方法如下：

① 控制来源。在废物焚烧前先进行分类或分选，将电池、电器等重金属含量较高的组分剔除，从源头减少进入焚烧系统的重金属物质。

② 焚烧过程中控制。使重金属进入底灰，从底灰中处理处置。

③ 焚烧后控制。处理烟气中的重金属，具体方法包括：除尘器去除法，烟温降低后重金属凝结成颗粒物，可以利用除尘器捕集、去除；活性炭吸附法，即在布袋除尘器前喷入活性炭，吸附重金属物质，再用除尘器捕集、去除；化学药剂法，即在布袋除尘器前喷入合适的化学药剂使重金属生成易于除尘器去除的物质；湿式洗气塔，即通过湿式洗气塔中洗涤液吸收部分水溶性重金属化合物，再加以处理，此法一般多与化学药剂法结合使用。最后，还应对收集的底灰和飞灰进行处理，如垃圾焚烧飞灰采用固化/稳定化处理技术，可有效避免飞灰中的重金属再次释放。

（五）二噁英控制技术

1. PCDDs/PCDFs产生途径

① 废物本身。垃圾自身含有二噁英，含量为11～255 ngTEQ/kg，家庭垃圾焚烧不完全时少量二噁英未被破坏而随烟气排出。

② 炉内形成。二噁英的破坏温度为 750～800 ℃;燃烧状况不良时,热解形成的碳氢化合物与氯化物结合可形成二噁英、氯苯及氯酚等。此外,多氯联苯与相近结构氯化物等分解或组合,也可生成二噁英。

③ 炉外低温再合成(主要)。烟气中氯苯、氯酚等被飞灰中碳元素吸附,在特定温度范围(250～400 ℃,300 ℃),被金属氯化物($CuCl_2$ 及 $FeCl_2$)催化反应生成二噁英。烟气中氧含量及水分含量过高可促进二噁英再合成。

2. PCDDs/PCDFs 控制措施

控制固体废物焚烧厂二噁英类物质的生成,主要从以下 3 个方面入手,即控制来源、减少炉内生成、避免炉外低温再合成(图 5-17)。

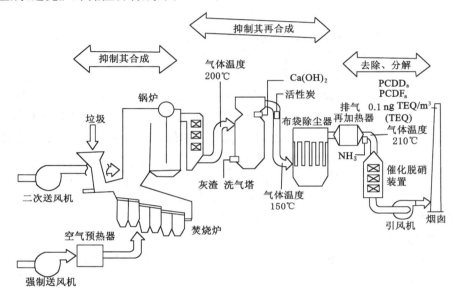

图 5-17 二噁英控制过程示意图

① 控制来源。通过分类收集或预分拣,防止高氯、苯环、重金属类物质入炉。

② 减少炉内形成。减少炉内生成二噁英类物质主要包括两个方面:分解、破坏垃圾内含有的 PCDDs/PCDFs 和避免氯苯、氯酚等前驱物质产生。为此,主要通过控制燃烧温度、气体停留时间和湍流度来实现:保证燃烧室内温度不低于 850 ℃;炉床上二次空气要充足(约为全部空气量的 40%),且喷入的压力要能达到增强混合的效果;选用顺流式的气流模式;高温阶段炉室体积应足够,保证烟气的高温停留时间长于 2 s;确保废气中的氧浓度大于6%;连续监测一氧化碳浓度、氧气浓度、废气温度等参数,最终实现完全燃烧的目标。

③ 避免炉外低温再合成。焚烧烟气在锅炉出口的温度在 220～250 ℃,而 PCDDs/PCDFs 的炉外再合成现象发生在 250～400 ℃,尽可能缩短烟气处于 250～400 ℃ 的时间。

在干式处理流程中,可以选择喷入活性炭粉或焦炭粉,通过吸附去除烟气中的 PCDDs/PCDFs。布袋除尘器作为除尘设备时,可将活性炭粉或焦炭粉直接喷入除尘器前的烟道内;静电除尘器作为除尘设备时,活性炭喷入点应提前至半干式或干式洗烟塔内。也可在干式或半干式系统中直接于布袋除尘器或静电除尘器后端加设一含有焦炭或活性炭的固定床吸附过滤器,但焦炭或活性炭过滤层存在自燃或尘爆的隐患,不推荐使用。而湿式处理流程对

PCDDs/PCDFs 的去除效果不佳,目前正在研究向低温段加入驱除剂以达到更好的效果。

（六）焚烧灰渣及其控制

1. 焚烧灰渣的种类

固体废物焚烧过程中会生成焚烧灰渣等副产物,焚烧灰渣一般可以分为以下四类。

① 锅炉灰。锅炉灰是焚烧尾气中悬浮颗粒被锅炉炉管阻挡而掉落于集灰斗或黏附于锅炉炉管上,再被吹灰器吹落。锅炉灰可以单独收集或并入飞灰一起收集。

② 飞灰。飞灰是由焚烧尾气污染控制设备所收集的细微颗粒。

③ 细渣。细渣由炉床上炉条间的细缝落下,经由集灰斗槽收集,其成分有玻璃碎片、熔融的铝金属和其他金属。细渣一般可并入底灰收集处置。

④ 底灰。底灰是焚烧后由炉床尾端排出的残余物,主要含有燃烧后的灰分及未燃尽的残余物(例如铁丝、玻璃、水泥块等),一般经过水冷却后再排出。由于底灰可能含有重金属等有毒物质,许多国家要求用于填埋的焚烧底灰必须符合浸出毒性标准,否则要先预处理后才能填埋处置。

2. 焚烧灰渣的收集与输送

焚烧产生的灰渣和飞灰通常由灰斗或斜槽收集,在设计时除避免形成架桥等阻塞问题,还必须防止漏气。当焚烧灰渣从炉膛的尾端排出时,温度高达 400～500 ℃。一般底灰收集后多采用冷却降温法,而飞灰若与底灰分开收集,则运出前可用回用水充分润湿。底灰的冷却主要在炉床的炉膛排出端进行,除了降低底灰温度外,冷却水箱还具有阻挡炉内废气和火焰泄漏的功能。

（1）飞灰输送系统

飞灰冷却前的输送设备一般可分为五种类型:① 螺旋式输送带;② 刮板式输送带;③ 链条式输送带;④ 空气式输送管;⑤ 水力输送管。

另外,如果单独收集飞灰时,为防止其在储罐中飞散,应安装飞灰润湿装置,加入 10% 的水分,使其均匀混合排出,设备材质必须具备防止飞灰腐蚀的功能。

（2）底灰输送系统

通常,机械焚烧炉炉床末端可连续排出焚烧灰渣,由于底灰温度非常高(约 400 ℃),必须通过冷却装置将其浸水以完全扑灭火焰。底灰冷却的方法可分为湿法和半湿法。湿法在水箱中设有灰烬挤压装置,不设刮板输送带,故障频率小。在半湿法中,灰渣首先在水箱中熄灭,然后灰渣沿着滑槽被推出以完全排出水。一般情况下,半湿法推出的灰渣含水量低于湿法。冷却的底灰可以使用推进器或滑槽运输到储罐或使用输送带运输,输送带共有四种形式:带式、斗式、振动式和刮板式。在四种输送带中,除刮板式输送带外,其余三种均不适用于输送高湿度的灰渣。

3. 焚烧灰渣的处置及再利用

（1）飞灰处理与处置

由于焚烧过程中,一些饱和蒸气压大的金属(如铅、锌、镉等)在高温下大量进入烟气中,随着烟气温度降低而再次凝结于飞灰表面,因此固体废物特别是垃圾焚烧飞灰通常是危险废物,必须在最终处置前固化/稳定化处理(相关内容详见第九章)。

（2）炉渣的处理与利用

炉渣通常被归类为一般固体废物,可采用卫生填埋处理,也可用于做墙砖、地砖和填料等。例如，美国费城富兰克林研究所用焚烧炉渣做轻骨料，用于铺设公路的沥青路面；日本东京工业实验所利用焚烧炉渣制作墙砖和地砖，其性能完全符合日本国家标准的要求。焚烧炉渣的土木工程性质使它们在替代传统填料方面具有很大的优势。炉渣的一种应用是作为路堤和土壤改良的填料。与常规填料相比，低密度的炉渣可更好地作为路堤和软土的填料，因为施加在软土上的负荷很小，因此引起的地面沉降很小。炉渣的高抗剪强度表明这种物质有足够的耐受能力和稳定性。炉渣的高渗透系数与砂子具有相同的数量级，这使得它作为填料非常稳定。

（七）焚烧污水及其他污染控制

1. 焚烧厂污水处理

固体废物焚烧厂需要处理的污水主要包含两类：堆酵渗滤液以及生产和生活污水。

（1）堆酵渗滤液

堆酵渗滤液指垃圾在贮坑堆放过程中受挤压作用而排出的水分，及垃圾中的有机组分在贮坑内经厌氧发酵而生成的水分，它是一种组成复杂、有机含量极高的废水。其性质取决于成分及气候条件，具备以下特点：① 受垃圾的性质、季节和气象（降雨和降雪）等影响水质水量变化大；② 水质复杂，危害性大；③ 化学需氧量 COD 和生化需氧量 BOD 浓度高；④ 氨氮含量高；⑤ 重金属含量较高；⑥ 垃圾渗滤液中的微生物营养元素比例失调；⑦ 色度深，有恶臭。

堆酵渗滤液主要有四种处理方式：① 直接运输到市政污水处理厂进行合并处理，利用大量城市污水缓冲和稀释渗滤液；② 预处理去除悬浮物和过量有毒物质后运输到市政污水处理厂进行合并处理；③ 回喷处理，即通过高温减量渗滤液并降解污染物；④ 单独处理，即在固体废物焚烧厂内建设独立的渗滤液处理系统，经处理达到相关标准后排放。

实际上，城市固体废物焚烧厂距离污水处理厂较远，运输成本很高，故一般不使用前两种方式处理堆酵渗滤液。我国鼓励将堆酵渗滤液回喷，不能回喷的最低也要保证能够达到国家和地方的排放标准才能排放或纳管。焚烧厂内处理堆酵渗滤液的方式主要有以下四种。

① 回喷法。西方国家的城市生活垃圾热值较高且渗滤液量较少，通常采用回喷法将其高温氧化。对于渗滤液产量极少（数吨每天）的固体废物焚烧厂，可以建造一个数百方的渗滤液收集池将渗滤液集中，然后加压、过滤、回喷焚烧。

回喷法仅适合固体废物渗滤液产量低、垃圾热值较高的情况，回喷热值较低的垃圾的渗滤液会导致焚烧炉炉膛温度过低甚至熄火。而我国城市生活垃圾普遍具有含水量高、热值低且渗滤液产量巨大的特点，因此，回喷法在我国使用极少。

② 物化法。当前，国内外主流的处理垃圾渗滤液的物理方法主要有吹脱、吸附、组合过滤、反渗透膜过滤、蒸干法等，化学处理法主要有 Fenton 氧化、电化学氧化、化学沉淀、湿式催化氧化、光催化氧化和混凝沉淀等。物化法可以去除渗滤液的色度、悬浮物、氨氮、重金属离子及难生物降解有机物等污染物。物化法虽然成本较高，且部分物化法仅将污染物转移而不是完全破坏，但是处理效果稳定，尤其对一些难以生物降解的渗滤液处理效果很好。

③ 生物法。主要包括厌氧生物法和好氧生物法两大类，前者处理负荷高、能耗低、占地面积较小并且污泥产生量少；后者几乎可以彻底去除有机物，同时还能去除氨氮。好氧生物法在实际工程中易受到溶解氧传递的限制，要求处理的渗滤液中有机物含量不能太高。

④ 膜生化反应器法。膜技术目前发展迅速，应用趋势最好，包括超滤、纳滤和反渗透

等。将微滤、超滤和好氧生物法组合应用的技术称为膜生化反应器（MBR）技术。MBR 将生化反应器和膜分离相结合，可以高效处理废水。系统以超滤取代常规生化工艺中的二沉池，比传统活性污泥法具有更高的有机物去除率。

在实际处理过程中，单一处理方法难以满足去除要求，需要根据实际情况将多种技术相结合以达到最终去除目的。

（2）生产和生活污（废）水

焚烧厂生产废水包括洗车废水、卸渣场洗涤废水、除灰渣废水、灰渣储存槽废水、锅炉废水、实验室废水。生活污水可直接排入城市污水管网进行处理，生产废水应在厂区内进行处理和再利用。

2. 其他污染控制

（1）噪声污染控制

固体废物焚烧厂的主要噪声源包括废热锅炉蒸汽通风管、高压蒸汽吹管、汽轮发电机组、送风机和引风机、空压机、水泵、管路系统和垃圾运输车辆，还有吊车、大件垃圾破碎机、给水处理设备、烟气净化器、振动筛等噪声源。噪声的声学特性主要是空气动力学噪声，其次是电磁和机械振动噪声。

固体废物焚烧厂噪声控制包括以下五个方面：① 选择符合国家噪声标准的设备并控制声源产生的噪声；② 合理规划总体布局，尽量集中布置高噪声的设备并利用建筑物和绿化减弱噪声的影响；③ 合理布置通风通气和通水管道，采用正确的结构，防止产生振动和噪声；④ 对于声源上无法根治的生产噪声，按不同情况采取消声、隔振、隔声、吸声等措施；⑤ 运输车辆进出区域时减少交通噪音，降低车速，少鸣或不鸣喇叭。

（2）恶臭控制

恶臭污染物指一切刺激嗅觉器官引起人们不愉快并损害周围环境的气体物质。固体废物焚烧厂产生的恶臭物质多是未完全燃烧的有机硫化物或氮化物，这些恶臭物质会引起人们的厌恶和不愉快，有些物质还会对人体健康造成损伤，因此需对恶臭进行控制。

固体废物焚烧厂中恶臭气味控制主要依靠隔离和抽气的方法，常用的管理措施有：① 使用封闭式垃圾车；② 在垃圾卸料平台的进出口处安装风幕门；③ 在垃圾贮存坑上方抽气作为助燃空气，使垃圾贮存坑内形成负压，防止恶臭外溢；④ 定期清理垃圾贮存坑内的垃圾；⑤ 设置自动卸料门密封垃圾贮存坑。

第二节　热 解 处 理

一、热解的概念及特点

（一）热解的概念

热解又称干馏、热分解或碳化，指物料在无氧或缺氧的条件下，通过间接加热使有机物发生热化学分解，生成燃料（气体、液体和炭黑）的过程。通俗来说，热解主要利用有机物的不稳定性，在无氧条件下，利用热能破坏化合物的化学键，将相对分子质量大的有机物转化为相对分子质量小的可燃气、有机液体、焦炭等。严格意义上讲，所有通过部分燃烧热解物来直接提供热解所需要的热量的反应，不能定义为热解，而应称之为部分燃烧或缺氧燃烧。

（二）热解的特点

热解和焚烧二者有着本质的不同，与焚烧相比，热解的主要特点包括：① 热解产物主要为低分子可燃化合物，而焚烧产物主要是二氧化碳和水；② 热解需要吸热，而焚烧放热；③ 热解产物为燃料油和燃料气，方便贮藏和远距离输送，焚烧能够产生大量的热，可用于发电、加热或产生蒸汽，只能近距离输送。

尽管固体废物的热解对技术和运转操作要求高，难度大，但与其他热处理法相比具有诸多优势：

① 热解可将固体废物中的有机物转化为燃料气、燃料油、炭黑等可贮存的资源性物质；

② 热解反应为无氧或缺氧分解，产生的氮氧化物和二氧化硫较少，且总废气量少，对环境的二次污染更小；

③ 热解过程中，固体废物中的硫和重金属等有害物质多被固定于炭黑中，方便回收；

④ 热解为还原氛围，Cr^{3+} 不会被转化为 Cr^{6+}；

⑤ 对于不适合焚烧处理的有毒有害医疗废物，可进行热解处理；

⑥ 热解残渣腐败性物质含量较少。

二、热解处理技术的发展历程

热解技术广泛应用于木材、煤炭、重油和油母页岩等燃料的加工处理，如对木材热解干馏可以得到木炭，但是目前应用最广泛且成熟的热解技术是煤炭热解生产焦炭、焦炉气和煤焦油。

美国是世界上最早研究热解处理固体废物的国家，早在 1927 年美国矿业局就进行过固体废物的热解研究。20 世纪 70 年代后，热解技术发展迅猛，这都得益于各种固体废物资源化系统的广泛开发。丹麦、德国、法国等欧洲国家在美国之后也对固体废物热解技术进行了大量的研究，主要目的是以热解处理辅助焚烧从而减少焚烧造成的二次污染。1973 年日本在实施 Star Dust'80 计划后，开展了大规模的垃圾热解处理技术研究。日本主要依靠流化床作为热解设备，开发了大量可替代焚烧的热解技术，并成功地将部分技术设备应用于工业化生产。1981 年，我国农机科学研究院成功研制了热解低热值农村废物的燃气装置，为解决我国农村的动力和生活能源方面的问题，找到了一条方便可行的代用路线。近年来，我国科研院校及单位对各种废物热解装置的研究和开发越来越多。研究表明，废塑料焚烧存在诸多弊端，如废塑料的高热值会在焚烧过程中导致炉膛局部过热，造成炉排及耐火衬里烧损且容易产生二噁英，故废塑料的热解技术已成为研究开发的热点。

三、热解的原理

（一）热解过程

固体废物热解的基本过程为：首先，物料受热升温，析出水分；当温度升高到一定值时，物料开始等温分解，随后析出大量挥发分，经过裂解和聚合等过程，生成可燃气、有机液体和固体残渣等；有机成分逐渐减少，反应速度放缓，直到结束。

有机物的热解反应可以用下式表示：

$$有机物＋热能 \xrightarrow{\text{无氧或缺氧}} 可燃性气体＋有机液体＋固体残渣$$

对于组分不同的有机物，其进行热解的起始温度也不相同。比如，纤维类开始热解的温度为 $180 \sim 200 \, ℃$，而煤开始热解的温度随煤质不同，在 $200 \sim 400 \, ℃$ 不等，煤的高温热解温度可达 1 000 ℃以上。

从热解开始到热解结束的整个过程中,有机物都处于一个复杂的热分解过程,不同温度段的反应过程不同,产物也不同。整个过程主要进行着大分子分解成小分子直至分解成气体的反应,同时也进行着小分子聚合成大分子的反应,而在高温条件下还会引起碳和水的反应。总之,整个热解过程包含一系列复杂的物理化学反应。

（二）热解产物

① 可燃气。产生的可燃气以 H_2、CO、CH_4、CO_2 为主,还包含部分 NH_3、H_2S、HCN、H_2O、SO_2 等,当热解温度较高时,可产生高热值的可燃气;

② 有机液体。热解产生的有机液体组分十分复杂,包括 CH_3COOH、CH_3COCH_3、CH_3OH 等有机酸、烃类、醇类、焦油等,当处理含塑料和橡胶成分较多的废物时,产生的有机液体主要为燃料油;

③ 固体残渣。其主要为化学性质稳定的炭黑和炉渣等,因含碳量高,同时具有一定热值,故可用作燃料添加剂或路基材料。

四、热解的影响因素

影响热解过程的因素主要包括物料性质、加热温度、加热速率、物料停留时间、供气供氧量、反应器类型、催化剂等,每个参数的改变都会对热解过程及其产物产生影响,分析如下。

1. 物料性质

有机物成分、尺寸和含水率等物料性质均会对热解过程造成重要的影响。物料的有机物成分含量越多,热值越高,热解产物产率越高、产品热值越高、固体残渣也就越少。物料的尺寸越小,传质效果越好,热解过程越容易进行;尺寸越大,对于热解进程越不利。对于物料尺寸较大的问题,可以通过破碎等预处理,使其细小且均匀。通常,含水率越低,加热时间就越短,能耗也就越低,越有利于得到高效的可燃气;含水率较高,能耗大,产品热值及可利用性降低。

2. 加热温度

加热温度为热解过程中最重要的控制参数,加热温度与产气量正相关,而焦油、固体残渣产量随加热温度升高而相对减少。此外,加热温度还会影响产气组分质量的变化。

3. 加热速率

一般情况下,气体产量会随加热速率的加快而提高,而水分、有机液体和固体残渣的含量相应降低。综合调节加热温度和加热速率可控制热解产物各组分的比例。低温-低速加热,有机物分子有足够的时间在其最薄弱的接点处分解,重新合成难以进一步分解的热稳定性固体,故产物中固体含量升高;而高温-高速加热,有机物分子会发生全面破裂,转化为大量低分子有机物,因而产物中气体组分含量上升。

4. 物料停留时间

物料停留时间即物料完成反应在炉内停留的时间,受物料尺寸、结构和加热温度的影响。物料停留时间较长,热解率高,热解充分,但处理量少;物料停留时间较短,热解率低,热解不完全,但处理量大。

5. 供气供氧量

热解反应中需要供给氧化剂(空气或氧气),使物料部分燃烧来提供热量,方可进行。供给空气,由于其中含有较多的氮气,产生的可燃气体的热值较低,但成本低廉;供给纯氧气,可提高可燃气体的热值,但成本较前者昂贵。

6. 反应器类型

热解反应需在反应器内进行,不同类型的反应器其燃烧床条件和物流方式也不同,故反应器的选择对于整个热解过程尤为重要。通常情况下,固定燃烧床处理量大,而流态化燃烧床温度可控性好。逆流式进料和气体有利于延长物料在反应器内的滞留时间,有机物转化率高;顺流式进料和气体可促进热传导,加快热解过程。

7. 催化剂

在催化裂解中,催化剂不直接参与反应,这与传统化学解聚大不相同。催化裂解的产物品质高,油品标号增加,且可通过催化剂的选择来控制不同产物的量;但催化剂易因积碳和中毒而失活,在催化反应前需预处理。常见的催化裂解催化剂有 ZMS-5 沸石催化剂、H-Y 沸石催化剂、REY 沸石催化剂等。催化剂的活性点强度、活性点浓度、比表面积、孔径等均会对反应速度和产物选择性造成影响。

五、热解工艺及设备

(一) 热解工艺

固体废物热解工艺种类较多,可以从热解温度、加热方式、反应压力、产品类型和热解设备等几个方面进行分类。

1. 按照热解温度划分

① 高温热解法。热解温度在 1 000 ℃以上,绝大多数采用直接加热。对于高温纯氧热解工艺,温度甚至可以达到 1 500 ℃。高温热解主要获得可燃气,常用于炼焦和煤气化。

② 中温热解法。热解温度一般为 600~700 ℃,适用于单一物料的资源化,例如把废轮胎或废塑料转化成重油或初级化工原料。

③ 低温热解法。热解温度通常低于 600 ℃,适用于林业、农业和农产品废物等易分解的物料,常用于生产低硫低灰分的炭。

2. 按照加热方式划分

固体废物的热解过程通常是一个吸热过程,按照所加热量的来源,可分为直接加热热解法和间接加热热解法两类。

① 直接加热热解法。需要向热解炉中通入空气或者氧气作为氧化剂,通过物料部分燃烧来加热。前文提到,通入空气和纯氧气所得可燃气热值不同且成本也不同。

② 间接加热热解法。一般利用间壁式导热或者以石英砂等中间介质来给物料间接传递热量,但固体废物的热导率较差,所需间接加热面积巨大,该法仅适用于小规模处理。

3. 按照反应压力划分

可分为常压热解法和真空热解法(即减压热解法),后者在实际应用中较少。

4. 按照产品类型划分

① 热解造油。温度一般低于 500 ℃,隔绝氧气,裂解有机物,生成燃料油。

② 热解造气。控制加热温度、时间和气化剂,将有机物在较高温度下转变为可燃气体,经净化回收直接利用或贮存于罐中便于运输。

(二) 热解设备

固体废物热解系统一般包括进料系统、反应床、回收净化系统和控制系统四部分。其中,反应床是热解系统的核心。根据反应床的类型,反应器可分为固定床热解反应器、移动床热解反应器、回转炉式热解反应器、流化床热解反应器、管型炉瞬间热解反应器、高温熔融炉等。其中,回转炉式热解反应器和管型炉瞬间热解反应器开发最早;流化床热解反应器应用较广泛,已达工业化生产规模;高温熔融炉热解方式是当前最成熟的城市垃圾热解系统。

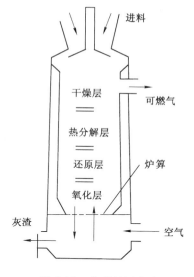

图 5-18 典型的固定床
热解反应器

1. 固定床热解反应器

图 5-18 所示为一经典的固定床热解反应器,物料先经过预处理从顶部加入,经干燥层、热分解层、还原层和氧化层得到可燃气(顶部排出)、灰渣(底部排出)等产物。所需热量由废物燃烧提供,采用逆流的物流方式,适用于处理废塑料、废轮胎。反应器结构相对简单,热损少,系统热效率较高,但此法处理能力小,预处理复杂,气体产物易夹杂挥发物质。

2. 移动床热解反应器

炉体为立式装置(图 5-19)。需要先对进样垃圾进行适当的破碎并去除重质成分,进料器带有气封,垃圾自上向下运动,产气从顶端排出,残渣从炉底排出。该设备容易出现物料进样不均匀,偏流、结瘤和熔融渣难以排出的状况。

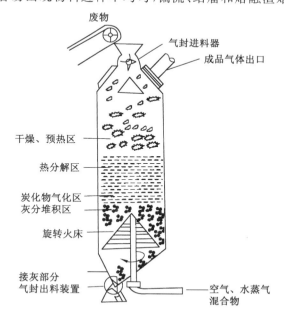

图 5-19 移动床热解反应器

3. 流化床热解反应器

反应器构造如图 5-20 所示。反应器中气体流速较高,可使物料保持悬浮,不像固定床反应器那样堆积在一起。设备反应性能好、分解效率高,即使物料含水率高或波动大也同样适用,但对物料尺寸要求高。

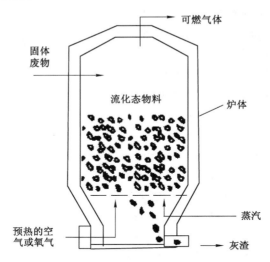

图 5-20　流化床热解反应器

4. 回转炉式热解反应器

反应器主体为一个有一定倾斜角度的金属制圆筒(图 5-21),加热方式为间接加热,逆流加热使物料受热分解而气化。该设备构造简单,处理量大,对物料适应性强,操作性强且产生的可燃气品质高(热值高、可燃性好)。

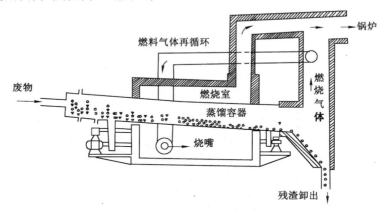

图 5-21　回转炉式热解反应器

5. 双塔循环式热解反应器

包括固体废物热解塔和固型炭燃烧塔两部分,二者均将热解和燃烧分开在两个塔中完成。燃烧废气不进入产品气体中,故所得燃料气热值较高,几乎不存在结块现象,废气量少,温度均一,可杜绝局部过热。

六、典型废物的热解

(一)城市生活垃圾的热解特性及工艺

随着经济的迅速发展,人们的物质生活不断提高,城市生活垃圾中可燃组分的量日益增多。通过热解处理城市生活垃圾,其产物主要是低热值的燃气,可通过压缩、去除废气、甲烷化等环节最终转化为热值高、可供用户使用的天然合成气。具体转化流程见图 5-22。

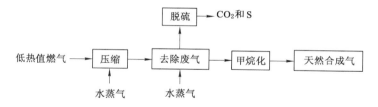

图 5-22　低热值燃气转化为天然合成气的流程

城市生活垃圾的热解指数与加热速率、垃圾粒径、传热传质等因素有关。通常,加热速率越快,热解指数越大,垃圾越容易热解。

城市生活垃圾的热解工艺

热解处理城市生活垃圾的工艺主要有以下几种:

① 移动床熔融热解炉系统。代表性系统为新日铁垃圾热解熔融系统,工艺流程见图 5-23。该系统集热解和熔融一体化,垃圾从炉顶送入,投料口设有双重密封阀,垃圾在竖式炉体内由上向下运动,完成干燥、热解、燃烧和熔融。该工艺产气热值高,减容效果好,且重金属等有害物质被完全固定在固相中,是比较成熟的城市生活垃圾的热解方法。

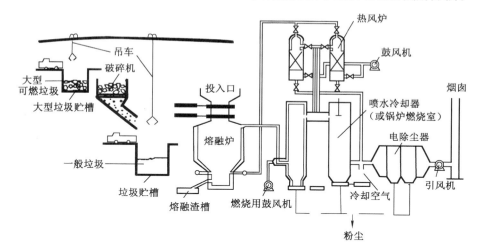

图 5-23　新日铁垃圾热解熔融处理工艺流程

② 回转窑热解系统。代表系统为 Landgard 系统(图 5-24)。垃圾破碎至 10 cm 以下后由油压活塞送料机连续自动送料,焚烧主要产物是可燃气,残渣经急冷后可回收铁和玻璃。该系统前处理简单,对垃圾适应性强,构造简单,操作可靠。

③ 流化床热解系统。其分为单塔式和双塔式两种,已经达到工业化生产规模。

④ 多段炉热解系统。主要用于处理含水率较高的有机污泥。

⑤ 管型炉瞬间热解系统。代表系统为 Garrett 系统(图 5-25)。系统热解完成速度快,但预处理复杂,耗能高,难以长期稳定运行。

⑥ 纯氧高温热解系统。代表系统为 Purox 系统(图 5-26),采用竖式热解炉,以纯氧供

热,氮氧化物产量少,垃圾减容效果好,垃圾预处理简单,但运行成本较高。

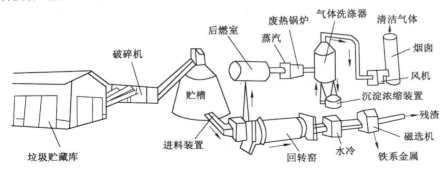

图 5-24　Landgard 系统工艺流程图

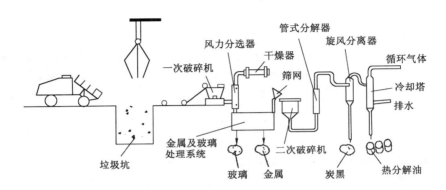

图 5-25　Garrett 系统工艺流程图

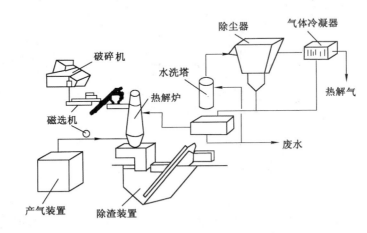

图 5-26　Purox 系统工艺流程图

（二）生物质的热解特性及工艺

1. 生物质的热解特性

生物质指通过光合作用而形成的各种有机体,包括所有的动植物和微生物。生物质能将太阳能以化学能形式储存在生物质中,是唯一可再生的碳源,可以转化成常规的固、液和气态燃料。生物质中可燃组分按照占比由多到少可分为纤维素、半纤维素和木质素。实验表明,生物质的热值随着含湿量的增加而线性下降。

2. 生物质的热解工艺

热解工艺中常用的装置类型有固定床、流化床、多炉装置、旋转炉、旋转锥反应器、分批处理装置等。其中,流化床反应器应用最为广泛。生物质热解得到的生物油容易储存,方便运输,可作为化工原料;但生产成本过高,甚至超过矿物油且不同生物油品质良莠不齐。

（三）污泥的热解特性及工艺

污泥热解技术是一种新兴的污泥热处理技术,该技术的主要目的是解决污泥焚烧法存在的问题,避免二次污染,实现节能型、无害化处理。污泥的热解过程(图 5-27)为:首先,污泥脱水,接着进入干燥段,达到一定温度后开始热解,然后分离炭灰,冷凝油气,最后回收热量并进行二次污染防治。

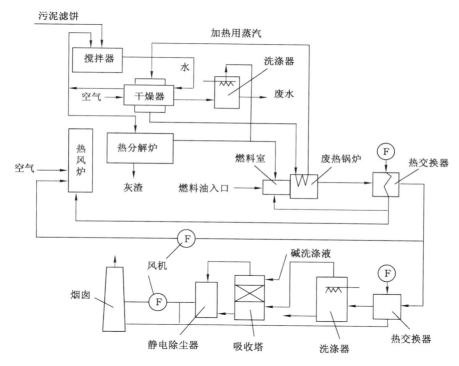

图 5-27　污泥热解工艺主要流程

1. 污泥的热解特性

污泥为污水处理过程中产生的半固态或固态物质(不包括栅渣、浮渣和沉砂)。根据处理方式分类,污泥包括沉淀污泥、腐殖污泥、剩余污泥、消化污泥和深度处理污泥五类,具有以下特点:

① 结构松散,外观具有像毛绒一样的分支和网状结构,形状不规则,粒子质量分布十分不均匀;

② 比表面积、孔隙率和含水率极高,比表面积在 $20\sim100$ cm^2/mL 之间,孔隙率常大于 99%,含水率通常高于 95%,脱水性差;

③ 污泥的生物絮凝性、沉淀性受胞外聚合物直接影响；

④ 城市污泥成分复杂,食品污泥有机元素含量高,而工业污泥重金属含量高。

2. 污泥的热解工艺

主要工艺包括低温污泥热解法、高温污泥热解法和直接热化学液化法。

① 低温污泥热解法。1999 年 8 月,世界第一台低温污泥热解制油工业化装置在澳大利亚成功试运行。其基本工艺条件为:干燥污泥加热到 300～500 ℃,停留时间 30 min。设备简单且要求低,无须耐高温、高压;能量回收效果好,炭和油可回收 80%以上;基本不会造成二次污染;运行成本低,仅为焚烧法成本的 30%左右。

② 高温污泥热解法。将微波技术引进煤、石油和部分有机废物的高温分解中,在原料中加入一定量微波吸收性能较好的物质,热解产物的热值高。微波高温热解污泥已成为当前研究热点之一。此法污泥减量效果好,可有效固定重金属,产生的有害物质少,产物热值高,可作为燃料或化学原料。

③ 直接热化学液化法。该技术起源于德国,由美国、英国和日本发展而来。该技术将经过机械脱水后的污泥(含水率为 70%～80%)在氮气环境、250～340 ℃下加入热水中,以碳酸钠作为催化剂,使污泥中一半的有机物通过加水分解、缩合、脱氢、环化等一系列反应转化为低分子油状物质,最终用萃取剂分离收集重油产物。1992 年,有人建立了该技术的连续化处理设备,设备工艺得到了进步,运行费用也大大节约。

（四）电子类废物的热解特性及工艺

1. 电子类废物的特性

电子类废物性质差异显著,结构高度复杂。电子类废物中含有大量的重金属(如铅、汞、镉、镍等)和高分子聚合物,若采用焚烧处理,会释放大量的有毒有害气体,而通过热解处理对其回收和资源化,则经济效益可观。

2. 电子类废物的热解工艺

热解法处理有机高分子聚合材料,具有减量化、无害化和资源回收等优势。有研究表明,溴阻燃成分在 300 ℃左右分解,加入碳酸钙,能将部分溴固定于残渣中。选择适当的热解条件,可将电子类废物中的树脂等高分子成分转化为燃料或化工原料以供回收利用;金属、陶瓷、玻璃纤维等无机成分可回收用于再生产。

（五）废塑料的热解特性及工艺

废塑料种类繁多,主要有聚乙烯(PE)、聚丙烯(PP)、聚苯乙烯(PS)、聚氯乙烯(PVC)、聚苯乙烯泡沫(PSF)、聚四氟乙烯(PTFE)等。废塑料的热解与城市生活垃圾的热解类似,产物可作为高热值燃料或化工原料。废塑料热解工艺是世界各国研究的热点,目前废塑料热解造油技术已进入工业化生产。

1. 废塑料的热解特性

废塑料的热导率较低,热效低下。PE、PP、PS、PVC、PSF 等废塑料热解不会产生有害气体,产物为 C_1～C_{44} 的燃料气、燃料油和固体残渣;PET、ABS 树脂热解则会产生有毒有害气体,不适合选用热解处理。热解产物的比例受塑料种类、热解温度的影响,通常情况下,热解温度越高,气态的低级碳氢化合物的比例越高。

2. 废塑料的热解工艺

主要分为两类:低温热解工艺和减压热解工艺。

① 低温热解工艺。代表系统为日本川崎重工研发的聚烯烃浴热解系统(图 5-28),采用槽式聚合浴反应器,通过外部加热,最终根据温度来控制所生成燃料油的性状。

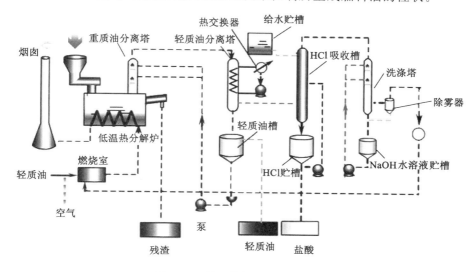

图 5-28　低温分解废塑料流程

② 减压热解工艺。主要利用了塑料导热系数低的特点,使用微波炉与热风炉对废塑料加热,采用减压蒸馏,最终冷却液化生成的气体以回收燃料油。其工艺流程如图 5-29 所示。

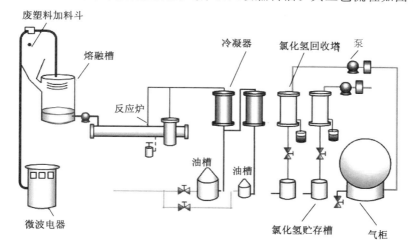

图 5-29　微波加热减压分解废塑料流程

（六）废橡胶的热解

废橡胶的热解一般指废轮胎热解和部分废皮带及废胶管热解。废橡胶的热解一般选用流化床或回转窑作为热解炉。但两者对废橡胶粒径要求严格,需要将其破碎至粒径小于5 mm,磁选去除金属丝,以氮气和循环热解气作为流化气。热解气体经除尘器与固相分离,再经静电除尘器去除炭灰,最后在冷却器和气液分离器中将产油冷凝,以未冷却气体作为燃料或流化气。该工艺预处理费用较高,相关优化研究仍在进行。

第三节　其他热处理技术

一、固体废物熔融技术

熔融技术又称玻璃化技术,指利用高温把固态污染物熔化为玻璃状或玻璃-陶瓷状物质,固化体结构致密,永久稳定。固体废物熔融技术应用范围较广,利用熔融技术可以对危险废物和焚烧灰渣等无机废物熔融固化处理,也可以对城市生活垃圾、污泥等进行气化熔融处理。其中,采用熔融工艺处理城市生活垃圾、污泥等之前,往往需要先进行热解处理。首先,将生活垃圾进行热解处理,得到可燃气体产物后,由于灰渣中存在较高的可燃物,再利用高温熔融固化技术进行处理,最终形成结构致密、浸出毒性低、性能稳定的玻璃固化体,可用于建材行业。

熔融炉为固体废物熔融技术的核心,根据熔融设备所利用的热源种类划分,可分为燃料热源熔融系统和电热源熔融系统,如图 5-30 所示。其中,等离子体熔融技术也属于电热源熔融技术,但由于与其他熔融技术差异较大,因此单列出来。

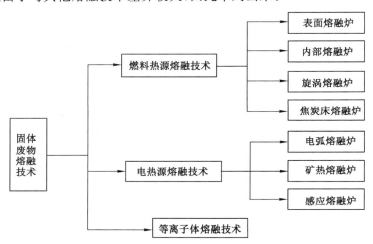

图 5-30　固体废物熔融技术分类

(一)固体废物熔融技术

固体废物熔融技术大体上包括以下几个工艺单元:前处理单元、熔融单元、废热回收单元、废气处理单元和熔渣形成单元。

① 前处理单元。当熔融物质不适合熔融炉时,通过干燥调整含水率,含水率越低,对熔融越有利;通过碱性调整,使固体废物灰分的熔点降低,降低熔融所必需的炉温或改善熔渣性质;通过造粒和分级,调整粒度。

② 熔融单元。熔融温度很高,需要选择耐热性很强的熔融炉。

③ 废热回收单元。熔融过程排出的出口废气温度高达 1 200～1 500 ℃,从中回收热能节能环保。主要从燃烧废气和炉体冷却媒介两方面回收热能:通过热交换器和废热锅炉的热量主要用于燃烧空气加热和干燥物料;而对于冷却炉体产生的热能,当以水做冷却媒介时,回收后可用于蒸汽的预热干燥;以空气做冷却媒介时,回收后可直接作为燃烧空气使用。

有效地利用废气和炉体冷却回收的热能,可帮助减少燃料消耗。

④ 废气处理单元。废气主要来自干燥和熔融两方面。干燥产生的废气不含硫氧化物、氮氧化物和氯化氢等,只需要处理烟灰和异味。在除湿塔中水洗、冷却烟气,可去除大部分粉尘。除湿后的废气,多数作为干燥气体循环使用,少部分作为燃烧空气送入熔融炉内。

（二）燃料热源熔融技术

① 表面熔融炉。其指用燃烧器燃烧燃料(如焚烧灰渣等)所放出的热量来熔化废物的熔融炉,按照结构可分为固定式表面熔融炉和回转式表面熔融炉。其中,表面熔融炉适用于处理含水率低于 20% 的污泥和灰渣,可混合处理高热值固体废物,辅助燃料用量节省;熔渣连续排出,炉子启停方便;熔渣稳定性好,重金属不易浸出且可用作路基材料;添加适量的二氧化硅和硼酸可促进熔融。

② 内部熔融炉。其多建于热解气化焚烧炉后燃烧段的下方,主要以灰渣中残留炭产生的燃烧热作为处理灰渣的热源。

③ 旋涡熔融炉。其可分为立型旋涡熔融炉、倾斜型旋涡熔融炉和横型旋涡熔融炉。对于立型旋涡熔融炉,旋转圆筒呈纵立型,一次、二次燃烧空气分别从炉顶和炉侧送入,熔融的熔渣由炉壁转至炉底排出。倾斜型旋涡熔融炉的二次燃烧室和一次燃烧室的排气相交,二次燃烧室的炉底有倾斜的排渣口,熔融完成所需时间较短。横型旋涡熔融炉的二次燃烧室为纵型燃烧炉,炉体底部呈倒圆锥形,出口有挡板,底部中央为排渣口。

④ 焦炭床熔融炉。其根据炼铁炉的技术研发形成,炉体由钢皮制造,圆筒为竖型圆筒,下部呈管状。一般用来处理含水率为 40% 的干燥污泥饼和灰渣,加入碎石等调整剂可提高熔渣品质。

（三）电热源熔融技术

该技术应用范围较广,适用于多种固体废物,分解效率高,装置结构简单且二次污染较少;但对于含水率高的废物需要先干燥,装置易沉积堵塞,电能消耗量大,对 PCDDs 和 PC-DFs 去除效果差。

（四）等离子体熔融技术

高温等离子体熔融技术处理固体废物的主要原理为:高温等离子体的高能量使得体系表观温度非常高,各种粒子反应活性也相当高。在此作用下,彻底分解污染物。缺氧或无氧状态时,有机物热解成可燃气体;有氧条件时,发生燃烧反应,污染物转变为简单化合物,从而被去除。

高温等离子体熔融炉的关键是等离子体发生器,即等离子体炬。当前,可用于处理污染物的等离子体发生器主要有三种类型:转移弧、非转移弧和电感耦合。

① 转移弧等离子体发生器。以待处理的污染物作为电弧的一个电极。故污染物必须为可导电物质或者熔融状态下可导电。能量利用效率较高,但是可处理的污染物种类较少。

② 非转移弧等离子体发生器。目前发展较为成熟,为主流商业化等离子体发生器,能量利用效率约为 50%。

③ 电感耦合等离子体发生器。具有特殊的环状加热结构,无电极消耗,可利用氧气,理论能量利用效率可达 90% 以上,发展前景很好。

高温等离子体熔融技术处理固体废物的工艺主要有五个系统,即进料系统、等离子处理室、熔化产物处理系统、合成气处理系统和公用设备。

① 进料系统。等离子强化炉不受物料种类的限制,即使物料种类和形状不同,都可加入处理室。

② 等离子处理室。处理室为一个有水套的、内衬为耐火材料的不锈钢容器,侧面采用空气冷却。

③ 熔化产物处理系统。等离子处理室拥有两个熔化产物处理系统,真空辅助溢流堰和电感加热底部排放口。前者目的为清渣,后者为清除熔化金属。熔化产物经收集、冷却,回收金属,熔融的玻璃用来生产耐用玻璃品。

④ 合成气处理系统。分为三级工序:第一级工序把合成气从约 800 ℃冷却到 200 ℃,避免产生二噁英和呋喃,然后送进低温脉冲式空气布袋收尘室清除 1 μm 的微粒;第二级包括两台串联的喷射式文丘里洗涤器、一台除雾器、一台加热器和一台 HE-PA 过滤器,去除合成气的烟尘及酸气;第三级包括最终合成气的转化和大气的排放。

⑤ 公用设备。子系统包括仪表气、氮气供应,工艺用水供应等,由一套监控器和报警器控制。

高温等离子体熔融技术与传统焚烧法相比,处理温度更高;在缺氧的还原条件下工作,通气量大大降低;对垃圾适应性很强,对于三态的垃圾都可处理,热值要求低,尤其适合处理有毒有害废物和难处理的危险废物;二噁英和呋喃排放浓度极低;烟气产量低、热值高且更清洁;资源化利用价值更高。

二、污泥热干化技术

(一)概述

城镇污水厂污泥经机械脱水后,含水率(70%~80%)仍较高,不能满足填埋、堆肥和热解处理的要求。通常利用污泥干化技术,借助污泥与热媒之间的传热作用,进一步去除脱水污泥中的水分使污泥减容。

污泥干化技术按照干化原理的不同分为石灰干化技术、生物干化技术和热干化技术三类。

① 污泥石灰干化技术。通过添加干燥的生石灰或熟石灰,提高污泥温度和 pH,从而降低污泥的含水率。该技术能够降低污泥恶臭,减容效果好,所得产品储存运输方便,且用途广泛。污泥石灰干化技术在欧洲乃至世界被广泛用于处理处置污泥。

② 污泥生物干化技术。在欧美国家有部分应用,但干化周期长,通常为 2~4 周,设备庞大,占地多,会产生渗滤液及臭气,难以推广使用。

③ 污泥热干化技术。利用热或压力破坏污泥胶体结构,向污泥供热,从而蒸发水分。污泥热干化技术减容效果好,产品稳定,无臭味且不携带病原体,产品用途广泛,可作为肥料或土壤改良剂等。

(二)污泥热干化工艺

污泥热干化工艺既可以按照加热方式分类,也可以按照进料方式来分类。

1. 按加热方式划分

其可分为直接加热式干化工艺、间接加热式干化工艺、直接-间接联合式干化工艺和热辐射式干化工艺。其中,直接加热式干化工艺热传输效率和蒸发速率较高,但热介质会受到污染,所排废水和水蒸气需无害化处理后方可排放,热介质和干污泥的分离操作繁琐;间接加热式干化工艺热传输效率和蒸发速率不如前者,但无需将介质与污泥分离,介质无污染,系统安全性较高;直接-间接联合式干化工艺为前两者的结合,系统十分复杂。

2. 按进料方式划分

其可分为干料混返干化工艺和湿污泥直接进料干化工艺。其中,干料混返干化工艺的产品为球状颗粒,污泥与干化器的黏结较少,干化易发生且能耗低;湿污泥直接进料干化工艺的产品多为粉末状。

污泥的热干化工艺的成本主要在于热能,故选择一种合适的热源尤为重要。烟气、燃煤、热干气、沼气、蒸汽、燃油和天然气等都可以作为该工艺的热源使用。其中,烟气几乎为一种免费的能源,但会受到温度、使用距离的限制;天然气价格最高,但是属于清洁能源。

（三）污泥热干化设备

污泥热干化工艺的核心在于污泥干化设备,根据污泥的特性由传统干燥设备改造而来。当前,市场上常见的干化设备包括:转鼓式干化机、带式干化机、离心干化机、流化床干化机、转盘式干化机、桨叶式干化机、多层台阶式干化机和太阳能污泥干化房等。近年来,又兴起了一些新型技术,如微波干化技术、红外辐射干化技术、过热蒸汽干化技术等。

① 转鼓式干化机。也称回转圆筒干化机,有直接加热和间接加热两种。干化机主体为可回转的倾斜圆筒,物料从高端上部送入,在筒内被热风或加热壁面干化,产品于右端下部收集。筒体内壁装有抄板,可增大热处理面积和促进物料前进。该工艺具有以下特点:干料返混,可得到粒径可控的稳定球形颗粒产品;无氧操作,无灰尘,安全性高;尾气产生量少;投资巨大;耗能大,运行成本较高。

② 带式干化机。通过交叉或者反向的热气流实现间接热传导,湿料进样,干化过程完全密闭,防止粉尘外泄。

③ 离心干化机。即脱水干化一体技术,内置离心机,流程简单,省去了污泥脱水机以及从脱水机到干化机的存储、运送装置。

④ 流化床干化机。只适用于污泥全干化,干化机由三部分组成,自下而上分别为:风箱(底部装有气体分布板)、流化床和抽吸罩。该干化系统具有无返料系统、间接加热、维修成本低和干化颗粒粒径无法控制的特点。

⑤ 转盘式干化机。也称蝶式干化机,或间接加热式转鼓干化机。机体由定子、转子和驱动装置组成,可进行半干化或全干化污泥处理,产品为粉状。半干化转盘干化机常与焚烧炉配合使用,可达到热能平衡及最佳使用,整个系统运行费用非常低。全干化转盘干化工艺采用干料返混,空气需求量低,可预防粉尘爆炸。

⑥ 多层台阶式干化机。也称真空盘式干化机或间接加热式圆盘干化机,是一种间接、立式多级圆盘干化机。最上面一层是小圆盘,第二层是大圆盘,中间有孔,小盘大盘依次交替排列。采用天然气或沼气,以热油炉加热导热油,采用间接方式加热干化污泥,仅用于污泥全干化。

⑦ 太阳能污泥干化房。用太阳能蒸发放置于温室中的脱水后的污泥,运行中可利用搅拌轮将污泥翻转平铺在地板上或增加强制通风以提高蒸发效率。该工艺简单,投资运行成本低,但占地面积大,产泥量低且需要长期贮存的场所。

污泥干化工艺中存在一些不安全因素,可以通过下列方法解决:设置惰性气体保护措施、严密监测进料的含水率、选择水蒸气等安全干化热源以及提高系统的安全余量、设备的安全级别等。

习题与思考题

1. 影响垃圾焚烧过程的因素有哪些？它们是如何影响垃圾焚烧过程的？

2. 如何判断焚烧效果的好坏？

3. 试述机械炉排式焚烧炉、旋转窑式焚烧炉、流化床式焚烧炉和控气式焚烧炉各自的特点。

4. 为什么垃圾焚烧的尾气需要冷却处理？有哪些冷却方式？回收废热有哪些用途？

5. 简要分析二噁英类物质在焚烧过程中的产生机理，并提出相关控制措施。

6. 焚烧烟气中的酸性气体控制技术有哪些？论述其各自的优缺点。

7. 对于固体废物焚烧产生的飞灰如何使其满足安全处置的要求？

8. 某有机垃圾厌氧发酵所产生的沼气组分为：CH_4 54%，CO_2 43%，H_2 1.5%，CO 1.5%，现对此进行焚烧发电，若过剩空气系数为 2.0，请计算处理一吨沼气的理论氧气需求量、理论空气需求量、实际氧气需求量、实际空气需求量、湿烟气量和干烟气量。

9. 简要说明热解的定义、主要产物及其影响因素。

10. 热解的反应器有哪些类型？试论述其优缺点。

11. 若采用空气直接加热对垃圾进行热解处理，提高氧气含量有何好处？

12. 试论述废塑料的热解特性及工艺。

13. 固体废物熔融处理工艺的主要单元有哪些？

14. 试论述固体废物高温等离子体熔融处理和焚烧处理的主要差异。

15. 简要说明污泥干化工艺类型及其适用的干化设备，比较各自优缺点。

16. 分析污泥干化系统中可能出现的问题及解决方法。

第六章 煤系固体废物的资源化

本章主要介绍煤系固体废物资源化利用的途径和方法。通过学习掌握资源化的概念和原则，掌握常见煤系固体废物，如煤矸石、粉煤灰、煤泥、煤焦油渣和煤沥青等资源化利用的主要途径，理解固体废物是一种"放错了地方的资源"。

第一节 概　　述

一、资源化的概念

固体废物有易造成环境污染等有害的一面，但又有其可利用的一面。所谓固体"废"物，只是相对于某一工艺生产过程而言的。实际上，固体废物中仍然不同程度的含有可利用的物质，如可燃物质、有用的金属等，可以作为"二次资源"加以利用。因此有必要研究开发固体废物的处理与综合利用技术，一方面可以变"废"为宝，开发出新产品，另一方面又可去除其中的有害物质，减轻对环境的污染。1970 年后，随着世界各国出现能源危机，人们对固体废物的认识已由消极的处理和防止污染转向资源化利用。固体废物资源化是从固体废物中回收有用的物质和能源所采取的工艺技术。广义地说，就是资源的再循环。

二、资源化的基本原则

固体废物资源化必须遵守以下四个原则：

（1）资源化的技术必须是可行的。

（2）资源化的经济效益要好，有较强的生命力。

（3）资源化所处理的固体废物应尽可能在排放源附近处理利用，以节省存放、运输等方面的投资。

（4）资源化产品应当符合国家相应产品的质量标准。

第二节 煤矸石的资源化

一、煤矸石的概念及其危害

（一）概念

煤矸石是采煤过程和选煤过程中排放的固体废物，是一种在成煤过程中伴生的含碳量较低、质地较坚硬的岩石。由于煤炭是目前世界上的主要能源之一，因此随着煤炭的开采、分选等加工过程，煤矸石成为固体废物。并且随着煤炭开采量的不断增加，煤矸石的产生量也在不断加大。2018 年，我国国内各类煤矿生产煤炭 39.0 亿 t，排放矸石量 8.18 亿 t。全国煤矿现有矸石山约 1 900 余座,堆积量 50 亿 t 以上,占我国工业固体废物排放总量的 40% 以上。

（二）危害

煤矸石对环境的影响和危害主要表现在下述几个方面。

1. 影响土地资源的利用

煤矸石堆场多位于井口附近,大多紧邻居民区,煤矸石的大量堆放一方面占用大量的土地,另一方面影响着比堆放面积更大的土地资源,使得周围的耕地变得贫瘠,不能被利用。

2. 污染大气

煤矸石露天堆放会产生大量扬尘,这主要是由于在地面堆放的煤矸石受到长时间的日晒雨淋后,将会风化粉碎;另外,煤矸石吸水后会崩解,从而容易产生粉尘,在风力的作用下,将会恶化矿区大气的质量。此外,煤矸石中含有残煤、碳质泥岩和废木材等可燃物,其中 C、S 可构成煤矸石自燃的物质基础。煤矸石露天堆放,日积月累,矸石山内部的热量逐渐积累,当温度达到可燃物的燃烧点时,矸石堆中的残煤便可自燃。自燃后,矸石山内部温度为 800～1 000 ℃,使矸石融结并放出大量的 CO、CO_2、SO_2、H_2S、NO_x 等有害气体,其中以 SO_2 为主。一座矸石山自燃可长达十余年至几十年。这些有害气体的排放,不仅降低矸石山周围的环境空气质量,影响矿区居民的身体健康,还常常影响周围的生态环境,使树木生长缓慢、病虫害增多,农作物减产甚至死亡。

3. 污染土壤和地下水

煤矸石除含有粉尘、SiO_2、Al_2O_3,以及 Fe、Mn 等常量元素外,还含有其他微量重金属元素,如 Pb、Sn、As、Cr 等,这些元素为有毒重金属元素。当露天堆放的煤矸石山经雨水淋蚀后,产生酸性水,污染周围的土壤和地下水。

二、煤矸石的组成和分类

（一）组成

煤矸石的矿物成分主要有黏土矿物、石英、方解石、硫酸铁及碳等,但不同地区的煤矸石的矿物组成不尽相同。煤矸石中化学成分主要有 C、SiO_2、Al_2O_3,其次是 Fe_2O_3、CaO、MgO、Na_2O、K_2O 等。此外,还含有少量的稀有金属元素如 Ga、V、Co 和 Ti 等。表 6-1 为煤矸石的一般化学组成。

表 6-1　煤矸石的化学组成　　　　　　　　　　　　单位:%

SiO_2	Al_2O_3	Fe_2O_3	CaO	MgO	TiO_2	P_2O_5	K_2O+Na_2O	V_2O_5
52～65	16～36	2.28～14.63	0.42～2.32	0.44～2.41	0.90～4.00	0.007～0.24	1.45～3.9	0.008～0.03

（二）分类

煤矸石的分类因划分依据的不同而不同。按照煤炭工业固体废渣的来源煤矸石可分为采煤矸石、选煤矸石和煤炭加工后所剩的废渣。按照粒度组成煤矸石可分为粗粒矸石(>25 mm)、中粒矸石(1～25 mm)和细粒矸石(0～1 mm)。按矿物成分煤矸石主要有黏土岩类、砂岩类、碳酸岩类、铝质岩类等种类。黏土岩类在煤矸石中占有相当大的比例;砂岩类矿物多为石英、长石、云母、植物化石、菱铁矿结核等,并含有碳酸岩的黏土矿物或其他化学沉积物;碳酸岩类矿物的组成为方解石、白云石、菱铁矿,并混有较多的黏土矿物、陆源碎屑矿物、有机物、黄铁矿等;铝质岩类含有高铝矿物三水铝矿、软水铝石、硬水铝石等,此外还常含有石英、玉髓、褐铁矿、白云母、方解石等矿物。

煤矸石热量主要取决于碳的含量以及挥发组分的含量。我国煤矸石发热量多在 6 300 kJ/kg 以下。按照其含碳多少煤矸石可分为 4 类:含碳量≤4%、4%～6%、6%～20%和含碳量>20%。对于热量较高的煤矸石,可以从中回收煤炭或直接作为辅助燃料使用,而热值较低的煤矸石则可用于化工、建材等方面。

三、煤矸石的资源化

近几年来,我国煤矸石的综合利用发展迅速,2017 年全国煤矸石综合利用处置率达67.3%,2020 年,煤矸石综合利用率接近 80%。为了促进煤矸石综合利用,节约能源,保护土地资源,减少环境污染,改善生态环境,我国颁布了《煤矸石综合利用技术政策要点》(以下简称《要点》)。该《要点》对煤矸石的综合利用做了明确的规定,煤矸石综合利用要坚持"因地制宜,积极利用"的指导思想,实行"谁排放,谁治理""谁利用,谁受益"的原则。将资源化利用与企业发展相结合,资源化利用与污染治理相结合,实现经济效益、环境效益、社会效益的统一。资源化方式包括利用煤矸石发电、生产建筑材料、回收有益矿产品、制取化工产品、改良土壤、生产肥料、回填(包括建筑回填、填低洼地和荒地、充填矿井采空区、煤矿塌陷区复垦)、筑路等。《煤矸石综合利用管理办法(2014 年修订版)》指出"煤矸石综合利用应当坚持减少排放和扩大利用相结合,实行就近利用、分类利用、大宗利用、高附加值利用,提升技术水平,实现经济效益、社会效益和环境效益有机统一,加强全过程管理,提高煤矸石利用量和利用率"。

随着我国煤炭工业循环经济的发展,按照减量化、再利用、再循环的原则,将重点治理和利用煤矸石等煤矿废物。煤矸石的资源化利用方式主要包括:生产建材(如砖、水泥等),作为燃料使用,生产化工产品,改良土壤,土地复垦及充填矿井采空区等。

(一)在建材中的应用

1. 制砖

传统制砖行业采用黏土烧制砖的方法,侵占大量的土地,加剧了人地矛盾。而利用煤矸石作为主要原料制砖不但很好地解决了这个问题,同时又能将煤矸石变废为宝,环境效益和社会效益显著。煤矸石砖具有硬度高,颜色均匀,热阻大,隔音好,耐火、耐酸、耐碱性能较好,成本低等优点。

利用煤矸石制砖的主要好处有:第一,烧砖不用燃料,节省能源。利用煤矸石制砖,一般采用全内燃焙烧技术,即用煤矸石自身的发热量提供的热能来完成干燥和焙烧的工艺过程,不需外投燃料。实践表明,每万标块煤矸石砖可以利用的余热相当于 0.12 t 标煤。第二,制砖不用(少用)土地,节约土地资源。据有关资料介绍,生产 200 亿块煤矸石砖,可节约土地 1 867 hm²～2 667 hm²。每万吨煤矸石占用土地 0.03 hm²,我国年利用煤矸石 2 500～5 000 万 t,则可腾出煤矸石占地 105 hm²～150 hm²。第三,变废为宝,减少环境污染。利用煤矸石制砖不仅可减少煤矸石的污染,而且变废为宝,在生产中不再产生新的固体废物。第四,建厂投资少,企业效益高。我国第一条煤矸石制砖的生产线于 1987 年在黑龙江双鸭山市投产,可年产 6 000 万块全煤矸石烧结砖,经过三十多年的发展我国煤矸石制砖生产线已经遍布全国各地。

煤矸石制砖分为两种:一种是全煤矸石砖;另一种是掺煤矸石(掺量 15%左右)生产黏

土烧结砖。目前我国以生产烧结砖为主,重点向生产高掺量、多孔洞率、高保温性能、高强度的承重多孔砖方向发展。

生产烧结砖对煤矸石原料的化学组成要求:SiO_2 含量为 $55\%\sim70\%$,Al_2O_3 含量为 $15\%\sim25\%$,Fe_2O_3 含量为 $2\%\sim8\%$,CaO 含量 $\leqslant2\%$,MgO 含量 $\leqslant3\%$。

煤矸石经过粉碎、成型、干燥、焙烧等工序制成烧结砖,工艺流程如图 6-1 所示。

图 6-1　煤矸石烧结砖生产工艺流程图

2. 生产水泥

煤矸石的化学成分、矿物组成与黏土相似,据此利用煤矸石代替黏土配制水泥生料,生产多种水泥——普通硅酸盐水泥、特种水泥、少熟料水泥和无熟料水泥等。而且煤矸石中的碳在生产过程中还可以释放热量,用来代替一部分燃料,节省能源。

煤矸石硅酸盐水泥的主要原料是煤矸石、石灰石、铁粉和煤,参考配比为煤矸石 $13\%\sim15\%$,石灰石 $69\%\sim82\%$,铁粉 $3\%\sim5\%$,煤 13% 左右,水 $16\%\sim18\%$。将原料混合搅拌均匀后在 $1\,400\sim1\,450\,℃$ 的温度下煅烧成以硅酸三钙为主的熟料,然后与石膏一起磨细制成煤矸石硅酸盐水泥。

煤矸石特种水泥主要是利用煤矸石中的 Al_2O_3 代替黏土和矾土生产具有不同凝结时间、快硬、早强的特种水泥。

少熟料水泥也称为煤矸石砌筑水泥,原料配比中水泥熟料只占 30% 左右,煤矸石占 67%,石膏占 3%,不经过煅烧,直接进行磨制。

无熟料水泥是以煤矸石或经过 $800\,℃$ 左右煅烧的煤矸石为主,占 $60\%\sim80\%$,加入 $15\%\sim25\%$ 石灰、$3\%\sim8\%$ 石膏或硅酸盐水泥熟料混合磨细制成。

3. 生产骨料

混凝土是由水泥、水、砂和石构成,其中砂和石起到了骨架的作用,因此被称为骨料。轻骨料是一种堆积密度小于或等于 $1\,100\ kg/m^3$ 的粗轻骨料(粒径 $5\sim20\ mm$)和堆积密度小于或等于 $1\,200\ kg/m^3$ 的细轻骨料(粒径 $<5\ mm$)的总称。轻骨料按来源不同,可分为人造轻骨料(如陶粒)、天然轻骨料(如浮石、火山渣等)、工业废渣轻骨料(如煤渣、自燃煤矸石、膨胀矿渣等)三类。

适宜烧制轻骨料的煤矸石主要是碳质页岩和选矿厂排出的洗矸,矸石的含碳量以低于 13% 为宜。烧制方法主要有两种:成球法和非成球法。成球法是将煤矸石破碎,粉磨后制成球状颗粒,然后焙烧的方法。将球状颗粒送入回转窑,预热后进入脱碳段,料球内的碳开始燃烧,继之进入膨胀段,此后经冷却、筛分出厂。非成球法是把煤矸石破碎到一定粒度直接焙烧的方法。将煤矸石破碎到 $5\sim10\ mm$,铺在烧结机炉排上,当煤矸石点燃后,料层中部温度可达 $1\,200\,℃$,底层温度小于 $350\,℃$。未燃的煤矸石经筛分分离再返回重新烧结,烧结好的轻骨料经喷水冷却、破碎、筛分出厂。

4. 生产建筑陶瓷

黏土、石英、云母是生产陶瓷的主要原料,黏土岩类、铝质岩类煤矸石中的主要矿物是生产陶瓷的好原料。经粉碎、预烧、骨料分级后,加入黏合剂塑化成型,即可制出质量和性能良好的多孔陶瓷。

塞隆陶瓷(Sialon)是氮化硅(Si_3N_4)和氧化铝(Al_2O_3)的固熔体,具有较好的韧性,很高的硬度和耐磨性,以及非常高的高温抗氧化性。实验证明利用富含高岭石的煤矸石,采取碳热还原氮化的方法可以制取塞隆陶瓷。

(二) 作为燃料使用

1. 发电

煤矸石中含有一定的碳和挥发成分,所以煤矸石按含碳量的高低可代替或部分代替燃料。对于含碳量高的煤矸石(含碳量>20%),可以直接用作流化床锅炉的燃料进行发电。对于热值较低的煤矸石,可掺加煤泥后再用于煤矸石发电厂,燃烧产生的灰渣可用于生产建材。对于含硫量较高的煤矸石,则应采用相应的脱硫技术,减少硫氧化物的排放。

目前煤矸石发电技术已经趋于成熟,国际上循环流化床发电技术正在向大型化方向发展,装机容量 30 万 kW 机组已经进入工业性实验阶段;国内煤矸石发电项目虽然起步较晚,但近年来发展迅速,全国煤矿已建成运行的煤矸石发电厂有 128 个,总装机容量约 200 万 kW,正在建设的达 30 万 kW。

煤矸石发电有如下好处:

① 减少污染,保护环境。煤矸石自燃不仅白白浪费了宝贵的资源,燃烧过程中排放的二氧化碳、二氧化硫、氮氧化物及烟尘等,还严重污染大气环境。煤矸石经雨水淋溶形成的酸性水渗透到地下,会污染地下水。综合利用煤矸石,可以减轻矿区的大气污染和地下水的污染。煤矸石电厂的建立,在减少矸石量的同时还可减少矸石对水质的污染,减少扬尘污染。

② 节省能源。煤矿每年的生产、生活供热及冬季采暖要消耗大量原煤,燃料利用率较低。建设煤矸石综合利用电厂直接向煤矿输送蒸汽供热,完全能够取代原来烧锅炉的供热方式,节省大量的原煤。电厂发电除供煤矿使用外,还有部分富余出售给电网供其他单位使用,可缓解局部电力供应的紧张局面,解决煤泥运输困难、销路不畅、价格低廉、堆放困难、污染环境等问题。

③ 促进产业转移和劳动力再就业以及节省耕地。煤矸石电厂的建立需要更多的从业人员,在一定程度上缓解了社会的就业压力,减少煤矸石的堆积,可节省堆积费用,也解决了占用耕地的问题。

利用煤矸石发电的工艺比较简单。首先,将煤矸石和劣质煤的混合物进行破碎处理,筛分出粒径在 0~8 mm 的粉末状燃料;然后,由胶带机送入锅炉内在循环流化床上进行燃烧。

利用煤矸石发电既减轻了煤矸石堆放所带来的一系列生态环境问题,又充分利用了煤矸石的能源,与此同时还可在一定程度上缓解煤炭供应紧张的局面。

2. 回收煤炭

煤矸石中含有一定比例的煤炭,应对其利用选煤技术进行回收利用,同时这个过程也是煤矸石在进行其他资源化利用之前的预处理工作。对煤矸石中煤炭的回收利用,既节约了能源,又增加了企业的经济效益,同时也为煤矸石生产水泥、轻骨料等产品提供质量保证。

从煤矸石中回收煤炭的工艺主要有两种:水力旋流器分选和重介质分选。两种方法均利用煤炭和矸石密度差异的特点进行分选。水力旋流器利用水作为分选介质,在高速旋转水流的作用下,将不同密度的煤炭和矸石进行分离。重介质分选法则是利用密度介于煤炭和矸石之间的重介质对两者进行分离。

（三）生产化工产品

煤矸石中所含的矿物种类较多，其中 SiO_2 和 Al_2O_3 含量最高。煤矸石的主要化工用途就是通过各种不同的方法提取煤矸石中某一种元素或生产硅铝的材料。对于含铝较高的煤矸石，可生产的化工产品主要有结晶氯化铝、氧化铝、氨水和硫酸铝等化工产品。

1. 结晶氯化铝

结晶氯化铝又称六水氯化铝，主要用于精密铸造的硬化剂、造纸沉淀剂、水处理药剂，同时也是木材防腐剂、石油工业加氯裂化催化剂单体的原料，还可用于氢氧化铝胶凝的生产以及医药工业等。

铝含量高、铁含量较低的煤矸石适合生产结晶氯化铝。煤矸石经过破碎、焙烧、磨碎、酸浸、沉淀、浓缩和脱水等工艺生产结晶氯化铝，工艺流程见图 6-2。

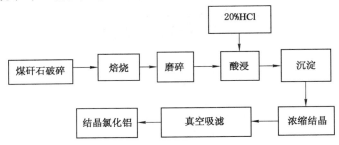

图 6-2　煤矸石制结晶氯化铝生产工艺

2. 氧化铝

氧化铝（Al_2O_3）是一种白色粉末状物，不溶于水，能溶解在熔融的冰结晶石中。通常氧化铝可用于生产耐火砖、坩埚、瓷器、人造宝石等，同时氧化铝也是炼铝的主要原料。

煤矸石中的氧化铝（Al_2O_3）可以通过化学浸取的方法获得，工艺流程见图 6-3。

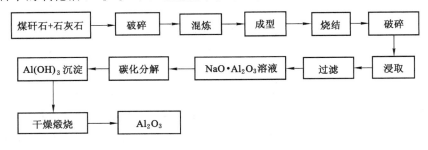

图 6-3　煤矸石制氧化铝生产工艺

3. 氨水

氨水为无色透明或微带黄色的液体，有刺激性气味。氨水是一种重要的化工原料，主要作为染料、制药和化工生产的原料，也可做氮肥直接施用。

利用含氮量较高的煤矸石，经过粉碎、造气、脱焦除尘等工艺可以生产氨水。

4. 硫酸铵

硫酸铵是白色结晶颗粒，能溶于水，主要作为农肥，同时也是化工、染织、医药、皮革等工业原料。

煤矸石生产硫酸铵主要利用煤矸石中的硫化铁在高温下生成二氧化硫,其继续氧化后生成三氧化硫,最后生成硫酸,并与氨的化合物反应生成硫酸铵,生产工艺流程见图 6-4。

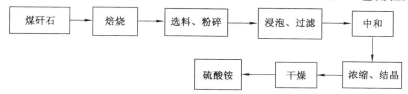

图 6-4 煤矸石制硫酸铵生产工艺

(四)改良土壤

煤矸石含有一定的有机质以及多种植物所需的 B、Zn、Cu、Mn 等微量元素。某些煤矸石中的 N、P、K 和微量元素的含量是普通土壤的数倍,经过加工可生产有机肥和微生物肥料。

煤矸石有机肥一般用化学活化法制成,将有机质含量较高的煤矸石破碎成粉末后与过磷酸钙按一定比例混合,然后加入适量的活化剂,充分搅拌,再加入适量水,堆沤活化制成。在这个基础上还可以掺入氮、钾和微量元素等制成全营养矸石肥料。煤矸石有机肥料可增加土壤的疏松性、透气性,改善土壤的结构,提高土壤的肥力,从而达到增产的目的。

煤矸石中含有一定量的有机物,是携带固氮、解磷、解钾等微生物最理想的基质和载体,因此可以用来制造煤矸石微生物肥料。煤矸石微生物肥料与其他肥料相比具有生产工艺简单、能耗低、不产生废渣等优点,并有利于改良土壤。

(五)土地复垦及充填矿井采空区

2014 年 12 月 22 日,国家发展和改革委员会等相关部门发布《煤矸石综合利用管理办法》(2014 年修订版)要求:煤炭生产企业要因地制宜,采用合理的开采方式,煤炭和耕地复合度高的地区应当采用煤矸石井下充填开采技术,其他具备条件的地区也要优先和积极推广应用此项技术,有效控制地面沉陷、损毁耕地,减少煤矸石排放量。煤炭行业主管部门会同国土资源主管部门制订煤矸石井下充填开采技术标准体系,编制煤矸石井下充填开采方案。为了科学解决煤炭资源开采中的采动损害与环境问题,中国工程院院士钱鸣高教授在 21 世纪初提出了煤矿绿色开采理念,煤矸石在土地复垦及充填矿井采空区方面得到广泛应用。

煤层开采以后,顶板岩层发生断裂、破坏,产生垮落带、裂缝带,地表发生变形及沉陷,将开采排出的煤矸石回填塌陷区,实现土地复垦。矸石充填沉陷区复垦按照充填方式可以分为分层充填和全厚充填。分层充填是将矸石充填一层,压实一层,直至达到设计标高;全厚充填是指一次充填至设计高度,再采取压实措施,其工艺流程如图 6-5 所示。

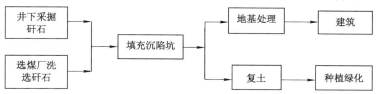

图 6-5 沉陷区矸石充填工艺流程图

在建井过程和生产初期,沉陷区尚未形成沉陷或沉陷尚未稳定时,在采区上方地表预计发生下沉的地区,将表土取出放在四周,按预计的下沉深度和范围,用生产排矸设备预先排放矸石,矸石充填到预定水平后,再将堆放在四周的表土平推到矸石层上复土成田。工艺流程见图6-6。

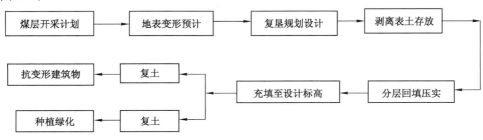

图 6-6　沉陷区预排矸石充填复垦工艺流程图

用于农业的矸石复垦土地,充填矸石层应下部密实,上部疏松,以便保墒、保肥,利于植物生长;做较低层建筑用地时,地基处理方法可根据经验确定;做较高层建筑用地时,一般采用分层充填、分层振动压实或强夯法处理矸石地基。若矸石中硫化铁含量较高,应铺设黏土隔离层,或在地表对矸石层进行密闭处理。

目前,我国矸石充填复垦土地主要用作建筑用地。如淮北矿务局在矸石充填复垦的场地上,建起3~4层科研楼、矿中学、职工住宅、标准游泳池、三产企业用房等建筑物,经多年监测,未发生损坏现象;开滦矿务局在矸石回填地基上修建煤气焦化厂、职工住宅楼;徐州矿务局在未稳定的沉陷区上用矸石充填复垦后搬迁压煤村庄,并开采1.5~2.5 m厚煤层两层,地表建筑物至今使用良好。综上所述,矸石充填复垦已成为我国解决搬迁村庄、开发矿区建筑用地、节约耕地的有效途径。

安徽恒源煤电股份有限公司五沟煤矿采用井下矸石充填技术对含水层防水煤柱进行充填开采,成功解决了含水层下安全开采问题,采出煤500余万吨,煤矸石资源得到充分利用,取得了较好的经济效益、环境效益和社会效益。

第三节　粉煤灰的资源化

一、粉煤灰的来源与处置

(一)粉煤灰的来源

燃煤电厂将煤磨细至100 μm以下,用预热空气喷入炉膛悬浮燃烧,燃烧后产生大量煤灰渣。其中从烟道排出、经除尘设备收集的煤灰渣称为粉煤灰。我国电厂每 10^5 kW 装机容量每年排放 $1.4 \times 10^5 \sim 1.5 \times 10^5$ t 煤灰渣,其中,粉煤灰约占全部煤灰渣的70%。

电力工业是我国国民经济的重要支柱行业之一,电力生产80%以上靠燃煤进行热电转换,2018年我国煤炭消费量39.6亿t,其中电力行业耗煤约21.8亿t,占到总消费量的55.1%,粉煤灰产量6.86亿t。粉煤灰的资源利用中,水泥行业占到38%,混凝土占14%,墙体材料占26%,其余应用到筑路、农业和矿物提取等行业。

(二)粉煤灰的危害及处置

由于我国是以煤为主要能源的国家,燃烧煤炭所产生的粉煤灰的处理与利用就成为一个越来越被公众所关心的问题。而且我国燃烧用煤灰分含量较高,所以排出的粉煤灰量也相应较大。大量的粉煤灰如不加以处理与综合利用,则可能产生扬尘,导致大气污染等环境问题,同时也直接威胁人体健康;排入河道水系则会造成河流淤塞,污染水质。

目前,对粉煤灰的处置方法主要有两种:土地填埋、贮灰池存储。国内外对其环境效应的研究表明,粉煤灰中潜在毒性物质会对土壤、地下水造成污染。在改土方面,也具有潜在不利效应:可溶盐、硼及其他潜在毒性元素含量过高,可导致元素不均衡以及土壤的板结和硬化。因此粉煤灰的处理和利用问题引起人们的普遍重视,也成为我国环境保护与再生资源开发领域的一个重要课题。

二、粉煤灰的组成和性质

（一）粉煤灰的组成

1. 化学组成

粉煤灰的化学组成与黏土相似,其中以 SiO_2 和 Al_2O_3 为主,其余少量为 Fe_2O_3、CaO、MgO、Na_2O、K_2O 及 SO_3 等。表 6-2 为我国部分发电厂粉煤灰的主要化学成分。

表 6-2　粉煤灰的化学成分（质量分数）　　　　单位:%

成分	SiO_2	Al_2O_3	Fe_2O_3	CaO	MgO	Na_2O 和 K_2O	SO_3	烧失量
含量	40～60	20～30	4～10	2.5～7	0.5～2.5	0.5～2.5	0.1～1.5	3～30

此外,粉煤灰中还含有少量镓、铟、钪、铌、钇等微量元素及镉、铅、汞、砷等有害元素。

粉煤灰的化学组成是评价粉煤灰质量的重要技术参数。如根据粉煤灰中 CaO 含量的多少,将粉煤灰分成高钙灰和低钙灰两类。一般,CaO 含量在 20% 以上的称为高钙灰,其质量优于低钙灰。我国燃煤电厂大多燃用烟煤,粉煤灰中 CaO 含量偏低,属低钙灰,但 Al_2O_3 含量一般较高,烧失量也较高。有些燃煤电厂为脱除燃煤过程中产生的硫氧化物,常喷入石灰石、白云石,导致粉煤灰的 CaO 含量可达 30% 以上。

粉煤灰中 SiO_2、Al_2O_3、Fe_2O_3 的含量大小直接关系到它作为建材原料使用的好坏。美国粉煤灰标准［ASTM（168）］中规定,用于水泥和混凝土的低钙灰中（$SiO_2 + Al_2O_3 + Fe_2O_3$）的含量必须占总量的 70% 以上,高钙灰中（$SiO_2 + Al_2O_3 + Fe_2O_3$）的含量必须占总量的 50% 以上。此外,粉煤灰中的 MgO、SO_3 对水泥和混凝土来说是有害成分,对其含量要有一定的限制,我国要求 SO_3 含量小于 3%。

2. 矿物组成

粉煤灰是一种高分散度的固体集合体,是人工火山灰质材料,其矿物组成十分复杂,主要包括无定型相和结晶相两大类。

无定型相主要为玻璃体,占粉煤灰总量的 50%～80%,大多数是 SiO_2 和 Al_2O_3 形成的固熔体,且大多数形成空心微珠。此外,未燃尽的细小炭粒也属于无定型相。

粉煤灰的结晶相主要有石英砂粒、莫来石、β-硅酸二钙、钙长石、云母、长石、磁铁矿、赤铁矿和少量石灰、残留煤矸石、黄铁矿等。在粉煤灰中,单独存在的结晶相极为少见,往往被玻璃体包裹。石英有的呈单体小石英碎屑,也有附在炭粒和煤矸石上形成集合体,多为白色。莫来石多分布于空心微珠的壳壁上,极少单颗粒存在,它相当于天然矿物富铝红柱石,呈针状体或毛黏状多晶集合体,分布在微珠壳壁上。因此,从粉煤灰中单独提纯结晶相十分困难。

粉煤灰的矿物组分对其性质和应用具有很大影响。低钙粉煤灰的活性主要取决于玻璃相矿物,而不取决于结晶相矿物。高钙粉煤灰的活性既与玻璃相有关,又与结晶相有关,高钙粉煤灰活性高于低钙粉煤灰。

3. 颗粒组成

粉煤灰是一种微细的分散物料。在其形成过程中,由于表面张力的作用,大部分呈球状、表面光滑、微孔较小,小部分因在熔融状态下互相碰撞而粘连,成为表面粗糙、棱角较多的集合颗粒。因而,粉煤灰颗粒大小不一,形貌各异,主要为球形颗粒和不规则多孔颗粒。

球形颗粒表面光滑,其含量高的占粉煤灰总量的25%,少的仅3%～4%,粒径一般从数微米到数千微米,密度和容重均较大,在水中下沉,也叫"沉珠"。"沉珠"依化学成分可分为富钙和富铁玻璃微珠。前者富集了CaO,化学活性好;后者富集了FeO和Fe_2O_3,成赤铁矿和磁铁矿的铝硅酸盐包裹体,因其具有磁性,又称"磁珠"。

不规则多孔颗粒包括多孔炭粒和多孔铝硅玻璃体。其中,多孔炭粒属惰性成分,呈球粒状或碎屑,密度与容重均较小,粒径和比表面积均较大,有一定的吸附性,可直接作为吸附剂,也可用于煤质颗粒活性炭。当粉煤灰用作建材时,其对建材的性能有不良影响,粉煤灰制品的强度和性能均随含碳量的增加而下降。

多孔铝硅玻璃体颗粒富含SiO_2和Al_2O_3,是我国粉煤灰中数量最多的颗粒,有的多达70%以上。该颗粒具有较大的比表面积,粒径从数十微米到数百微米,其中有一种密度很小,具有封闭性孔穴的颗粒,能浮于水面上,称为"漂珠"。漂珠含量可达粉煤灰总体积的15%～20%,但质量仅为总质量的4%～5%,是一种多功能材料。

(二)粉煤灰的性质

1. 物理性质

粉煤灰是灰色或灰白色的粉状物,当含碳量大时呈灰黑色,当含水量较高时呈无可塑性的膏体。它是一种具有较大内表面积的多孔结构。粉煤灰的密度与化学成分有关,一般为2～2.3 g/cm³;孔隙率一般为60%～75%;细度一般为4 900孔/cm²筛,比表面积2 700～3 500 cm²/g。

2. 反应活性

粉煤灰的活性是指其在和石灰、水混合后所显示出来的凝结硬化性能。粉煤灰的活性是潜在的,需要激发剂的激发才能发挥出来。这是因为粉煤灰与水泥熟料等类的无机盐胶凝材料相比,无论矿物组成、结构,还是性能方面都有很大的不同,它本身没有胶凝性能。但是粉煤灰中含有一定潜在化学活性的火山灰材料,在常温、常压下和有水存在时,它所含的大量铝酸盐玻璃体中的活性组分,具有能与Ca(OH)₂发生火山灰反应,并生成具有强度的胶凝物质,如水化硅酸钙和水化铝酸钙。所以粉煤灰具有一定的胶凝性能。常用的激发剂有石灰、石膏、水泥熟料等。

粉煤灰的活性不仅取决于其化学组成,而且与物相组成和结构特征有着密切的关系。高温熔融并经过骤冷的粉煤灰,含有大量的表面光滑的玻璃微珠。这些玻璃微珠含有较高的化学内能,是粉煤灰具有活性的主要矿物相。玻璃体中的SiO_2和Al_2O_3含量愈多,活性愈高。

除玻璃体外,粉煤灰中的某些晶体矿物,如莫来石、石英等,只有在蒸汽养护条件下才能与碱性物质发生水化反应,常温下一般不具有明显的活性。少数含氧化钙很高的粉煤灰,由于其本身含有较多的游离石灰和一些具有水硬活性的矿物,如硅酸二钙、三铝酸五钙等,因此这种粉煤灰加水后,即可自行硬化并产生一定的强度。

三、粉煤灰中有价值组分的提取

由于粉煤灰中含有碳、铁、铝及空心微珠等有用的组分,因此综合回收利用是避免粉煤灰污染,以及进行资源化利用的有效途径。

(一)粉煤灰选碳

粉煤灰作为火力发电厂的一种工业废料,由于受锅炉运行条件、煤种的影响,煤炭燃烧往往不充分,致使粉煤灰中含有未燃尽碳,给粉煤灰的利用造成困难,只有降低粉煤灰的含碳量,才能有效地提高粉煤灰的等级(质量),从而保证粉煤灰产品的质量,为粉煤灰的综合利用开辟更广阔的市场。因此,在有关粉煤灰质量的各项指标中,粉煤灰的含碳量具有重要的意义,粉煤灰的含碳量一般以烧失量(LOI)的形式表示。为了有效安全地使用粉煤灰,促进粉煤灰的综合利用,2018 年 6 月 1 日实施了《用于水泥和混凝土中的粉煤灰》(GB/T 1596—2017)新标准,标准的制定对粉煤灰的应用起到了指导和推动作用,标准将粉煤灰分为Ⅰ级、Ⅱ级、Ⅲ级,烧失量要求分别为 5.0%、8.0% 和 10.0%。

粉煤灰中未燃尽的碳大部分以单体形式存在于粉煤灰中,碳粒呈海绵状和蜂窝状,比表面积大,疏松多孔,亲油疏水,具有良好的吸附活性。碳粒较软,强度较低,部分石墨化,密度一般为 1 600~1 700 kg/m^3,堆积密度一般为 660~740 kg/m^3。

粉煤灰脱碳的主要方法分为干法和湿法,干法主要有燃烧法、电选法、流态化方法等;湿法主要是指浮选法。

1. 湿法分选脱碳技术

粉煤灰中碳粒的表面润湿性和可浮性与煤泥类似,在浮选过程中,由于碳粒具有较大的接触角,可以黏附于气泡表面浮出,而粉煤灰中的其他颗粒接触角较小,不能黏附于气泡表面,仍然留在矿浆中,并且在浮选药剂的作用下,碳粒与其他颗粒之间的这种润湿性差别可以扩大,从而实现碳粒与其他颗粒有效地分离。粉煤灰中浮选碳的工艺流程见图 6-7。

在粉煤灰与水组成的混合物中,加入浮选药剂进行处理,然后在浮选机中导入空气形成气泡,碳粒黏附于气泡浮到矿浆表面,形成矿化泡沫层,用刮板刮出就是精碳。不与气泡黏附而留在灰浆中的就是尾渣。由于粉煤灰中的碳粒与煤炭的表面润湿性相近,因此,可采用煤泥浮选的药剂和工艺设备进行粉煤灰脱碳。

粉煤灰浮选是一个极其复杂的物理化学过程,根据粉煤灰的特性选择适当的捕收剂和起泡剂是取得良好浮选效果的重要手段,捕收剂的种类主要有石油产品类和焦油产品类,焦油产品虽然对浮选具有良好的性能,但因含有酚,使应用受到限制,故一般选用石油产品类的煤油和轻柴油作为捕收剂,起泡剂可采用仲辛醇、正丁醇等。

浮选脱碳采用的主要设备是浮选机。根据浮选的工业实践、气泡矿化理论及对浮选槽内流体动力学的研究,对浮选机有如下要求:

① 充气作用。为使浮选过程顺利进行,必须增加矿粒与气泡碰撞接触的机会,使之有利于附着,并能将疏水性矿粒及时运载到矿浆表面,保证浮选机中矿浆有足够的空气,使这些空气在矿浆中迅速弥散,形成大量尺寸适宜的气泡,这些气泡还应该均匀地分布在浮选槽中。好的充气性能即指有足够的充气量、弥散快、槽内气泡分布均匀、有利于矿粒与气泡的碰撞。

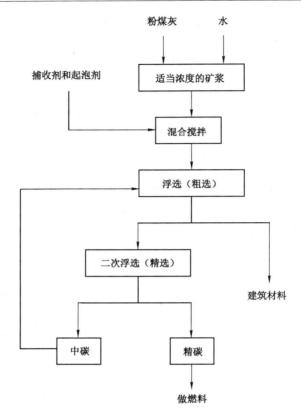

图 6-7 粉煤灰中浮选碳的工艺流程

② 搅拌作用。矿粒在浮选格中的悬浮效率是影响矿粒向气泡附着的一个重要因素。搅拌作用应使全部矿粒处于悬浮状态,并使矿粒均匀分布在浮选槽内,为矿粒与气泡的碰撞和接触创造良好条件。此外,搅拌作用还可以促进某些难溶性药剂的溶解和分散。

③ 循环作用。矿粒与气泡的碰撞接触概率不可能是百分之百,为使矿粒有更多的机会黏附到气泡上,应使矿浆多次通过充气搅拌机构,加强矿粒与气泡的碰撞接触机会,该过程通过循环作用来完成。矿浆在浮选机中的循环量应能调节,为浮选创造最佳的条件。循环次数控制得好,还可以增加矿浆中的含氧量,在一定情况下对分选有利。

④ 形成平稳的泡沫区。浮选机中矿浆表面应保证能够形成比较平稳的泡沫区,以便使矿化气泡顺利浮出。为使气泡能够充分矿化,气泡在矿浆中运动,应该有足够的矿化路程;在泡沫区中,矿化气泡要能保持目的矿物,并尽量使夹带的脉石从泡沫中脱落,为此,泡沫层应有一定厚度,形成平稳的泡沫区。

⑤ 连续作业并利于调节。在工业生产上使用的浮选机,必须保证连续给矿和排矿,适应矿浆流在选矿生产过程中连续性的特点。因此,浮选机应有相应的受矿、刮泡和排矿机构。为了调节矿浆液面高度、泡沫层厚度及矿浆流动速度,应设有相应的调节机构。

齐齐哈尔市造纸厂自备电厂排出的粉煤灰含碳量高达 10.83%,无法直接用于建材制品行业。该厂利用浮选脱碳工艺,经过一次粗选、一次扫选、一次精选处理,产品粉煤灰达到 GB/T 1596—2017 标准,用于当地建筑行业的砌筑砂浆和混凝土工程中,效果良好,同时得到含可燃物 65% 以上的炭作为燃料煤用。其浮选基本工艺条件:浮选矿浆浓度为 20%,粗选捕收剂加入量为 600 g/t,起泡剂加入量为 802 g/t,扫选捕收剂加入量为 200 g/t,起泡剂加入量为 390 g/t,浮选时间为 10 min。

2．干法分选脱碳技术

电选法是粉煤灰在高压电场作用下,利用灰粒和碳粒在电性质上的差异使灰粒和碳粒分离的方法。未燃碳的电阻率一般为 104～105 Ω·cm,导电性较好,而其他颗粒一般为 1 011～1 012 Ω·cm,导电性很差,这种电性差异给粉煤灰的电选提供了前提条件。

电选生产工艺流程根据粉煤灰含碳量的多少和用户对粉煤灰的要求可分为一次电选［图 6-8(a)］和两次电选［图 6-8(b)］两种工艺流程。一次电选设备、工艺、运行操作简单,适用于主要以生产灰或煤粉产品为主的用户,这一流程产出的混合煤粉(煤粉与中间产品的混合物)可达到民用或工业用煤的要求,如一次电选后的混合煤粉烧失量过低,可通过再次电选使烧失量得到进一步提高。两次电选生产工艺流程可得到一种或两种灰产品,同时可以生产出不同的民用或工业生产用煤粉,实现粉煤灰的全部利用。

粉煤灰经过电选和浮选后得到的精煤具有一定的吸附性,可直接用作吸附剂,也可用于制作粒状活性炭或作为燃料用于锅炉燃烧。选后剩余的灰渣则是建筑材料工业的优质原料。

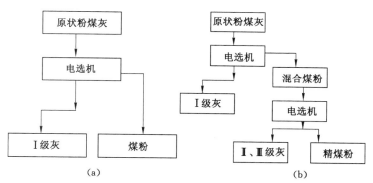

(a)　　　　　　　　　　　　(b)

图 6-8　单一电选生产流程

（二）粉煤灰选铁

煤中含有黄铁矿、白铁矿、砷黄铁矿、菱铁矿等含铁矿物,但大部分是非磁性的。在煤粒燃烧时,这些矿物受热发生分解和转变,形成尖晶面结构的四氧化三铁和少部分粒铁,具有磁性,因此可用磁选法把粉煤灰中的铁选出来。从粉煤灰中分选铁精矿,具有工艺简单,投资少、成本低,不影响电力生产的现有工艺流程等特点。火力发电厂粉煤灰资源丰富,只要粉煤灰中含铁量超过 5％,都可以进行选铁。分选出的铁精矿粉可在冶金、水泥、特种混凝土、选煤等行业使用,是一项具有较高经济效益和社会效益的工作。

从粉煤灰中选铁一般采用两种方法。一种方法是采用两级磁选工艺,第一级磁选工艺为粗选,要求磁选机的磁场强度适当高一些,以获得较高的铁精矿粉回收率;第二级磁选工艺为精选,要求磁选机磁场强度适当低一些,以获得较高品位的铁精矿粉,而且最好在一级磁选与二级磁选之间,采用脱磁装置,这样可将一级磁选后的铁精矿粉所带的剩磁脱掉,那些因剩磁形成的磁链间夹杂的非磁性物质脱离磁链,以提高铁精矿粉的品位。另一种方法是先对粉煤灰进行水力重选分级,然后再进行磁选。也有人为了进一步提高铁精矿品位,将重选精矿先磨细,后磁选。因为煤在高温燃烧时,煤炭中的 SiO_2 呈熔融状态,冷却后与部分 Fe_3O_4 呈胶结状态,这种以胶结状态存在的磁铁矿很难直接分选,必须先行矿磨使两者分离后才能被磁选,从而获得理想的分选指标。

周秋玲等利用湿式磁选方法对从粉煤灰中提取铁进行了研究,经一级磁选,选出的铁精矿粉品位可达到 $46\%\sim50\%$,经两级磁选可达到 $55\%\sim56\%$。为了提高铁精矿粉品位和降低含硅量,可以采取以下措施:一是用水稀释原浆,铁品位可从 44% 提高到 56%;二是第一级磁选机的磁场强度可选得大些,为的是获得高回收率,第二级磁选机的磁场强度选得小些,可提高含铁品位。徐俊丰等选用半逆流磁筒式 600×1800 型磁选机,经一级磁选,从粉煤灰中选出的铁精矿粉品位可达到 $40\%\sim45\%$。

(三)选空心微珠

空心微珠是粉煤灰在 $1\ 400\sim2\ 000\ ℃$ 下或接近超流态时,受到二氧化碳的扩散、冷却固化与外部压力等的作用而形成的。空心微珠具有颗粒细小、质轻、空心、隔热、隔音、耐高温和低温、耐磨、强度高以及电绝缘等优良性能。由于具有以上的特性,所以空心微珠可以广泛应用于以下几个方面:作为轻质、高强、耐火等建筑材料的原材料;提高塑料耐高温性能的填料;生产绝缘材料的原材料;石油精炼过程中的催化剂;生产耐高压的海底仪器和潜艇外壳;制造汽车刹车片、石油钻机刹车块等;聚氯乙烯人造革的填充剂等。

1. 空心微珠分类及性质

在粉煤灰中按显微结构类型分为珠体和不规则体,其中珠体称为"空心玻璃微珠",简称为"空心微珠",国外称为"微型空心玻璃珠",按空心微珠理化特性又可分为漂珠、沉珠和磁珠。

(1)漂珠

漂珠指密度小于 $1\ 000\ kg/m^3$ 的珠体。外观呈无色、白色或乳白色,珍珠光泽和玻璃光泽,是透明、半透明或不透明的空心珠体。颗粒微小,质轻、隔热、隔音、耐高温、耐磨,主要物理性质见表 6-3。

表 6-3　漂珠物理性质

性质	粒径/(μm)	堆密度/(kg/m^3)	密度/(kg/m^3)	熔点/℃	比电阻/($\Omega\cdot cm$)	导热系数/[$W/(m\cdot K)$]
数值	$1\sim300$	$250\sim400$	$400\sim750$	$1\ 400\sim1\ 500$	$1\ 010\sim1\ 013$	$0.07\sim0.095$

漂珠耐酸、耐碱,化学性能稳定,化学成分见表 6-4。

表 6-4　漂珠化学成分　　　　　　　　　　　　　　单位:%

成分	SiO_2	Al_2O_3	Fe_2O_3	CaO	MgO	K_2O	Na_2O	TiO_2	SO_2	烧失量
含量	51.22 ~65.98	22.62 ~39.86	2.18 ~8.73	0.49 ~3.35	0.81 ~1.96	1.46 ~3.94	0.72 ~1.06	1.31 ~3.02	0.11 ~0.18	0.3 ~2.36

(2)沉珠

沉珠指密度大于 $1\ 000\ kg/m^3$ 的珠体。外观呈灰色、乳白色,玻璃光泽,是半透明或不透明的空心珠体。与漂珠相比,沉珠密度大,一般为 $1\ 100\sim2\ 800\ kg/m^3$,壁厚,粒度细,耐磨性好,但隔热、保温、隔音性能不如漂珠,其他性能与漂珠近似。

沉珠化学性能与漂珠相似,但 SiO_2 和 Al_2O_3 含量略少于漂珠,Fe_2O_3、CaO、TiO_2 含量略高于漂珠,其余成分基本相近。

（3）磁珠

磁珠指在磁场下能被磁极吸附的顺磁性珠体。磁珠外观呈黑褐色,半金属光泽,是半透明或不透明的空心球体。密度一般为 3 100～4 200 kg/m^3,比磁化系数为 46.9×10^{-3} m^3/kg。除了导电性、耐磨性能好外,其他性能和漂珠、沉珠相似。

2. 空心微珠的提取

空心微珠提取的主要方法有以空气为介质的干法分选工艺和以水为介质的湿法分选工艺两种。

干法分选主要是利用空心微珠的密度较小这一特性,将其与粉煤灰中其他较重的颗粒进行分离的一种分选工艺。干法分选空心微珠的装置主要由分选器、分离器和收集器 3 部分组成。分选器由 3 个大小不等的沉降箱组成。当粉煤灰进入沉降箱后,气流通道面积突然增大,流速下降,借助重力作用,较重的粗颗粒、石英、实心球粒、铁粒、碳粒等分别沉降在分选器内,而密度较小的空心微珠则随气流进入分离器内。分离器再利用气流旋转过程中作用于颗粒上的离心力使颗粒从气流中分离出来。在分离器中大部分空心微珠被分离出来,只有少部分随气流进入收集器中,收集器采用脉冲袋式收集器,将分离器中未选出的超细空心微珠收集起来。图 6-9 所示为空心微珠的干法机械分选流程。

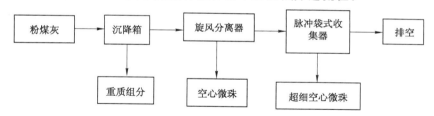

图 6-9　空心微珠的干法机械分选流程

湿法分选工艺与干法相比增设脱水、干燥等工序。当粉煤灰中含有三种珠体,并都具有分选价值,而碳粒的含量较少、粒度较粗时,可采用先易后难的工序,先选出漂珠,再选出磁珠,沉珠采用浮选或分级的工艺流程。在选取沉珠的同时,兼有除碳作用,碳粒大多数都富集在尾灰中。其工艺流程见图 6-10。

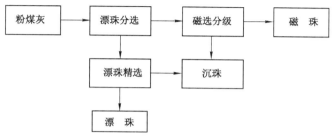

图 6-10　湿法分选空心微珠工艺流程

如果粉煤灰中碳粒含量较多,粒度较细,对沉珠分选有干扰作用,影响沉珠的质量,并且粉煤灰中碳具有回收价值时,在粗选作业之前,应增加浮选作业,进行选碳的工艺流程。

如果粉煤灰中碳粒含量较少,没有回收价值,但碳粒的粒度较细,对沉珠的分选有干扰作用,影响沉珠质量时,在精选作业之后应增加浮选作业,单独对沉珠进行除碳工艺流程。该工艺流程可大大减少浮选入料量,降低生产成本。而对于磁珠在沉珠中的损失较少,既不影响沉珠质量,又不影响磁珠的产率时,应采用先选沉珠后选磁珠的工艺流程。该工艺流程可减少磁选机入料量,从而减少磁选机台数。

确定湿法分选工艺流程时要根据本厂粉煤灰的具体性质以及各种珠体含量等情况选择适合本厂的分选工艺流程。

（四）粉煤灰提取氧化铝

粉煤灰中含有大量的氧化铝,其质量分数一般为 $12\% \sim 40\%$,高的达 50% 以上,因此,实现对粉煤灰中氧化铝的提取,可大幅度提升我国铝工业资源总量,对我国铝工业的可持续发展具有重要的战略意义。

从粉煤灰中提取氧化铝的工艺主要有以下几种:石灰石烧结法、碱石灰烧结法、酸浸法、气体氯化法、电热直接还原法等,其中比较成熟的是前三种。

1. 石灰石烧结法

石灰石烧结法是从粉煤灰中提取氧化铝较为成熟的工艺。该工艺主要包括烧结、熟料自粉化、溶出、脱硅、碳化和煅烧几个阶段。其具体过程是将粉煤灰与石灰石按比例混合,经粉磨后于高温炉内在 $1\,320 \sim 1\,400\ ℃$ 温度下进行烧结,使粉煤灰中的 Al_2O_3 和 SiO_2 分别与石灰石中 CaO 生成易溶于 Na_2CO_3 的 $5CaO \cdot 3Al_2O_3$ 和不溶性的 $2CaO \cdot SiO_2$,为 Al_2O_3 的溶出创造条件。将粉化后的熟料加入 Na_2CO_3 溶液,在适当温度下溶出。其中的铝酸钙与碱反应生成铝酸钠进入溶液,而生成的碳酸钙和硅酸二钙留在渣中,便达到铝和硅、钙分离的效果。为保证产品 Al_2O_3 的纯度,需要进一步除去溶出粗液中的 SiO_2,得到 $NaAlO_2$ 精液。在精液中通入烧结产生的 CO_2,与铝酸钠反应生成氢氧化铝,并使生成的 Na_2CO_3 返回使用,最后氢氧化铝经煅烧转变成氧化铝,工艺流程见图 6-11。

在 20 世纪 50 年代,波兰克拉科夫矿冶学院格日麦克（J. Grzymek）教授以高铝粉煤灰为原料,采用石灰石烧结法,从中提取氧化铝和利用其残渣生产水泥,研究成果曾于 1960 年在波兰获得两项专利,后又在美国等 10 个国家先后取得了专利权。70 年代,匈牙利的塔塔邦在引进波兰专利后,经消化、吸收研究形成格日麦克-塔塔邦干法烧结法,亦取得很好效果。我国从粉煤灰中提取氧化铝的研究可追溯到 20 世纪 50 年代,山东铝厂曾考虑过从粉煤灰中提取氧化铝,此后湖南、浙江等省也有单位进行过此类研究,至 1980 年安徽省冶金研究所和合肥水泥研究院在进行提取氧化铝和制造水泥的实验室规模的试验后,提出用石灰烧结、碳酸钠溶出工艺从粉煤灰中提取氧化铝,其硅钙渣做水泥的工艺路线,于 1982 年 3 月通过国家鉴定。

该法存在的问题是氧化铝回收率低,工艺能耗高,物料流量大,每生产 1 t 的氧化铝要产生 10 t 硅钙渣,产生的硅钙渣只能用作水泥原料,而我国的建材市场消化不了如此多的硅钙渣,将会造成新的堆积。

2. 碱石灰烧结法

碱石灰烧结法是将粉煤灰和石灰、碳酸钠在高温下进行焙烧,氧化铝与碳酸钠焙烧成可溶性的铝酸钠,氧化硅与石灰焙烧成不溶性的硅酸二钙,熟料经破碎、浸出、分离、一段脱硅、

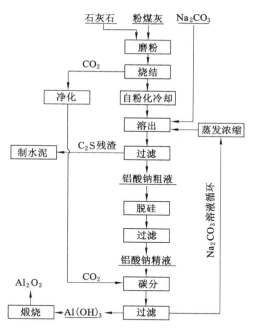

图 6-11　石灰石烧结法提取氧化铝工艺流程

二段脱硅、碳酸分解等工序得到氢氧化铝,最后煅烧得氧化铝碱液循环利用,残渣用作硅酸盐水泥原料,工艺流程见图 6-12。

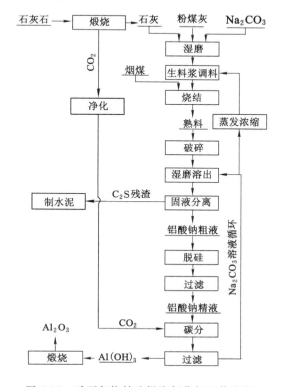

图 6-12　碱石灰烧结法提取氧化铝工艺流程

20世纪60年代,波兰利用粉煤灰采用碱石灰法建成年产5 000 t氧化铝及35万t水泥的实验工厂。宁夏建材集团采用碱石灰烧结法自粉煤灰中提取氧化铝、残渣生产水泥的工艺,于1987年9月由宁夏回族自治区科委组织鉴定。2004年12月内蒙古自治区科技厅召开了蒙西高新技术集团研究开发的"粉煤灰提取氧化铝联产水泥产业化技术"项目科技成果鉴定会,该集团自主完成了近5 000 t级的中试。马双忱等采用此法处理含氧化硅48.92%、氧化铝30.97%的粉煤灰,焙烧条件为焙烧温度1 200 ℃,保温2 h,物料比$m(Na_2O)/m(Al_2O_3)=1.25$,$m(CaO)/m(SiO_2)=2$,然后用质量分数为3%的碳酸钠溶液浸出熟料,温度为60~70 ℃,保温1 h,液固质量比为10,得到的铝酸钠溶液经脱硅、碳酸分解和煅烧得到氧化铝。

该法较石灰石烧结法能耗较低,但需要体系外补充CO_2,要求粉煤灰中氧化铝含量不小于30%,并且只提取了粉煤灰中的氧化铝,没有达到精细综合利用。

3. 酸浸法

由于煤粉中的氧化硅与其他金属氧化物在燃烧过程中能生成低熔点玻璃相,粉煤灰的物相主要呈现玻璃态,普通的酸浸法很难浸出其中的氧化铝,必须从提高氧化铝活性入手。一般采用H_2SO_4为溶出剂,以NH_4F作为助溶剂与粉煤灰混合,经搅拌、加热至沸腾,将粉煤灰中的铝溶出,再对溶出液进行处理,使其以铝盐的形式沉淀析出,经干燥煅烧后得到Al_2O_3。

酸浸法生产的氧化铝纯度较高,整个工艺过程中的残渣量少。但该法引入了NH_4F作为助溶剂,而NH_4F在受热过程中很容易挥发分解或与其他物质反应生成氟化物,氟化物对人有很大的危害,且H_2SO_4的大量使用也使得该方案难以产业化,因此,该工艺目前还处于实验室研究阶段。

粉煤灰中氧化铝的提取也可以用氯化法。将非磁性的粉煤灰在固定床上氯化,灰中的铁在400~600 ℃时与氯反应生成挥发性的三氧化铁,铝和硅在此条件下很少发生氯化反应。当温度升至850~950 ℃时,硅和铝与氯反应分别生成具有挥发性的四氯化硅、三氯化铝的混合物。收集之后冷却至120~150 ℃,三氯化铝冷凝成固体状态,而四氯化硅仍为蒸气状态,从而提取三氯化铝。

总体看来,国内外从粉煤灰中提取氧化铝的大部分研究成果仅具有理论意义,所取得的技术路线从提取率、能耗、物耗、环保及可操作性上来衡量,都存在一定的缺陷,从而限制其产业化推广。

四、粉煤灰的应用

(一)粉煤灰在建材领域的应用

粉煤灰在建材领域的应用非常广泛,按其特性和质量可分别用于制水泥、砖、普通混凝土、轻质混凝土和加气混凝土、骨料等。

1. 制水泥

粉煤灰的矿物组成与黏土矿近似,因此可以代替黏土原料来生产水泥。利用粉煤灰烧制的水泥熟料具有质轻多孔、耐磨、水化热小等特点,而且抗硫酸盐腐蚀性也比普通水泥好。

利用硅酸盐水泥熟料和粉煤灰,加入适量石膏后磨细,制成的水硬性胶凝材料称为粉煤灰水泥。根据粉煤灰掺量的不同,可生产普通硅酸盐水泥、矿渣硅酸盐水泥(粉煤灰掺量为15%)和粉煤灰水泥(粉煤灰掺量为20%~40%)。除此之外,用60%~70%的粉煤灰、

25%～30%的水泥熟料及少量的石膏进行研磨,可生产低标号水泥,称之为砌筑水泥。这种水泥用灰量大,生产成本低,市场容量大,具有很好的前景。

2. 蒸制粉煤灰砖

以粉煤灰、石灰为主要原料,掺加适量石膏和骨料,经搅拌、消化、轮碾、压制成型,在高压或常压蒸汽养护下而生成的粉煤灰砖,称为粉煤灰蒸养砖。粉煤灰蒸养砖是用粉煤灰与石灰、石膏在蒸汽养护下相互作用,生成胶凝物质来提高砖的强度。粉煤灰用量在60%～80%,石灰的掺量一般为12%～20%,石膏的掺量为2%～3%。表6-5为蒸制粉煤灰砖的配合比。

表6-5 蒸制粉煤灰砖配合比实例

产品名称	原料配合比/%				混合料中有效氧化钙含量/%	成型水分/%	备注
	粉煤灰	煤渣	石灰				
			生石灰	电石渣			
常压粉煤灰砖	60～70	13～25	13～25		9～11	19～27	16孔圆盘压砖机成型
高压粉煤灰砖	55～65	13～28		15～20	9～12	19～27	
高压粉煤灰砖	65～75	13～20	12～15		8～11	19～23	

配制好的混合料必须经过搅拌机搅拌、消化和轮碾后才能成型。搅拌可使混合料松散、均匀性增强。消化是为了消除砖坯中的石灰颗粒,以避免砖坯在养护过程中因石灰消化体积膨胀而使砖炸裂。轮碾是蒸制粉煤灰砖生产过程中的一道重要工序,主要是对混合料起到压实和活化作用,以提高粉煤灰砖的强度。

蒸制粉煤灰砖的养护方式目前有两种,即常压蒸汽养护和高压蒸汽养护,主要区别是采用的饱和蒸汽压力和温度不同。常压养护用的蒸汽绝对压力一般为100 kPa,温度为95～100 ℃;高压养护用的蒸汽绝对压力为900～1 600 kPa,温度为174～200 ℃。

3. 制粉煤灰烧结砖

粉煤灰烧结砖由粉煤灰、黏土及其他工业废料掺和后,经混合、成型、干燥及焙烧等工序而成,粉煤灰掺量为25%～80%。其生产工艺与黏土烧结砖的生产工艺基本相同,只需增加配料和搅拌装置即可。图6-13为某厂利用粉煤灰生产烧结砖的工艺流程。

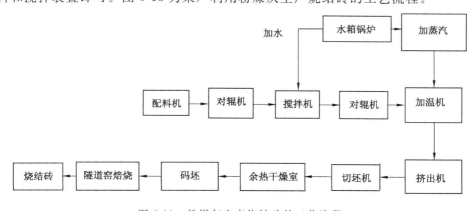

图6-13 粉煤灰生产烧结砖的工艺流程

　　粉煤灰颗粒较普通黏土颗粒粗,塑性指数低,必须掺配一定数量的黏土作为黏结剂才能满足砖坯成型要求。因此,黏土的塑性指数决定了粉煤灰掺入量的多少。黏土塑性指数大于 15 时,粉煤灰掺入量可达到 60% 以上;黏土塑性指数为 8～14 时,粉煤灰掺入量为 20%～50%;黏土塑性指数小于 7 时,掺入粉煤灰的砖坯则很难成型。

　　粉煤灰烧结砖与普通黏土砖相比,具有节约黏土资源,保护耕地,节约能耗,减轻建筑物负荷,干燥和焙烧周期短,保温隔热性能好等优点。表 6-6 为粉煤灰烧结砖与普通黏土砖的性能比较。

表 6-6　粉煤灰烧结砖和普通黏土砖性能比较

砖名	每块质量/kg	抗压强度/MPa	抗折性能/MPa	吸水率/%
粉煤灰砖	2.10	21.0	4.10	13.6
普遍黏土砖	2.75	15.0	2.10	7.0

　　4. 制硅酸盐砌砖

　　硅酸盐砌砖是以粉煤灰、石灰、石膏为胶凝材料,以煤渣、高炉渣为骨料,加水搅拌,振动成型,经蒸汽养护而成的墙体材料。

　　粉煤灰砌块的强度主要取决于粉煤灰中的活性成分和生石灰、石膏反应生成的各种水化物。因此,在生产中各种原料均要求有一定的细度。粉煤灰的细度要求在 4 900 孔/cm² 筛上筛余量不大于 20%。为了合理利用粉煤灰,在配料时一般将 900 孔/cm² 筛上的筛余部分作为骨料计算,通过 900 孔/cm² 筛的部分作为胶凝材料计算。石灰和石膏的细度要求控制 4 900 孔/cm² 筛上筛余量为 20%～25%。炉渣的粒度要求为最大容许粒径小于 40 mm,1.2 mm 以下颗粒含量小于 2.5%。当生石灰有效 CaO 含量在 60%～70% 时,粉煤灰砌块干混合料的配合比见表 6-7。

表 6-7　粉煤灰砌块干混合料的配合比(质量分数)　　　　　　　　单位:%

粉煤灰	炉渣	生石灰	石膏	用水量
31	55	12	2	30～36

　　粉煤灰砌块的密度为 1 800～1 550 kg/m³,抗压强度为 9.8～19.6 MPa,其他物理力学性能也均能满足一般墙体材料的要求。

　　5. 制加气混凝土

　　粉煤灰加气混凝土是以粉煤灰水泥、石灰为基本原料,用铝粉做发气剂,经磨细、配料、浇注、发气成型、坯体切割、蒸汽养护等一系列工序制成的一种多孔轻质建筑材料。按养护的压力不同,粉煤灰加气混凝土可分为常压养护和高压养护两种。高压养护粉煤灰加气混凝土生产工艺和其他加气混凝土大体相同,都要经过原料处理、配料浇注、切割、高压养护等几个工序。

　　粉煤灰加气混凝土的强度主要依靠粉煤灰中的 Al_2O_3、SiO_2 以及水泥、石灰中的 CaO 在蒸汽养护条件下反应生成的水化硅酸盐。

6. 制粉煤灰轻骨料

粉煤灰轻骨料包括烧结陶粒、蒸养陶粒和活性粉煤灰陶粒三种。

(1) 烧结陶粒

烧结陶粒用粉煤灰作为主要原料,掺入少量黏合剂和固体燃料,经混合、成球、高温焙烧而制得的一种人造轻骨料。其中粉煤灰用量占 $80\% \sim 85\%$,粉煤灰的细度要求是 4 900 孔/cm^2 筛上筛余量小于 40%,残余含碳量不宜高于 10%。烧结陶粒的生产一般包括原材料处理、配料、混合、生料球制备、焙烧、成品分级等工序。

干燥状态下,烧结陶粒的松散容重为 $650 \sim 700 \text{ kg/m}^3$,颗粒粒径为 $5 \sim 15 \text{ mm}$。其表面有一层玻璃体微珠的外壳,粗糙坚硬,内部呈蜂窝状多孔结构,因而烧结陶粒具有较高的颗粒强度和膨胀性。其主要特点是质量轻、强度高、热导率低、耐火性高、化学稳定性好等,可用于配制各种用途的高强度轻质混凝土,应用于工业和民用建筑、桥梁等许多方面。采用粉煤灰烧结陶粒混凝土可以减轻建筑结构及构件的自重,改善建筑物使用功能,节约材料用量,降低建筑造价,特别是在大跨度和高层建筑中,粉煤灰烧结陶粒混凝土的优越性更为显著。

(2) 蒸养陶粒

蒸养陶粒采用的主要原料是粉煤灰、水泥、石灰,此外,还可以掺入石膏、氯化钙、沥青乳浊液、细砂等经加工、制球、蒸汽养护而成。蒸养陶粒的松散容重从 $250 \sim 500 \text{ kg/m}^3$ 到 $645 \sim 740 \text{ kg/m}^3$,波动范围较大。与粉煤灰烧结陶粒相比,不用焙烧,工艺简单,成本低,而且解决了烧结陶粒散粒的问题。

新制成的蒸养陶粒外面裹有一层松散的粉煤灰,可以避免在运输和养护过程中发生凝聚。其养护也比较简单,一般控制在常压下,温度 $80 \sim 90 \text{ ℃}$,相对湿度 100% 左右即可。

(3) 活性粉煤灰陶粒

活性粉煤灰陶粒是为了提高混凝土中轻骨料与水泥之间的黏结强度而生产的一种表面带活性的粉煤灰陶粒。这种陶粒的结构分为两层:膨胀良好的粉煤灰-黏土粒芯和水硬性较高的粉煤灰-石灰石表面层。

生产工艺是由两条生产线分别对粉煤灰黏土-黏土和粉煤灰-石灰石配料进行称重、混合,然后用阶梯式成球盘成球。首先在成球盘中成型粉煤灰-黏土粒芯,再通过球盘四周边框槽,使粒芯包集一层 $1 \sim 2 \text{ mm}$ 厚的粉煤灰-石灰石表面层,这种双层料球再用烧结机焙烧成陶粒,陶粒粒芯含有莫来石矿物,强度较高,而陶粒表面层形成水泥熟料矿物层,具有活性。

7. 制粉煤灰轻质耐火保温砖

利用粉煤灰可以生产质量较好的轻质黏土耐火材料——轻质耐火保温砖。原料采用粉煤灰、耐火黏土、硬质土、软质土及木屑等,也可以用粉煤灰、紫木节、山皮土及木屑进行配料。将各种原料分别进行粉碎,按照粒度要求进行筛分并存放。粉煤灰要去除杂质,最好选用分选后的空心微珠。

粉煤灰轻质耐火保温砖生产过程为:按比例配好的原料先干混均匀,再送入单轴搅拌机中并加入 60 ℃ 以上的温水开始粗混,然后送到搅拌机中进行捏炼,当它具有一定的可塑性时,再送往双轴搅拌机中进行充分捏炼,最后成型制坯。混拌捏炼好的泥料,从下料口送入拉坯机,拉出的泥条经分型切坯成泥毛坯。泥毛坯在干燥窑内经过 $18 \sim 24 \text{ h}$ 干燥,毛坯水分降至 8% 以下,这时即可码垛、待烧。经干燥后的半成品放入倒焰窑或者隧道窑中烧成,在倒焰窑中的烧成温度是 1 200 ℃,烧成时间共需 44 h。其中恒温时间为 4 h,熄火后逐步将温度冷却到 60 ℃ 以下就可出窑。粉煤灰轻质耐火保温砖化学物理性能见表 6-8。

表 6-8 粉煤灰轻质耐火保温砖化学物理性能

SiO_2/%	Al_2O_3/%	密度/(g/m³)	耐火度/℃	耐压强度/MPa	气孔率/%	热导率/[W/(m·K)]
54.74	41.21	0.41	1670	1.27	80.69	0.247

粉煤灰轻质耐火保温砖的特点是保温效率高,耐火度高,热导率小,能减小炉墙厚度,缩短烧成时间,降低燃料消耗,提高热效率,降低成本等,现已广泛应用于电力、钢铁、机械、军工、化工、石油等工业领域。

（二）粉煤灰在化工领域的应用

粉煤灰中的 SiO_2 和 Al_2O_3 含量较高,其可用于生产各种化工产品,如絮凝剂、分子筛、水玻璃、无水氯化铝、硫酸铝、白炭黑等。

1. 粉煤灰生产化工产品

（1）工艺流程

综合利用粉煤灰生产聚合氯化铝、结晶硫酸铝、白炭黑和复合填料等系列化工产品是粉煤灰最有效的利用途径之一（图 6-14）。

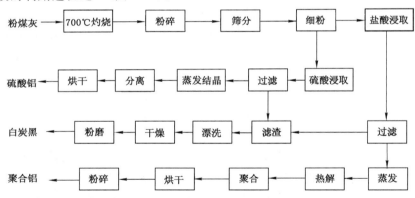

图 6-14 粉煤灰综合利用工艺流程

聚合氯化铝是高分子化合物,是一种高效净水剂,具有用量少、絮凝速度快、效率高、成本低等优点,比其他无机净水剂具有更大的优越性,而且还具有一定的脱色、脱臭功能。硫酸铝是一种重要的化工原料,具有广泛的用途。白炭黑可用来生产塑料、橡胶填料等。

（2）反应机理

粉煤灰中 Al_2O_3 含量高,一般在 25% 左右,但主要以 $3Al_2O_3·SiO_2(\alpha-Al_2O_3)$ 的形式存在,酸溶性差,一般要加入助溶剂或通过煅烧打开 Si-Al 键才能溶出铝生成铝盐。而粉煤灰中的铁主要以氧化物形式存在,可直接溶于酸生成铁盐,此工艺通过马弗炉 700 ℃ 灼烧（不超过 1 000 ℃）粉煤灰,使其中不溶于酸的 $\alpha-Al_2O_3$ 转化为 $\gamma-Al_2O_3$,再经粉碎、磨细、过筛,得到粒度 60～100 网目的细粉进行酸处理。酸处理过程发生一系列物理化学变化,主要反应为:

$$Al_2O_3 \cdot SiO_2 + 3H_2SO_4 \longrightarrow Al_2(SO_4)_3 + SiO_2 + 3H_2O \tag{6-1}$$

$$Al_2O_3 \cdot SiO_2 + 6HCl + 9H_2O \longrightarrow 2(Al \cdot 6H_2O)Cl_3 + SiO_2 \tag{6-2}$$

$$Fe_2O_3 + 3H_2SO_4 \longrightarrow Fe_2(SO_4)_3 + 3H_2O \tag{6-3}$$

$$Fe_2O_3 + 6HCl + 9H_2O \longrightarrow 2(Fe \cdot 6H_2O)Cl_3 \tag{6-4}$$

$$CaO \cdot MgO \cdot 2SiO_2 + 2H_2SO_4 \longrightarrow CaMg(SO_4)_2 + 2SiO_2 + 2H_2O \tag{6-5}$$

$$CaO \cdot MgO \cdot 2SiO_2 + 4HCl \longrightarrow CaCl_2 + MgCl_2 + 2SiO_2 + 2H_2O \tag{6-6}$$

（3）聚合氯化铝的生成

盐酸浸出液经过滤、蒸发、热解,发生如下水解反应:

$$[Al \cdot 6H_2O]Cl_3 \longrightarrow [Al(H_2O)_5(OH)]Cl_2 + HCl \tag{6-7}$$

热解产物经分离、烘干得到碱式氯化铝。如果控制碱式氯化铝溶液的浓度和 pH 值,则碱式氯化铝可进一步水解和聚合:

$$2[Al(H_2O)_5(OH)]Cl_2 \longrightarrow [(H_2O)_4Al(OH)(OH)Al(H_2O)_4]Cl_2 + 2H_2O \tag{6-8}$$

随着聚合物生成浓度的增加,水解和聚合反应交替进行,其聚合反应为:

$$mAl_2(OH)_nCl_{6-n} + mxH_2O \longrightarrow [Al_2(OH)_nCl_{6-n} \cdot xH_2O]_m \tag{6-9}$$

将聚合后的晶体烘干,得到棕色或黄褐色的聚合产品。

（4）硫酸铝的生成

硫酸浸出液过滤后,将滤液蒸发至相对密度 1.40 后冷却,析出硫酸铝晶体,再经过过滤、水洗、烘干、晾干,得到外观为白色或微灰色的粒状结晶硫酸铝产品。

（5）白炭黑

制备硫酸铝和聚合铝后的废渣,含有高纯度的 SiO_2,经过漂洗、热解干燥、粉磨得到白炭黑产品,烘干废渣也可以作为水泥添加剂使用。

2. 制粉煤灰絮凝剂

粉煤灰灼烧有利于打开 $3Al_2O_3 \cdot SiO_2$ 键,增强铝的酸溶性。加入助溶剂同样也可以打开 Si—Al 键,使铝溶出。目前助溶剂主要有 NH_4、F、Na_2CO_3 等。

粉煤灰絮凝剂是一种多组分多相混合物,含有 $Al_2(SO_4)_3$、$AlCl_3$、$Fe_2(SO_4)_3$、$FeCl_3$、H_2SiO_3 和未溶的粉煤灰固体等组分。其净水机理主要有以下 3 种理论。

（1）吸附作用

粉煤灰本身是多孔物质,具有较大的比表面积,同时含有大量 Al、Si 等活性物质,可与吸附质发生强烈的物理和化学吸附。

（2）凝聚和助凝作用

粉煤灰混凝剂中的铁盐和铝盐在水溶液中能发生金属离子的水解和聚合反应,其水解和聚合的多重产物能被水中胶粒强烈地吸附,被吸附的带正电荷的多核络离子能压缩双电层,降低 ξ 电位,使胶粒间最大排斥势能降低,从而使胶粒脱稳发生凝聚。当一个多核聚合物为两个或两个以上的胶粒所共同吸附时,此聚合物可将两个或多个胶粒黏结架桥发生絮凝作用。絮凝作用扩大就逐渐形成矾花,从而完成整个混凝过程。除此之外,少量的硅酸还可以促进水的混凝作用,改善矾花的结构,增加矾花的质量,从而加快矾花的形成和沉降。

（3）沉淀作用

在混凝搅拌过程中,粉煤灰悬浮在废水中,因此它会被金属离子的水解聚合产物所吸附包裹,从而使颗粒容重增加,沉降迅速,提高混凝沉淀效果。

3. 粉煤灰制取白炭黑

白炭黑(分子式 $SiO_2 \cdot nH_2O$,质量分数大于 90%)是一种无毒、无定形的原始粒径为 $10\sim40$ nm 的白色微细粉状物,主要成分是二氧化硅。白炭黑因表面含有较多羟基,易吸水成为聚集的细粒,羟基也易与有机物键结合,而被广泛应用。白炭黑作为橡胶的填充剂,可以提高制品的耐磨性、耐撕裂强度和硬度;在涂料工业中,可用作触变剂和防沉剂;白炭黑加入聚氯乙烯中,用于生产高压电线,能改善绝缘性能,而且能使塑料压模制品易于脱模和成型;白炭黑具有很大的内、外比表面积,因此也是理想的农药载体;此外,白炭黑还可以在人造皮革和高级纸张中做消化剂,在金属和珠宝加工中做抛光剂,在消泡剂中改善消泡效果,在粉末产品中改善产品的流动性和分散性。

目前,常规白炭黑制备工艺所采用的硅源主要有硅酸钠、四氯化硅、正硅酸乙酯,除硅酸钠以外,其他硅源成本都很高,而粉煤灰中二氧化硅含量近 50%,加之其来源广、获取成本低,因此,对粉煤灰开展提取白炭黑的研究具有重要的现实意义。

(1)白炭黑的性能指标

ISO 5794—1994 是白炭黑的技术条件及产品分类方法标准。标准规定,产品分类按表 6-9 中所列比表面积将白炭黑分成 6 个级别,其中 A 级最好,依次递减,F 级最差。

表 6-9　ISO 5794—1994 关于白炭黑分类的规定

级别	比表面积/(m^2/g)	级别	比表面积/(m^2/g)
A	>191	D	$101\sim135$
B	$161\sim190$	E	$71\sim100$
C	$136\sim160$	F	<70

白炭黑的其他性能指标见表 6-10。

表 6-10　白炭黑技术指标一览表(HG/T 3061—2020)

项目	指标(粒/粉状)
二氧化硅含量	≥90%
颜色	不次于标样
筛余物(45 μm)	≤0.5%
加热减量	$4.0\%\sim8.0\%$
灼烧减量(干品)	≤7.0%
吸油值	$2.0\sim3.5$ mL/g
pH 值	$5.0\sim8.0$

(2)白炭黑提取原理

白炭黑的生产方法分为物理法与化学法两大类,其中化学法按制法特征主要分为气相法和液相法,而液相法按生成特征又分为沉淀法和凝胶法。常规工业生产白炭黑最主要的两种生产方法是气相法和沉淀法。

而利用粉煤灰制备白炭黑一般是以粉煤灰提铝残渣为原料,通过碱熔等手段首先制得硅酸钠,然后按常规沉淀法生产白炭黑。沉淀法的工艺路线是向硅酸钠溶液中加入硫酸或盐酸等进行中和反应,生成二氧化硅沉淀,经过滤、干燥、粉碎即得成品。但这种生产方法对原料要求高,特别是对硅酸钠中铁、亚铁、铜离子等要求特别严格,生产操作复杂,不易控制。

（3）白炭黑提取工艺

从粉煤灰中提取白炭黑的一般工艺流程见图 6-15。

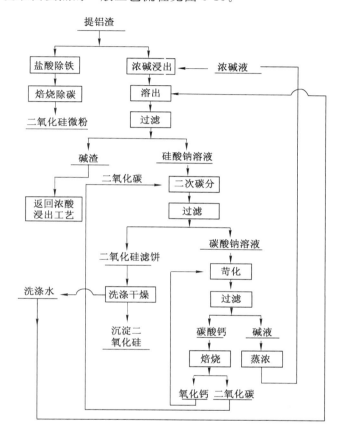

图 6-15　粉煤灰提取白炭黑一般工艺流程

以图 6-15 的工艺流程为基础,许多学者研究开发了一系列粉煤灰提取白炭黑的工艺。

王平、李辽沙等初步探讨了用工业固体废物粉煤灰制备二氧化硅的方法。以粉煤灰为原料,经混合焙烧、酸浸等一系列工艺,制备出水合二氧化硅,为粉煤灰的综合利用初步探索了一条新途径。依此法,粉煤灰经激活、酸浸、陈化、除杂等制备出纯度达 91.7% 的二氧化硅,品质标准符合 HG/T 3061—2020。

陈颖敏、赵毅等研究了从粉煤灰中同时回收铝和硅的工艺,主要采取先中温碱溶粉煤灰,然后碳化沉淀、再酸溶分离沉淀中的铝和硅,制得氯化铝和硅胶。

中国地质大学马鸿文等开展了利用粉煤灰制备高比表面积二氧化硅的实验研究,主要采取将粉煤灰与 Na_2CO_3 以一定比例磨细混合均匀,在反应温度 $800 \sim 900$ ℃,保温时间 $60 \sim 120$ min 下进行反应。以浓度为 3.14 mol/L 的盐酸对反应产物进行酸浸,经过滤除杂后的体系由溶胶相向凝胶相转变,再次过滤、干燥得最终质量分数在 98% 以上的二氧化硅产品。

综上所述，虽然从粉煤灰中提取白炭黑的研究比较活跃，但大多还处于实验室研究阶段，实现工业化生产还有很长的一段路要走。

4. 粉煤灰制吸附材料

粉煤灰玻璃体的外观呈蜂窝状，空穴较多，内部具有较为丰富的孔隙，比表面积大，具有一定的吸附能力。但原状的粉煤灰吸附效果不够理想，通过改性可提高其吸附性能。目前，主要的改性方法有火法和湿法两种。

火法改性是将粉煤灰和碱性熔剂（Na_2CO_3）按一定比例混合，在 $800\sim900$ ℃ 温度下熔融，使粉煤灰生成新的多孔物质。在熔融物中加入无机酸（HCl），可以使骨架中的铝溶出，还可以使硅变成具有多孔性、活性的 SiO_2。酸解后的溶液和沉淀物经过处理可制得混凝剂、沸石等吸附材料。

湿法改性可采用酸或碱对粉煤灰进行处理来生产分子筛。分子筛是用碱、铝、硅酸盐等人工合成的一种泡沸石晶体，其中含有大量的水。当加热后水分被脱去，而形成一定大小的孔洞，能把小于孔洞的分子吸收进孔内，而把大于孔洞的分子挡在孔外，从而起到分离不同大小分子的作用。

将粉煤灰与氢氧化铝和碳酸钠的混合物在 850 ℃ 下焙烧 1.5 h，焙烧后的物料经过粉碎、合成、水洗、成型、活化等工序制成分子筛产品。利用粉煤灰制分子筛具有节约化工原料、工艺简单、质量稳定等优点。分子筛可应用于各种气体和液体的脱水和干燥、气体的分离和净化、液体的分离和净化、选择性地催化脱水等。

粉煤灰吸附材料吸附性能好，可以去除废水中的重金属离子、可溶性有机物、沉淀无机磷、中和酸，因而广泛应用于废水治理领域，如处理含氟废水、电镀废水、含油废水等。除此之外，粉煤灰吸附剂还具有脱色、除臭功能，能去除 COD 和 BOD，可应用于有机废水的处理。应用于活性污泥法处理印染废水时，不仅可以提高脱色率，还能显著改善活性污泥的沉降性能，防止污泥膨胀。

（三）粉煤灰在农业上的应用

1. 粉煤灰生产多元素复合肥

多元素复合肥含有多种易被植物吸收的水溶性元素。粉煤灰中含有大量可溶性硅、钙、镁、磷、钾等农作物所需的营养元素，经过加工可制成硅钙肥和硅钾肥等多元素复合肥（图 6-16）。粉煤灰经干燥、研磨之后，加入硫酸镁溶液作为黏结剂和辅助原料，用水搅拌、造粒、干燥成颗粒状产品。粉煤灰复合肥具有无毒、无味、无腐蚀、不易潮解、不易流失、施用方便、肥效长、价格低、见效快等特点。这种肥料还适用于酸性土壤，对油菜、大豆等有明显的增产效果，而且能在夏季提高作物的抗旱能力。

2. 粉煤灰改良土壤

粉煤灰中的硅酸盐矿物和碳粒具有多孔结构，粉煤灰施入土壤后，与土壤颗粒构成的孔道以及其颗粒自身的孔道可作为气体、水分和营养物质的"储存库"，因而可以降低土壤的容重，使孔隙率增大，疏松土壤，从而增加透水和通气能力，改善土壤的可耕性，并使土壤酸性得到中和，团粒结构得到改善，有利于微生物的生长繁殖，加速有机质的分解，提高土壤中有效养分的含量。粉煤灰呈灰黑色，有利于吸收热量，一般加入土壤中可使土壤温度提高 $1\sim2$ ℃，尤其在早春低温时具有明显的增温作用，有利于生物活动、养分的转化，能促进壮苗早发、高产。

合理施用符合农用标准的粉煤灰对不同的土壤都有增产效果,但不同土质的增产效果不尽相同。黏土增产效果最为明显,砂质土增产效果不明显,而且也跟作物的种类有关,蔬菜的增产效果最好,粮食作物次之,其他农作物效果不稳定。

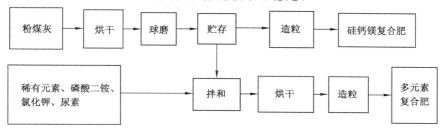

图 6-16　粉煤灰生产多元素复合肥工艺流程

第四节　其他煤系固体废物的资源化

一、煤泥的资源化

(一)煤泥的来源与危害

1. 煤泥来源与分类

煤泥,泛指湿的煤粉,特指湿法选煤产生的粒度在 0.5 mm 以下的副产品。根据来源,煤泥可以分为原生煤泥和次生煤泥。原生煤泥是指入选原煤中所含,在开采和运输过程中产生的煤泥。次生煤泥是指选煤过程中粉碎和泥化产生的煤泥。

根据品种的不同和形成机理的不同,其性质差别非常大,可利用性也有较大差别。其种类众多,大致有如下几种类型:

(1)炼焦煤选煤厂的浮选尾煤

这类煤泥在国外一般是一种废弃物,其性质与洗选矸石或中煤类似。因煤质不同,浮选煤泥的品质有较大差别,如淮南气煤,浮选抽出率只有 30%~40%,这种煤泥灰分较低,煤质与洗中煤比较接近;平顶山的煤是肥煤或 1/3 焦煤,浮选精煤抽出率可达 70%~80%,浮选尾煤的灰分较高,煤质与洗选矸石接近。

根据煤泥回收工艺的不同,煤泥的物理性质差别较大。如用压滤机回收的煤泥,其颗粒分布比较均匀,它的黏性、持水性都比较弱,利于降低水分。平顶山八矿选煤厂的压滤煤泥,在旱季堆放接近半年以后,总含水率已接近 10%。另一种是煤泥沉淀池或尾矿场煤泥,这种工艺有粒度分级功能,粗颗粒易沉淀,大都集中在煤泥水入口附近,细颗粒在中间位置,极细颗粒在末端。末端煤泥具有高黏性和高持水性,类似江米团,又细又软,晾晒几个月,表面似已干燥,内部含水率几乎不降,这种煤泥是最难处理的。

(2)煤水混合物产出的煤泥

如动力煤选煤厂的洗选煤泥、煤炭水力输送后产出的煤泥,这种煤泥质量好,数量少时常常掺到成品煤中。

(3)矿井排水夹带的煤泥、矸石山浇水冲刷下来的煤泥这些煤泥数量不多,质量不稳定,但一般都比浮选尾煤质量好。

2. 危害

煤泥的这些特性,导致煤泥的堆放、贮存和运输都比较困难。尤其在堆存时,其形态极不稳定,遇水即流失,风干即飞扬。结果不但浪费了宝贵的煤炭资源,而且造成了严重的环境污染,有时甚至制约了选煤厂的正常生产,成为选煤厂一个较为棘手的问题。

(二)煤泥的资源化

根据煤泥水分、灰分和发热量的不同,目前主要用于锅炉燃烧、制作型煤、型焦及其他用途,其中锅炉燃烧是目前国内最普遍的煤泥利用方法。

1. 湿煤泥干燥后燃烧

对湿煤泥进行强制干燥可以改善其湿黏特性和燃烧特性,称之为干法利用,可提高发热值。以含水量30%的湿煤泥为例,水分每降低1%,发热量就可提高1.43%。煤泥干燥后,既可作为动力煤单独燃烧,也可根据实际需要与其他煤种掺烧。电厂燃烧或掺烧干煤泥不需要对现有锅炉及进料系统进行特别改造,但要注意的是,由于煤泥的高灰分特性,会导致排风除尘系统负荷增加和锅炉受热面的磨损加大。

目前,国内广泛应用滚筒式烘干机对煤泥进行干燥。滚筒烘干机由热源、打散装置、进料机、回转滚筒、引风机和出料设备构成。湿煤泥由送料机构送入滚筒,被滚筒内部抄板抄起,形成料幕状态,所含水分与热源产生的高温烟气换热被蒸发,干燥后的煤泥在尾部排出,烟气经处理后排空,干燥后煤泥可用于热源循环利用产生烟气。

湿煤泥的市场售价一般只有相应煤炭价格的1/6~1/3,而干燥之后用途广泛,一般1~2年之内即可收回投资成本。在一些矿区的选煤厂已经配套了干燥设备用于生产,并取得了良好的经济效益。如辽宁大兴煤矿选煤厂利用滚筒烘干机对煤泥进行处理,年处理煤泥10万t,干后产品全部作为粉煤销往当地电厂,以当地末煤售价494.35元/t计算,扣除加工费6.96元/t,每年可为选煤厂创4 873.9万元效益。

滚筒式烘干机对煤泥进行干燥,具有投资小、产量大、适应性强等优点,但也存在热效率低,煤耗高,出料黏度、粒度及水分难以控制等问题,亟待改进。所以,考虑煤泥产生阶段即对煤泥进行干燥处理,目前已研发出新型沉降式离心脱水机、过滤式离心脱水机、真空过滤机、加压过滤机、隔膜式快速压滤机等设备,使得煤泥水分由30%降低至20%左右,但距离适宜锅炉直接燃烧使用的10%标准仍有差距,而且在相同处理量下,滚筒式烘干机投资成本仅为这些设备的一半左右。随着新技术的发展和成本的降低,在煤炭洗选阶段直接进行煤泥干燥有望成为解决煤泥利用问题的根本措施。

2. 湿煤泥直接燃烧

湿煤泥直接入炉燃烧又称为湿法利用,与干法利用相比,无须配置干燥设备,但湿煤泥在炉内燃烧同样需要消耗热量蒸发所含水分。虽然从能量利用角度来说二者消耗热量相同,但湿法利用消耗的是锅炉内的高品质能量,所以会对锅炉运行产生较大影响。湿煤泥在锅炉中燃烧主要解决以下2个问题:① 如何在锅炉内实现稳定、高效燃烧;② 充分考虑高水分、高灰对锅炉系统的影响。

湿煤泥直接投入流化床燃烧后,会在床内出现凝聚结团现象。煤泥适度的凝聚结团有益于流化床沸腾燃烧,但如果任其发展则会危及运行,所以湿煤泥稳定燃烧的关键就是处理好凝聚结团现象,而不同的投料方式对煤泥结团燃烧性有不同的影响。按其投料入炉方式不同,可分为炉顶给料、中部给料和下部给料 3 种,其各有优劣,实际生产中可根据情况选择。湿煤泥由于其高水分、高灰特性,在同等热量输入下,相比燃煤,其飞灰浓度和烟气体积增加 10%～15%。这些变化将会给锅炉对流受热面的传热、积灰、结焦和磨损以及引风机和除尘器的工作带来负面影响,还会使机组低负荷时安全性降低,在湿煤泥掺烧锅炉改造设计时应予以重视。但是只要合理改造运行,燃烧湿煤泥仍具有较好的经济、技术及环境效益。

3. 煤泥制浆燃烧

煤泥水煤浆是在高浓度水煤浆基础上发展起来的一项煤泥综合利用技术。煤泥水煤浆具有燃料燃净率和热效率高、污染物排放指数低、环境影响小等优点。而且煤泥特性也很适宜制浆,如煤泥粒度细,不需要预先磨矿。因灰分高,煤泥表面亲水性良好,在同样浓度下,煤泥制浆的稳定性相比水煤浆增加,成浆性良好,可以少加或不加添加剂,所以制浆系统简单,生产成本低。图 6-17 为一般煤泥制浆流程图。

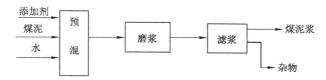

图 6-17 一般煤泥制浆流程图

煤泥、添加剂(酌情添加)与水混合后被送入磨机磨浆,磨后产品经过滤、搅拌调浆。制成的煤泥浆可根据锅炉参数进行调整,以满足实际燃烧要求。煤泥水煤浆一般含水率在 40%左右,它的热损失很大,燃烧特性差,烟气体积增大。因此,除了要保证煤泥水煤浆的良好雾化外,对燃烧设备及燃烧条件等要求较高,仅适宜于对热负荷要求不高的情况。煤泥水煤浆适应性强,易于利用,虽然损失了许多热能,但现有各种炉型稍加改造就可用于辅助燃烧,还可以改善现有锅炉低热值燃料不足的局面。所以,煤泥制浆燃烧在国内仍有相当多的应用实例。开滦矿务局与煤炭科学研究总院唐山分院合作,在吕家坨矿开发研究了高灰煤泥浆直接喷燃技术,并进行了工业试验,取得良好效果。吕家坨矿煤泥的性质如下:V_{ad}、A_{ad}、M_{ad} 分别为 19.62%、35.38% 和 2.6%,Q_{sd} 为 15.38 MJ/kg。利用制成的灰分为 40%左右、浆体浓度为 55%的煤泥浆与洗中煤进行掺烧,掺烧量为 30%～60%,锅炉热效率达到 90.68%,比单纯烧洗中煤提高 21.09%。

4. 煤泥制型煤

型煤技术是比较成熟的洁净煤技术之一。在各种洁净煤技术中,工业型煤的能量转换率最高,可达 97.5%。与烧散煤相比,型煤可以减少 SO_2 排放量 40%～60%,减少 NO_x 排放量 40%,减少烟尘排放量 60%～90%,减少强致癌物(Bap)50%以上。因此,将煤泥制成型煤,既有利于节约煤炭资源,减少煤泥对环境的污染,又有利于改变选煤厂的产品结构,提高选煤厂的经济效益和社会效益。

煤泥型煤生产中应注意几个问题:① 合理控制煤泥水分。型煤成型时最佳水分含量一般为 10%～15%,而煤泥所含水分在 30%左右,所以需要先进行干燥处理。② 合理选择使用黏结剂。因为煤泥灰分含量偏高,所以对黏结剂的要求更苛刻一些。③ 粒度要求。国内各矿区已有煤泥型煤应用实例,如山东蒋庄煤矿将煤泥与原煤以 9:1 混合,加入 6%～8%

的无机添加剂,生产的型煤符合工业锅炉使用要求;河南理工大学采用自主开发的 MS 无机黏结剂,利用焦作矿务局演马庄煤矿洗煤厂煤泥,生产的锅炉型煤满足工业锅炉要求。对某些特定类型的煤泥,如主焦煤和 1/3 焦煤煤泥等,还可利用其进行型焦加工,不仅可节约宝贵的焦煤资源,也可创造更大的经济效益。但由于工业型焦要求严格,如冶金焦、气化焦和电石用焦标准均要求固定碳含量>80%、灰分<15%等,除少数特定种类煤泥外,大部分普通煤泥都达不到标准,因此限制了煤泥型焦技术的应用。

此外,煤泥还可用于民用型煤生产以及水泥、石灰等建材的制造,也可与生物质结合制作生物质型煤、型焦。近年来,还出现了其他新的利用形式,如将煤炭洗选与城市污水处理结合起来,利用煤炭的吸附能力净化污水、污水混合煤泥制浆;同时,实现污水洗煤、煤泥制浆、洁净燃烧的流程,综合效益明显。

二、煤焦油渣的资源化

(一)煤焦油渣的来源及危害

1. 煤焦油渣的来源

(1)煤气化产生的煤焦油渣

煤气化技术是煤在特定的设备内,于一定温度及压力下使煤中有机质与气化剂发生一系列化学反应,将固体煤转化为含有 CO、H_2、CH_4 等可燃气体和 CO_2、N_2 等非可燃气体的过程。鲁奇炉加压气化技术作为固定床连续块煤气化技术,因其单炉生产能力大、技术成熟、适应性强,在国内外得到广泛应用。

(2)焦化厂产生的煤焦油渣

在炼焦生产过程中,产生的高温焦炉煤气在初冷器冷却的条件下,一些高沸点有机化合物由气体冷凝成煤焦油半固体,与此同时,煤气中夹带的煤粉、半焦等混杂在煤焦油中,形成带有黏性的煤焦油渣。

一般焦化厂煤焦油渣主要有 3 个来源:一是来源于机械化焦油氨水澄清槽。由于相对密度较大,煤焦油渣沉积在澄清槽底部,通过刮板机呈半固体状态连续排出,是焦化厂中煤焦油渣的主要来源。二是经自然沉降后的焦油。为除去其中更细微的细渣,用超级离心机进一步对其进行分离,分离出来为含渣量较高的半液体状的煤焦油渣。其余来源于焦油贮槽自然沉降后的清槽煤焦油渣,其稠度介于机械化澄清槽焦油渣和超级离心机焦油渣之间,此焦油渣产量较少。这 3 类焦油渣构成了焦化厂的主要煤焦油废渣。

2. 煤焦油渣的危害

近年来,随着煤化工生产规模的不断扩大,多数企业未能对生产过程中产生的大量的煤焦油渣进行很好地回收处理和利用,而是将其随意堆放或弃之。久而久之,大量的煤焦油渣不但占用大量的空地给企业带来负担,而且煤焦油渣还会因雨水的冲刷,对周围环境和地下水造成严重污染。此外,煤焦油渣中挥发分的逸出也使周围空气遭受严重污染。有文献报道,若将煤焦油渣直接作为烧砖燃料使用,由于一般燃烧温度只有 $500\sim800$ ℃,且供 O_2 不足致使燃烧不完全,而产生大量的含有多环芳烃等有毒物质的废气排入空气中,造成大气严重污染。

(二)煤焦油渣的资源化利用

煤焦油渣是一种有害有毒的废渣,处理不当易造成环境污染。通常对于煤焦油渣的处理方法可以分为两类:第一类是采用物理或化学方法将煤焦油渣中的油、渣进行分离,并从中回收有价值的焦油和煤粉,然后对其进行加工再利用,油、渣分离回收技术是处理煤焦油渣的一种理想途径。该方法可实现焦油和煤粉的回收利用,使其利用价值达到最大化。目前,已经开发出的方法有多种,其中一些已经工业化。第二类是将煤焦油渣作为燃料、配煤添加剂或进行资源化的开发利用等。煤焦油渣的几种处理技术见图 6-18。

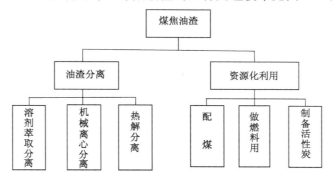

图 6-18　煤焦油渣的几种处理技术

1. 溶剂萃取分离

溶剂萃取法是实现油、渣分离的一种简单操作。该方法主要利用煤焦油渣中有机组分与萃取溶剂的互溶机理,将含油废渣与溶剂按所需的比例混合而达到完全混溶,再经过滤、离心或沉降等达到油、渣分离的目的。秦利彬等以石脑油为溶剂,在 45～55 ℃条件下,将煤焦油渣和溶剂在储罐中充分搅拌溶解,萃取煤焦油渣中的焦油,然后萃取液经蒸馏(145～155 ℃)后回收循环利用,经萃取分离后的煤焦油中总酚含量下降了 92%,COD 和硫化物含量下降了约 67%,分离效果显著。石其贵为了利用高温焦油渣中的焦油制备再生橡胶增塑剂,采用蒽油萃取工艺萃取分离出高温煤焦油渣中低萘含量的焦油,也得到了较好的分离效果。上述的萃取剂都是传统的混合有机溶剂,主要利用了相似相溶的原理,但这些萃取溶剂的主要组成中包含芳烃、萘和苯并呋喃或蒽、菲、芴、苊等多种有毒物质,在施工过程中难免对施工现场和周围环境造成一定空气污染。

在萃取分离技术中,溶剂的选择极其重要,不仅要考虑其萃取能力,同时也要考察溶剂的经济性、毒性和在萃取过程中的能耗等问题。离子液体作为新兴的绿色溶剂,具有蒸气压低、熔(沸)点低、溶解能力强以及良好的热稳定性和化学稳定性等优点,对许多有机物具有很好的溶解性。

萃取分离的方法高效、经济、处理量大。但关于溶剂萃取技术的研究还较少,寻找经济、低能耗的绿色溶剂是溶剂萃取技术的关键。而离子液体的研究与开发也必将为煤焦油渣处理开辟新的道路。

2. 机械离心分离

机械离心分离法主要利用一个特殊的高速旋转设备产生强大的离心力,可以在很短的时间内将不同密度的物质进行分离。其设备主要有倾析离心机、卧螺离心机、离心分离机等。

倾析离心机可清除焦油中的油渣,利用离心机调节煤焦油系统可防止油渣在焦油贮槽沉淀,缩小沉淀设备容积,防止未卸残渣在铁路槽车沉降。其缺点是由于不能调节螺旋输送机差速而导致油渣质量不符合要求。

不同来源的煤焦油渣组成成分相差较大,为适应离心机的性能,一般需要对煤焦油渣进行预处理或经离心分离后进行进一步处理。此外,对于煤焦油渣进行预处理的方法还包括加热法,通过对煤焦油渣进行加热来降低它的黏度、提高其流动性等,从而达到提高分离效率的目的。机械离心分离法具有工艺流程简单、操作性强但设备费用较高等特点。

3. 热解分离

将煤焦油渣在无氧或缺氧的条件下,高温加热使有机物分解,将有机物的大分子裂解成为小分子的可燃气体、液体燃料和焦炭,从而获得可燃气体、油品和焦炭等化工产品。该方法首先将煤焦油渣进行离心分离得到焦油、水和渣,然后将渣加热到 400～500 ℃,进一步分离焦渣中的焦油和水,最后将剩渣再加热到 600～900 ℃进行炭化制成焦炭,并与炼焦配煤混合燃烧,解决了其直接与配煤混合使用引起的焦炉干馏热量上升的问题。

此外,煤焦油渣作为固体废物,由于其含有大量的碳氢化合物,所以通过热解分离得到的分离产物经进一步处理可制成其他高附加值的化工品。采用煤焦油渣碳化炉并在负压 0.3 MPa 和 350 ℃的条件下对煤焦油渣进行热解,使之分离成焦油和渣。然后焦油与加入的添加剂作用生成焦油树脂,而剩渣则与加入的添加剂生成型煤或碳棒用作燃料使用。该方法有效地回收了有用物质,达到了资源的再利用。也有研究者将煤焦油渣经高温加热分离为焦油和焦炭,然后将得到的焦炭进一步处理制成活性炭或通过高温热解将焦油渣在强碱的作用下得到石墨烯,效果较好。这些结果足以证明煤焦油渣在制备高附加值化工材料上具有很大应用潜能。

热解分离方法对煤焦油渣成分的适应能力强,几乎不会造成二次污染,但缺点是耗能较高。

4. 配煤

国内早期对煤焦油渣的利用主要是配煤炼焦。配煤炼焦就是把不同种类的原煤按适当的比例配合起来生产符合质量要求的焦炭,其技术涉及煤的多项工艺性质(如结焦特性、灰分、硫分、挥发分)和煤的成焦机理等。与炼焦精煤相比,煤焦油渣具有低灰、低硫、高挥发分、高黏结性的特点。从理论上讲,将煤焦油渣与煤粉充分混合后配入炼焦煤中不会影响焦炭质量,而且能够使焦炭和煤气产量增加。所以,工业上通常将煤焦油渣或与其他物质一起按合适的比例配合后作为添加剂混合配入炼焦煤中用于炼焦。

由于煤焦油渣具有一定的黏结性,故一些研究者将其作为黏结剂与配合煤按一定的比例混合压制成炼焦型煤或气化型焦。这主要是利用了煤焦油渣中含有的焦油通过“黏结剂桥”等物理化学结合力与机械啮合力使煤粉连接成型。实验结果表明,煤焦油渣做黏结剂制型煤或气化型焦可以达到工业要求。应用煤焦油渣配煤技术,不仅可以充分利用资源,节约优质炼焦煤,而且还可保护环境,获得很好的经济效益。但煤焦油渣的黏稠性和组分的波动性使得配料难以精准,从而造成焦炭质量不稳定,也使焦炉的热负荷增加。

5. 做燃料用

由前面的介绍可知,煤焦油渣具有较高的发热量,并含有大量的固定碳和有机挥发物,是一种高价值的二次能源。但将其直接作为一般燃料进行燃烧会因燃烧不充分而污染环境。若将煤焦油渣作为土窑燃料使用,热效率较低。因此,有企业将煤焦油渣和煤粉以 1∶1 的配比制成煤球作为锅炉燃料,产生的热量较高,足以满足锅炉的要求。也可将煤焦油渣经过改制后制成高温炉的燃料使用。经处理过的煤焦油渣做燃料用燃烧稳定、完全,可以从中获得大量的能量。

6. 制备活性炭

煤焦油渣具有天然多孔性结构,比表面积较大,含有大量的煤粉和碳粉,可用来制备吸附性能较好的活性炭。与煤焦油渣直接活化制备活性炭相比,添加适量的磷酸有助于活性炭形成更多的孔隙和提高它的吸附能力。当以氢氧化钾为活性剂时,在适宜的条件下可制备出比表面积更大、吸附能力更强的多孔活性炭。

随着对活性炭制备技术研究的逐步深入,有些研究者延伸了煤焦油渣在该方面的处理技术和利用方向。通过将煤焦油渣和污泥混合来进行好氧发酵,利用污泥中的微生物分解能力将其中的大分子、难降解的有机组分转化成易于利用的小分子,在适宜的条件下制得高性能的活性炭,充分地利用了这些废弃物自身的优势。

目前,国内外制备活性炭的主要原材料是煤、果壳和木材等,国内对煤焦油渣进行资源化的开发利用的研究尚处于初期阶段,将其开发成吸附材料的研究成果更少,而国外对此方面的研究也鲜有报道。因此,利用煤焦油渣中的煤炭资源来制备高性能的吸附材料,既能解决煤焦油渣带来的环境污染问题,又能实现节能减排、资源节约型的发展模式。

还有一些其他处理技术在煤焦油渣处理中也得到了应用。如使煤焦油渣和改性剂在一定条件下进行固化改性,制备出符合软化点要求的公路铺面材料等。

三、煤沥青的资源化

(一)煤沥青的来源与危害

煤沥青是人造沥青的一种,一般呈黑色黏稠状液体、半固体或固体。工业上制煤沥青是由煤焦油蒸馏加工后去除馏分后的残留物质制成的,它大约占煤焦油总量的一半。

煤沥青是煤焦油的主要成分,其一般由多环、稠环芳烃及其衍生物组成,现在一般根据其表现出的软化温度对其进行区分。室温下,煤沥青常呈黑色块状,且具有刺鼻的臭味,易燃烧且有毒,其含有的毒性成分往往能够致癌。对于煤沥青,国家有明确的标准,根据软化点不同将其分为低温沥青、中温沥青和高温沥青,这样能将沥青科学分类达到充分合理利用的目的。目前我国对煤沥青执行的国家标准为 GB/T 2290—2012,各种沥青的成分含量都是不同的,这也就决定了它们各自不同的用途。

(二)煤沥青的资源化

1. 黏结剂沥青

(1)炭材料黏结剂

在炭素制品生产中,沥青是不可缺少的黏合剂,尤其是在电极生产过程中用于使粉状固体料成型的黏合剂,这种黏合剂的好坏对电极质量起着至关重要的作用。随着炼铝工业和钢铁工业的发展,铝厂对阳极、钢厂对石墨电极的要求越来越高,因此提高黏结剂沥青的质量十分重要。我国自从 20 世纪 50 年代苏联援建吉林炭素厂和哈尔滨电碳厂起,各种炭材料的生产一直选用中温沥青作为黏结剂。20 世纪 80 年代起,贵阳铝厂和青铜峡铝厂引进电解铝装置,需要质量好、软化点高的改质沥青后,科研工作者开始研制改质沥青。随着沥青种类的增加和质量的提高,我国铝用炭材料生产中逐渐采用改质沥青取代中温沥青作为黏结剂。但由于受我国炭素制品生产技术装备现状的限制,很多炭素厂希望黏结剂沥青有较高的结焦值、TI、β-树脂和适宜的 QI,又不希望软化点太高。面对这种市场需求,研制生产了质量指标各异的沥青品种,形成系列产品,有力支持炭素行业的发展。

(2) 耐火材料黏结剂

煤沥青另外一个重要用途是作为耐火材料工业的黏结剂。镁碳砖的生产,要求黏结剂沥青软化点在 180～200 ℃范围内,并有较高的结焦(65%～70%)。耐火材料以沥青做黏结剂由来已久。沥青的使用形式有液体(单独或复合)、固体(粉、粒、球)等。球状沥青是近几年生产的一个新品种,是用煤沥青经特殊的成型工艺制成的一种沥青产品,已广泛用于高炉出铁沟浇铸料中。球状沥青生产要求原料的软化点在 115～140 ℃,结焦值 60%以上。

2. 浸渍剂沥青

浸渍剂沥青是生产电炉炼钢用高功率(HP)、超高功率(UHP)石墨的主要原料之一。发达国家在 HP、UHP 石墨电极生产中非常重视原料的选择,浸渍工序普遍使用专用浸渍剂沥青,国内一直没有专用浸渍剂沥青,HP、UHP 石墨电极生产用浸渍剂以普通中温沥青代替。与国外先进生产工艺相比,国内工艺存在生产周期长,生产费用高,产品质量差,而且不能生产大直径优质 UHP 石墨电极,产品在国际市场上无竞争力等缺点。在浸渍剂沥青研制开发方面,鞍山热能研究院、武汉科技大学、安徽工业大学和无锡焦化有限公司等做了大量的实验工作。山东兖矿科蓝煤焦化有限公司采用溶剂沉降法净化煤沥青,在工业装置上试产浸渍剂沥青获得成功,生产的浸渍剂沥青各项质量指标已达到国际先进水平。

3. 煤沥青针状焦

针状焦是 20 世纪 70 年代炭材料中大力发展的一个优质品种,具有低热膨胀系数、低孔隙率、低硫、低灰分、低金属含量、高导电率等一系列优点。其石墨化制品化学稳定性好、耐腐蚀、导热率高、低温和高温时机械强度良好,主要用于制造超高功率电极和各种炭素制品,是发展电炉炼钢新技术的重要材料。

4. 中间相沥青

中间相沥青是经热处理后含有相当数量中间相的沥青,在常温下中间相沥青为黑色无定形固体。中间相沥青的中间相组分具有光学各向异性的特征,中间相在形成初期呈小球状,称中间相小球体。中间相沥青的密度为 1.4～1.5 g/cm³,中间相沥青的软化点和黏度都随中间相含量的增加而提高,如中间相含量为 57%的中间相沥青,其软化点为 288 ℃,当中间相含量增加到 80%以上时,其软化点为 345 ℃。中间相沥青的黏度与温度有密切关系,同一种中间相沥青的黏度随温度升高明显下降。

中间相沥青主要用于制备中间相沥青碳纤维,还可以用于制备针状焦,以及碳-碳复合材料的基体材料和提取中间相碳微球等,利用中间相沥青制得的沥青碳纤维具有很高的弹性模量,因此中间相沥青作为一种新材料,具有广阔的发展前景。

5. 碳纤维

碳纤维属于高科技产品,按原料分类可分为聚丙烯腈基(PAN)碳纤维、沥青基碳纤维、胶黏基和酚醛树脂碳纤维。目前主要以 PAN 碳纤维、沥青基碳纤维为主,其他碳纤维极少。碳纤维既具有炭素材料的固有本性,又具有金属材料的导电和导热性、陶瓷材料的耐热和耐腐蚀性、纺织纤维的柔软可编性以及高分子材料的轻质、易加工性能,是一材多能和一材多用的功能材料和结构材料。

碳纤维的比强度、比模量都相当高,而且具有耐高温、耐腐蚀、耐冲击、热膨胀系数接近零等特性,能与树脂、金属陶瓷、水泥等材料广泛地复合,一直是增强复合材料领域的佼佼者。高性能沥青碳纤维主要应用于飞机或汽车刹车片、增强混凝土或耐震补强材料、密封填料、摩擦材料、增强热塑性树脂、电磁波屏蔽材料和锂电池的负极材料,另外也正在开拓高尔夫球杆等体育器材的用途,今后最大的市场将是土木建筑用于包括修补和加固材料。通用级低性能沥青碳纤维主要用于幕墙混凝土的增强。

目前,世界沥青基碳纤维生产主要集中在美国和日本。国内碳纤维还处于开发研制阶段,到 2000 年已建 3 套百吨级通用沥青基碳纤维生产线,总设计能力为 400~500 t,但运行状况都不太好,科研单位和生产厂在优化工艺条件、改进技术装备方面做了大量工作,碳纤维的研制和生产将会发生突破性进展。

我国碳纤维的应用领域涉及航空航天、文体器材、纺织机械、医疗机械、电子工程、汽车、冶金、石油化工、环境工程、劳动保护、土木建筑和原子能等行业,但使用的数量、应用的深度与世界其他国家和地区还有差距。随着经济发展和应用领域的不断开发,碳纤维的需求量会进一步增加,虽然 PAN 碳纤维仍是今后发展的主流,但沥青碳纤维因成本低、价廉,需求量也将相应增加,市场将进一步扩大。

6. 煤沥青涂料

煤沥青具有良好的耐水、耐潮、防霉、防微生物侵蚀、耐酸性气体等特性,对盐酸和其他稀酸均有一定的抵抗作用,被广泛应用于涂料的生产。国内外生产煤沥青涂料已有几十年的历史,由于沥青在生产涂料方面具有价格低廉、性能优良的特点,煤沥青涂料发展很快。根据用途不同,煤沥青涂料有很多种类。最具有代表性的是环氧煤沥青涂料,利用煤沥青改性环氧树脂制成的环氧煤沥青,综合了煤沥青和环氧树脂的优点,得到耐酸、耐碱、耐水、耐溶剂、耐油和附着性、保色性、热稳定性、抗微生物侵蚀、电绝缘良好的涂层。这种涂料应用领域非常广,在码头、港口、采油平台、矿井下的金属构筑,油轮的油水舱,埋地管道,化工建筑及设备、贮池、气柜、凉水塔、污水处理水池等广泛采用。煤沥青涂料还有无溶剂环氧煤沥青涂料、沥青清漆、沥青烘干漆、沥青瓷漆等。由于煤沥青具有抗微生物侵蚀的特性,煤沥青可用于制造船底防污漆。

7. 煤沥青配制燃料油

我国石油资源比较紧缺,为了节约资源,石油加工厂近几年在重油加工方面开展了大量工作,力图在炼油厂把石油"吃干榨净"。以煤沥青回兑黏度较小的焦油馏分生产煤沥青燃料油已获得成功,并有逐渐推广的趋势。近几年来,煤沥青燃料油已在玻璃窑炉、耐火材料和铝用阳极炭块焙烧窑等行业代替重油使用。煤沥青燃料油在配制时,可使其黏度和热值与重油接近,只是密度比石油重油大,在燃烧操作时须做适当调整。

8. 筑路及建筑用煤沥青

随着我国城乡道路建设特别是高等级公路的发展,对道路沥青的数量和质量提出了更高的要求。我国主要用于筑路材料的石油沥青供应紧张,而近几年国内才开发出高等级公路石油沥青。煤焦油沥青的组成和结构与石油沥青不同,它们的路用性能有较大差别。煤沥青的路用优点为:有较好的润湿和黏附性能、抗油侵蚀性能好、所筑路面摩擦系数大,但其具有热敏性高、延展性差、易老化、易污染环境等弱点,在应用上受到限制。石油沥青与煤沥青相比,其优点是热敏性低,黏弹性温度范围较宽,抗老化性较好,但其主要缺点是对碎石的黏附性能较差。研究表明,若将两种沥青共混改性制成煤-石油基混合沥青(简称混合沥青),其综合性能比单一沥青更为优异,是最好的筑路沥青。混合沥青有下列许多优点:与石料的黏附性能好,可改善路面的坚固性,能降低混合料生产、摊铺和压实的操作温度,抗油侵蚀性能好,路面抗荷载性能高,即抗塑性变形,路面摩擦系数大。

习题与思考题

1. 简述煤矸石的来源及物质成分特点。
2. 煤矸石主要可以应用在哪些领域?
3. 粉煤灰的有价组分的提取方法主要有哪些?
4. 粉煤灰在建材方面的利用途径主要有哪些?
5. 简述粉煤灰活性的含义,说明其活性激发机理和反应机理。
6. 简述煤泥的来源、分类及危害。
7. 煤泥的资源化利用途径有哪些?
8. 简述煤焦油渣的来源、分类及危害。
9. 煤焦油渣的资源化利用途径有哪些?
10. 简述煤沥青的来源、分类及危害。
11. 煤沥青的资源化利用途径有哪些?

第七章　非煤系固体废物的资源化

本章主要介绍非煤系固体废物资源化利用的途径和方法。通过学习,掌握常见非煤系固体废物,如城市生活垃圾、矿山固体废物、工业固体废物、建筑垃圾、电子垃圾和农业废物等资源化利用的主要途径。

第一节　城市生活垃圾的资源化

一、城市生活垃圾处理处置现状

我国城市生活垃圾的处理处置方式主要包括填埋、焚烧、堆肥等,其中填埋方式长期占据着主导地位。填埋的优点是操作简单、能处理各类垃圾、技术比较成熟,缺点是土地占用量大且存在渗滤液、臭味及填埋气等二次污染问题。与填埋方式相比,焚烧方式减少了土地占用,缩短了垃圾运输距离,可全天候操作,减量化、无害化效果十分明显。受填埋选址困难、填埋处置成本增加、"垃圾围城"压力大等因素影响,过去十多年间垃圾焚烧处理方式在我国得到大力推广应用,填埋处置量逐年下降。根据《中国统计年鉴》(2020 版),到 2019 年我国城市生活垃圾填埋处置量占比已降至 45.6% ,焚烧处理量占比升至 50.7% 。堆肥技术适用于易腐熟、有机质含量较高的生活垃圾,堆肥工艺简单,处理处置成本远远小于焚烧和填埋,但由于我国城市生活垃圾混合收集,垃圾中混有大量不可降解的塑料、玻璃、重金属、无机渣土、废弃灯管等,导致堆肥效果差、产品使用存在潜在污染风险等问题,因此堆肥处理技术在我国城市生活垃圾处理处置总量中占比一直较低,目前已不足 3% 。

二、城市生活垃圾的分类回收

城市生活垃圾中蕴藏着丰富的二次资源,垃圾中的金属、玻璃、塑料、纸张等是宝贵的再生原料;废橡胶可以生产胶粉、燃料油等;砂、石等可用作建筑材料;杂草、树叶、烂水果等有机质可通过微生物技术生产有机肥料。因此,若能将垃圾中各组分有效分离,会产生良好的经济效益。然而,受生活、饮食习惯等因素影响,我国城市混合收集的垃圾含水率较高,利用现有技术手段难以将垃圾中的有价组分有效分离,从而导致生活垃圾资源化利用率较低,焚烧、堆肥工程实践也出现了各种问题。

源头分类收集,是实现垃圾资源化、减量化的基础。源头分类收集不仅可以有效满足垃圾减量和资源化利用的要求,而且对我国生态文明建设及可持续发展具有重要意义。

我国城市生活垃圾分类始于 20 世纪 90 年代,当时主要通过废品回收行业回收有价值的废弃物,如玻璃、塑料、家具、电器等。1996 年发布的《中华人民共和国固体废物污染环境防治法》指出"城市生活垃圾应当逐步做到分类收集、贮存、运输和处置"。2000 年我国开始垃圾分类试点探索工作,将北京、上海、广州、深圳、杭州、南京、厦门、桂林这8个城市确定为全国首批生活垃圾分类收集试点城市。在此后十几年时间内,我国对垃圾分类进行了多种形式的探索与尝试,包括垃圾分类收集、混合垃圾人工/机械分选等,并出台了一些垃圾分类方面的指导性法律法规文件,虽然总体未取得实质性突破,但积累了丰富的垃圾分类及管理经验。

2017年国务院办公厅转发国家发展和改革委员会、住房和城乡建设部《生活垃圾分类制度实施方案》(下文简称为《方案》),要求2020年年底前在直辖市、省会城市和计划单列市的城区范围内先行实施生活垃圾强制分类。与之前的建议性法律法规文件不同,《方案》明确了垃圾强制分类,提出了时间节点要求,标志着我国城市生活垃圾分类进入了新时代。2019年6月,国家住房和城乡建设部发布了《关于在全国地级及以上城市全面开展生活垃圾分类工作的通知》,细化了垃圾分类推进工作的明确目标,要求"到2022年,各地级城市至少有1个区实现生活垃圾分类全覆盖,其他各区至少有1个街道基本建成生活垃圾分类示范片区。到2025年,全国地级及以上城市基本建成生活垃圾分类处理系统。"我国城市生活垃圾分类工作开始进入全面推进时期。以上海市为例,2019年1月上海市通过了《上海市生活垃圾管理条例》,从2019年7月1日起开始全面进行垃圾强制分类,将上海市生活垃圾分成可回收物、有害垃圾、干垃圾、湿垃圾四类后分别收集。

对于实施生活垃圾强制分类政策的城市,在将有害垃圾作为强制分类的类别之一的同时,应结合本地实际情况,参照生活垃圾分类及评价标准,再具体细化垃圾分类类别。同时,国家及地方应加大政策、投资、宣传、招商力度,尽快建成分类投放、分类收集、分类运输、分类处理、分类利用的完整循环链条,合力打造垃圾静脉产业。只有这样,才能避免出现垃圾先分后混、分而不用等现象,真正将垃圾分类及资源化利用工作做好。

三、城市生活垃圾中有价组分的资源化

(一)废塑料的资源化

1. 废塑料的产生

废塑料指生产、加工或使用塑料制品过程中产生的废品、边角料等,如塑料注塑成型时产生的飞边、流道和浇口,热压成型和压延成型时产生的切边料,中空制品成型产生的飞边,机械加工成型时的切屑等。

2. 废塑料的回收利用技术

废塑料的回收利用主要包括物质再生和能量再生两大类。物质再生包括物理再生和化学再生。物理再生不改变塑料的组分,主要采用熔融和挤压注塑生成再生制品,产品的品质往往低于原有产品的价值。化学再生则是在热、化学药剂和催化剂的作用下,将废塑料分解生成化学原料,或者通过溶解、改性的方法生成再生粒子和化工原料。化学再生主要分为解聚、气化、热解、催化裂解、溶解再生等。能量再生是基于物质再生法无法生成再生制品时,将废塑料直接用作燃料或制作成RDF衍生燃料在工业锅炉、水泥炉窑或焚烧炉中燃烧。然而,含氯塑料不完全燃烧时可能会生成二噁英等有毒有害气体,造成大气污染,故较少使用这类方法。下面重点介绍直接成型、熔融、解聚、气化和热解加工技术。

(1)直接成型加工技术

直接成型加工技术指生活垃圾中混杂的废塑料不经清洗分选,直接在成型设备中加入填充料制成所需特性的混合料的过程。填充料可以是玻璃、纤维等增强型添加剂,也可以是高聚物。混杂塑料采用直接注塑、模塑或挤出板材技术,其产品多为厚度超过 2.5 mm 的大型制品,可以取代木材、混凝土、石棉、水泥等材料,制作电缆沟盖、电缆管道、污水槽、货架、包装箱板等产品。

（2）熔融加工技术

熔融加工技术指单一品种塑料经分选、清洗、破碎等预处理过程后,进行熔融加工（过滤、造粒）,并最终成型的过程。熔融加工技术工艺流程见图 7-1。

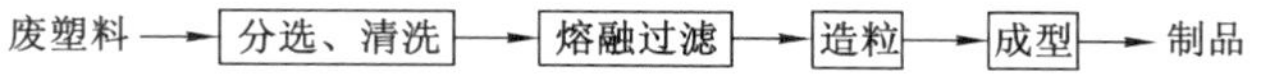

废塑料 ⟶ 分选、清洗 ⟶ 熔融过滤 ⟶ 造粒 ⟶ 成型 ⟶ 制品

图 7-1　熔融加工技术工艺流程图

首先将物料按种类进行分选和清洗,物料清洗过之后进行熔融过滤。对于含有粗杂质的物料可以采用连续熔融过滤器进行过滤,然后再通过可更换过滤网的普通过滤器进行熔融过滤;对于含有印刷油墨的物料,需要先选用滤网孔径足够细的过滤网去除油墨。熔融过滤后,物料经过专门的机头,切成规定尺寸的颗粒,以满足不同产品的成型需要。最后,规定尺寸的颗粒由不同的成型设备加工成不同种类的再生塑料制品。

（3）解聚技术

解聚技术指加入化学药剂后,废塑料与化学试剂发生反应生成单体的技术。解聚技术只适用于缩聚型塑料,如聚酯（PET）、聚氨酯（PU）和聚酰胺（PA）。根据使用的化学试剂的种类,解聚反应可分为醇解、醇解、水解和氨解。

PET 可与甲醇通过醇解反应生成 DMT,也可与乙二醇醇解生成 BHET 单体,还能与水通过水解反应生成对苯二甲酸,但是氨解反应在 PET 中的应用并不多见。目前,解聚反应的组合技术发展较快,如 PU 的解聚主要是进行醇解和氨解,当利用超临界氨进行氨解反应时,可大大提高解聚反应速度。

（4）气化技术

气化技术主要是利用废塑料与氧气、空气、水蒸气或其混合气体反应生成一氧化碳和氢气的技术。气化技术最大的特点就是对塑料的纯度要求比较低,即便是含有杂质的混合废塑料也可以进行气化处理,但是混合气体的后续净化工艺比较复杂。

（5）热解技术

废塑料的热解技术指在惰性环境中将废塑料高温分解的技术,仅适用于聚合型塑料。通常,经过高温分解反应能生成四类反应产物:烃类气体（碳分子数为 $C_1 \sim C_5$）、油品（汽油碳分子数为 $C_5 \sim C_{11}$、柴油碳分子数为 $C_{12} \sim C_{20}$、重油碳分子数大于 C_{20}）、蜡和焦炭。热解产物的品质主要受塑料种类、反应条件、反应器类型和操作方法等影响。其中,反应温度是影响热解反应的最主要因素,随着反应温度升高,气体和焦炭产量增加,而油品产量减少。

（二）废纸张的资源化

1. 废纸的主要组成及特点

废纸的主要组成及特点见表 7-1。

2. 废纸的回收利用技术

废纸回收利用方式主要分为机械处理法和化学处理法。机械处理法主要是将废纸破碎后,通过除渣器去除杂物,用水量比较少,水污染较轻,但由于没有脱墨,只能用来制作低档纸或纸板。化学处理法主要是将废纸脱墨，脱墨后的废纸可以作为新闻纸、印刷纸等。

表 7-1　废纸的主要组成及特点

类型	比例/%	主要组分	特点
废黄板纸和杂废纸	60	半化学草浆	纤维素、木质素半纤维素含量高
书本、杂志、办公用纸	20	化学草浆和化学木浆	长短纤维混杂
废旧报纸	10	机械木浆和少量化学木浆	

废纸再生主要包括废纸纤维的解离工序和废纸除墨工序，具体可分为解离（制浆）、筛选、除渣、洗涤、浓缩、分散、揉搓、浮选、漂白、脱墨等。下面将对主要工序进行介绍。

（1）解离

废纸进入碎浆机后，在水的高速旋转和叶片的高速旋切力作用下，废纸破碎为纸浆状态，然后纸浆进入下一道工序，纸浆中的丝状物不能通过而被分离。解离设备主要有碎浆机和蒸馏锅。碎浆机分为水力碎浆机和圆筒疏解机，目前国内外常用的碎浆设备是水力碎浆机（图 7-2）。水力碎浆机的工作原理为：废纸投入碎浆机后，在转子的带动下，被产生的水力剪切作用碎解成粗浆，良浆从转子下的孔板筛孔中被抽出送到下一工序，而打包铁丝、塑料片等杂物被裹在绞索上，随绞索向上移动，轻、重杂质则在底板空隙中由捕集器收集排出。

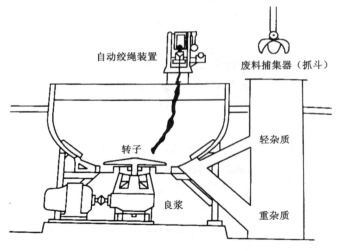

图 7-2　水力碎浆机示意图

（2）筛选

筛选的主要目的是将废纸浆料中的大纤维杂质去除，尽量减少合格浆料中的干扰物质，如黏胶物质、尘粒等。在制浆造纸生产过程中，使用的筛选设备主要是压力筛，压力筛的筛选区主要由一圆筒型筛鼓和转子组成。当转子回转时，转子上的旋翼在靠近筛板面处产生水力脉冲，脉冲产生的回流速度可达每秒 50 次，防止筛板开口堵塞。在两次脉冲之间，来自输浆泵的压力将水和可用纤维通过筛板的开口来完成筛选的过程。碎浆机、鼓筛、纤维离解机组合使用时的示意图如图 7-3 所示。

（3）除渣

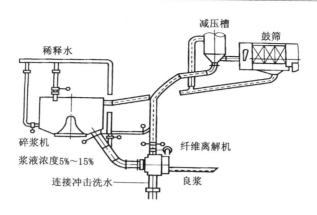

图 7-3　碎浆机、鼓筛、纤维离解机组合使用示意图

除渣过程和筛选过程类似,也是去除杂质的过程。除渣器一般可分为正向除渣器、逆向除渣器和通流式除渣器。比较常用的是逆向除渣器,逆向除渣器能有效地除去热熔性杂质、蜡、黏状物等。一个除渣系统通常要采用 4~5 段。第一段应考虑到最大生产能力的要求,在不影响净化效率的前提下尽量提高进浆浓度,以减少除渣器个数和运行费用。后面的每一段进浆浓度均比上一段低 0.02%~0.05%,这样做的目的是提高净化效率。

(4) 洗涤和浓缩

洗涤主要是为了去除细小纤维、细小油墨颗粒等小分子物质。洗涤设备根据其洗浆浓缩浓度范围大体上可分为三类:① 低浓洗浆机,出浆浓度最高至 8%,如斜筛、圆网浓缩机等。② 中浓洗浆机,出浆浓度 8%~15%,如斜螺旋浓缩机、真空过滤机等。③ 高浓洗浆机,出浆浓度超过 15%,如螺旋挤浆机、双网洗浆机等。

(5) 分散和揉搓

分散和揉搓主要是通过机械手段将纸浆中的油墨分离或分离后将油墨和其他杂质破碎成肉眼看不见大小的物质,增加纸成品的外观。

分散系统一般设置在整个废纸处理流程的末端,主要是为了在把纸浆送往造纸车间抄纸前除去肉眼可见的杂质。分散系统分为冷分散系统和热分散系统。

揉搓主要通过揉搓机进行揉搓,揉搓机主要是依靠高浓度(30%~40%)纤维间产生的高摩擦力和摩擦产生的温度(44~47 ℃)使油墨和污染物从纤维上脱落。

(6) 漂白

在通过浮选、洗涤等工序除去油墨后的纸浆,其色泽一般会发黄或者发暗,为了提高再生纸的质量,必须对纸浆进行漂白。漂白可分为氧化漂白和还原漂白,其原理见表 7-2。目前使用较多的是氧化漂白法,如氧气漂白、臭氧漂白、高温过氧化氢漂白等。

表 7-2　氧化漂白和还原漂白的区别

分类	原理	主要漂白剂
氧化漂白	氧化降解,脱除残留木质素,有一定的脱色功能	二氧化氯、次氯酸盐、臭氧
还原漂白	减少纤维本身发色团,有效脱去染料颜色而提高白度	亚硫酸钠、二氧化硫脲

（7）脱墨

废纸回用的关键程序是脱墨，脱墨是为了使废纤维恢复到原来的色度、净化度和柔软性等特性。脱墨主要是通过脱墨药剂降低废纸上的印刷油墨张力，从而产生润湿、渗透、乳化、分散等多种作用力，油墨分子在这些作用力的作用下就会从纸张上脱落下来。目前，废纸去除油墨粒子的方法分为浮选法和水洗法，前者通过水力碎浆机破碎后，加入脱墨剂，使油墨凝聚成大于 15 μm 的粒子，然后通过浮选，使油墨粒子从废纸浆中分离出来；后者通过水力碎浆机将油墨分散为微粒，并使油墨粒子小于 15 μm，然后通过二段或三段洗涤，将油墨粒子洗掉。

（三）废橡胶的资源化

1. 废橡胶的现状

生活垃圾中含有少量的废橡胶，此外一些行业每年会产生大量的废橡胶。随着工业的不断发展，我国已经成为世界废橡胶产生量最大的国家之一。世界每年都会产生 1 000 多万吨的废橡胶，每年都会有数十亿条废旧轮胎待处理。废橡胶具有稳定的化学网络结构，长期堆放在环境中，会造成严重污染，同时废橡胶也具有极大的资源化利用潜力。

2. 废橡胶的种类

（1）按橡胶来源分

按橡胶的来源，橡胶可分为天然橡胶和合成橡胶。其中，合成橡胶又可根据其成分和结构分为丁苯胶、顺丁胶、氯丁胶、丁基胶、丁腈胶、氟橡胶等。

（2）按橡胶制品用途分

按橡胶制品用途，橡胶可分为外胎类、内胎类、胶管胶带类、胶鞋类等。

3. 废橡胶的资源化利用

废橡胶主要的资源化利用方式有三种：整体利用、再加工利用和用作能源。

（1）整体利用

轮胎翻修是最主要的整体利用方式，即在不改变轮胎主体构造的情况下，对旧轮胎进行局部修补、加工、重新贴覆胎面胶之后，进行硫化，恢复其使用价值。轮胎在使用过程中最普遍的损坏方式是胎面的严重破损，通过轮胎翻修，既能延长轮胎的使用寿命，又可以减少轮胎的产量。因此，轮胎翻修引起了全世界的关注，美国 60% 以上废轮胎得到翻修，而中国翻修轮胎仅占新胎总数的 20%。

此外，废旧轮胎还可用于渔礁、护舷、救生圈、水上保护用材、树木保护用材、道路铺垫等。

（2）再加工利用

① 制造再生胶

再生胶是指以橡胶制品生产中已硫化的边角废料为原料加工成的、有一定可塑度、能重新使用的橡胶。制造再生胶除了需要废橡胶外，还需要在废橡胶处理过程中加入软化剂、增黏剂、活化剂、炭黑和填料等配合剂。

再生胶的处理工艺主要有油法（直接蒸汽静态法）、水油法（蒸煮法）、高温动态脱硫法、压出法、化学处理法、微波法等。我国目前主要采用的是传统的油法和水油法，其主要工艺流程如下：

油法：废橡胶—切胶—洗胶—粗碎—细碎—筛选—纤维分离—拌油—脱硫—捏炼—滤

胶—精炼出片—成品

水油法:废橡胶—切胶—洗胶—粗碎—细碎—筛选—纤维分离—称量配合—脱硫—捏炼—滤胶—精炼出片—成品

由于这两种传统工艺,流程复杂,能耗高,污染重,效益低,国外已经不再采用,且已经衍生出了许多新的工艺,如美国申请了微波脱硫法专利和低温相位移脱硫法专利,瑞士申请了常温塑化专利等。

② 生产胶粉

目前我国废橡胶利用以生产再生胶为主,辅以生产胶粉,而国外反之,以生产胶粉为主,辅以生产再生胶。

胶粉是将废橡胶通过破碎得到粒度极小的橡胶粉粒,其中粒径小于 60 目的称为精细胶粉。精细胶粉和普通胶粉的主要区别是:精细胶粉表面呈不规则毛刺状,表面布满微观裂纹,而普通胶粉表面呈立方体的颗粒状态。精细胶粉的表面性质决定了精细胶粉的三个主要性质:能够悬浮于较高浓度的浆液中;能较快地溶入加热的沥青中;受热后易脱硫。

把废橡胶制成胶粉或精细胶粉有很多优点:

a. 与制造再生胶相比,生成精细胶粉可省去脱硫、清洗、干燥、捏炼、滤胶、精炼等工序,可大幅度节约设备、能源动力损耗;

b. 可节约脱硫时所需要的软化剂和活化剂;

c. 精细胶粉掺于生胶中,可取代部分生胶,降低制作成本;

d. 生产精细胶粉可减轻环境污染。

胶粉的制造方法:橡胶等高分子材料在玻璃化温度以下时,受到机械力的作用很容易被粉碎成粉末状物质,故可采用低温粉碎的方式获得胶粉。目前工业上应用比较成熟的胶粉生产工艺主要有:冷冻粉碎法和常温粉碎法。冷冻粉碎法主要包括:低温冷冻粉碎工艺、低温和常温并用粉碎工艺。冷冻粉碎法主要包括预加工、初步粉碎、精细粉碎、分级处理和胶粉的改性五个过程。

a. 预加工。由于废橡胶的种类繁多,并且还含有很多杂质,因此在处理之前都要预先进行加工处理,如分拣、切割、清洗。

b. 初步粉碎。经过预加工的废橡胶再次进行初步粉碎,其主要操作步骤是将割去侧面的钢丝圈后的废轮胎送入开放式的破胶机破碎成胶粒后,用电磁铁将钢丝分离出来,最后再用振动筛将胶粉进行筛分得到所需粒径的胶粉。剩余粉料经旋风分离器除去帘子线,可分别回收钢丝、帘子线和粗胶料。

c. 精细粉碎。进行初步粉碎后的胶粒送往细胶粉粉碎机内进行连续破碎操作,在液氮($-150\ ℃$)条件下,胶粒可以被研磨成很小的颗粒。

d. 分级处理。将不同粒径分布的精细粉碎的胶粉进行分级处理,提取符合规定粒径的物料,将这些物料经分离装置除去纤维杂质装袋。

e. 胶粉的改性。胶粉改性主要利用物理化学的方法进行表面改性。改性后的胶粉能与生胶或其他高分子材料等进行有效的混合,混合后的复合材料与纯物质性质相近,因此改性胶粉能大大降低制品的成本,同时可实现资源化利用,解决环境污染问题。

(3) 用作能源

废橡胶作为能源,主要用于燃烧,提供热能。20 世纪 70 年代,日本将大量废轮胎燃烧作为热源应用于多个领域。燃烧废轮胎可产生 27.31～33.49 MJ/kg 的热能,燃烧方法主要有三种:① 单纯废轮胎燃烧;② 废轮胎与其他杂品混合燃烧;③ 与煤混合作为水泥窑的燃料燃烧。

目前废橡胶回收利用都是先进行废橡胶的再生利用,随后是翻修利用,最后才是热能利用。

(四)废有色金属的资源化

1. 铝的回收

生活垃圾中的废电线电缆、废电器中常含有铝,废铝的回收方法有很多,主要有热振动分选、涡流分选和熔炼分选等。

(1)热振动分选

在美国,铝饮料罐盖材一般采用 AA5182 铝合金(含 Mn 0.35%、含 Mg 4.50%),罐体采用 AA3004 铝合金(含 Mn 1.25%,含 Mg 1.05%)。将回收的铝罐破碎、去除涂层后倒入热振动装置,在 620 ℃的炉温下,AA5182 铝合金由于熔点低而易被破碎,高熔点的 AA3004 则较难被破碎。将破碎后的 AA5182 与混杂物一起通过筛网进入下层进行下一步分离,即将它们与 AA3004 分离。图 7-4 为艾科公司研发的铝饮料罐热振动分选设备示意图。

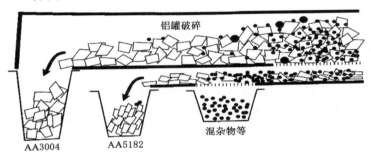

图 7-4　热振动分选设备示意图

(2)涡流分选

涡流分选主要通过外加磁场的作用分离铝和非金属,图 7-5 为涡流分选设备示意图。将含铝废物置于变化磁场中,导体中将产生感应电流,感应电流产生的磁场与外部磁场相互作用,使导体在前进方向发生弹射分离。弹射分离的程度随电导率的不同而不同,因此可借助不同金属的电导率不同进行分离。

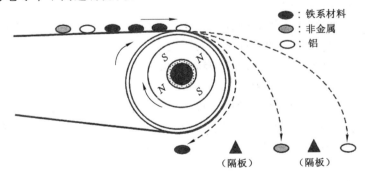

图 7-5　涡流分选设备示意图

（3）熔炼分选

图7-6为回转炉熔炼回收铝设备的示意图。将金属混合料投入回转炉中，利用不同金属的熔点不同进行金属分选。回转炉采用外部间接加热的方式严格控制炉内温度，使铝等低熔点金属从靠近窑罐处流出，而铁等高熔点金属则从窑头排出。

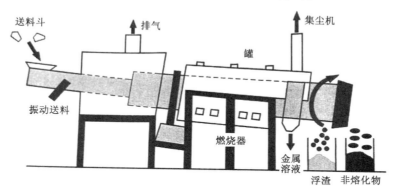

图7-6 回转炉设备示意图

2. 铜的回收

废电线、电缆、电机设备、电子管和防锈油漆等废料中存在有色金属铜，可对其进行回收。废料不同，铜的回收方法也不同，如废电线电缆一般采用化学剥离法、机械分离法、低温冷冻法等方法回收铜。

（1）化学剥离法

化学剥离法是目前普遍使用的一种分离技术，指通过有机溶剂将电线电缆的绝缘层溶解掉，使铜丝与绝缘层分离。虽然化学剥离法能得到优质的铜线，但是有机溶液的处理较为困难，且溶剂的价格较高。

（2）机械分离法

机械分离法是指采用机械手段分离绝缘层和铜线，能同时回收绝缘体和废料中的铜的方法，其主要包括滚筒式剥皮机加工法和剖割式剥皮机加工法。前者主要用于直径相同的废电线电缆的分离，后者适用于粗大的电线电缆的分离回收。其具体工艺流程为：首先将电线电缆裁剪成长度＜300 mm的线段，送入特制的转鼓切碎机，将电线电缆的绝缘层切碎脱皮。碎屑通过皮带从底部输送口输送到料仓，然后通过振动给料机将碎屑送到摇床进行分选得到铜屑、混合物和塑料纤维三种产品。铜屑可直接用于炼铜和生产硫酸铜，混合物返回转鼓切碎机处理，塑料纤维作为产品进行出售。每吨废铜线铜缆可生产450～550 kg铜屑和450～550 kg塑料。机械分离法工艺简单、机械化程度高，生产的铜屑基本不含塑料，但工艺电能消耗量大且刀片易磨损。

（3）低温冷冻法

低温冷冻法适合处理各种型号规格的电线电缆，其基本原理是通过冷冻使绝缘层变脆，然后通过振荡破碎绝缘层使绝缘层与铜线分离。图7-7为低温冷冻法回收废电线电缆中铜的工艺流程图。

（五）废玻璃的资源化

废玻璃包括废饮料瓶以及废房屋玻璃等，分为无色和有色玻璃两类。无色玻璃可在高

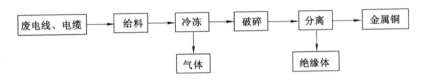

图 7-7　低温冷冻法处理废电线电缆工艺流程图

温下进行熔化、抽丝,经过化学处理后的玻璃丝具有柔软性,能够反复折叠 20 余次而不变形,可纺成线再加工成玻璃布,玻璃布可做成玻璃袋以及作为玻璃钢的增强纤维。而有色玻璃在熔化前先要进行颜色分类,然后按照分类分别送入熔炉熔化,可通过加入新的着色剂,使之成为新的有色玻璃。此外,废玻璃还可作为生产玻璃器皿的原料,用于生产各类制品或综合利用,如生产泡沫玻璃、玻璃微珠等。

1. 生产泡沫玻璃

泡沫玻璃是一种密度小、强度高、整体充满小气孔的玻璃质材料,与其他无机隔热、隔音材料相比,具有耐腐蚀、抗冻、不燃等优异性能。泡沫玻璃的生产方法有多种,目前国内外普遍采用的是粉末焙烧法和浮法。

(1)粉末焙烧法

粉末焙烧法是将废玻璃颗粒料洗净烘干后,与发泡剂、外渗剂和着色剂按精确的配比进行混合,然后送入球磨机进行球磨破碎,直至粒度完全小于 150 μm。当粒度满足要求后,倒入模框中,在隧道窑内加热到一定温度使之熔化、膨胀、发泡、成型,最后脱模送入窑内进行退火。待冷却至常温后,按一定的尺寸、比例进行裁剪做成相应的产品。

(2)浮法

浮法是将达到粒度和均匀度要求的配合料,采用带式输送机送入盛有熔锡的锡槽中,配合料在锡面上被加热、熔化,形成泡沫玻璃带。玻璃带在 600~650 ℃ 的温度下达到一定的强度,然后被拉出锡槽,送入退火窑进行退火。退火后,按一定的尺寸、比例进行裁剪做成相应的产品。

2. 生产玻璃微珠

玻璃微珠一般可分为实心玻璃微珠和空心玻璃微珠。由于玻璃微珠坚硬透明,且具有良好的耐腐蚀性、耐磨性、圆整度和流淌性,其被广泛应用于诸多领域。玻璃微珠可做染料、制药等精细化工的研磨介质,机械加工行业的抛光剂,交通、航海、电影等行业的反光材料,还可作为化学工业的催化剂体,医疗技术和尖端科研的低温材料和绝热材料。

废玻璃生产玻璃微珠的方法包括一次成型法和烧结制球法。一次成型法将处理好的废玻璃在玻璃窑中熔化成玻璃液,然后通过吹、喷、抛等方法做成玻璃微珠。一次成型法既能生产实心玻璃微珠,也能生产空心玻璃微珠;而烧结制球法(图 7-8)只能生产实心玻璃微珠。

(六)餐厨垃圾的资源化

餐厨垃圾指果皮、蔬菜、动植物油等有机物的混合物,是居民在食品加工和消费过程中形成的废料和剩余废弃物。餐厨垃圾的组成主要有菜叶、肉类、骨头、米饭、动植物油脂等,此外还可能含有牙签、餐纸等。

1. 餐厨垃圾的特点及危害

餐厨垃圾的主要特点是产量大、含水量高、有机物质含量丰富,容易出现腐烂变质和二

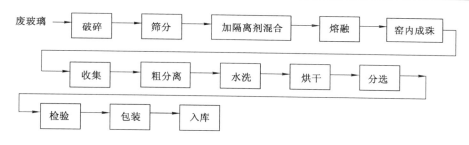

图 7-8 废玻璃烧结法生产玻璃微珠工艺流程图

次污染,占生活垃圾排放总量的 30%~40%。餐厨垃圾如果处理不当,不仅影响城市市容,而且其中有害成分会通过不同途径进入环境和人体,对生态环境和人体健康造成多方面的危害。

2. 餐厨垃圾的处理现状

目前,传统的餐厨垃圾主要以填埋处理为主,这也是现阶段我国生活垃圾处理的主要方式。然而,填埋处理不仅占用大量的土地资源,而且会造成大气污染和水污染。随着餐厨垃圾资源化处理技术的不断发展,目前欧洲许多发达国家已明令禁止将餐厨垃圾进行填埋处理,好氧堆肥、厌氧发酵制气和饲料化等资源化技术是当前研究和应用的热点。

餐厨垃圾在进行资源化处理之前,需要进行预处理。根据国家 2018 年《餐厨垃圾资源利用技术要求》(征求意见稿)中资源化处理工艺中指示,预处理是餐厨垃圾资源化综合利用的前端处理工艺。预处理包括以下两个方面:

① 破碎。餐厨垃圾在进行资源化利用前需要将餐厨垃圾进行破碎处理,破碎后的粒径要求小于 15 mm,采用堆肥、厌氧发酵时,其破碎粒径范围应达到不影响泵送和混合运行的尺寸大小。

② 分选。餐厨垃圾在资源化利用前必须去除垃圾中的玻璃,分离并回收金属、塑料、筷子、餐盒等非营养物以及去除餐厨垃圾中的有毒有害物质。

(1)好氧堆肥

好氧堆肥是目前具有代表性的生活垃圾资源化处理技术。餐厨垃圾因含有较高的有机物,故餐厨垃圾采用堆肥具有很大的利用潜力。20 世纪 30 年代起,现代化的堆肥技术开始开展,到现在已经形成了比较完备的工艺系统和成套设备。早在 1986 年,美国西雅图固体废物公用事业局的第一次实施堆肥大师计划,标志着家庭堆肥的开始。家庭堆肥处理餐厨垃圾具有费用低和从固体废物源头减量化等显著优点。

进入堆肥厂的餐厨垃圾需要先进行破碎、分选、水分调节、碳氮比调节等预处理,使得进厂粒径范围控制在 25~75 mm,含水率为 50%~60%,碳氮比为(25~30):1。根据国家现行标准《城市生活垃圾好氧静态堆肥处理技术规程》(CJJ/T 52)的要求,发酵设施必须设有强制通风装置,高温发酵过程必须保证堆体内物料温度在 55 ℃以上,并保持 5~7 天。

(2)厌氧发酵

厌氧发酵处理餐厨垃圾是近年来国内兴起的一种新的资源化利用方式。厌氧发酵是在无氧条件下,借助厌氧微生物的作用进行发酵处理。餐厨垃圾中的蛋白质、脂肪、糖类等有机质通过厌氧条件下的生化反应被分解为 CH_4 和 CO_2。目前国外已经对餐厨垃圾厌氧发酵技术进行了较多研究。德国是最先进入餐厨垃圾厌氧发酵领域的国家,到 20 世纪 90 年代后期,厌氧沼气工程开始在德国以及整个欧洲大规模投入使用。英国废弃物处理公司在2011年斥巨资建立了全球最大的厌氧发酵处理餐厨垃圾的发电厂,每年可处理 4 380 万 t 餐厨垃圾,发电量约为 5.5 亿 kW·h,既解决了餐厨垃圾的处置问题,又可以满足数万户家庭用电的需求。厌氧发酵的资源化产品主要用作动物饲料、土地肥料和土壤添加剂,此外厌氧发酵产生的沼气还能作为一种重要的清洁能源使用。

厌氧发酵工程实例如下:

① 沼气工艺流程:将收集来的餐厨垃圾先通过分选装置去除大块物料然后提油,回收垃圾中的油脂,而后通过打浆、调质送入厌氧发酵罐与厌氧菌群接触,在一定的 pH(6.6～7.8)和碳氮比(25～30∶1)下,并维持一定的碱度(以 $CaCO_3$ 计,2 500～5 000 mg/L),且餐厨垃圾发酵温度以 30～38 ℃(中温)和 50～60 ℃(高温)为宜,经水解酸化、甲烷化产生沼气,产生的沼气经净化后用作燃料或者发电。沼液做液体肥料或者曝气处理达标排放,少量沼渣可用于固体肥料。

② 技术指标:产气率为 0.65～0.75 m³/(kg·d);容积产气率为 2.0～2.5 m³/(m³·d);转化率为 85%～90%。

③ 工艺特点:流程简单、自耗能少、全封闭运行,无异味、沼气产率高。

(3) 饲料化

餐厨垃圾中因含有丰富的蛋白质、脂肪、纤维素、淀粉等有机物,经过高温干化灭菌,高温压榨、烘干除盐等预处理后的餐厨垃圾可制成动物饲料或动物蛋白。目前,国外餐厨垃圾饲料化技术已经相对成熟,在韩国、新加坡以及我国台湾地区应用较多。然而,餐厨垃圾作为饲料来源具有一定的污染风险,对进料纯度、餐厨垃圾存放时间要求较严格,且生化制蛋白处理工艺有待进一步提高。

(4) 其他技术

除了上述几种处理技术外,餐厨垃圾资源化利用技术还包括制取生物柴油技术与热解技术。

制取生物柴油技术主要利用餐厨垃圾中的脂肪酸和醇发生酯交换反应,反应产物再进行分层和反复清洗,蒸发掉甲醇并干燥除水后得到生物柴油制品,用作压燃式发动机的清洁替代燃料。

热解技术主要在高温条件下,将餐厨垃圾热解为可燃气体、焦油燃料以及焦炭等物质。由于餐厨垃圾的热解区间主要集中在 165～500 ℃,高温高热条件下可以充分回用餐厨垃圾中生物质的能量,此外,热解产生的焦油焦炭的热值也很高,故利用热解技术处理处置餐厨垃圾可以取得较好的经济效益。

第二节　矿山固体废物的资源化

一、矿山废石的资源化

(一) 矿山废石的产生

矿山废石是在矿山开采过程中产生的无工业价值的矿体围岩和夹石的统称。通常,每开采 1 t 井下矿矿石就会产生废石 2～3 t,每开采 1 t 露天矿矿石要剥离废石 6～8 t。对于一个大、中型坑采有色金属矿山,基建工程一般要产生$(20\sim50)\times10^4$ m^3废石,生产期间还会产生$(6\sim15)\times10^4$ m^3废石。一个露天矿山基建的废石剥离量则在$(10\sim1\,000)\times10^4$ m^3之间。

（二）矿山废石的资源化利用

矿山废石中所含有用成分很少,通常采用覆土造田、井下填充等方式进行资源化利用。

1. 矿山废石覆土造田

常见的覆土造田方法是就地处置废石堆。就地处置废石需要考虑诸多因素,包括坡度和种植等。为了满足实际生产需要,有时候需要重整坡度。重整坡度是为了降低废石堆高度和减小边坡角,使覆土造田后方便种植植物并有利于水土保持。边坡角越小,其所占现有生态面积越多,从保护生态考虑,废石覆土造田时不可过于平缓。在重整废石堆的过程中可能会造成扬尘污染,因此重整过程中需要喷水来减少扬尘。在大型剥离区,可采用交替循环覆田的办法,把后续采掘区的废石和表土回填到已采空的地段。

2. 矿山废石用作井下填充料

将矿山废石回填矿山井下采空区是一种比较经济实用的办法。回填采空区主要有两种途径:一是直接回填,即将上部中段的废石直接倒入下部中段的采空区,可节省大量提升费用,不需要额外占用土地,但是必须对采空区进行适当加固。直接回填是大部分矿区都采用的方法。二是将废石提升到地表后,对废石进行适当地破碎和加工,再混合废石、尾砂和水泥后回填采空区。这种方法安全性较好,但是处理成本相对较大。我国招远金矿、焦家金矿均采用拌和水泥回填采空区的方法,拥有成套技术,且积累了大量工作经验。

二、矿山尾矿的资源化

（一）矿山尾矿的现状及特点

矿选过程中,目的金属精矿选完后剩下的含目的金属很少的矿渣,称为尾矿。每处理1 t矿石可产生尾矿0.5～0.95 t。矿山尾矿中仍含有少量金属,是一种潜在的资源。据估算,云南锡业公司的尾矿中潜在的锡资源高达20万t,河南省的金矿尾矿中潜在的金资源达2.3 t以上。

矿山尾矿中通常含有铜、铅、锌、铁、硫、钨、锡等元素,以及钪、镓、钼等稀有元素。虽然矿山尾矿中金属含量很小,提取难度大、成本高,但随着选矿设备行业生产技术发展,以及资源、环境压力日趋严重,矿山尾矿的资源化处理势在必行。

（二）矿山尾矿资源化

矿山尾矿产量极大,其有价金属的含量相当可观。尾矿中除了含有金属成分外,还有伴生的萤石、重晶石、长石、云母等非金属成分,这些非金属成分也具有一定的回收价值。

由于尾矿中含有的有价金属品位一般较低,用常规的选冶方法无法回收或不具经济性,故利用一些新型手段来处理低品位尾矿显得格外重要。

对于弱磁性铁矿物的伴生金属矿物的回收,少数可通过重选的方法实现,多数需要靠强磁、浮选组成的联合流程来实现。其中,最关键的因素是有效的设备和药剂。一旦原位废弃的尾矿能够充分利用,不仅能够降低固体废物的排放量,而且还能缓解国内资源紧张的现状。

1. 矿山尾矿中有价金属的回收

（1）铁尾矿的再选

我国铁尾矿资源,按伴生元素的含量可分为单金属类铁尾矿和多金属类铁尾矿两大类。两大类尾矿的特点分别见表7-3和表7-4。

表 7-3　单金属类铁尾矿种类和特点

单金属类铁尾矿种类	特点	代表矿山
高硅鞍山型铁尾矿	硅含量高,有的含 SiO_2 高达 83%,一般不含有伴生元素,平均粒度在 0.04~0.2 mm	鞍钢弓长岭铁矿、东鞍山铁矿、齐大山铁矿、歪头山铁矿、本钢南芬铁矿、唐钢石人沟铁矿、太钢峨口铁矿
高铝马钢型铁尾矿	Al_2O_3 含量较高,多数不含有伴生元素,个别尾矿含有伴生硫、磷,主要粒径范围<0.074 mm	江苏古山铁矿、马钢姑山矿、南山铁矿及黄梅山铁矿
高钙、镁邯郸型铁尾矿	主要伴生元素为 S、Co 以及极微量的 Cu、Ni、Zn、Pb、As、Au 和 Ag 等,主要粒径范围<0.074 mm	河北邯郸地区的铁矿
低钙、镁、铝、硅钢型铁尾矿	主要含非金属矿物是重晶石、碧玉,伴生元素主要有 Co、Ni、Ge、Ga 和 Cu 等,主要粒径范围<0.074 mm	

表 7-4　多金属类铁尾矿种类和特点

多金属类铁尾矿种类	特点
大冶型铁尾矿	铁含量高,还含有 Cu、Co、S、Ni、Au、Ag、Se 等
攀钢型铁尾矿	主要含有 V、Ti、Co、Ni、Ga、S 等
白云颚博型铁尾矿	铁矿物含量 22.9%、稀土矿物含量 8.6%、萤石含量 15.0%

相对于单金属类铁尾矿,我国多金属类铁尾矿主要分布在攀西地区、内蒙古包头地区和长江中下游的武钢地区。多金属类铁尾矿的特点是成分复杂、伴生元素种类多,除了含有丰富的有色金属外,还含有一定量的稀有金属、贵金属以及稀散金属等。从回收价值角度来讲,回收该类铁尾矿中的伴生元素,已经超过了回收主体金属铁的回收价值。因此,铁尾矿再选已经引起钢铁行业的重视。目前,主要通过磁选、浮选、酸浸、絮凝或联合工艺实现铁尾矿中铁的回收,同时回收尾矿中的金、铜等有色金属,可达到更高的经济效益。

（2）铜尾矿的再选

铜矿石的品位较低,每生产 1 t 原位铜,同时就会产生 400 t 的废石和尾矿。铜尾矿中的有用成分主要为铜、金、银、铁、硫、萤石、硅灰石和重晶石。从铜尾矿中回收目的金属精矿和其他有用成分,可取得良好的经济和环境效益,如永平铜矿采用磁选工艺从铜尾矿中回收白钨矿、硫精矿和石榴子石、重晶石等产品,取得了较好的经济效益。

（3）铅锌尾矿的再选

铅锌尾矿中常伴有金、银、铜、铋、锑、硒、钨、钼、锗、镓、铊、硫、铁等元素,再选铅锌尾矿可取得良好的经济和环境效益,如宝山铅锌银矿采用旋流器-螺旋溜槽-摇床工艺从尾矿中回收黑钨矿和白钨矿,取得了较好的经济效益。

（4）钼尾矿的再选

目前,钼尾矿综合利用实例见表7-5。

表 7-5　钼尾矿综合利用实例

单位	工艺	主要内容
河南栾川某钼矿	再选回收钨	用磁-重流程再选,回收钨精矿,其品位可达到 71.25%,回收率高达 98.47%,对选钨后的尾矿可再进行回收长石精矿和石英精矿
金堆城钼业集团	再选回收铁	采用磁选-再磨-细筛选矿工艺成功回收了尾矿中的磁铁矿
金堆城钼业集团	再选回收铜	对钼和铜分离后的尾矿采用"钼精尾矿清洗、浓密、$CuSO_4$ 活化及少量黄药、2 号油浮选"工艺,解决了钼精尾矿中低品位 Cu 的综合回收问题

（5）锡尾矿的再选

云南云龙锡矿、栗木锡矿采用重选-浮选工艺成功地从含锡尾矿中回收锡;平桂冶炼厂采用重选-浮选-重选工艺对锡石-硫化矿精选尾矿进行综合回收,获得砷精矿、锡精矿和锡富中矿。上述三者均取得了良好的经济和环境效益。

（6）钨尾矿的再选

钨尾矿综合利用实例见表 7-6。

表 7-6　钨尾矿综合利用实例

单位	工艺	主要内容
湘东钨矿	再选回收铜	含铜 0.18% 的钨尾矿,浮选可得到含铜 14%~15% 的铜精矿
溧塘钨矿	再选回收钼、铋	钨尾矿经磨后浮选,获得含 MoO_3 47.84% 的钼精矿,回收率可达 83%,再选铋的回收率可达 34.46%
荡坪钨矿	再选回收萤石	含氟化钙 17.5% 的白钨尾矿,浮选获取的萤石精矿含萤石 95.67%,回收率达 63.34%
九龙脑钨矿	再选回收铍	含 BeO 0.05% 的黑钨尾矿重选尾矿,再选可得到含 BeO 8.23%、回收率 63.34% 的绿柱石精矿
棉土窝钨矿	选冶联合回收铋、钨	利用重选-浮选-水冶联合流程处理磁选钨尾矿,Be 回收率达 95%,含钨 36% 的钨粗精矿回收率达 90%
铁山垅钨矿	再选回收银	对硫化矿的钨尾矿进行浮选回收,得到含铋银精矿,经过 $FeCl_3$ 酸浸,最终得到海绵铋和富银渣

2. 矿山尾矿的综合利用

（1）生产建材

矿山尾矿生产建材主要包括制砖、生产水泥、生产微晶建筑玻璃、烧制陶瓷等。

① 制砖

目前,利用尾矿制砖的应用实例见表 7-7。

② 生产水泥

研究发现,利用尾砂作为配料可烧制普通硅酸盐水泥,可在井下采空区回填时作为胶结水泥;杭州闲林埠钼铁矿研究所成功使用钼铁矿代替部分水泥原料烧制成水泥,经工业性试验取得了良好的经济效益;广东凡口铅锌矿,利用含有方解石、石灰石为主的尾矿生产水泥,年产量达 15 万 t,水泥性能良好,符合国家标准。

表 7-7　尾矿制砖的应用实例

单位	原料	主要内容
马鞍山矿山研究院	铁尾矿	采用齐大山、歪头山铁矿尾矿,成功制造了免烧砖,各项指标均达到国家标准
湖南邵东铅锌选矿厂	铅锌尾矿	利用分支浮选回收萤石生产流程中的浮选尾矿,配上部分黏土熟料和夹泥,经烧制后得到最终产品,产品达到国家高炉用耐火砖标准
安庆月山矿业	铜尾矿	以尾矿和石灰为原料,经坯料制备、压制成型、饱和蒸汽压养护等流程制成灰砂砖,符合国家颁发的标准
山东建筑材料工业学院	金尾矿	以焦家金矿尾矿为原料,添加当地少量廉价黏土研制出符合国家标准的陶瓷墙地砖
江西西华山钨矿	钨尾矿	利用尾矿与石灰生产钙化砖,成品砖各项指标均达到颁发标准

③ 生产微晶建筑玻璃

某高校以大庙铁矿尾矿和废石为主要原料制成了尾矿微晶玻璃,其成品抗压强度、抗折强度、光泽度、耐酸碱性等均达到或超过天然花岗岩的水平。另有研究发现,以安徽琅琊山铜矿尾矿为主要原料,研制出高强、耐磨和耐腐蚀的微晶玻璃材料,可替代大理石、花岗岩和陶瓷面砖等建材。

④ 烧制陶瓷制品

日本足尾厂产生的尾矿化学组成与该国生产的陶管、陶瓦等陶制品所用的原材料化学组成十分接近,专家们对此进行了研究,并得到了比以黏土为原材料制成的陶制品强度还要大的产品。

（2）生产农用肥料或土壤改良剂

由于尾矿中常含有钾、磷、锰、锌、钼等微量元素,这些元素有利于植物的生长,因此可将含有这些元素的尾矿进行加工处理,生产农用肥料或土壤改良剂。

（3）填充采空区

大多数矿山尾矿呈细料状均匀分布,如果将其作为地下采空场的填料,具有运输方便、无须加工、易于胶结等优点。当确认某些矿山尾矿回收价值不大时,就可以采取就地回填的措施。我国的矿山尾矿填充采空区技术主要经历了从干式填充到水力填充,从分级尾矿、全尾矿、高水固化胶结填充到膏体泵送胶结填充等阶段。利用尾矿填充采空区既能节约矿山填充骨料,又能解决矿山尾矿乱堆乱放的问题。

总之,在尾矿的资源化过程中应优先考虑回收尾矿中的有价金属,提高经济效益和环境效益,只有在确定尾矿确实无法利用时,才选择填埋、堆放等方式进行处置,必要时需要对尾矿进行可行性评价,然后选择最佳的处理处置方案,尽量做到技术合理,不会对环境造成危害。

第三节　工业固体废物的资源化

工业固体废物指各种工业生产过程中产生的固体废物,是工业生产过程中排入环境的各种废渣、粉尘及其他废物的总称,主要包括化工废渣(废催化剂、废酸废碱、"三泥"等),冶炼废渣(高炉矿渣、钢渣、铁合金渣、赤泥等),燃料废渣(煤渣、烟道灰、煤粉渣、页岩灰等),采矿废渣(废石、煤矸石、选矿废石、选洗废渣、各种尾矿),等等。

统计表明,化学品制造及化学原料的生产行业所产生的危险化工产品量最多,其次是有色金属冶炼行业及石油化工行业,这些行业是危险废物产生的主要来源,也是危险废物监督管理的重点行业。限于篇幅及侧重点,本节仅介绍石油化工行业和冶金行业的一些典型的固体废物的资源化技术。

一、石油化学工业固体废物的资源化

石油化学工业固体废物简称石化工业固废,指生产过程中产生的固体、半固体以及容器盛装的液体、气体等危险性废物,包括石油炼制过程中产生的废酸、废碱,石油化工、化纤生产过程中产生的不合格产品、副产品以及失效的催化剂及石油化工行业污水处理产生的污泥。

(一)石化工业固废的来源、分类及特点

1. 来源

主要来源于石油和天然气开采工业、石油化学工业、化学工业等。

2. 分类和特点

石油化学工业固体废物一般按照化学性质、危险等级进行划分。其按照化学性质可分为有机废物、无机废物、酸性和碱性废物等;按照危险等级又可分为一般固体废物和危险废物。

石化工业产生的主要固体废物见表7-8。

表 7-8　石化工业主要固体废物

废物来源	主要固体废物
石油炼制	酸碱废液、废催化剂、含四乙基铅油泥
石油化工	有机废液、废催化剂、锌废渣、污泥
石油化纤	酸碱废液、有机废液、聚酯废料
供水系统(软化水、新鲜水、循环水)	水处理絮凝泥渣、沉积物
污水处理厂	浮渣、剩余活性污泥、焚烧灰渣
机修,仪修	检修废弃物

有机物含量高、危险废物种类多,是石化工业固体废物的两大主要特点。

(二)石化工业固废资源化

1. 废酸废碱液的资源化

废酸液主要来自石油产品的酸精制和烷基化装置排出的废硫酸催化剂,其成分除硫酸外,还有硫酸酯、磺酸等有机物及其叠合物。目前,我国主要废酸液的组成与性状见表7-9。

废碱液主要来自石油产品的碱洗精制。由于被洗的产品不同,废碱液的化学组成也不一样。目前,我国主要的废碱液组成见表7-10。

表 7-9　主要废酸液的组成与性状

项目来源	硫酸浓度/%	废酸液组成		性状
烷基化装置排出的废酸液	98	主要成分为高分子烯烃、烷基磺酸及溶解的小分子硫化物,含量为 8%~14%	80%~85%	黑色黏稠
航油精制废酸液	98	主要成分为高分子烯烃、苯磺酸、烷基硫酸、二硫化碳及芳烃、环烷烃等,含量为 4%~6%	86%~88%	黑色黏稠
润滑油精制废酸液	98	主要成分为硫化物、环烷酸、胶质等,含量约为 6%	30%	黏稠

表 7-10　主要废碱液的组成

废碱液来源	用碱浓度/%	废碱液组成					
		中性油/%	游离碱/%	环烷酸/%	硫化物/(mg/L)	挥发物/(mg/L)	COD/(mg/L)
常顶汽油	3~5	0.1	2.9	1.8	3 584	3 200	35 000
常一、二线	3~5	0.14	2.4	9	250	916	241 600
常三线	3~5	10	1.5	8.3	64	300	8 340
催化汽油	10~12	0.17	8	0.85	6 964	90 784	294 700
催化柴油	15~20	0.8	8	2.5	5 052	50 748	340 900
液态烃	10	0.04	6.2		1 553	737	36 000

（1）废酸液的资源化

① 热解法回收硫酸。将石油化工厂产生的废酸送往硫酸厂,并将废酸通过液压装置喷入燃料热解炉中。废酸在热解炉中与燃料一起在燃烧室中热解,分解成 SO_2 和 H_2O;而油和其他的酸酯类有机物分解成 CO_2。燃烧裂解后的气体通过文丘里除尘器除尘,除尘后冷却至 90 ℃左右,再通过冷却器和静电酸雾沉降器除去水分和酸雾,通过干燥塔除去剩余水分,防止设备腐蚀和转换器中催化剂活性失效。SO_2 在 V_2O_5 催化剂作用下转化为 SO_3,最后用稀酸吸收 SO_3 制成浓硫酸。

② 浓缩法回收废酸。废酸浓缩主要是将产生的废酸通过浓缩的方法浓缩到 95%以上。浓缩法回收废酸应用广泛,且工艺较成熟。目前,使用较多的浓缩法是塔式浓缩法。塔式浓缩法的装置在国内已运行 40 余年,能将 70%的废酸浓缩到 95%以上。塔式浓缩法虽然应用广泛,但是生产能力小,设备腐蚀严重,检修周期短,费用高,燃料消耗大。因此,重点开发废酸高效低温浓缩设备、节能型废酸裂解装备及新型石墨材料势在必行。

（2）废碱液的资源化

① 硫酸中和法回收环烷酸。常压直馏煤、柴油的废碱液中含有较高水平的环烷酸,可以直接用硫酸酸化,回收环烷酸、粗酚。其具体过程是先将废碱液在脱油罐中加热,静置脱油,之后向罐内加 98%的硫酸,控制 pH 在 3~4,此时罐内就会生成硫酸钠和环烷酸。待反应产物沉降后,将含硫酸钠的废水分离去除,再水洗去除上层残留的硫酸钠和中性油,能够得到环烷酸产品。

② CO_2 中和法回收环烷酸和碳酸钠。硫酸中和法会造成设备腐蚀,为了降低设备腐蚀

率和减少硫酸消耗量,可以采用 CO_2 中和法回收环烷酸和碳酸钠。

一般利用 CO_2 含量在 $7\%\sim11\%$(体积比)的烟道气碳化常压油品碱渣,回收环烷酸和碳酸钠。其工艺流程是先将废碱液加热脱油,然后将脱油后的碱液送入碳化塔,最后向碳化塔内鼓入含 CO_2 的烟气进行碳化。碳化后的碳化液经沉淀分离,上层即为环烷酸产品,下层为碳酸钠水溶液。碳酸钠水溶液经蒸发结晶即可得到碳酸钠产品,其纯度一般可达到 $90\%\sim95\%$。采用 CO_2 中和法,碳酸钠回收率高,产品纯度较高,对环境无污染,同时设备腐蚀较轻。

2. 废催化剂资源化

(1)贵金属的资源化回收

石油化工生产过程中涉及的化学反应大多会采用贵金属作为催化剂,不同的化学过程消耗及排放的贵金属数量不等,品类相异。这些金属往往附着于载体之上,需要根据具体情况选取合适的技术,以回收催化剂中的贵金属,如磁分离技术可将废催化剂中重金属镍、钒分离后制成泡沫陶瓷、瓷砖或其他建材;含汞废催化剂通常采用碱解电阻蒸馏炉法、控氧干馏法回收汞,回收再生过程密闭循环,可实现汞的高效回收和活性炭的再利用。

(2)用废催化剂生产釉面砖

釉面砖的主要化学成分与催化裂化装置所用催化剂的化学组分基本相同。有研究发现,在制作釉面砖的过程中,向釉面砖的原料中加入 20% 的废催化剂,制造出的釉面砖质量高。

(3)替代白土用于油品精制

催化裂化装置采用的催化剂在再生过程中,会有部分粒径较小的催化剂($<40~\mu m$)由再生器出口排入大气,严重污染环境。采用高效三级旋风分离器可将细粉催化剂回收,回收的催化剂可以替代白土用于油品精制,不仅可以降低精制温度,而且无须严格控制含水量。

3.“三泥”资源化

“三泥”即生化污泥、池底污泥和浮渣,含水率较高,在回用之前必须进行脱水处理,脱水流程如下:

油泥、浮渣—集水井—提升泵—浓缩池—过滤—堆放(加热);

剩余活性污泥—集泥井—提升泵—浓缩池—过滤脱水—堆放(加热)。

(1)浮渣用作浮选剂

浮渣主要是由氢氧化铝和附着在上面的油及少量其他杂质构成的。在浮渣中加入适量的硫酸,会生成硫酸铝水溶液,其可以作为污水浮选处理的浮选剂。

(2)用于制砖或用作烧砖燃料

池底污泥和浮渣热值很高,可以用作烧砖燃料。此外,泥中含有氢氧化铝等物质,把脱水后的污泥按照不同比例掺入黏土中,还可制成砖坯进行焙烧,烧出来的砖抗压强度符合国家要求。

二、冶金固体废物的资源化

冶金固体废物指在冶金生产过程中产生的固体废物,主要包括高炉矿渣、钢渣、赤泥、铁合金渣等。

（一）高炉矿渣

1. 概述

高炉矿渣指在冶炼生铁时从高炉中排出的固体残渣，其产生量与铁矿石品位、焦炭灰分含量以及石灰石、白云石质量等因素有关，通常冶炼 1 t 生铁会产生 300～900 kg 高炉矿渣。高炉矿渣的化学组成与普通的硅酸盐水泥成分类似，主要是 Ca、Mg、Al、Si、Mn 等的氧化物，部分高炉矿渣还含有 TiO_2 和 V_2O_5 等。我国不同类型高炉矿渣的主要化学成分见表7-11。

表 7-11　我国不同类型高炉矿渣的主要化学成分　　单位：%

名称	CaO	SiO_2	Al_2O_3	MgO	MnO	Fe_2O_3	TiO_2	V_2O_5	S	F
普通渣	38～49	26～42	6～17	1～13	0.1～1	0.15～2			0.2～1.5	
高钛渣	23～46	20～35	9～15	2～10	<1		20～29	0.1～0.6	<1	
锰铁渣	28～47	21～37	11～24	2～8	5～23	0.1～1.7			0.3～3	
含氟渣	35～45	22～29	6～8	3～7.8	0.1～0.8	0.15～0.19				7～8

2. 高炉矿渣的资源化利用

（1）用作水泥混合材

目前国内外普遍将粒化高炉矿渣用作水泥混合材，如在日本，约50%的高炉矿渣用作水泥混合料生产水泥；我国约有 3/4 的水泥中掺杂了粒状高炉矿渣。高炉矿渣不仅可以改进水泥的性能、扩大水泥的品种、调节水泥标号，还能增加水泥的产量和保证水泥产品的质量安全。

（2）修筑道路

高炉矿渣、重矿渣碎石可以用作各种道路基层和面层，如欧洲国家将约70%的高炉矿渣用于道路、机场的建设。实践证明，利用高炉矿渣铺设道路，路面强度、材料耐久性和耐磨性等方面都有显著改善效果。同时，由于高炉矿渣的摩擦系数大，用其铺设的矿渣沥青路面能起到很好的防滑效果。

（3）用于地基工程

实践证明，采用高炉矿渣加固软弱地基是行之有效的方法，具有技术合理、安全可靠、施工方便、价格低廉的优点。高炉重矿渣具备足够的强度，变形模量大，稳定性较好，能提高持力层的承载力，减小地基变形量，加速地基的排水固结。用高炉重矿渣做地基垫层处理较软弱地基，较深层搅拌、灌注桩等方法，可以节约大量的地基处理费用，同时能够大大缩短地基处理的工期，具有显著的经济效益和社会效益。

（4）用作混凝土骨料或轻骨料

高炉矿渣用作混凝土骨料在我国已有几十年的历史，矿渣碎石混凝土不仅具有与普通碎石混凝土相似的物理化学性质，而且还具有较好的保温、隔热、耐热抗渗性能。

膨胀矿渣珠生产工艺制取的膨珠，具有质轻、面光、自然级配好、吸音隔热性能好的特点。

（5）生产矿渣棉

矿渣棉是以高炉矿渣为主要原料，加入白云石、玄武岩等调整成分及燃料，加热熔化后采用高速离心法或喷吹法制成的一种棉丝状矿物纤维。矿渣棉具有质轻、保温、隔声、隔热、防震等性能,可以加工成各种板、毡、管壳等制品。

（6）利用高钛矿渣做护炉材料

高钛矿渣的主要成分是 $CaO \cdot TiO_2$、$TiO_2 \cdot Ti_2O_3$、$7CaO \cdot 7MgO \cdot TiO_2 \cdot 3.5Al_2O_3 \cdot 13SiO_2$、$TiC$、$TiN$ 等,其中 TiC、TiN 熔点极高,分别达到了 3 140 ℃、2 950 ℃。利用高钛矿渣作为护炉材料主要是利用钛的低价氧化物的高温难熔性以及低温时的析出量增加等特点。在普通高炉冶炼过程中,高钛矿渣会在冷却强度大、侵蚀较为严重的地方自动沉积,使炉底变厚,减轻渣铁冶炼过程中对炉底的侵蚀作用,从而可以起到延长高炉使用寿命,改善高炉指标的作用。

（二）钢渣

1. 概述

钢渣指炼钢过程中产生的废渣,其主要化学组成包括 CaO、SiO_2、FeO、Fe_2O_3、MgO、Al_2O_3、MnO、P_2O_5 和部分游离 CaO,部分钢渣还含有 V_2O_5 和 TiO_2。钢渣组分中钙、铁、硅氧化物占绝大部分,铁氧化物主要以 FeO 为主,伴生有 Fe_2O_3,钢渣中的 P_2O_5 主要是炼钢过程中脱 S 除 P 所产生的,我国不同类型钢渣的主要化学组成见表 7-12。

表 7-12　我国不同类型钢渣的主要化学组成　　　　单位:%

名称		SiO_2	Al_2O_3	CaO	MgO	MnO	FeO	S	P_2O_5	游离 CaO	碱度
转炉钢渣		15～25	3～7	46～60	5～20	0.8～4	12～25	<0.4	0～1	1.6～7	2.1～3.5
平炉钢渣	初期渣	21	2.55	25.25	6.55	2.17	31.64		1.21		0.88
	精炼渣	13.25	4.85	47.6	10.38	1.87	14.21		4.29		2.32
	出钢渣	10.06	2.98	46.27	12.47	0.92	20.42	0.10	4.85		3.12
电炉钢渣	氧化渣	21.3	11.05	41.6	13.48	1.39	9.14	0.04			1.18
	还原渣	17.38	3.44	58.53	11.34	1.79	0.85	0.10			3.6

2. 钢渣的资源化利用

（1）改善烧结矿

在烧结矿中加入 5%～10% 的粒径小于 8 mm 的钢渣代替溶剂使用,可利用钢渣中钢粒及其有益成分,显著改善烧结矿的宏观及微观结构,提高转鼓指数及结块率,降低风化率,增加成品率。水淬钢渣松散、粒度均匀、料层透气性能良好,有利于烧结造球及提高烧结速度。高炉使用配入钢渣的烧结矿,可使高炉操作顺行,提高产量并降低焦比。

（2）作为熔剂

含磷低的钢渣可以作为高炉、化铁炉熔剂,也可返回转炉利用。钢渣做高炉熔剂时,一般要求粒度在 8～30 mm 之间;钢渣返回高炉,既可以节约熔剂(石灰石、白云石、萤石等)消耗,又可以利用其中的钢粒和氧化铁成分,改善高炉矿渣流动性。用转炉钢渣代替化铁炉石灰石和部分萤石熔剂,也可以取得较好的效果。

（3）制砖

钢渣砖主要是以粉状钢渣或水淬钢渣为原料,掺入部分高炉水渣(或粉煤灰)和激发剂(石灰、石膏粉),加水搅拌,经轮碾、压制成型、蒸养而制成的建筑用砖。

（4）制作钢渣水泥

钢渣水泥作为一种新的水泥形式已在我国慢慢成形,主要分为钢渣矿渣水泥、钢渣浮石水泥、钢渣粉煤灰水泥等,其生产工艺和主要性能大致相近。

（5）道路工程的应用

钢渣作为道路基础材料,其施工工序为:钢渣破碎—摊铺—加湿碾压—找平—铺面层。由于钢渣是不均匀的混合物料,故施工时应严格掌握质量标准。

（三）赤泥

1. 概述

赤泥指制铝工业提取氧化铝过程中产生的废渣,因含氧化铁而呈赤色泥状,故称为赤泥。根据生产方式的不同,可分为烧结法赤泥、拜耳法赤泥和联合法赤泥（即烧结法和拜耳法联用）。通常,每生产 1 t 氧化铝会产生 1～2 t 赤泥,并且随着制铝产业的扩大和铝矿品位的下降,赤泥的产量在逐年增加。

赤泥具有强碱性,成分、性质复杂,金属氧化物含量丰富尤其是铁元素含量较高。山东某铝厂同国外赤泥化学成分对比见表 7-13。

表 7-13　山东某铝厂同国外赤泥化学成分对比　　　　单位:%

	山东铝厂	美国	日本	德国	俄罗斯	匈牙利
Al_2O_3	4～13	16～20	17～20	24.7	4.5	16.3
Fe_2O_3	10～13	30～40	39～45	30.0	22.8	39.7
SiO_2	21～25	11～14	14～16	14.1	18.0	14.0
CaO	38～45	5～6		1.2	40.7	2.0
TiO_2	2～4	10～11	2.5～4	3.7	2.3	5.3
Na_2O	2～4	6～8	7～9	8.0	3.0	10.3
灼减	10.1	10～11	10～12	9.7	8.8	10.1

赤泥的处理处置方法主要是露天筑坝、露天堆放,不仅占用大量的土地资源,污染周围的大气、水、土壤环境,而且长期的堆积处理存在安全隐患,如 2010 年 10 月 4 日匈牙利发生赤泥尾矿溃坝事故,百万方赤泥浆泄露,直接淹没了 800 hm² 土地,对当地生态系统造成了严重的危害。

2. 赤泥综合利用技术

（1）制备混凝剂和吸附剂

赤泥因含有丰富的钙、铝、铁和硅,是生产水和废水处理混凝剂的重要原料,此外赤泥本身具有多孔特性,制作混凝剂和吸附剂成本较低,因而受到广泛关注。赤泥用于水处理前,可通过酸化、热活化、酸热综合活化进行活化,能够避免处理过程中对水体造成二次污染,并增强对污染物的吸附能力。赤泥用于水中污染物处理的研究现状见表 7-14。

（2）制备催化材料

近年,催化剂广泛应用于工业领域,寻求廉价的催化剂已成为当前的研究重点,而赤泥作为一种廉价的固体废物,如果将其用于催化行业,势必产生良好的经济效益。表 7-15 给出了赤泥作为催化剂的一些应用研究。

表 7-14　赤泥用于水中污染物处理的研究现状

污染物	材料	制备方法	应用效果
磷酸盐	酸化赤泥	赤泥经煅烧粉碎处理加入盐酸洗液中制备新型复合混凝剂	新型混凝剂可处理 0.02 mg/L 以下浓度的磷酸盐;相比较 PAC(聚合氯化铝),新型混凝剂除磷效果可提高 4.9%~10.4%,达到相同除磷酸盐效果情况下消耗更少
氟化物	酸化赤泥	赤泥干燥粉碎至粒径<250 μm 后用不同酸(盐酸、硝酸、硫酸)酸化	硫酸酸化赤泥除氟效果最好(初始浓度 100 mg/L 去除率约为 70%);酸化赤泥 pH 在 4.5 时除氟效果最好
硝酸盐	水洗赤泥/酸化赤泥	水洗赤泥达到液固比 2:1、pH 8.0~8.5 烘干;干燥赤泥经盐酸酸化后水洗干燥得到活性赤泥	pH 为 7 以下的水洗赤泥和酸化赤泥对硝酸盐的吸附能力分别为 1.859 mmol/g 和 5.858 mmol/g,达到吸附平衡时间在 60 min
砷	热化赤泥/酸化赤泥	筛选粒径<200 μm 湿赤泥水洗干燥;热处理赤泥,不同温度下加热后粉碎筛选;酸化处理,HCl 酸化处理后水洗、干燥	砷初始浓度 133.5 μmol/L、反应温度 25 ℃、60 min 条件下,赤泥 20 g/L 对 As(V)和 As(Ⅲ)的去除率分别可达到 96.52% 和 87.54%
铜	酸化赤泥	赤泥水洗至中性,筛选 200 目以下,再经水洗干燥后粉碎筛选,酸化处理	赤泥对铜吸附容量为 5.35 mg/g;反应 60 min 内达到吸附平衡;30 ℃、pH=5.5,吸附剂 1 g/L 条件下受污染河水 Cu(NO₃)₂ 中铜离子浓度分别从 0.537 mg/mL 和 0.506 mg/mL 下降到 0.369 mg/mL 和 0.367 mg/mL
汞	赤泥	赤泥室温干燥至恒重	当 Hg(Ⅱ)初始浓度为 50 μmol/L、pH=2.6 时,汞残留浓度最低为 20.5 μg/L;初始浓度为 5 μmol/L 时,pH=7 时,汞残留浓度最低;赤泥去除 Hg(Ⅱ)效率最高 pH 范围 5~8
铬	改性赤泥	赤泥干燥后与 LaCl₃·7H₂O 混合并调节 pH 干燥 24 h 以上冷却粉碎,再经高温活化	35 ℃时 Cr(Ⅵ)去除率达到 99.8%;pH=9,吸附 Cr(Ⅵ)超过 99%;Cr(Ⅵ)初始浓度 10~40 mg/L 时,去除效率可达到 99% 以上;所有吸附实验 3 h 内都可达到吸附平衡
镉	造粒赤泥	烘干赤泥混合粉煤灰、碳酸钠等造粒后湿润环境下室温静置 24 h 以上再经高温煅烧	镉初始浓度低于 50 mg/L,去除效率可达 100%;20 ℃、30 ℃、49 ℃下造粒赤泥最大吸附量分别为 38.2 mg/g、43.4mg/g、52.1 mg/g
染料	酸化赤泥	赤泥混合盐酸 25 ℃下反应 0.5 h 后离心水洗,过夜干燥过 100 目筛选	酸化赤泥吸附结晶紫(CV)和孔雀石绿(MG)达到平衡所需反应时间为 90 min 和 180 min,去除率分别为 63.1% 和 98.5%;pH 从 2 上升到 3,MG、CV 除去率分别从 0.6 mg/g 和 3.8 mg/g 提高到 18.2 mg/g、12.0 mg/g
苯酚	Co/赤泥	浸渍法制备 Co/RM 催化剂并用臭氧活化	反应时间 90 min,Co/RM 苯酚降解率最高可达 100%;0.4 g 臭氧、45 ℃时降解率达 100% 所需时间为 30 min

表 7-15   赤泥作为催化剂的应用研究

催化剂	应用	温度/℃	压力/MPa	催化效率/%
热处理赤泥	有机物加氢脱氧	300		39
未处理赤泥	煤加氢	400	10	>90
硫黄助赤泥	煤液化	450		7.2
未处理赤泥	黑麦秸秆加氢	400		99
硫黄助赤泥	生物质液化	400		99
活化赤泥	萘加氢	350	3.45	49
活化赤泥	萘加氢	405	6	80
活化赤泥	甲烷燃烧	650		100

（3）用作土壤改良剂

赤泥中含铁铝的矿物组分能对土壤起到一定的固磷作用,有利于土壤中的植物和微生物生存和繁衍。添加一定量的高碱性赤泥不仅可以提高酸性土壤的 pH,而且在一定程度上可防止水体富营养化。此外,赤泥还能修复土壤重金属污染,降低土壤中重金属含量,抑制微生物对重金属的吸收,如向土壤中投加 2% 的赤泥可抑制农作物对 Cu^{2+}、Ni^{2+}、Zn^{2+}、Cd^{2+} 的吸附。

（4）生产赤泥塑料

赤泥具有与多种塑料共混的性能,故赤泥可以作为一种良好的塑料改性填充剂。赤泥微粉填充剂可用于塑料工业,取代常用的重钙、轻钙等。用赤泥做塑料填充剂可以改善PVC 的加工性能,提高 PVC 的抗冲击强度、尺寸稳定性、粘合性、绝缘性、耐碱性和阻燃性。此外,这种塑料还具有良好的抗老化性能,比普通的 PVC 制品寿命长 3～4 倍,生产成本低2% 左右。

第四节   建筑垃圾的资源化

一、建筑垃圾的组成、分类及危害

建筑垃圾指建设单位、施工单位新建、改建、扩建和拆除各类建筑物、构筑物、管网等以及居民装饰装修房屋过程中所产生的弃土、弃料及其他废弃物。据统计数据,我国每年产生约 $3.5×10^9$ t 建筑垃圾,而且这个数据随着我国人口增加和工业化程度的不断扩大、城市化水平不断提高,还在不断增长,未来几年将达到 $7.0×10^9$ t。然而,我国当前建筑垃圾的利用率和资源转化率较低,与发达国家建筑垃圾利用率 75%～90% 相比还有较大差距。如果不加强建筑垃圾治理,未来城市将被建筑垃圾"围城"甚至"埋城"。因此,建筑垃圾资源化利用是未来治理建筑垃圾最主要的途径。

（一）建筑垃圾组成

建筑垃圾一般包括渣土、混凝土块、碎石块、砖瓦碎块、废砂浆、泥浆、沥青块、废塑料、废金属、废竹木等。建筑垃圾的来源不同,其组成成分也不同。其中,占比最大的是混凝土。因此,我国要实现建筑垃圾的资源化,应优先考虑综合回收利用混凝土。

（二）建筑垃圾分类

根据《城市建筑垃圾和工程渣土管理规定》，按照建筑垃圾的来源，可以将建筑垃圾分为土地开挖垃圾、道路开挖垃圾、建材生产垃圾、旧建筑物拆除垃圾和建筑施工垃圾五类。

① 土地开挖垃圾可分为表土层开挖垃圾和深土层开挖垃圾，前者可用于种植土壤，后者可用于回填、造景等。

② 道路开挖垃圾可分为混凝土道路开挖垃圾和沥青道路开挖垃圾，包括废混凝土块和沥青混凝土块，这些土块可全部用于道路路面和道路基层。

③ 建材生产垃圾主要是生产各种建筑材料的过程中所产生的废料、废渣，也包括建材成品在加工和搬运过程中所产生的碎块、碎片等。上述建材生产垃圾可全部在建材生产厂家利用。

④ 旧建筑物拆除垃圾主要包括砖、石头、混凝土、木材、塑料、石膏、灰浆、钢铁和非铁金属等。旧建筑物拆除垃圾数量巨大，故提高旧建筑物拆除垃圾的回收利用率是关键所在。

⑤ 建筑施工垃圾主要包括剩余混凝土、建筑碎料以及房屋装饰装修产生的废料。剩余混凝土是指工程中没有使用完全而闲置出来的那部分混凝土，也包括某些特殊原因导致施工未能正常施行而未使用的混凝土；建筑碎料主要包括凿除、抹灰等过程产生的旧混凝土、砂浆等矿物质材料以及木材、金属和其他废料等；房屋装饰装修产生的废料主要包括产生的废钢筋、废铁丝、废管线、废竹木、废包装袋和废包装箱、散落的砂浆和混凝土、搬运过程中掉落的黄沙石子等。其中，碎块、混凝土、砂浆、桩头、包装材料等，约占建筑施工垃圾总量的 80%。

（三）建筑垃圾的危害

随着城市化快速发展，建筑业进入了高速发展的阶段，大量的建筑垃圾随之产生，建筑垃圾对我们生活环境的影响具有广泛性、模糊性和滞后性的特点。广泛性是客观的，但模糊性和滞后性就会降低人们对建筑垃圾危害的重视。建筑垃圾对城市环境的影响体现在以下几方面。

1. 占用土地，降低土壤质量

目前，我国绝大部分建筑垃圾未经处理就直接运往郊外堆放。据有效数据统计，每堆积 1 万 t 建筑垃圾大约需要占用 67 m^2 的土地。住房和城乡建设部预测中国大规模城市化建设还将持续 30～35 年，因此，新建设建筑和旧建筑拆除会不断产生大量的建筑垃圾。随着城市建筑垃圾量的增加，垃圾堆放点也在增加，而垃圾堆放场的面积也在逐渐扩大，如果不及时有效地处理建筑垃圾，建筑垃圾侵占土地的问题会变得越来越严重，越发加剧城市化进程中人地冲突，降低土地使用率。此外，露天堆放的城市建筑垃圾在种种外力作用下，较小的碎石块和渗滤液也会进入附近的土壤，改变土壤的物质组成，破坏土壤的结构，降低土壤的生产力。有些建筑垃圾中甚至含有重金属，这些重金属可以通过多种环境因素进入土壤，造成土壤重金属含量升高，甚至可能通过食物链传播给人体，对身体健康造成极大的威胁。

2. 污染空气

建筑垃圾堆放过程中，在温度、水分等作用下，某些有机物会发生分解，产生有毒有害气体，如废石膏中含有大量的硫酸根离子，硫酸根在厌氧环境下会生成具有臭鸡蛋气味的硫化氢；一些腐败的垃圾散发出阵阵腥臭味；垃圾中的细菌、粉尘随风飘散，污染空气；少量可燃性建筑垃圾在焚烧过程中会产生致癌物质，对空气造成二次污染等。

3. 污染水体

建筑垃圾在堆放和填埋的过程中,由于有机物的发酵和雨水的淋溶、冲刷以及地表水和地下水的浸泡而渗滤出的渗滤液,会污染周围地下水和地表水。垃圾渗滤液内不仅含有大量有机污染物,而且还含有大量金属和非金属污染物,成分很复杂,如不加控制让其流入江河、湖泊或渗入地下,就会造成地表和地下水的污染。水体被污染后会直接影响和危害水生生物的生存和水资源的利用,一旦饮用这种受污染的水,将会对人体造成很大的危害。

4. 影响市容,恶化市区环境卫生

工程建设中产生的建筑垃圾如未能及时转移,会成为城市的卫生死角;混有生活垃圾的城市建筑垃圾如果不能进行适当的处理,一旦遇到阴雨天,便会脏水四溢,恶臭难闻,往往成为细菌的滋生地。此外,建筑垃圾的运输有的采用非封闭式运输车,其在运输过程中,必然会导致废弃物遗撒、粉尘和灰砂飞扬等问题,严重影响市容。

二、建筑垃圾的资源化

建筑垃圾的综合利用应根据不同建筑垃圾的特点进行分类资源化。

(一)废木材、竹材的资源化

1. 废木材制作新型建筑材料

建筑垃圾中常见的木材废料主要有方料、片材、碎料、刨花、锯末等。这些木材废料经过预处理后可拼接粘接制成新型建筑材料或以废弃木料做增强纤维制成树脂板等产品。

2. 废竹材制作新型建筑材料

建筑垃圾中常见的竹材废料主要有竹林场开采时的剩余物、竹叶加工的剩余物、建筑工地淘汰的废竹材等。废竹材通过预处理后可以加工成层压板材、树脂碎料板、水泥刨花板、废竹材复合板等。

(二)废旧道路水泥混凝土的资源化

废旧道路水泥混凝土经破碎后可作为天然粗骨料的代用材料制作混凝土,也可作为碎石直接用于地基加固、道路和飞机跑道的垫层、室内地坪垫层等,若进一步粉碎后可作为细骨料,用于拌制砌筑砂浆和抹灰砂浆。

再生混凝土技术是将废弃混凝土块经过破碎、清洗、分级后,按一定的比例混合形成再生骨料,部分或全部代替天然骨料配制新混凝土的技术。废弃混凝土块经过破碎、分级并按一定的比例混合后形成的骨料,称为再生骨料。再生骨料按来源可分为道路再生骨料和建筑再生骨料,按粒径大小可分为再生粗骨料(粒径 $5\sim40$ mm)和再生细骨料(粒径 $0.15\sim2.5$ mm)。利用再生骨料作为部分或全部骨料配制的混凝土,称为再生骨料混凝土,简称再生混凝土。

(三)废沥青混凝土的再生利用

废沥青混凝土可作为铺筑新沥青混凝土路面的建筑材料加以回收利用。回收方法主要有冷熔回收和热熔回收。前者是将经粉碎后的废沥青混凝土冷熔铺在下层,再在其上铺设新沥青混凝土路面;后者是将经粉碎后的废沥青混凝土作为部分骨料掺入新沥青混凝土中,制成再生沥青混凝土。

(四)废旧建筑混凝土和砖瓦的资源化

我国的建筑垃圾组成中,废弃混凝土和砖瓦占绝大部分,因此,研究废弃混凝土及砖瓦的再生产及应用技术对提高我国建筑垃圾回收利用率有显著成效。建筑垃圾中废弃混凝土及砖瓦的再生产品包括再生粗骨料、再生细骨料等,由此可进一步生产再生混凝土、再生砖、再生砌块等。

（五）废旧混凝土砂渣的资源化

目前废旧混凝土砂渣的主要利用途径可以归结为以下两点:

① 混凝土工厂淤渣＋水淬矿渣＋石膏生产再生水泥;

② 废弃混凝土砂渣用作生产再生水泥的部分原料。

（六）废旧屋面材料的资源化

屋面材料主要由 36％的沥青、22％的坚硬碎石、8％的矿粉和纤维组成,这些废料都是较好的建构材料,如果得到资源化回收利用,可以获得较好的经济效益。然而,在回收屋面材料时,首先须经过预处理将屋面材料中的钉子、塑料以及其他杂物清除掉。目前,屋面材料主要可使用范围如下:

① 回收沥青废料用作热拌沥青路面的材料;

② 回收沥青废料用作冷拌材料。

（七）建筑废渣的资源化

建筑废渣主要指建设、维修或拆除过程中产生的混合物,主要包括渣土、泥浆固结物、散落的砂浆和混凝土、砖石、混凝土碎块及装饰装修过程中产生的废料等。目前,建筑废渣的主要利用方式是生产建筑废渣混凝土砖,即以建筑废渣为原料,经破碎筛分处理后,作为集料加入水泥、附加剂等压制成型的一种混凝土制品。其具体生产工艺流程为原料分选→破碎→配料→搅拌→振压成型→养护→检验出厂。

综上所述,建筑垃圾是一种潜在的二次资源,如果加以回收利用,对我国社会和经济的发展以及环境的改善具有重要的现实意义。

第五节　电子废物的资源化

一、电子废物的来源、分类和特点

（一）电子废物来源

电子废物是指废弃的电子电器产品、电子电气设备（以下简称产品或者设备）及其废弃零部件、元器件和生态环境部会同有关部门规定纳入电子废物管理的物品、物质,包括工业生产活动中产生的报废产品或者设备、报废的半成品和下脚料,产品或者设备维修、翻新、再制造过程产生的报废品,日常生活或者为日常生活提供服务的活动中废弃的产品或者设备,以及法律法规禁止生产或者进口的产品或者设备。

（二）电子废物分类

电子废物主要包括人们在日常生活中淘汰的或者报废的电视机、电冰箱、洗衣机、空调机、电脑、手机、收音机、录音机等各种家用电器及电子类产品。

电子废物按照可回收物品的价值主要可分为三类:第一类是计算机、冰箱、电视机等有相当高价值的废物;第二类是小型电器,如手机、电话机、燃气灶等价值稍低的废物;第三类是其他价值很低的废物。

电子废物主要产生于个人家庭、公司和政府相关部门,以及最初的设备制造商,按其产生领域划分（表 7-16）,可分家庭、办公室、工业制造及其他。

表 7-16　电子废物的分类(按产生领域划分)

类属	主要贡献因子	备注
家庭	电视机、洗衣机、冰箱、空调、有线电视、家用音频视频设备、电话、微波炉等	前三种所占比例最高
办公室	电脑、打字机、传真机、复印机、电话机等	废弃电脑所占比例最高
工业制造	集成电路生产过程中的废品、报废的电子仪表等自动控制设备、废弃电缆等	相当部分不直接进入城市生活垃圾处理系统
其他	手机、网络硬件、笔记本电脑、汽车音响、电子玩具等	废弃手机数量增长最快

按回收物质划分(表 7-17),电子废物可分为电路板、金属部件、塑料、玻璃及其他。

表 7-17　电子废物分类(按回收物质划分)

类属	主要贡献因子	备注
电路板	电子设备中的集成电路板	主要是电视机和电脑硬件电路板
金属部件	金属壳座、紧固件、支架等	以 Fe 为主
塑料	显示器壳座、音响设备外壳等	包括小型塑料部件
玻璃	CRT 管、荧光屏、荧光灯管	含有 Pb、Hg 等严格控制的有毒有害物质
其他	冰箱中的制冷剂、液晶显示器中的有机物	需要进行特殊处理

(三)电子废物特点

1. 污染性

电子废物是当前世界增长最快的废物流。电子废物中含有大量有毒有害物质,如果不经过妥善处理,直接填埋或者焚烧,将会对环境造成严重的污染。例如,直接填埋会导致电子废物中的重金属进入土壤或者地下水,造成土壤和地下水的污染;焚烧电子废物会导致大量有毒有害气体排放到大气中,严重危害人体的健康。电子废物中主要污染物及危害见表 7-18。

表 7-18　电子废物中主要污染物及危害

污染物	来源	危害
氯氟碳化物	冰箱、空调、其他制冷设备	破坏臭氧层
溴化阻燃剂	电路板、电线电缆、电子产品外壳	燃烧产生二噁英
汞	显示器(荧光屏、荧光灯管等)	损害神经系统、影响胎儿发育及肾脏功能
硒	光电设备	污染土壤、破坏肠胃功能
镍、镉	电池、印刷电路板和电脑显示器	致癌、骨痛病、损害肺功能
铅	CRT 玻璃、阴极射线管、焊锡、电容器、显示屏	破坏神经、血液系统及肾脏
铬	金属镀层	过敏、引起哮喘、影响肾脏功能
砷	感光筒	损害中枢神经系统
PVC	导线	燃烧产生二噁英
废润滑油	压缩机	过敏、引起呼吸系统疾病

2. 难处理性

由于电子废物成分复杂、种类繁多且含有大量有毒、有害物质,要想回收电子废物中的有价金属,需要先进的技术、设备和工艺。电子废物处理处置工艺流程较复杂,二次污染严重,往往需要大量投资治理二次污染。

3. 资源性

电子废物中含有很多有用的资源,如铜、铝、铁、各种稀贵金属(如金银)和塑料等,不同的电子废物的材料组成及其比例之间存在着差异。总体来说,金属和塑料在电子废物中占绝大部分。不同电子废物中可回收利用物质及含量见表 7-19。

表 7-19　不同电子废物中可回收利用物质及含量

来源	单位	可回收利用的物质及含量
计算机主机	台	钢铁 54％、铜铝 20％、塑料 17％、线路板 8％,其中线路板中还含有金、银等贵金属
洗衣机	台	钢 53％、塑料 36％
电视	台	玻璃 57％、塑料 23％、钢 10％
空调	台	钢 55％、铜 17％、塑料 11％、铝 7％

二、电子废物的资源化

(一)电子废物拆解技术

电子废物资源化主要可通过两种方法实现:一是重新利用,即对废弃的电子产品进行修理或者升级以延长其使用寿命;二是循环再生,包括对其中电子元器元件的回收利用,以及对其中的金属和塑料等成分的分选回收。目前,应用较多的是以"物理分选为主,冶炼分离为辅"的工艺,其代表性的工艺流程如图 7-9 所示。由图 7-9 可知,拆解处理是其中的关键步骤,其分离效果的好坏对物料后续的分选工艺有着十分重要的影响。拆解下来的电子元器件通过可靠性检测后重新使用,可以降低相应电子产品的制造成本。

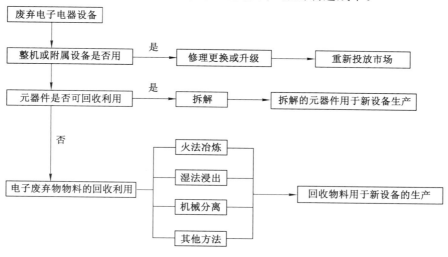

图 7-9　废弃电子电器设备资源回收基本流程

电子废物自动拆解技术一直是各国研究人员研究的热点。由于电子产品种类千差万别，且大部分产品的结构难于拆解，故整台电器的全自动和半自动拆解的研究工作仍然进展缓慢。目前，绝大部分拆解工作都是由人工完成的。不同结构的电子电器产品需要采用不同操作方式进行拆解，对于以焊接为主要连接方式的电子电器产品，可采用机械力切割拆解其金属外壳和密封件等组件；对于以粘接为主要连接方式的电子电器产品，可采用化学方法或机械力拆解去除各类标签和涂层等；对于以插接为主要连接方式的电子电器产品，可采用加热或者剪割拆解其中的电子元器件和电线。采用机械力切割、加热以及化学方法可以完成大部分电子废物的拆解工作。

（二）从电子废物中回收金属技术

从电子废物中回收金属的方法主要包括物理法、化学法和生物法，其中物理法和化学法目前研究应用较多，而生物法尚处于研究探索之中。

1. 物理法

物理法又称为机械法，主要根据物料的物理特性，如密度、导电性和磁性等性质所存在的差异来回收金属。由于该法具有处理成本低和环境友好等特点，符合当前的市场发展需求，因此物理法相对于其他方法具有一定的优越性。目前，物理法是发展最快和应用最普遍的从电子废物中回收金属的方法，主要包括破碎和分选两步。

（1）破碎

电子废物在拆除元器件后，需要先对其进行破碎，然后采用机械法分选出其中的铁铜铝等低值金属、金银钯等贵重金属以及有机物等组分。高效分选的首要前提是破碎，破碎程度的选择不仅影响到破碎设备的能量消耗，而且还会影响到后续分选的效率。经过充分的破碎后，线路板中的铜颗粒得到了充分的解离，解离后的线路板经过风力分选和静电分选后可以得到铜含量约 82% 的铜粉，铜的回收率为 94%；而树脂和玻璃纤维的混合粉末主要分布在 100～300 nm 的粒级中，分级后可以作为油漆、涂料和建筑材料的添加剂。拆解元器件后的废线路板主要以玻璃纤维强化树脂的铜板为主，其硬度高、韧性强且抗弯性良好，因此，选择具有剪切或者冲击作用的破碎设备至关重要。

（2）分选

分选是指利用破碎后的混合物料的组成成分在磁性、电性和密度等方面的差异，将各组分进行分离的方法。目前，在电子废物分选领域应用较多的主要有磁力分选、涡流分选、静电分选和风力摇床分选等。

① 磁力分选。利用混合物料在磁场或高压电场中的磁性差异进行物料分选的过程，如在废弃线路板破碎后，可以利用传统的磁选机将具有铁磁性的金属组分分离出来。

② 涡流分选。一种利用涡电流力来分选金属和非金属组分的方法，该方法已被广泛应用于回收电子废物中的非铁金属，适用于轻金属材料与密度相近的材料（如铝和塑料）之间的分离，但操作过程中要求进料颗粒的性状完整，并且粒度不能太小。

③ 静电分选。其也是常用的分离金属和塑料的方法，当进料颗粒均匀时，采用静电分选能取得较好的效果。德国研制了一种专门用来分离金属和塑料的静电分选机，可以用来分选粒径小于 0.1 mm 的物料，其工艺流程主要包括预破碎、液氮冷冻后破碎、筛分和静电分选四个阶段。其中，液氮冷冻的目的是便于破碎和防止破碎过程中因氧化或者燃烧产生有毒有害气体。该工艺整合了当前破碎和分选技术的优点，突破了之前工艺分离粒径 1

mm 的极限。

④ 风力摇床分选。虽然风力摇床分选已成功应用在电子废物的资源化回收当中,但其要求物料入选时的粒度和形状差异不能太大,否则会因为物料不能有效分层而导致分选效率较低。因此,在进行风力摇床分选前必须先对电子废物进行破碎,将其分成多个粒径分布区间,然后再对同一粒径分布区间的物料进行分选。

2. 化学法

化学法被广泛用于回收电子废物中的贵金属,是一种较为成熟的工艺。化学法主要包括火法冶金、湿法冶金和电解精炼等技术,目前工业上应用较多的是火法冶金和湿法冶金。

① 火法冶金

其指将电子废物焚烧、熔炼、烧结和熔融后,去除其中的塑料和其他有机成分后富集金属的方法。该方法主要包括焚化法和裂解法。

焚化法指将 PCB(印刷电路板)等电子废物破碎后送到焚烧炉进行一次焚烧,电子废物中的树脂在高温条件下分解产生的有机气体送入二次焚烧炉进行进一步的燃烧处理,而剩余残渣则送到金属冶炼厂进行金属回收的过程。

裂解法指在缺氧的条件下将有机物置于密封容器中,在高温高压、高温常压和高温低压的条件下,将有机物分解为油气进行利用的过程。裂解法具有简单、方便、回收率高等优点,但裂解法在焚烧过程中可能会产生大量有毒有害气体,故电子废物在裂解的过程中需要配备高标准的二次焚烧炉以及制定相应的空气污染防治措施。

② 湿法冶金

目前,湿法冶金广泛应用于提取贵金属,包括洗法和溶蚀法。

洗法指将电子废物用硫酸、硝酸等强酸或者强氧化剂浸出,得到含有贵金属的剥离沉淀物,再分别将其还原成金银等贵金属,而含有高浓度离子的浸出液可以用来回收硫酸铜或者电解铜的过程。

溶蚀法指将电子废物置于氯化溶蚀液中,在适宜的氧化还原电位下使底材溶蚀,而相应的贵金属不溶,以此来回收电路板中贵金属的过程。

湿法冶金技术具有回收率高、工艺流程简单等优点,但该方法产生的废酸和废水存在着二次处理的问题,如果处理不当容易引起环境的二次污染。

(三)电子垃圾中塑料的资源化利用技术

塑料广泛存在于电子设备的壳体、包覆、基质和绝缘材料中,在电子废物中占比很大。应用较多的塑料种类主要有 PP、PE、PVC、PS、ABS、PC、EP 等,但在多种情况下,塑料以复合材料或者塑料合金的形式存在于电子产品中,如 ABS/PC 广泛应用于各种电子电气设备的电路板中。电子废物中塑料按性质可分为热塑性塑料和热固性塑料两大类,主要来自废旧电线电缆、家用电器和通信设备。

塑料的资源化回收利用包括对其能量的回收利用和化学物质的回收利用。对其能量的回收利用主要是采用焚烧的方式回收塑料当中的热值。由于塑料中存在着卤素阻燃剂,其焚烧过程中会产生大量有毒有害气体。对其化学物质的回收利用方法分为物理法和化学法。

① 物理法。其指采用一定的物理工艺对塑料进行再加工制成新产品的方法。热塑性塑料通过挤出成型造粒或者浇灌铸模后制成新产品,热固性塑料经粉碎后用作建筑材料和

塑料填充材料。物理法具有工艺简单、成本低廉的优点,但是塑料再生制品的性能下降幅度较为明显。因此,物理法主要适用于大型家电、通用设备中的主要塑料以及材料单一的塑料回收。

② 化学法。其指加入化学药剂,通过热解或水解等反应,使塑料分解为单体或者化学原料并加以回收利用的过程。近些年来,热解已成为电子废物中塑料回收利用的主要研究方向。

第六节　农业废物的资源化

一、农业废物的来源、分类和特点

(一)来源及分类

农业废物指农业生产过程中产生的固体废物,主要来自农业种植业、动物养殖业及农用塑料残膜等。农业种植业废物指农作物在种植、收割、加工利用和食用等过程中产生的来自作物本身的固体废物,主要包括作物秸秆及蔬菜、瓜果等加工后的残渣;动物养殖业废物指畜禽养殖过程中产生的畜禽粪便、畜禽舍垫料、脱落羽毛等固体废物;农用塑料残膜废物指用于农作物栽培的,具有透光性和保温性能特点的塑料薄膜,可分为棚膜和地膜两大类。

(二)特点

1. 数量极大,种类繁多

由于我国人口众多,随着农业的发展,我国副产品的数量也在不断地增长,如农作物皮壳、酒糟、甜菜渣、蔗渣、废糖蜜、食品加工废角料、畜禽制品下脚料、蔗叶及各种树叶、锯末木屑等。此外,我国的各类农作物秸秆资源十分丰富,总产量达 7 亿多吨。其中,稻草 2.3 亿 t,玉米秆 2.2 亿 t,豆类和杂粮作物秸秆 1.0 亿 t,花生和薯类藤蔓、甜菜叶等 1.0 亿 t。虽然我国农业废物的数量极大,种类繁多,但是大部分副产品和秸秆都没有得到充分的利用。

2. 部分废物含水率高

通常,动物养殖业废物如牛粪、猪粪等含水率更高,一般可达到 85%～90%。

3. 含碳量高

通常,农作物秸秆中碳占绝大部分,主要粮食作物水稻、小麦、玉米等的秸秆含碳量大约在 40% 以上,使用菌渣的含碳量能达到 60% 以上。

4. 综合利用潜力巨大

农业废物主要成分为碳、氢、氧常量元素及钾、硅、氮、钙、镁、磷、硫等微量元素,这些元素不仅十分适合作为有机质肥料还田,而且适合作为饲料原材料和生物质能源的材料。

农业废物中有机成分主要有纤维素、半纤维素、木质素、树脂等,这些有机成分适宜作为板材加工和造纸纤维的原材料。

二、农业废物的资源化

(一)秸秆的综合利用

目前我国秸秆利用的方式主要是还田利用、饲料化处理、作为工业生产原料和沼气发酵原料。

1. 秸秆还田

目前,我国对秸秆还田技术和配套操作规程等进行了大量的深入研究,实现了一定程度上的工程应用。一些研究表明,实行秸秆还田后,农作物一般都能增产 10% 以上。水稻秸秆中硅含量高达 8%～12%,用其还田有利于增加土壤中有效硅的含量和水稻植株对硅元素的吸收;稻草含有大量的有机碳(约 42.2%),每公顷土地施加 3 t 稻草,能够提供腐殖质 379.5 kg;每公顷土地还田 7.5 t 玉米秸秆后,土壤有机碳会有盈余;秸秆还田后,肥土中细菌数增加 0.5～2.5 倍,瘦土中增加 2.6～3.0 倍;干旱期可以减少土壤水的地面蒸发量,雨水期可以缓冲雨水对土壤的侵蚀,减少地面径流,增加耕层蓄水量。

秸秆覆盖土地不仅能隔离阳光对土壤的直射,对土体和地表热的交换起到调节作用,而且能对杂草的生长起到抑制作用。

秸秆还田增加了土壤养分,为土壤提供了大量的无机盐和有机质,特别是钾素营养。实践证明,秸秆还田后,土壤中氮、磷、钾养分都有所增加,尤其是速效钾的增加且土壤中有机质的增加能够降低土壤容重,增加土壤孔隙度,促进微生物的繁殖与生长,对土壤的生物活性有很大的促进作用。秸秆还田能改良土壤,培肥地力,对解决我国土地的氮、磷、钾比例失调,补充磷、钾元素具有十分重要的意义。

2. 秸秆饲料化

随着我国生产力的发展、人民生活水平的提高,人民要求更多的动物食品,因此,畜牧业的发展是至关重要的。然而,畜牧业的发展受到饲料的制约,我国粮食产量不足以支撑不断发展的畜牧业,所以必须扩大饲料来源。

一些植物残体(纤维性废物)往往因其营养价值低或可消化性低,不能直接用作饲料,但是如果对它们加以处理,能大大提高它们的营养价值和可消化性。目前,处理方法一般分为微生物处理和饲料化加工两大类。

(1) 微生物处理

农作物秸秆主要含有碳水化合物、蛋白质、脂肪、木质素、醇类、醛、酮及有机酸等,这些成分均可以被微生物分解利用。当秸秆接种微生物发酵时,微生物不断增殖,同时产生大量的易吸收的活性物质和维生素等。由于微生物含有大量的蛋白质,故秸秆发酵后,会有较多的蛋白质、氨基酸和维生素等,从而可以作为饲料维持畜牧业发展。

(2) 饲料化加工

饲料化加工,主要利用玉米秸秆、豆类秸秆、薯类藤蔓和甜菜叶等加工制成氨化、青贮材料。

秸秆氨化技术具有以下特点:

① 提高消化率。经氨化处理后,粗纤维素的消化率可提高 6.4%～11.7%,有机质的消化率可提高 4.7%～8.0%,粗蛋白质的消化率可提高 10.6%～12.2%。

② 增加农用秸秆的含氮量。经氨化处理后,农用秸秆的含氮量一般都会增加 1～1.5 倍,相当于粗蛋白含量提高 4%～6%。

③ 提高适口性。秸秆经氨化处理后,质地变得松软,具有糊香味,牛爱吃,觅食速度可提高 16%～43%,采食量提高 20%～30%。

④ 提高秸秆能量价值。秸秆经氨化后,其能量价值一般可提高 80% 左右。

⑤ 提高被处理秸秆的总营养价值。经测定,秸秆氨化后总营养价值提高 1～1.78 倍,可达到 0.4～0.5 个饲料单位。

然而,秸秆纤维素含量高,粗蛋白和矿物质含量低,缺乏动物生长所必需的维生素 A、维生素 D、维生素 F 等且矿物质能量值很低。因此,有必要找到一条提高秸秆饲料营养价值的有效途径。20 世纪 70 年代,饲料工业开始使用酶制剂,近几年酶制剂研究也日趋成熟。目前,应用比较广泛而且作用明显的酶制剂主要包括淀粉酶、纤维酶、乳糖酶、肽酶以及复合酶剂等。

3. 生产沼气

沼气是由生物质和有机质,如秸秆、畜禽粪便等经微生物发酵产生的一种可燃性混合气体。不同条件下产生的沼气,其成分具有一定的差异,如人粪、鸡粪等发酵时,所产生的沼气中甲烷含量可达 70% 以上,而农作物秸秆发酵产生的沼气中甲烷含量约占 55%。

我国农村通常用农作物秸秆、畜禽粪便和豆制品加工废渣等作为原材料制作沼气。常见的农村沼气发酵原料产气率见表 7-20。

表 7-20 农村有机物废物总固体含量及产气率

原料	总固体含量/%	实验室产气率/(m³/kg)	生产实际产气率/(m³/kg)
稻草	80~90	0.40	0.30
麦草	80~90	0.45	0.30
玉米秆	80~90	0.50	0.30
高粱秆	80~90	0.40	0.30
人粪	18~20	0.50	0.35
鸡粪	30	0.50	0.35
猪粪	18~20	0.45	0.35
牛粪	14	0.40	0.30

目前,粪便类发酵速度相对秸秆而言较快,入池和出料都很方便,单独使用粪便效果也较好。因此,很多地方只采用了粪便入池发酵,但是随着农业化的不断发展,以及农村种植业与养殖业模式的转变,家庭养猪养牛数量以及规模不断减少,而农业产业化的不断发展,导致农作物秸秆数量不断增加以及粪便数量不断减少,秸秆作为沼气原料成为了必然。

农作物秸秆能长时间存放而不会影响产气,但是发酵速度较慢,需要较长时间才能分解达到理想的产气量,且出渣较为困难。因此,秸秆入池前需要进行切短、堆沤等预处理,或者和粪便一起入池,并采用批量入池、批量出渣的方法。

4. 秸秆发电

秸秆是一种很好的清洁可再生能源,其平均含硫量只有 0.38%,而煤的平均含硫量约为 1%。经测定,秸秆热值约为 15 000 kJ/kg,相当于标准煤的 50%,因此,秸秆可以作为煤的替代品用来发电。

(二)畜禽废物的综合利用

1. 畜禽废物的产生和现状

畜禽废物指畜禽养殖过程中产生的畜禽粪便、畜禽舍垫料、脱落羽毛等固体废物。改革开放 40 多年来,我国畜牧业得到了持续快速发展,主要畜禽产品连续 20 年以 10% 的速度增长。各地规模化养殖业如雨后春笋般蓬勃发展,为居民提供了丰富的蛋、肉、奶及其制品,满足了广大人民的生活需要,但同时畜禽业脱离了种植业,成为高度专业化生产。

畜禽排放的大量粪尿与养殖场的大量废水,大多未经妥善处理即直接排放,对环境造成严重污染。根据国外资料显示,一头 450 kg 的肉牛每年排放氮大概有 430 kg,而一个具有 3 200 头肉牛规模的养牛场每年约排放氮 1 400 t,相当于一年 26 万人口排放的总氮量。牛粪和猪粪水的 BOD_5 可达 10 000~30 000 mg/L,而城市生活污水的 BOD_5 一般为 200~400 mg/L,畜禽养殖废水的 BOD_5 是一般城市生活污水的 50~150 倍。大量研究表明,畜禽养殖业的粪尿、废水等是造成地表水、地下水和农田污染的一大污染源。畜禽粪尿的溶淋性极强,如不妥善处理,粪水中的氮、磷和 BOD 就会通过地表径流和土壤渗透进入地表水体、地下水层或者土壤中积累,导致水体污染和土地丧失生产能力。

虽然畜禽粪便是十分有效的有机肥,但其当前的利用情况不是很乐观。由于农业上大量使用化肥而不是有机肥,且随着畜禽业集约化养殖迅速发展,养殖业产生的畜禽固体废物远远大于当地种植业的有机肥需求量,因而畜禽粪便的利用率极低。据相关部门调查统计,约有 25% 的畜禽粪便堆放在养殖场内或者粪便池内未得到充分利用,也有一部分堆置在农户房屋前后,甚至堆放在河道旁,降雨时畜禽粪便随雨水到处流淌,造成了环境的严重污染和资源的极大浪费,因此,畜禽废物回收利用势在必行。

2. 畜禽废物的回收利用

(1) 作为肥料利用

畜禽粪便除了含有大量有机质外,还含有大量的农作物需要的元素,如氮、磷、钾等(表 7-21)。将畜禽废物施用到农田后,对于提高土壤肥力、改善土壤结构、增强土壤可持续生产能力具有重要的作用。

表 7-21 畜禽粪尿的化学成分 单位:%

	水分	N	P_2O_5	K_2O	MgO
牛粪	80.1	0.42	0.34	0.34	0.16
牛尿	99.3	0.56	0.10	0.87	0.02
猪粪	69.4	1.09	1.76	0.43	0.50
猪尿	98.0	0.48	0.07	0.16	0.04
蛋鸡粪	63.7	1.76	2.75	1.39	0.73
肉鸡粪	40.4	2.38	2.65	1.76	0.46

在微生物分解畜禽有机质过程中,不仅可以生成大量易被植物吸收的有效态氮、磷、钾化合物,而且还能合成新的高分子化合物——腐殖质,它是构成土壤肥力的重要活性物质。好氧堆肥过程中微生物的活性直接影响堆肥的产品质量,堆肥过程中需要控制的参数如下:

① 含水率。一般控制堆肥的含水量为 45%~65%。

② 通气状况。堆肥需氧的多少与堆肥材料中有机物含量息息相关,堆肥材料中有机碳含量越多,其所需要的氧气越多。一般认为,堆体中的氧含量控制在 8%~18% 比较适合,当氧含量低于 8% 时,会导致厌氧发酵而产生恶臭,当氧含量高于 18% 时,则会使堆体迅速冷却,导致病原菌大量繁殖。

③ C/N 和 C/P。为了满足微生物分解有机质过程中的营养平衡,堆肥 C/N 应控制在 25~35,最多不能超过 40;C/P 控制在 75~150 为宜。

④ 温度。温度会影响微生物的生长繁殖,一般认为高温菌对有机物的降解效率高于中温菌。然而,过高的温度(>70 ℃)将对微生物产生有害影响,过低的温度又会大大延长堆肥达到腐熟的时间,故应把发酵温度控制在中温发酵或高温发酵的温度范围内。

⑤ 酸碱度。通常,微生物的降解需要维持在一个微酸性或者中性的环境条件下,要求原料的 pH 为 6.5。好氧发酵过程中有大量铵态氮产生,其发酵过程中处于碱性环境下,故需要控制 pH 的过高增长。

(2)作为饲料利用

畜禽粪便中的粗蛋白含量要比畜禽采食饲料中的粗蛋白含量高 30%,此外,畜禽粪便还含有大量的氨基酸(8%~10%),以及粗脂肪、钙、磷、镁、铁、铜、锰、锌等微量元素。由于鸡的肠道较短,其吸收能力较差,鸡饲料中约有 70%的营养成分未被消化而排出体外,鸡粪中的粗蛋白含量约占鸡粪干物质的 25%,相当于豆饼的 57%~66%。鸡粪中氨基酸的种类齐全,且含有丰富的矿物质和微量元素,因此经过特殊加工的鸡粪是一种优质的饲料资源(表 7-22 和 7-23)。

表 7-22　新鲜畜禽粪便的养分含量　　　　　　　　　　　　　　单位:%

	水	有机质	N	P_2O_5	K_2O
鸡粪	50	25.5	1.63	1.54	0.85
鸭粪	55.6	26.2	1.10	1.40	0.62
鹅粪	71.1	23.4	0.55	0.50	0.95
猪粪	82	15.0	0.56	0.40	0.44
牛粪	83	14.5	0.32	0.25	0.15
马粪	76	20.0	0.55	0.30	0.24
羊粪	65	28.0	0.65	0.50	0.25

表 7-23　烘干鸡粪与几种常见饲料营养成分比较　　　　　　　　单位:%

	粗蛋白	粗脂肪	粗纤维	水分	钙	磷	灰分
豆饼	39.97	16.32	6.30	9.28	0.28	0.61	4.51
玉米	9.27	5.80	5.50	10.50	0.08	0.44	5.30
麦麸	15.18	4.94	9.78	10.18	0.13	1.29	5.96
烘干鸡粪	30.32	4.82	10.62	4.86	10.01	2.46	38.64

烘干之后的鸡粪中所含营养成分丰富,完全可以替代部分精、粗饲料和钙、磷等添加剂,可较大程度上降低饲料成本,提高经济效益,促进养殖业的发展。

鸡粪制饲料有多种方法,如青贮、发酵、添加化学物质、脱水干燥、膨化制粒等。

① 青贮。一般通过将鸡粪与青贮料按一定比例调配,在厌氧环境下,控制含水量(40%~70%),经过 10~21 d 后可完成发酵过程。青贮相比一般发酵而言,不仅可防止粗蛋白的过多损失,而且可以将部分非蛋白转换为蛋白质,并能杀死大量有害病菌,是一种简单易行且经济效益较高的方法。

② 发酵。可以杀死致病微生物和寄生虫卵,在加工过程中不会散发臭气,通过发酵处

理的鸡粪养分损失较少、适口性较好。目前鸡粪发酵处理方法主要有纯鸡粪自然发酵、纯鸡粪真空发酵、鸡粪加饲料自然发酵、鸡粪加曲种（黑曲酶或者放线菌）等。

③ 添加化学物质。可以消灭病原菌、保存养分、提高营养价值和提高动物适口性，目前添加的常用化学物质有甲醛、丙酸、醋酸、氢氧化钠等。

④ 脱水干燥。脱水后的鸡粪更容易被保存、运输。常用的干燥方法有：晒干风干、人工加热风干、电力干燥等，其中，脱水干燥是最常用的加工处理方法。

⑤ 膨化制粒。即将干燥破碎后的鸡粪、固液分离后的湿鸡粪、发酵后的鸡粪，加入 $50\%\sim60\%$ 的饲料，放在膨化机中进行膨化，再压制成膨化颗粒饲料。

（三）农膜的综合利用

1. 农膜的产生和现状

农用塑料薄膜指广泛应用于日光温室、塑料大棚以及各种塑料小拱棚的覆盖材料，包括地膜和棚膜（现使用量比例约为1：1.2）。我国农用塑料薄膜使用量见表7-24。

表 7-24　我国农用塑料薄膜使用量

项目	2010 年	2011 年	2012 年	2015 年	2020 年
农膜使用量/kt	2 173.0	2 294.5	2 383.0	2 800.0	3 920.0

2014 年全国农膜总产量达到 2 600 kt，其中棚膜 1 180 kt，覆盖面积约 6 160 万亩（4.11×10^{10} m²）；地膜 1 420 kt，覆盖面积约 3.8 亿亩（2.53×10^{11} m²），无论产量还是覆盖面积均居世界首位。

废弃农膜随意堆置形成了全球性公害——白色污染。因此，对废弃农膜进行收集、处理和处置已成为当务之急。目前，全球废弃农膜常用的处理处置方法有焚烧法和掩埋法等。

焚烧法是处理废旧农膜常用的方法，但是焚烧塑料会产生大量的 CO、二噁英等有毒有害物质，严重污染环境；填埋法需要占用大量土地，并且其渗滤液可能会对土壤和地下水造成污染。因此，对废旧农膜进行回收再利用是世界各国处理农膜的主要方法，不仅可以解决白色污染问题，而且还能缓解全球资源紧缺问题，从而可以实现环保和经济利益的双赢。

2. 农膜的回收利用

（1）废旧农膜能源化

废旧农膜能源化主要是利用高温裂解废旧农膜，获得低分子量的聚合单体、柴油、汽油和石蜡等。该方法不仅可以获得一定数量的新能源，而且不会因为焚烧而导致有毒有害气体的排放。

虽然废旧农膜油化技术研究在我国已经取得了一定的成果，但是由于农膜裂解油化技术的工艺复杂，对裂解原料、裂解催化剂和裂解条件要求较高，成本较高，因此农膜裂解油化技术在我国还处于摸索阶段。

另一种废旧农膜能源化主要是利用废旧农膜燃烧产生的热能。废旧农膜的热值极高，可达到 44 707～45 356 kJ，热能回收潜力大。许多发达国家都已经建立了自己的处理工厂，但是我国未有专门的废旧农膜塑料焚烧炉，废旧农膜塑料往往和城市生活垃圾一起焚烧。焚烧法获得能源最大的优点是相比较掩埋和滞留在土壤中而言，可最大限度地减少对自然环境的污染，且能获得热能，但是废旧农膜焚烧法设备投资大、成本高，容易造成大气污染，因此应用较受限。

（2）废旧农膜资源化

目前，大部分废旧农膜主要被当作原材料资源加以回收利用。我国对塑料农膜主要采用造粒的方法回收塑料，废旧农膜加工成颗粒后，只是改变了其外观形貌，其化学性质未被改变，依然具有良好的综合材料性能，可用于吹膜、拉丝、拉管、注塑、挤出型材等。另外，废旧农膜回收后还能生产一种类似"木材"的塑料制品，这种"木材"塑料制品可以像正常木材一样被加工成各种成品。据测算，这种木材制品的使用寿命可达50年以上，可以取代化学处理的木材，由于这种"木材"特殊的不怕潮、耐腐蚀性质，因此特别适用于有流水、潮湿的地方。

习题与思考题

1. 论述城市生活垃圾资源化技术。

2. 矿山废石的处理处置途径有哪些？

3. 论述目前国内外对高炉矿渣、钢渣以及赤泥的综合性利用途径。

4. 建筑垃圾的分类包括哪些？

5. 建筑垃圾具有数量大、组成成分种类多、性质复杂等特点。建筑垃圾可直接或间接污染环境，一旦建筑垃圾造成环境污染或潜在的污染变为现实，消除这些污染往往需要复杂的技术和大量的资金投入，并且很难使被污染破坏的环境完全复原。请从土壤、大气、水三个方面论述建筑垃圾对环境的危害。

6. 电子废物的危害主要有哪些？

7. 简述电子废物的资源化回收方法。

8. 简述农业固体废物的分类及其资源化利用技术。

9. 秸秆饲料的加工调制方法一般可分为物理、化学和生物处理，每类试列举至少两种，简述其原理与特点。

第八章 固体废物的填埋处置

固体废物填埋是在传统的废物堆填基础上发展起来的最终处置技术,目前,填埋已经成为国内外固体废物最终处置的主要技术之一。本章首先介绍了固体废物处置的含义及处置原则,根据处置对象的性质和填埋场的结构形式将填埋场划分为惰性填埋、卫生填埋、安全填埋和一般工业固体废物填埋等。然后依次阐述了填埋场选址的原则和步骤、防渗系统材料和结构、地表水和地下水导排系统、渗滤液的特点及处理技术、填埋场气体收集系统,最后介绍了填埋场终场和环境监测的主要内容。

第一节 概 述

固体废物的土地填埋是在传统的废物堆填基础上发展起来的一项最终处置技术。1904年,世界上第一座垃圾填埋场在美国伊利诺伊州建成,随后俄亥俄州、艾奥瓦州相继建设生活垃圾填埋场,垃圾填埋场的建设解决了垃圾敞开堆放所带来的滋生害虫、散发臭气等问题。但是,由于填埋场结构简易,防渗系统不完善,垃圾填埋过程中产生了一些环境问题,如:由于降水的淋洗及地下水的浸泡,垃圾中的有害物质溶出并污染地表水和地下水;垃圾中的有机物在厌氧微生物的作用下产生甲烷,从而引发填埋场的火灾或爆炸等。

20 世纪 60 年代以后,美国及其他一些国家相继制定法律法规强化固体废物的管理,并改进填埋处置技术。目前,填埋处置技术发展迅速,已经逐渐形成国际上较为公认的准则。根据被处置废物的种类所导致的技术要求上的差异,逐渐形成目前通常所指的两大类土地填埋技术和方式,即以生活垃圾为对象的"土地卫生填埋"和以工业废物及危险废物为对象的"土地安全填埋"。

我国城市垃圾填埋场兴起于 20 世纪 80 年代,杭州天子岭第一填埋场是第一座城市垃圾卫生填埋场,1987 年设计,1991 年正式投入运行,填埋库容 600 万 m^3,服务年限 13 年。

土地填埋处置就是在陆地上选择合适的天然场所或人工改造出合适的场所,将固体废物用土层覆盖起来的技术,它是从堆放和回填处理方法发展起来的一项技术,具有工艺简单、成本较低、适于处理多种类型固体废物的优点。目前,土地填埋处置已经成为固体废物最终处置的主要方法之一。土地填埋处置技术有不同分类方法,例如,根据废物填埋的深度可以划分为浅地层填埋和深地层填埋;根据处置对象的性质和填埋场的结构形式可以分为惰性填埋、卫生填埋、安全填埋和一般工业固体废物填埋等。

1. 惰性填埋

惰性填埋法是指将原本已稳定的废物,如玻璃、陶瓷及建筑废料等,置于填埋场,表面覆以土壤的处理方法。惰性填埋场所处置的废物性质稳定,因此,该填埋方法简单。

2. 卫生填埋

卫生填埋法是指将一般废物填埋于不透水材质或低渗水性土壤内,并设有渗滤液、填埋气体收集或处理设施及地下水监测装置的处理方法。该方法是最普遍的填埋处理法,适合于生活垃圾的填埋。卫生填埋法的前身是简易堆存和准卫生填埋,随着填埋技术的发展和环境因素的制约作用,国内外新建的生活垃圾填埋场都是卫生填埋。

卫生填埋场基本结构如图 8-1 所示。

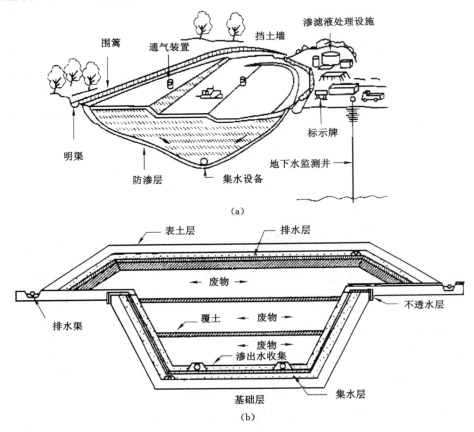

图 8-1 卫生填埋场基本结构图

(a) 构造示意图;(b) 剖面示意图

3. 安全填埋

安全填埋场是一种将危险废物放置或贮存在土壤中的处置设施,其目的是埋藏或改变危险废物的特性,适用于填埋处置不能回收利用其有用组分、能量的危险废物。其构造如图 8-2所示。

危险废物进行安全填埋处置前需要经过固化、稳定化预处理。安全填埋场的综合目标是要达到尽可能将危险废物与环境隔离,技术要求必须设置防渗层;一般要求最底层应高于地下水位,并应设置渗滤液收集、处理和检测系统;一般由若干个填埋单元构成,单元之间采用工程措施相互隔离,通常隔离层由天然黏土构成,能有效地限制有害组分纵向和水平方向等迁移。

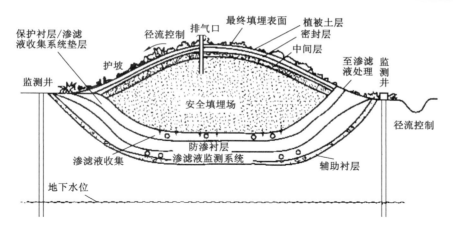

图 8-2　安全填埋场构造示意图

4.一般工业固体废物填埋

一般工业固体废物包括高炉渣、钢渣、赤泥、有色金属渣、粉煤灰、煤渣、硫酸渣、废石膏、脱硫灰、电石渣、盐泥等,根据其浸出特性分为第Ⅰ类一般工业固体废物和第Ⅱ类一般工业固体废物。第Ⅰ类一般工业固体废物是指按照 HJ 557 规定方法获得的浸出液中任何一种特征污染物浓度均未超过 GB 8978 最高允许排放浓度(第二类污染物最高允许排放浓度按照一级标准执行),且 pH 值在 6～9 范围之内的一般工业固体废物。第Ⅱ类一般工业固体废物是指按照 HJ 557 规定方法而获得的浸出液中有一种或一种以上的特征污染物浓度超过 GB 8978 最高允许排放浓度(第二类污染物最高允许排放浓度按照一级标准执行),或者是 pH 值在 6～9 范围之外的一般工业固体废物。

第二节　填埋场总体规划及场址选择

一、填埋场总体规划

在对填埋场进行规划与设计时,应该考虑下列因素:

① 相关的环境法规。必须满足所有相关的环境法规。

② 城市总体规划。填埋场的规划设计必须注意与城市的总体规划保持一致,保证城市社会经济与环境的协调发展。

③ 场址周围环境。包括场址及周围的地形、土地利用情况、排水系统、植被、建筑和道路等。

④ 水文和气象条件。包括地表水和地下水的流向、地下水埋深、地下水水质、降水量、蒸发量、气温、风向和风速等。这些条件直接影响渗滤液的产生,进而影响填埋场构造的选择与设计。

⑤ 入场废物性质。应充分掌握入场废物的性质,以及在设计过程中确定的必要的环境保护措施。

⑥ 工程地质条件。应对选定场址的土层、岩层类型、分布、厚度进行详细的调查和勘察,为填埋场的构造设计提供依据。

⑦ 封场后景观恢复及土地利用规划。应在设计之前对填埋场封场后的景观恢复和土地利用方案进行规划,实现环境设施与城市发展的协调。

二、填埋场选址原则和步骤

填埋场选址是建设填埋场最重要的一步,一般情况下很难得到各种条件最优的填埋场,因此,填埋场的选址一般采用综合评定方法。

填埋场选址需要符合城市总体规划、环境卫生专业规划以及环境规划的要求,并满足国家标准《生活垃圾填埋场污染控制标准》(GB 16889)、《危险废物填埋污染控制标准》(GB 18598)、《固体废物处理处置工程技术导则》(HJ 2035)和《生活垃圾卫生填埋处理技术规范》(GB 50869)。

1. 填埋场选址原则

影响选址的因素很多,主要遵循以下原则:

① 环境保护原则。环境保护原则是填埋场选址的基本原则,应确保其周边生态环境、水环境、大气环境以及人类生存环境的安全,尤其是防止垃圾渗滤液对地下水的污染。

② 经济原则。合理、科学地选择场址,能够达到降低工程造价、提高资金使用效率的目的。

③ 法律及社会支持原则。场址的选择,不能破坏和改变周围居民的生产、生活基本条件,要得到公众的大力支持。

④ 工程学及安全生产原则。必须综合考虑场址的地形、地貌、水文与工程地质条件、抗震防灾要求等安全生产要素,以及交通运输、覆盖土土源、文物保护、国防设施保护等因素。

2. 选址需要搜集的基础资料

以生活垃圾卫生填埋为例,选址需要搜集的基础资料如下:

① 城市总体规划和城市环境卫生专业规划;

② 土地利用价值及征地费用;

③ 附近居住情况与公众反映;

④ 附近填埋气体利用的可行性;

⑤ 地形、地貌及相关地形图;

⑥ 工程地质与水文地质条件;

⑦ 设计频率洪水位、降水量、蒸发量、夏季主导风向及风速、基本风压值;

⑧ 道路、交通运输、给排水、供电、土石料条件及当地的工程建设经验;

⑨ 服务范围的生活垃圾量、性质及收集运输情况。

3. 填埋场选址步骤

① 场址预选。在全面调查与分析的基础上,初定3个或3个以上候选场址,通过对候选场址进行踏勘,对场地的地形、地貌、植被、地质、水文、气象、供电、给排水、覆盖土源、交通运输及场址周围人群居住情况等进行对比分析,宜推荐2个或2个以上预选场址。

② 场址确定。应对预选场址方案进行技术、经济、社会及环境比较,推荐一个拟定场址。并应对拟定场址进行地形测量、选址勘察和初步工艺方案设计,完成选址报告或可行性研究报告,通过审查确定场址。

4. 填埋场不应设在下列地区

《生活垃圾卫生填埋处理技术规范》(GB 50869—2013)规定,下列地区不应作为填埋场选址区域。

① 地下水集中供水水源地及补给区,水源保护区;

② 洪泛区和泄洪道;

③ 填埋库区与敞开式渗沥液处理区边界距居民居住区或人畜供水点的卫生防护距离在 500 m 以内的地区;

④ 填埋库区与渗沥液处理区边界距河流和湖泊 50 m 以内的地区;

⑤ 填埋库区与渗沥液处理区边界距民用机场 3 km 以内的地区;

⑥ 尚未开采的地下蕴矿区;

⑦ 珍贵动植物保护区和国家、地方自然保护区;

⑧ 公园,风景、游览区,文物古迹区,考古学、历史学及生物学研究考察区;

⑨ 军事要地、军工基地和国家保密地区。

三、填埋场库容和规模的确定

填埋场库容和规模取决于废物的数量、填埋方式、填埋高度、废物的压实密度、覆盖材料的比率等。一般来说,城市生活垃圾填埋场的使用年限为 8~20 年。

1. 填埋库容

填埋场库容计算公式如下:

$$V_n = 填埋垃圾量 + 覆盖土量 = \frac{365W}{\rho} \times (1-f) + \frac{365W}{\rho} \times \varphi \tag{8-1}$$

$$V_t = \sum_{n=1}^{N} V_n \tag{8-2}$$

式中　V_t——填埋总容量,m³;

$\quad\quad$ V_n——第 n 年垃圾填埋容量,m³/a;

$\quad\quad$ N——填埋场规划使用年数,a;

$\quad\quad$ f——体积减少率,主要指垃圾在填埋场中降解减少的量,一般取 0.15~0.25,与垃圾组分有关;

$\quad\quad$ W——每日计划填埋垃圾量,kg/d;

$\quad\quad$ φ——填埋时覆土体积占垃圾的比例,一般为 0.15~0.25;

$\quad\quad$ ρ——垃圾的平均密度,一般为 750~950 kg/m³。

2. 填埋场规模

填埋场规模通常以填埋场总面积表示,计算公式如下:

$$A = (1.05 \sim 1.20)\frac{V_t}{H} \tag{8-3}$$

式中　A——填埋场总面积,m²;

$\quad\quad$ H——填埋场最大深度,m;

$\quad\quad$ 1.05~1.20——修正系数。

填埋场规模有大小之分,《生活垃圾卫生填埋处理技术规范》(GB 50869—2013)中填埋场处理规模分级如表 8-1 所示。

表 8-1　生活垃圾卫生填埋场处理规模分级

填埋场类别	Ⅰ类	Ⅱ类	Ⅲ类	Ⅳ类
日处理量(t/d)	≥1 200	500~1 200	200~500	<200

第三节　填埋场防渗系统

填埋场防渗系统是现代填埋场区别于简易填埋场和堆场的重要标志之一,也是选址、设计、施工、运行管理和终场维护中至关重要内容。填埋场防渗的主要作用是将填埋场内外隔绝,防止渗滤液进入地下水;阻止场外地表水、地下水进入垃圾填埋体,减少渗滤液的产生量;同时也有利于填埋气体的收集和利用。

一、填埋场防渗方式

按照填埋场防渗设施铺设时间的不同,防渗方式可分为场区防渗和终场防渗。后者是指当填埋场的填埋容量使用完毕后,对整个填埋场进行的最终覆盖,也称其为终场覆盖;前者是填埋场运行作业前施工的主体工程之一,根据防渗设施设置方向的不同,又可分为水平防渗和垂直防渗。

1. 水平防渗

水平防渗是指防渗层向水平方向铺设,防止渗滤液向周围及垂直方向渗透而污染土壤和地下水。根据所使用防渗材料的来源不同又可将该类防渗方式分为自然防渗和人工防渗两种。

2. 垂直防渗

垂直防渗是指防渗层竖向布置,防止垃圾渗滤液横向渗透迁移,污染周围土壤和地下水。

一般,当填埋场水文地质工程地质条件复杂时,为了阻断填埋场地与周围的水力联系,在场区地下水径流通道上设置垂直的防渗设施,即将防渗帷幕布置于上游垃圾坝轴线附近,自谷底向两岸延伸,采用防渗墙、防渗板和注浆帷幕等形式,阻止渗滤液向下游的渗漏,从而达到防止污染下游地下水的目的。

二、填埋场防渗材料

根据《生活垃圾填埋场污染控制标准》(GB 16889—2008)中规定,生活垃圾填埋场应根据填埋区天然基础层的地质情况以及环境影响评价的结论,并经当地地方环境保护行政主管部门批准,选择天然黏土防渗衬层、单层人工合成材料防渗衬层或双层人工合成材料防渗衬层作为生活垃圾填埋场填埋区和其他渗滤液流经或储留设施的防渗衬层。

(一)天然防渗材料

天然防渗材料主要有黏土、亚黏土、膨润土等。该材料是岩石风化后形成的次生矿物,颗粒细小,多由蒙脱石、伊利石和高岭石组成。

《生活垃圾填埋场污染控制标准》(GB 16889—2008)中规定,天然防渗材料一般应该满足以下条件:

① 压实后的黏土防渗衬层饱和渗透系数小于 1.0×10^{-7} cm/s;

② 黏土防渗衬层厚度不小于 2 m。

天然防渗材料的主要优点是造价低廉,施工简单。我国相当一部分城市垃圾填埋场和部分工业固体废物填埋场采用当地天然黏土或改性土壤作为防渗衬层。随着土地资源的日益紧缺和防渗要求的不断提高,天然防渗衬层的使用受到了很大的限制。

（二）改良型防渗衬里

改良型防渗衬里是指将性能不达标的亚黏土、亚砂土等天然材料通过人工添加物质改善其性质,以达到防渗要求的衬里。人工改性的添加剂分为有机、无机两种。无机添加剂相对费用低,效果好,比较适合发展中国家推广应用。

常用的两种改良型衬里如下:

① 黏土-膨润土改良型衬里。在天然黏土中添加适量（3%～15%）膨润土矿物,使改良后的黏土达到防渗材料的要求。膨润土具有吸水膨胀和巨大的阳离子交换容量,添加在黏土中,不仅可以减少黏土的孔隙率,降低渗透性,而且能增强衬里吸附污染物的能力,同时还可以提高衬里的力学强度,因此在填埋场防渗工程中具有推广价值。

② 黏土-石灰、水泥改良型衬里。在天然黏土中添加适量的石灰、水泥可以改善黏土性质,从而提高黏土的吸附能力和酸碱缓冲能力。掺和添加剂再经压实,黏土的孔隙明显减少,抗渗能力增强。改良后黏土的渗透系数可以达到 1.0×10^{-9} cm/s,完全符合填埋场衬里对防渗性能的要求。

（三）人工合成膜防渗材料

人工衬里需要满足以下要求:

① 必须与渗滤液相容,不因与渗滤液的接触而使其结构完整性和渗透性发生变化;

② 渗透系数小于 1.0×10^{-7} cm/s;

③ 具有适宜的强度和厚度,可铺设在稳定的基础之上;

④ 抗臭氧、紫外线、土壤细菌及真菌的侵蚀;

⑤ 具有适当的耐候性,能承受急剧的冷热变化;

⑥ 具有足够的抗拉强度,能够经得起填埋体的压力和填埋机械与设备的压力;

⑦ 有一定的抗尖锐物质的刺破、刺划和磨损力;

⑧ 厚薄均匀,无薄点、气泡及裂痕;

⑨ 便于施工及维护。

人工合成膜类型有很多种,主要包括高密度聚乙烯（HDPE）、聚氯乙烯（PVC）、氯化聚乙烯（CPE）、异丁橡胶（EDPM）等,其中高密度聚乙烯（HDPE）是由聚乙烯树脂聚合而成,制造工艺成熟,机械和焊接性能优良,防渗性能和抗腐蚀能力强,不易老化,易于现场焊接,工程施工经验比较成熟,因而被广泛应用于填埋场的水平防渗中。

几种主要人工合成膜的性能见表 8-2。

表 8-2　部分人工合成膜的物理特性

项目	密度/(g/cm³)	热膨胀系数	抗拉强度/MPa	抗穿刺强度/Pa
高密度聚乙烯（HDPE）	＞0.935	1.25×10^{-5}	33.08	245
聚氯乙烯（PVC）	1.24～1.3	4×10^{-5}	15.16	1932
氯化聚乙烯（CPE）	1.3～1.37	4×10^{-5}	12.41	98

三、填埋场防渗系统结构

根据填埋场场区的地形、地质及水文地质条件,填埋废物的特性以及填埋场渗滤液收集系统、保护层和过滤层的不同组合,填埋场水平防渗系统结构可以分为单层衬层、单复合衬层、双层衬层和双复合衬层防渗系统,如图 8-3 至图 8-6 所示。

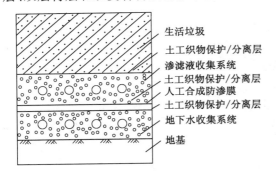

图 8-3　单层衬层防渗系统

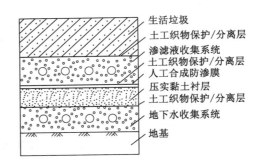

图 8-4　单复合衬层防渗系统

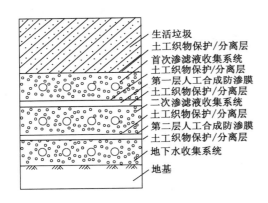

图 8-5　双层衬层防渗系统

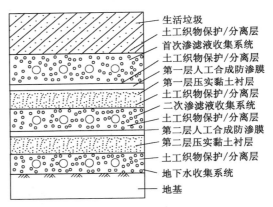

图 8-6　双复合衬层防渗系统

1. 单层衬层防渗系统

该防渗系统只有一层防渗层,可由黏土或 HDPE 膜构成,其上是渗滤液收集系统和保护层,必要时其下布置一个地下水收集系统和一个保护层。这种类型的衬垫系统适用于抗损性低、场址地质条件良好、渗透性差、地下水较贫乏的条件。

2. 单复合衬层防渗系统

该防渗系统属于复合防渗层,即由两种防渗材料相贴而形成的防渗层。两种防渗材料相互紧密地排列,提供综合效力。比较典型的复合结构是上层为柔性 HDPE 膜,其下为渗透性低的黏土层。与单层衬垫系统相似,复合防渗层的上方为渗滤液收集系统,下方为地下水收集系统。

单复合衬层系统综合了物理、水力特点不同的两种材料的优点,具有很好的防渗效果,适用于抗损性较高、地下水位高、水量较丰富的条件。其使用的关键是使柔性膜与黏土层紧密贴合,以保证当柔性膜破损时渗滤液不会引起沿两者结合面的移动。

3. 双层衬层防渗系统

该防渗系统有两层防渗层，两层之间是排水层，以控制和收集防渗层之间的渗滤液或气体。衬层上方为渗滤液收集系统，下方为地下水收集系统。该系统在防渗的可靠性上优于单层衬层系统，但在施工和衬层的坚固性及防渗效果等方面不如单复合衬层系统，其适用条件类同于单复合衬层系统。

4. 双复合衬层防渗系统

该防渗系统与双层衬层防渗系统的结构类似，不同之处是双复合衬层防渗系统的上下衬层分别采用的是单复合衬层。该系统综合了单复合衬层防渗系统和双层衬层防渗系统的优点，具有抗损性强、坚固性好、防渗可靠性高等特点，但其造价很高。双复合衬层防渗系统适用于废物危险性大、对环境质量要求高的条件。

根据《生活垃圾填埋场污染控制标准》（GB 16889—2008）规定，两层人工合成材料衬层之间应布设导水层和渗漏检测层。生活垃圾填埋场应设置防渗衬层渗漏检测系统，以保证在防渗衬层发生渗滤液渗漏时能及时发现并采取必要的污染控制措施。

四、填埋场场底防渗系统的选择

填埋场场底防渗系统的选择应根据环境标准要求，场区地质、水文地质及工程地质条件，衬层系统材料来源，废物的性质及与衬层材料的相容性，施工条件，经济可行性等因素进行综合考虑。

一般来说，垂直防渗系统的造价比水平防渗系统的低，自然防渗系统的造价比人工防渗系统的低，单层衬层防渗系统、单复合衬层防渗系统、双层衬层防渗系统和双复合衬层防渗系统的造价依次增大。在场区地质、水文地质及工程地质条件满足要求的前提下，尤其场区是封闭水文地质单元，可以选择垂直防渗系统。如果在场区及附近有黏土，应使用黏土做衬层系统的防渗层和保护层，以降低工程投资；如果没有质量高的黏土，但有粉质黏土，则衬层可采用质量较好的膨润土来改性粉质黏土，使其达到防渗设计要求；如果没有足够的天然防渗材料，则采用由柔性膜或天然与人工合成材料组成的人工防渗系统。

如果填埋场场底高于地下水位或虽低于地下水位，但地下水的水头压力尚没有破坏衬层时，可以采用单层衬层防渗系统；如果填埋场的水文地质工程地质条件不理想，且对场区周边环境质量要求严格，应选择复合衬层防渗系统或双层衬层防渗系统。目前，我国大部分地区的城市固体废物卫生填埋多采用单层衬层防渗系统和单复合衬层防渗系统，双层衬层防渗系统和双复合衬层防渗系统一般用于危险废物安全填埋场。

另外，根据填埋场地质条件，可以采用垂直与水平防渗相结合的技术。上海市老港填埋场地处沿海，地下水位很高，由于地下水的浮托作用，水平防渗系统施工困难，防渗层极易被破坏。因此，在老港填埋场四期，采用了垂直与水平防渗相结合的工程措施，确保防渗膜的安全。

徐州雁群生活垃圾卫生填埋场总占地面积 0.55 km²，包括生产管理区、渗滤液处理站、填埋库区、渗滤液调节池、填埋气利用等部分。处理规模 1 500 t/d，属于Ⅰ级填埋场。其中，填埋库区占地面积 0.22 km²，包含 4 个填埋分区，库容 396×10⁴ m³。根据场地工程地质勘察结果，确定水平防渗系统为单复合衬层系统，具体结构从上至下为：库区基层，200 g/m² 有纺土工布，30 cm 厚渗滤液碎石导流层，200 g/m² 针刺长纤聚酯土工布，黏土

500 mm,4 800 g/m² GCL 膨润土垫,1.5 mm 厚光面 HDPE 膜,600 g/m² 双层针刺长纤聚酯土工布,30 cm 厚地下水碎石导流层,200 g/m² 机织土工布。

第四节　地表水和地下水导排系统

填埋场周围地表水和地下水对于填埋场结构和运行会产生不利影响,同时影响垃圾渗滤液的数量和水质特征,为最大限度降低地表水和地下水对填埋场的影响,在填埋场设计和建设过程中,需要设计和建设地表水和地下水导排系统。

一、地表水导排系统

地表水作为渗滤液的主要来源,对填埋场的建造和运行费用会产生较大影响。地表水导排系统包括:填埋场周边排水系统、场内排水系统和封场区排水系统。

周边排水系统主要指在填埋场四周的排水沟,其作用是收集填埋场上游流域的降水,并排向下游流域,防止进入填埋场区域,从而减少渗滤液的产生量。在最终封场后还需要建设填埋场表面的排水系统。

场内排水系统包括填埋区排水系统和未填埋区排水系统,其目的是将降水在未与填埋废物接触之前,迅速将其排出场外。因此,在作业过程中对填埋场进行分区填埋和实施逐日覆土。

封场区排水系统的作用是排出封场表面的降水,减少入渗量。

《生活垃圾卫生填埋处理技术规范》(GB 50869—2013)要求填埋场地表水导排系统应考虑填埋分区的未作业区和已封场区的汇水直接排放,截洪沟、溢洪道、排水沟、导流渠、导流坝、垃圾坝等工程应满足雨污分流要求,填埋场防洪应符合表 8-3 的规定,并不得低于当地的防洪标准。

表 8-3　填埋场防洪要求

填埋场建设规模总容量/(10⁴ m³)	防洪标准(重现期)/a	
	设计	校核
>500	50	100
200~500	20	50

二、地下水导排系统

如果填埋场场址地下水位较高,或在雨季地下水位升高,有可能形成涌水,直接危及填埋场的安全,在这种情况下,需要在衬层下修筑地下水导排系统。

地下水导排系统的作用主要有两个:① 保持地下水位与废物层有足够的安全距离,防止地下水受到渗滤液下渗的污染。一般来说,地下水导排系统顶部距防渗系统基础层底部不得小于 1 000 mm;② 防止地下水向场内入渗,减少渗滤液的产生量。

地下水导排系统结构示意图见图 8-7。

地下水排水管的间距 L 可以由 Donnan 公式计算,在稳定状态下:

$$L^2 = \frac{4K(b^2 - a^2)}{Q_d} \tag{8-4}$$

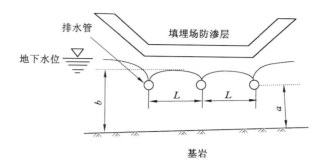

图 8-7 地下水导排系统结构示意图

式中　　L——排水管间距,m;

　　　　K——土层渗透系数,m/d;

　　　　a——管道与基础隔水层之间的距离,m;

　　　　b——距基础隔水层的最高允许水位,m;

　　　　Q_d——渗滤液下渗量,m³/(m²·d)。

正常运行的填埋场,渗滤液渗漏对地下水补给量按式(8-5)计算。

$$Q_d = Ki \tag{8-5}$$

式中　　i——地下水水力坡度。

将式(8-5)代入式(8-4)中,可以得到地下水导排管间距计算公式(8-6)。

$$L^2 = \frac{4(b^2 - a^2)}{i} \tag{8-6}$$

地下水导排系统的组成、材料和构造与渗滤液收集系统的组成、材料和构造相同。

地下水导排系统的设计原则是:尽量将未被污染的地下水导出,减少地下水侵入垃圾堆体和对防渗层产生不良的顶托压力,排水能力应与地下水产生量相匹配。

第五节　填埋场渗滤液的产生及控制

一、渗滤液产生及特性

渗滤液是指固体废物在填埋或堆放过程中因其有机物分解产生的水或废物中的游离水、降水、地表径流及地下水入渗而淋滤废物形成的成分复杂的高浓度有机废水。大量资料表明,降水、地表径流和地下水入渗是渗滤液产生的主要原因。渗滤液的水质复杂,主要取决于固体废物组分、气候条件、水文地质、填埋时间及填埋方式等因素。表 8-4 是我国部分垃圾填埋场渗滤液主要污染指标浓度范围。

由该表结合其他资料可知,渗滤液具有以下特征:① 有机污染物浓度高,特别是 5 年内的"年轻"填埋场的渗滤液。② 氨氮含量高,随着填埋时间的延长,垃圾中的有机氮转化为氨氮,因而在"中老年"填埋场渗滤液中氨氮含量升高,如徐州雁群垃圾填埋场氨氮由 550 mg/L 升高为 2 000~2 500 mg/L。③ 磷含量普遍偏低,尤其是溶解性的磷酸盐含量更低。④ 由于垃圾降解产生的 CO_2 使得渗滤液呈弱酸性,因此,垃圾中碳酸盐、金属及其金属氧化物发生溶解,渗滤液中含有较高浓度的金属离子,其含量与所填埋的废物组分及填埋时间密切相关。⑤ 溶解性固体含量较高,在填埋初期(0.5~2.5 年)呈上升趋势,直至达到峰值,然后随填埋时间增加逐年下降直至最终稳定。⑥ 色度高,以淡茶色、暗褐色或黑色为主,具有较浓的腐败臭味。⑦ 水质动态变化大,废物填埋初期,渗滤液的 pH 较低,COD_{Cr}、BOD_5、TOC、SS、硬度、金属离子含量较高,后期,上述组分的浓度明显下降。⑧ 在填埋初期,渗滤液的 BOD_5/COD_{Cr} 较高,表明其可生化性良好,因而可以采用生物处理方法;当填埋场进入"中老年"阶段,渗滤液的 BOD_5/COD_{Cr} 明显降低,如徐州雁群垃圾填埋场渗滤液 BOD_5/COD_{Cr} 由 0.5 降为 0.25,必须采用物化与生物处理方法联用工艺。

表 8-4　我国部分垃圾填埋场渗滤液主要污染指标浓度

填埋场		指标						
		pH	SS/(mg/L)	COD_{Cr} /(mg/L)	BOD_5 /(mg/L)	NH_4-N /(mg/L)	TP /(mg/L)	BOD_5/COD_{Cr}
徐州雁群	建场初期	6~9	650	7 000	3 500	550		0.5
	建场 18 年	7.5		3 000~5 000	750~1250	2 000~2 500		0.25
山东宁津	建场初期	7.1	6 000	22 800	8 000	2 600		0.35
江苏某市	建场初期	5~6	6 800	58 000	29 000	1 900	25	0.5
上海	建场初期	6.8~7.7	750~3 500	10 000~ 32 000	3 000~ 16 000	400~2 000		0.40
	建场 10 年	7.3~8.2	150~2 000	500~1 500	100~200	700~2 200		0.15

二、渗滤液产生量估算

目前常用的渗滤液产生量估算方法有以下两种。

1. 经验公式法

经验公式法是在实际填埋场设计和施工中得到大量验证的经验模型。

$$Q = \frac{1}{1\ 000} I(C_1 A_1 + C_2 A_2) \tag{8-7}$$

式中　Q——渗滤液产生量,m^3/d。

　　　I——填埋场所在区域的最大年或月降水量的日换算值,mm/d,原则上应使用当地 20 年以上的降水量观测数据。

　　　C_1、C_2——分别为正在填埋区和已完成填埋区的浸出系数,其值一般在 0.2~0.8 之间。

　　　A_1、A_2——分别为正在填埋区和已完成填埋区的面积,m^2。

2. 水量均衡法

以填埋场为均衡对象,根据水量平衡原理,渗滤液最大产生量估算公式如下:

$$Q = P + W + Q_1 + Q_2 - E_1 - E_2 - Q_3 - Q_4 - H \tag{8-8}$$

式中　Q——渗滤液产生量,m^3/d;

　　　P——填埋场作业区域的平均日降水量;

　　　W——固体废物中的含水量;

　　　Q_1——作业区域地下水的入渗量;

Q_2——地表径流流入量；

E_1——填埋场地表自然蒸发量；

E_2——填埋场地表植被蒸腾量；

Q_3——地表径流流失量；

Q_4——作业单元底部衬层渗出量；

H——填埋场持水量。

对于设计正规的填埋场，场外地表径流和地下水对渗滤液的增加量以及渗滤液穿透衬层的外泄量和填埋场地表流失量可以忽略不计，即 $Q_1 = Q_2 = Q_3 = Q_4 = 0$，则

$$Q \approx P + W - E_1 - E_2 - H \tag{8-9}$$

对于特定气象条件下的填埋场和填埋废物，相对于降水量 P 和蒸发量 E，废物中含水量和填埋场持水量很小，故上式可以进一步简化为：

$$Q \approx P - E \tag{8-10}$$

三、渗滤液收集系统

（一）收集系统的功能

渗滤液收集系统的主要功能是将填埋场内产生的渗滤液迅速汇聚收集，并通过输水管、集水池等输送至指定地点，如渗滤液处理站或城市污水处理厂进行处理，避免渗滤液在填埋场内的长时间蓄积。

渗滤液在填埋场衬里上的蓄积可能引起以下问题：

① 场内水位升高会使更多废物浸在水中，导致有害物质更强烈地浸出，从而增加渗滤液净化处理的难度。

② 场内壅水会使底部衬里之上的静水压力增加，增大水平防渗系统失效及渗滤液下渗污染土壤和地下水的风险。

③ 场内废物含水过量，影响填埋场的稳定性。

根据《生活垃圾填埋场污染控制标准》（GB 16889—2008）规定，生活垃圾填埋场应建设渗滤液导排系统，该导排系统应确保在填埋场的运行期内防渗衬层上的渗滤液深度不大于 30 cm。

（二）收集系统的构成

渗滤液收集系统主要由汇流系统和输送系统两部分组成。汇流系统的主体是一位于场底防渗衬层之上、由砾卵石或碎（渣）石构成的导流层。该层内设有导流沟和穿孔收集管等。导流层设置的目的是将场内的渗滤液通畅、及时地导入导流沟内的收集管中。渗滤液的输送系统多由集水槽（池）、提升多孔管、潜水泵、输送管道和调节池等组成。典型的填埋场渗滤液收集系统由以下几部分构成。

1. 导流（排水）层

导流（排水）层的厚度应等于或大于 30 cm，主要由粗沙砾或卵石组成，需要覆盖在整个填埋场底部衬里上，其水平渗透系数应大于 1×10^{-3} cm/s，纵、横坡度大于 2%。导流层与废物之间宜设土工织物等人工过滤层，以免细粒物质堵塞导流层，影响其正常排水功能的发挥。

2. 导流（盲）沟与导流管

导流（盲）沟设置在导流层的底部，并贯穿整个场底，其断面常为等腰梯形。山谷型填埋

场有主、支沟之分,位于场底中轴线上的为主沟,在主沟上按间距 30～50 m 设置支沟,两者夹角的度数多采用 15 的倍数(一般采用 60°为宜)。盲沟中填充砾石或碎石,粒径上大下小形成反滤,通常颗粒粒径上部为 40～60 mm,下部为 25～40 mm。导流管按照敷设位置分为干管和支管,分别埋设在导流盲沟的主沟和支沟中。导流管的管径需根据填埋场的具体条件按水力学计算确定,通常主管管径不小于 250 mm,支管管径不小于 200 mm。管材多采用高密度聚乙烯(HDPE)。导流管需预先制孔,孔径 15～20 mm,孔距 50～100 mm,开孔率应保证其刚度和强度要求,一般为 2%～5%。同时在管道安装和初期填埋作业时,应注意避免管道受到挤压破坏。典型的渗滤液导流系统断面如图 8-8 所示。

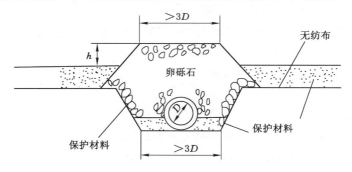

图 8-8　典型渗滤液导流系统断面

3. 集液池及提升系统

平原地区填埋场因渗滤液无法借助于重力从场内导出,需采用集液池和提升系统。集液池多在废物坝前最低洼处下凹形成,其容积视对应的填埋单元面积而定,一般为 5 m×5 m×1.5 m,集液池坡度为 1∶2,池内用卵砾石堆填以支撑上覆废物等荷载,堆填的卵砾石的孔隙率介于 30%～40%之间。提升系统包括提升管和提升泵。提升管按安装形式可分为竖管和斜管,后者因能大大减少摩擦力的作用,且可避免竖管带来的诸多操作问题,故采用较为普遍。斜管常采用高密度聚乙烯管,半圆开孔,管径一般为 800 mm,以便于提升泵的放入和取出。提升泵通过提升斜管安放于贴近池底部位,其作用是将渗滤液抽送入调节池。

典型斜管提升系统断面见图 8-9。

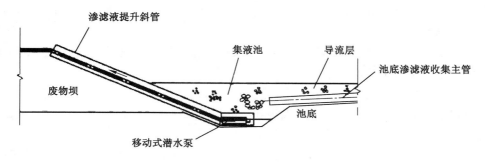

图 8-9　典型斜管提升系统断面

对于山谷型填埋场,通常可以利用自然地形坡降采用渗滤液收集管直接穿过废物坝的方式将渗滤液导出坝外,此时可将集液池和提升系统省略。

4. 调节池

调节池是渗滤液收集系统的最后一个环节。它既可以作为渗滤液的初步处理设施,又起到渗滤液水质和水量调节的作用,从而保证渗滤液后续处理设施的稳定运行和减少暴雨期间渗滤液外泄污染环境的风险。调节池常采用地下式或半地下式,其池底和池壁多采用HDPE膜进行防渗,膜上采用预制混凝土板保护。通常调节池是加盖的,尽量减少雨水的进入,当然,加盖不利于渗滤液的蒸发。

《固体废物处理处置工程技术导则》规定,调节池容积应与填埋工艺、停留时间、渗滤液产生量及配套的渗滤液处理设施规模等相匹配。

例 8-1　某填埋场总面积为 30 000 m²,分三个区进行填埋。目前已有两个区填埋完毕,其面积为 20 000 m²,浸出系数为 0.2。另有一个区正在进行填埋施工,填埋面积为 10 000 m²,浸出系数为 0.5。已知当地的年平均降水量 3.3 mm/d,最大月降水量的日换算值为 6.5 mm/d。求渗滤液调节池的处理能力。

解　渗滤液处理能力的确定:

根据式(8-7),$Q = Q_1 + Q_2 = I(C_1 A_1 + C_2 A_2) \times \dfrac{1}{1\ 000}$

平均渗滤液量:$Q = 3.3 \times (0.5 \times 10\ 000 + 0.2 \times 20\ 000) \times \dfrac{1}{1\ 000}$ m³/d = 29.7 m³/d

最大渗滤液量:$Q = 6.5 \times (0.5 \times 10\ 000 + 0.2 \times 20\ 000) \times \dfrac{1}{1\ 000}$ m³/d = 58.5 m³/d

因此,渗滤液调节池能力应在 30～60 m³/d 之间选取。

四、渗滤液处理技术

填埋场渗滤液的水量水质波动很大、组分复杂,渗滤液处理一直是填埋场运行管理最突出的难题,也是制约卫生填埋场进一步推广应用的重要因素之一。渗滤液污染负荷很高,单一处理方法难于达到排放标准,往往采取不同方法的优化组合工艺。解决渗滤液达标处理问题既要技术可行,又要经济合理,只有在技术、经济和环境均可行的基础上确定出的渗滤液处理方案,才是科学合理的。

目前,国内外渗滤液处理的主要工艺有土地处理、生物处理和物化处理。

(一)土地处理

土地处理原理是利用土壤中的微生物降解作用使渗滤液中的有机物和氨氮发生转化,通过土壤中有机物和无机胶体的吸附、络合、螯合、颗粒的过滤、离子交换和沉淀等作用去除渗滤液中悬浮固体和溶解成分,通过蒸发作用减少渗滤液产生量。土地处理系统包括填埋场回灌处理系统和土壤植物处理系统两种形式。

1. 填埋场回灌处理系统

渗滤液回灌是一种较为有效的处理方案。通过回灌可提高垃圾层的含水率(由 20％～25％提高到 60％～70％),增加垃圾的湿度,增强垃圾中微生物的活性,加快产甲烷的速率、垃圾中污染物的溶出及有机物的分解。其次,渗滤液回灌,不仅可降低渗滤液的污染物浓度,还可因回灌过程中水分挥发等作用减少渗滤液的产生量,对水量和水质起稳定化作用,有利于废水处理系统的运行,节省费用。回灌法的主要优点是能减少渗滤液的处理量,降低污染物浓度;加速填埋场的稳定化进程,缩短维护监管期,产生明显的环境效益和较大的间接经济效益,尤其适用于干旱和半干旱地区。据报道,美国已有200余座垃圾填埋场进行了回灌处理。但是,回灌法不能完全消除渗滤液,通常只能作为预处理方式与其他处理方式相结合使用。另外,反复回灌易造成填埋场渗滤液中氨氮的不断积累,影响后续处理。

2. 土壤植物处理系统

土壤植物处理系统是土地处理系统的一种方式,其处理过程和机理包括:① 土壤颗粒的吸附、离子交换和过滤沉淀作用,主要去除渗滤液中悬浮物质;② 土壤中微生物对有机物和氨氮生物降解作用;③ 植物吸收利用渗滤液中营养元素氮和磷,并通过植物蒸腾作用减少渗滤液的量。

(二)生物处理

生物处理是渗滤液的主要处理方式。生物法包括好氧生物处理、厌氧生物处理及两者的结合。

1. 好氧生物处理

好氧生物处理包括活性污泥法、稳定塘法、生物转盘和生物滤池等。好氧生物处理可以有效去除 BOD、COD 和氨氮,还可以去除铁锰等金属,因而得到较多的应用。活性污泥法对易降解有机物具有较高的去除率,对新鲜的垃圾渗滤液,保持污泥龄为一般城市污水的 2 倍,负荷减半,可达到较好的处理效果。活性污泥法处理效果受温度影响较大,对"中老龄"渗滤液的去除效果不理想。

与活性污泥法相比,尽管稳定塘降解速率低,停留时间长,占地面积大,但是,其工艺简单,投资省,管理方便,且能够将好氧塘和厌氧塘相结合,分别发挥好氧微生物和厌氧微生物的优势,在土地允许条件下,是最经济的渗滤液好氧微生物处理方法,因而宜优先考虑。

与活性污泥法相比较,生物膜法具有抗水量和水质冲击负荷的优点,而且生物膜上能生长世代时间较长的硝化菌,有利于渗滤液中氨氮的硝化。

2. 厌氧生物处理

用于渗滤液处理的厌氧生物处理包括厌氧接触法、分段厌氧消化、升流式厌氧污泥床、厌氧淹没式生物滤池、混合反应器等。厌氧生物处理的优点是投资及运行费用低,能耗少,污泥产量低,复杂的有机物在厌氧条件下水解生成小分子可溶性有机物,再进一步降解。它的缺点是水力停留时间长,污染物去除率相对较低,对温度的变化较为敏感。

3. 厌氧与好氧结合方式

在生物法处理渗滤液的工程实践中,由于渗滤液污染物浓度高,单纯采用好氧法或厌氧法处理渗滤液均较为少见,也很难使渗滤液处理后达标排放。实践表明,采用厌氧-好氧处理工艺既经济合理,处理效率又高。A/O、A^2/O、SBR、MBR 等具有脱氮功能的组合工艺具有较好的效果。这些技术用于处理渗滤液与常规污水处理技术的不同主要体现在有机负荷、污泥浓度和停留时间等参数的选取以及处理工艺的运行效果上。此外,由于渗滤液中磷含量偏低,在生化处理时应投加一定量的磷酸盐,以保证 $BOD_5：P=100：1$。

(三)物化处理

物化处理主要去除渗滤液中的有毒有害重金属离子及氨氮,为渗滤液达标排放和生物处理系统有效运行创造良好的条件。物化处理包括混凝沉淀、化学氧化、吸附、化学沉淀、膜分离、氨氮吹脱、过滤等方法。物化处理主要用于老龄渗滤液,是渗滤液后处理中最常用的方法。

1. 混凝沉淀

硫酸铝、硫酸亚铁、三氯化铁和聚合氯化铁等都是常用的混凝剂,对渗滤液而言,铁盐的处理效果优于铝盐。研究表明,对于 BOD_5/COD_{Cr} 较高的"年轻"填埋场的渗滤液,混凝对 COD_{Cr} 和 TOC 的去除率为 $10\%\sim25\%$,而对于 BOD_5/COD_{Cr} 较低的"老年"填埋场或经生物处理后的渗滤液,COD_{Cr} 和 TOC 的去除率可达 $50\%\sim65\%$。

2. 化学氧化

氯、臭氧、过氧化氢、高锰酸钾和次氯酸钙等是常用的氧化剂,其作用主要是去除渗滤液中的色度和硫化物,对 COD 的去除率通常为 $20\%\sim50\%$。

3. 吸附

颗粒活性炭、粉末活性炭、粉煤灰、高岭土、泥炭、膨润土和活性氧化铝等都可作为吸附剂,研究表明,活性炭处理垃圾渗滤液时对 COD 的去除率达到 $50\%\sim70\%$。

4. 化学沉淀

$Ca(OH)_2$ 是常用的药剂,处理垃圾渗滤液时投加量在 $1\sim15$ g/L,对 COD 的去除率为 $20\%\sim40\%$,对于重金属的去除率为 90% 以上。

5. 膜分离

微滤、超滤、反渗透主要用于渗滤液深度处理,对 COD 和 SS 的去除率可达 95%。

6. 氨氮吹脱

垃圾渗滤液含有高浓度的氨氮,在碱性条件下可以在生物处理之前,用吹脱方法去除部分氨氮。

生活垃圾渗滤液处理工艺可分为预处理、生物处理和深度处理,处理工艺的选择根据渗滤液的进水水质、水量及排放要求综合确定。一般选用"预处理＋生物处理＋深度处理"组合工艺,见图 8-10,也可以采用"预处理＋物化处理"或"生物处理＋深度处理"。

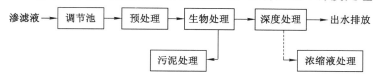

图 8-10　渗滤液处理常规工艺流程

我国生活垃圾渗滤液处理技术始于 20 世纪 90 年代,经历了如下四个阶段:传统生物处理阶段、物化预处理＋生物处理阶段、生物处理＋深度处理阶段、预处理＋生物处理＋深度处理/预处理＋物化处理阶段。

为了达到《生活垃圾填埋物污染控制标准》(GB 16889—2008)要求,目前,国内垃圾渗滤液处理工艺主要有以下几种:预处理(厌氧、混凝沉淀)＋MBR＋NF＋RO,预处理(厌氧、混凝沉淀)＋MBR＋DTRO(碟管式反渗透),预处理(厌氧、混凝沉淀)＋MBR/其他生化＋AOP。MBR 系统根据所采用的膜形式不同,又分为管式超滤膜、普通帘式膜、平板膜以及 PTFE 帘式膜。生化系统根据脱氮的要求又分为"A/O 工艺"、"两级 A/O"和其他形式的生活脱氮工艺。如徐州雁群生活垃圾卫生填埋场渗滤液处理规模为 150 t/d,处理工艺采用 MBR＋NF＋DTRO,出水水质达到《生活垃圾填埋物污染控制标准》(GB 16889—2008)中表 2 要求。

第六节　填埋气体的产生、收集及利用

一、填埋气体的产生

（一）填埋气体的产生

垃圾填埋气体又称填埋气（landfill gas，即 LFG）。填埋气的产生过程是一个复杂的生物、化学、物理的综合过程，其中生物降解是最重要的。目前普遍认为填埋气产生过程可分为以下五个阶段，见图 8-11。

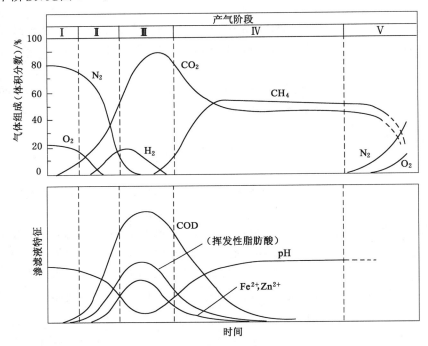

图 8-11　填埋场产气阶段

1. 第一阶段——好氧分解阶段

废物进入填埋场后首先经历好氧分解阶段，该阶段持续时间比较短。废物填埋过程中夹带的空气进入填埋场，废物中所含的大分子有机物通过微生物胞外酶分解成简单有机物，并进一步转化为小分子物质和 CO_2。这一阶段由于微生物进行好氧呼吸，有机质被彻底氧化分解而释放热能，垃圾的温度可能升高 10~15 ℃。

2. 第二阶段——好氧至厌氧的过渡阶段

这一阶段，随着氧气的逐渐消耗，厌氧条件逐步形成。作为电子受体的硝酸盐和硫酸盐开始被还原为氮气和硫化氢。

3. 第三阶段——酸化阶段

复杂有机物，如糖类、脂肪、蛋白质等在微生物作用下水解至基本结构单位（如单糖、氨基酸），并进一步在产酸菌的作用下转化成挥发性脂肪酸（VFA）和醇类。

由于第三阶段存在有机酸且在填埋场内 CO_2 浓度升高，所以渗滤液 pH 值会降到 5 以下,COD、BOD$_5$和电导率明显上升。

4. 第四阶段——产甲烷阶段

在产甲烷菌的作用下,VFA 转化成 CH$_4$和 CO$_2$。该阶段是能源回用的黄金时期。一般废物填埋 180～500 d 后进入稳定产甲烷阶段。该阶段的主要特征是:产生大量的 CH$_4$;H$_2$和 CO$_2$量逐渐减少;渗滤液 COD、BOD$_5$及电导率下降,pH 维持在 6.8～8.0,且金属离子 Fe^{2+}、Zn^{2+}浓度降低。

5. 第五阶段——填埋场稳定阶段

当第四阶段中大部分可降解有机物转化成 CH$_4$和 CO$_2$后,填埋场释放气体的速率显著减少,填埋场处于相对稳定阶段。该阶段几乎没有气体产生,渗滤液及废物的性质稳定。

(二)填埋气体的组成

干填埋气主要由 CH$_4$、CO$_2$、N$_2$、O$_2$、硫化物、NH$_3$、H$_2$、CO 及其他微量化合物组成,见表 8-5。通常 CH$_4$的体积分数为 45%～60%,CO$_2$为 40%～50%。此外还有不少于 1%的其他挥发性有机物(VOCs)。填埋气体是在多种微生物协同代谢作用下形成的,因而不同的填埋场构造、不同的填埋废物和气候条件所产生的气体组成也会有一定的差别。

同一填埋场不同时期填埋气组成变化见表 8-6。

表 8-5　干填埋气体组成

组　分	体积分数/%	组　分	体积分数/%
CH$_4$	45～60	硫化物	0～1
CO$_2$	40～50	NH$_3$	0.1～1.0
N$_2$	0～10	H$_2$	0～0.2
O$_2$	0～2	CO	0～0.2
		微量化合物	0.01～0.6

表 8-6　不同时期填埋气组成的变化(体积分数)　　　　单位:%

填埋后时间/月	CH$_4$	CO$_2$	N$_2$
0～3	5	88	5.2
3～6	21	76	3.8
6～12	29	65	0.4
12～18	40	52	1.1
18～24	47	53	0.4
24～30	48	52	0.2
30～36	51	46	1.3
36～42	47	50	0.9
42～48	48	51	0.4

二、填埋气体产生量的预测

根据产气模型建立的基础不同,可以将产气模型分为三类:动力学模型、统计学模型和经验模型。动力学模型按照甲烷产生机理进行预测,原理上符合产气规律,但主要参数均由垃圾成分的理论值得出,往往偏大,不能代表实际产气情况。统计学模型一般需要大量的监测数据,但运用时简便快捷。经验模型相对符合实际情况。下面介绍 IPCC 推荐的统计模型、生物降解理论最大产气量模型和 Marticorena 经验模型。

1. IPCC 的统计模型

政府间气候变化专门委员会(IPCC)在 1995 年推荐使用的估计垃圾产气量的经验模型为:

$$V_{CH_4} = MSW \times H \times DOC \times r \times \frac{16}{12} \times 0.5 \qquad (8\text{-}11)$$

式中　V_{CH_4}——垃圾填埋场的甲烷排放量,m^3;

　　　MSW——城市固体废物量,t;

　　　H——城市垃圾填埋率;

　　　DOC——垃圾中可降解有机碳的质量分数,HPCC 推荐值为:发展中国家 15%,发达国家 22%;

　　　r——垃圾中可降解有机碳的分解率,HPCC 推荐值为 77%;

　　　16/12——CH_4 和 C 之间的转换系数;

　　　0.5——甲烷中的碳与总碳(包括甲烷和二氧化碳中的碳)的比率。

运用该模型计算产气量方便快捷,只要知道生活垃圾的总量以及填埋率就可以估计出产气量,但统计模型无法给出在垃圾产气周期中甲烷排放量的分布。此外,由于没有考虑垃圾产气规律及影响因素,计算往往过于粗略,仅适合于估算较大规模的产气量。

2. 生物降解理论最大产气量模型

该模型是一个基于垃圾组分降解的半经验模型,形式为:

$$C = \sum_{i=1}^{n} K P_i (1 - M_i) V_i E_i \qquad (8\text{-}12)$$

式中　C——单位质量垃圾产生的甲烷量,$L(CH_4)/kg$(湿垃圾);

　　　K——经验常数,单位质量的挥发性固体物质标准状态下产生的甲烷量,一般为 526.5 $L(CH_4)/kg$(湿垃圾);

　　　P_i——某垃圾组分占单位质量垃圾的湿重质量分数;

　　　M_i——某有机组分的含水率;

　　　V_i——某有机组分的挥发性固体干重含量;

　　　E_i——某有机组分中挥发性固体的可降解物的含量。

该方法利用了有机物可生物降解特性,能较为准确地反映出垃圾中产生甲烷气体的主要成分,公式中的 E_i 需要通过生化实验测定。该公式是在考虑有机物的生物降解性的前提下可得出各垃圾组分的产气之和,但最终结果往往偏高。

3. Marticorena 经验模型

该模型是针对具体的垃圾填埋场提出的,其前提假设垃圾是按年份分层填埋的。该模型认为各处填埋气体的产生具有等同性和可累加性,在以年为单位的时间尺度上,一个地区的垃圾也可认为是分层分块填埋于不同处,所以将该预测模型应用于区域填埋气体产生量的预测是可行的。

该模型推导如下：

$$MP = MP_0 \exp\left(-\frac{t}{t_d}\right) \tag{8-13}$$

$$D = -\frac{\mathrm{d}MP}{\mathrm{d}t} \Rightarrow D = \frac{MP_0}{t_d} \exp\left(-\frac{t}{t_d}\right) \tag{8-14}$$

$$F = \sum_{i=1}^{n} m_i D_i \Rightarrow F = \sum_{i=1}^{n} m_i \left[\frac{MP_0}{t_d} \exp\left(-\frac{t}{t_d}\right)\right] \tag{8-15}$$

式中　MP——时间为 t 的垃圾的特定产甲烷潜能，m^3/t；

MP_0——新鲜垃圾的特定产甲烷潜能，m^3/t；

t——时间，a；

t_d——垃圾生命持续时间，a；

D——某一层垃圾的特定年甲烷产率，$m^3/(t \cdot a)$；

F——整个垃圾填埋场的甲烷产率，m^3/a 或 m^3/h；

m_i——第 i 层垃圾的质量，t。

新鲜垃圾的最大产甲烷潜能 MP_0 是一个代表垃圾自身特性的常数，它可以用实验测定，也可以采用垃圾的总碳含量或纤维素的含量来决定理论产甲烷量。各国研究者对 MP_0 进行过大量研究，确定该值的方法有现场实验法、实验室实验法、理论计算法等，所得 MP_0 的范围为 $20 \sim 200$ m^3/t。填埋场中生活垃圾的生命持续时间 t_d 代表了填埋场中的所有生活垃圾完全分解所需的时间，它取决于垃圾本身的性质如产气能力和填埋场的运行条件如垃圾的压实度等。m_i 通过调查填埋运行的状况即可获得。

三、填埋气体收集系统

填埋气体的收集系统分为被动收集系统和主动收集系统两种，前者是在填埋场内靠填埋气体自身的压力沿着设计的管道流动而收集，后者是利用抽真空的办法来收集气体。

（一）被动收集系统

填埋气体的被动收集系统无须外加动力系统，结构简单，投资少，适用于垃圾填埋量不大、填埋深度浅、产气量较低的小型城市垃圾填埋场（容积小于 40 000 m^3）。被动收集系统包括被动排气井、沟渠、防渗层水平管道等设施。被动收集系统典型详图如图 8-12 所示。

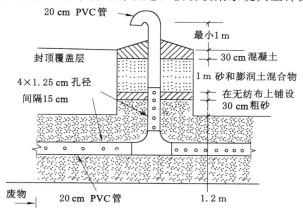

图 8-12　被动收集系统典型详图

1. 排气井

在填埋场覆盖层安装的连通到垃圾体的排气井,通常每隔 50 m 布置一个,最好将所有排气井用穿孔管连接起来,当填埋气体中甲烷浓度足够高时,可以安装燃烧器将填埋气体燃烧处理。

2. 周边碎石沟渠

由砾石充填的盲沟和埋在砾石中的穿孔管所组成的周边拦截沟渠,可有效阻止填埋气体的横向迁移,并可通过与穿孔管连接的纵向管道收集填埋气体,将其排放到大气中。为有效收集填埋气体并控制气体的横向迁移,在沟渠外侧需铺设防渗衬层。

3. 周边屏障沟渠或泥浆墙

填有渗透性相对较差的膨润土或黏土的阻截沟渠,是填埋气体横向迁移的物理阻截屏障,有利于在屏障内侧用排气井或砾石沟渠导排填埋气体。

4. 填埋场防渗层

填埋场的防渗层可控制填埋气体的向下运移。但是,填埋气体仍可以通过黏土衬层向下扩散,只有采用人工衬层的填埋场才能阻止填埋气体的向下迁移。

(二)主动收集系统

填埋气体的主动收集系统需要配备抽气动力系统,结构相对复杂,投资较大,适用于大中型垃圾填埋场气体的收集。系统包括填埋气体内部收集系统和控制填埋气体横向迁移的边缘收集系统。

1. 填埋气体内部收集系统

内部收集系统包括抽气井、集气输送管道、抽风机、冷凝液收集装置、主体净化设备、气体净化设备及发电机。该系统常用来回收利用填埋气体,控制臭味和填埋气体的无组织排放。主动收集系统如图 8-13 所示。

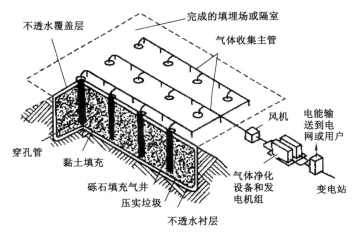

图 8-13 填埋气体主动收集系统

(1) 抽气井

抽气井多采用竖井,从竖井的集气效果来看,厚度大的垃圾填埋层要比浅层垃圾集气效果好,一般垃圾厚度大于 3 m 时,竖井间距为 30～70 m,一般选择 50 m。竖井分边井和中部井两大类,边井井间距较小,中部井井间距应适当大一些。一般认为,距填埋区边缘 20 m

以内的井为边井。边井的主要作用在于控制沼气不外溢以保护环境,因而抽气量较大,填埋气体中甲烷含量较低。从纵面上,中部井也分为浅层井和深层井,浅层井的作用和边井相同,用以控制边层填埋气的扩散,深层井的气体质量较边井和浅层井好,甲烷含量较高。这样分区、分层的设置将产生富甲烷填埋气和贫甲烷填埋气。利用集气管道收集后,送往不同的利用系统。

为了优化竖井的布置和确定有效的产气范围,抽气井按照等边三角形的形式来布置,井间距要根据抽气井的影响半径 R 按照相互重叠的原则设计,即其间隔要使影响区相互交叠。即:

$$D = 2R\cos 30°$$

$$(8\text{-}16)$$

式中　D——三角形布局的井间距离,m;

　　　R——抽气井的影响半径,m。

影响半径与填埋垃圾的类型、压实程度、填埋深度和覆盖层类型等因素有关,一般通过现场实验来确定。在缺少实验数据的情况下,影响半径可以采用 45 m。对于深度大并有人工薄膜的混合覆盖层的填埋场,常用的井距为 45～60 m;对于使用黏土和天然土壤作为覆盖层材料的填埋场,可以采用较小的井间距,如 30 m,防止空气抽进填埋场系统。

另外,由于抽气井会影响集气输送管道的布置,在布置抽气井时应根据现场条件和实际限制因素进行适当调整。同时,抽气井的位置还需要根据钻井过程中遇到的实际情况作相应调整。

(2) 集气输送管道

为了使填埋气收集系统达到稳定运行状态,管道布置通常采用干路和支路的形式,干路互相联系形成一个"闭合回路",从而可以得到一个比较均匀的真空分布,使系统运行更加容易灵活。通常采用 ϕ150～200 mm PE 管将抽气井与引风机连接起来。

由于垃圾填埋场内部的填埋气温度通常在 16～52 ℃ 变化,集气管道内的填埋气温度接近周围的环境温度,在输送过程中,填埋气会逐渐变凉而冷凝,因此冷凝液的收集和排放是填埋气输送系统设计时考虑的重点。为了排除冷凝液,集气管道的安装应该保持一定的坡度(一般大于 5%),并在集气管道的最低处安装冷凝液收集排放装置。

(3) 抽风机

输送管道的末端需要安装抽风机来保证集气系统和输送系统压力的相对稳定及填埋气流量的相对恒定。抽风机应安装在房间或集装箱内,其标高略高于收集管网末端标高,以便于冷凝液的下滴。在选择抽风机时,首先根据预期的最坏操作条件确定系统需要的总压力差。抽风机功率大小需要根据总负压头和需要抽取气体体积来设计。目前填埋场中离心式引风机最常采用。

2. 填埋气体边缘收集系统

边缘收集系统由周边抽气井和沟渠组成,其功能是回收填埋气体,并控制填埋气体的横向迁移。由于填埋场边缘的填埋气体质量较差,有时需与内部收集系统收集的填埋气体混合后才能回收利用,如果填埋气体没有足够的数量和质量,则需要补充燃料以便燃烧处理填埋气体。填埋气体边缘收集气系统如图 8-14 所示。

(1) 周边抽气井

周边抽气井常用于填埋深度大于 8 m,与附近开发区相对较近的填埋场。通常在填埋场内沿周边布置一系列的垂直井,并通过共有集气输送管道使各抽气井连接中心抽气站,中

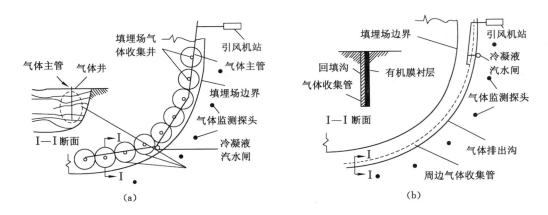

图 8-14　填埋气体边缘收集系统
（a）填埋场周边集气井；（b）填埋场周边气体排气沟

心抽气站通过真空的方法在共用集气输送管和每口抽气井中形成真空抽力。这样，在每口抽气井周围形成一个影响带，其影响半径内的气体被抽到井中，然后由集气输送管送往中心抽气站处理后回收利用。

（2）周边抽气沟渠

如果填埋场周边为天然土壤，则可使用周边抽气沟渠导排填埋气体。周边抽气沟渠常用于填埋深度较浅的填埋场，深度一般小于 8 m。抽气沟渠挖到垃圾中，也可以一直挖到地下水位以下。抽到沟渠中的填埋气体通过穿孔管进入集气输送管和抽气站，并最终在抽气站回收利用或燃烧处理。

（3）周边注气井系统（空气屏障系统）

周边注气井系统由一系列垂直井组成，设置在填埋场边界与要防止填埋气体入侵的设施之间的土壤中，通过形成空气屏障来阻止填埋气体向设施迁移扩散。周边注气井系统适用深度大于 6 m 的填埋场，同时又有设施需要防护的地方。

3.　填埋气体收集井

填埋场主动集气系统和被动集气系统都需要设置相当数量的填埋气体收集井。填埋气体收集井主要有垂直抽气井和水平集气管两种。

（1）垂直抽气井

垂直抽气井是填埋场采用最普遍的抽气井，其典型结构如图 8-15 所示。通常用于已经封顶的填埋场或已完工的填埋区域，也可用于仍在运行的填埋场。

垂直抽气井在设计和布置时应考虑最大限度可利用真空度和每口井的抽气量。典型的垂直井是先用螺旋式或料斗式钻头钻入垃圾体中，形成孔径约 900 mm 的空洞，然后在空洞内安装直径 100～200 mm 的 HDPE 管或无缝钢管，从管底部到距填埋场表面 3～5 m 处的管壁上开启小孔或小缝，最后在井管四周环状空间装填直径 40 mm 的碎石，井口依次用熟垃圾、膨润土、黏土封口，井头上安装填埋气体监测口（监测浓度、温度、流量、静压、液位）和流量控制阀。

（2）水平集气管

水平集气管主要适用于新建的和正在运行的垃圾填埋场，其特点是填埋垃圾的同时收

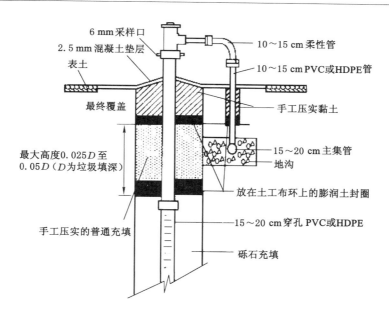

图 8-15　填埋气体垂直抽气井示意图

集沼气。其基本构造见图 8-16。

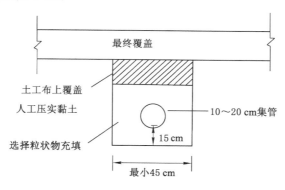

图 8-16　填埋气体水平集气管示意图

　　水平集气管一般由带孔管道或不同直径的管道相互连接而成。通常先在填埋场底层铺设填埋气体收集管道系统,然后在 2～3 个填埋单元层上铺设水平集气管。水平集气管的具体做法是先在所填埋垃圾上开挖水平管沟,然后用砾石回填至管沟高度的一半,再放入穿孔开放式连接管道,最后回填砾石并用垃圾填满管沟。这种方法的优点是即使填埋场出现不均匀沉降,水平集气管仍能发挥功效。

　　水平集气管在垂直和水平方向上的间距随着填埋场地形、覆盖层以及现场条件而变。通常,垂直间距范围是 2.4～18 m 或 1～2 层垃圾的高度,水平间距范围为 30～120 m。

　　水平集气管的集气速率是垂直井的 5～35 倍,由于采用边填埋边集气,因而水平集气管的收集效率较垂直井的高。但垃圾腐熟造成的不均匀沉降对集气系统影响较大。美国洛杉矶卫生局在 20 世纪 80 年代初率先采用水平集气系统。

四、填埋气体的处理和利用

（一）焚烧处理

在填埋气体不具备回收利用条件时，应考虑将填埋气体集中收集后燃烧处理，将甲烷和其他微量气体转变为 CO_2、SO_2、NO_x 和其他气体，防止填埋气体无组织排放。

典型的填埋气体燃烧系统如图 8-17 所示，主要包括风机、止回阀、火焰捕集器、截止阀、燃烧器等。

填埋场气体 → 风机 → 止回阀 → 火焰捕集器 → 截止阀 → 燃烧器

图 8-17　填埋气体焚烧系统示意图

（二）填埋气体回收利用

填埋气体富含甲烷组分（40％～60％），具有相当高的热值，大中型填埋场在运行阶段和封场后相当一段时间会保持较高的填埋气体产量，因此，可根据当地及周围地区对能源需求及使用条件采用适当的技术加以利用。填埋气体的利用可以选择作为燃料燃烧、发电或回收有用组分等。在对填埋气体进行回收利用前，一般要经过加压、脱水、脱硫等预处理。

1. 直接作为燃料使用

填埋气体最直接的回收利用方法是将收集的填埋气体输送到附近的工业企业作为工业燃料使用。在送到用户前，填埋气体必须经过干燥、过滤等处理，去除其中的冷凝水、粉尘和部分微量气体，达到清洁能源的要求后才能使用。

如果将填埋气体作为民用燃料使用，则必须经过严格的净化提纯处理，去除其中的 CO_2 和微量杂质，使其各项指标符合我国民用燃料的使用标准。

2. 发电

利用填埋气发电是比较普遍采用的、经济效益比较明显的回收利用方式。填埋气体发电厂主要包括填埋气体收集系统、气体净化系统、压缩系统、燃气发电机组系统、控制系统和并网送电系统。

发电机组多采用内燃机组或汽轮机组。内燃机发电可靠、高效，启动和停机容易，不仅适合间歇性发电，也适合向电网连续送电。但是，由于填埋气体含有杂质，可能腐蚀内燃机。汽轮机可以使用中等质量气体发电，所需的气流速度比内燃机的大，一般适用于大型填埋场。

3. 回收有用组分

填埋气体中的 CO_2 和甲烷是常用的化工原料，可通过物理、化学吸附和膜分离方法将它们分离出来，作为化工或其他工业的原料使用。

第七节　填埋场终场覆盖与场址修复

一般封闭性垃圾填埋场在封场后 30～50 年才能完全稳定，达到无害化，规范的封场覆盖（表面密封）、场址修复以及严格的封场管理是保证填埋场安全运行的关键因素，因而已经成为城市垃圾填埋场设计、建设和管理中的重要环节。填埋场终场覆盖和场址修复一般应包括以下几个方面。

一、终场覆盖

垃圾填埋场的终场覆盖系统需考虑雨水的浸渗及渗滤液的控制、垃圾堆体的沉降及稳定、填埋气体的迁移、植被根系的侵入及动物的破坏、终场后的土地恢复利用等;整形后的垃圾堆体应有利于水流的收集、导排和填埋气体的安全控制与导排。应尽量减少垃圾渗滤液的产生。

根据《生活垃圾卫生填埋技术规范》的要求,终场覆盖包括黏土覆盖和人工材料覆盖两种,其基本结构见图 8-18。

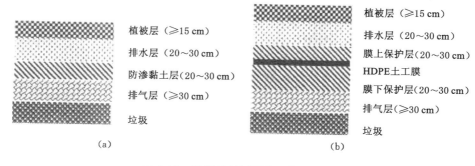

图 8-18　填埋场封场覆盖系统剖面图
(a) 黏土覆盖系统;(b) 人工材料覆盖系统

植被层为填埋场最终的生态恢复层,考虑到覆盖层厚度,植被层选择根系浅的植物。耕植土层为植被层提供营养,由有机质含量大于 5% 的土壤构成,厚度一般为 0.5 m。耕植土可利用城市生活污水处理厂的剩余污泥或近海淤泥。在满足要求的条件下,也可以就地取土。排水层(导流层)厚度为 0.15 m,由渗透系数大于 10^{-5} m/s 的粗砂和碎石构成。覆盖系统的防水层采用厚度大于 6 mm 的膨润土复合防水垫(GCL 防水垫),其断裂强度大于 10 kN/m,断裂伸长率 6%,垂直渗透系数小于 5×10^{-9} cm/s,指示流量小于 5×10^{-8} cm/s,完全满足规范要求。基础层由 0.2 m 厚的压实黏土层构成,黏土密实度为 90%~95%。

二、雨水收集与导排

终场覆盖后,需要排除覆盖层表面雨水径流以及周边山体进入场区的水流,减少雨水下渗以避免垃圾渗滤液的产生量增加。整个雨水收集与导排系统设计需要基于整个填埋场封场后的地形地貌,防止雨水对覆盖层局部的冲刷破坏,从而影响整个填埋场的封场。填埋场截洪沟宜设计成梯形断面,并根据截洪沟所在位置的不同采用不同的结构。

如图 8-19 所示,垃圾填埋场周边、地质基础较好,截洪沟按图 8-19(a)设计;垃圾堆体上的截洪沟按图 8-19(b)设计。

三、填埋气体导排与处理

考虑到填埋场的规模、附近环境及经济因素,对小型填埋场填埋气体可采用高密度聚乙烯(HDPE)管统一收集后用密封火炬就地燃烧处理。填埋气体收集管的结构见图 8-20。

填埋气体在压力的作用下迁移至穿孔竖管,沿竖管排出垃圾堆体。竖管长度可按垃圾堆体的深度确定,一般为垃圾堆体深度的 2/3,但不宜超过 15 m,直径 100 mm,梅花形开孔,孔径 10 mm,穿孔率在保证管道机械强度的前提下尽量提高。竖管穿孔段外填 300 mm

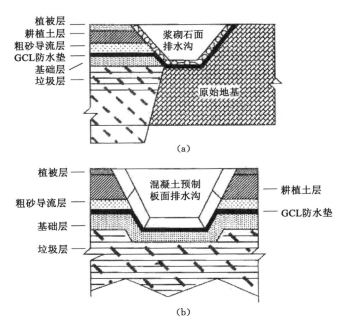

图 8-19　填埋场截洪沟工程结构示意图

（a）截洪沟结构示意（一）；（b）截洪沟结构示意（二）

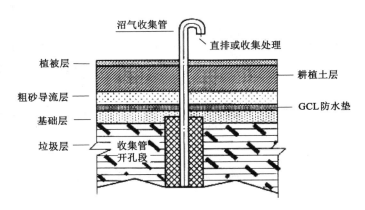

图 8-20　封场填埋场填埋气体收集管结构示意图

厚卵石层，卵石直径 25～55 mm。为防止垃圾堵塞孔眼，卵石外包裹钢丝网，将卵石与管道固定在一起。

四、渗滤液收集与处理

渗滤液收集井用穿孔预制钢筋混凝土管制作，梅花形开孔，孔径 150 mm，穿孔率在保证管道机械强度的前提下尽量提高。收集井穿孔段外填 400 mm 厚卵石层，卵石直径180～220 mm。渗滤液收集后经处理达标排放。

五、气体及渗滤液监测井

垃圾填埋场封场后，在填埋场的上游和下游分别设置气体及渗滤液监测井，定期取样，监测气体及渗滤液的迁移情况,确保封场后最大限度减少对周围环境的污染。

六、填埋场封场后土地利用

填埋场封场后土地利用是填埋场后期管理的重要内容。对填埋场的土地利用一般可分为以下三个层次:① 高度利用,建设住宅、工厂等长期有人员生活或工作的场所;② 中等利用,建造仓库及室外运动场所等;③ 低度利用,进行植被恢复或建造公园等。采取何种利用方式的主要判断指标是填埋场的稳定化程度,判断填埋场稳定化的主要指标有填埋场表面沉降速度、渗滤液水质、填埋气体释放的速率和组分、垃圾堆体的温度、填埋垃圾的矿化程度等。

大型垃圾填埋场多采取区域性单元操作方式运行管理,将整个场区分为数个单元,从开始填埋到全部封场需要经过几十年时间。因此,可根据垃圾稳定化程度的不同,对填埋场的不同单元分别进行开发利用。

为保证封场后填埋场的长期安全,还需要制订周密的计划和方案,对填埋场进行例行检查、设施维护和环境监测等。

徐州市九里湖国家湿地公园西侧区域有一个已经封场的垃圾填埋场,该垃圾填埋场虽已治理多年,仍存在污染隐患,且植物群落结构单一,景观多样性不足。结合九里湖国家湿地公园规划和建设,徐州市对该垃圾填埋场开展生态修复,构建了垃圾填埋场特色景观恢复模式,减少垃圾填埋场污染隐患,完善垃圾填埋场植物群落结构,改善局域生态环境,提高土地资源利用率,为徐州市社会经济可持续发展做出贡献。

第八节　填埋场环境监测与评价

一、填埋场环境监测

填埋场环境监测是填埋场管理的重要组成部分,是确保填埋场正常运行和进行环境评价的重要手段。对填埋场的监督性监测项目和频率应按照有关环境监测技术规范进行,监测结果应定期报送当地环保部门,并接受当地环保部门的监督检查。

1. 渗滤液监测

利用填埋场的每个集水井进行水位和水质监测。采样频率:应根据填埋废物特性、覆盖层和降水等条件加以确定,应能充分反映填埋场渗滤液变化情况。渗滤液水质和水位监测频率至少每月一次。

2. 地下水监测

地下水监测井布设应根据场地水文地质条件,以及时反映地下水水质变化为原则,布设地下水监测系统。《生活垃圾填埋场污染控制标准》对地下水监测井规定如下:

在填埋场地下水流向上游 $30\sim50$ m 设置一眼本底监测井,以取得地下水本底值;在填埋场地下水主管出口处设置一眼排水井;在垂直填埋场地下水流向的两侧 $30\sim50$ m 分别设置两眼污染扩散井;在填埋场地下水流向下游 30 m、50 m 处设置两眼监测井。监测井深度应足以采取具有代表性的样品。

取样频率:生活垃圾填埋场管理机构对排水井的水质监测频率应不少于每周一次,对污染扩散井和污染监视井的水质监测频率应不少于每 2 周一次,对本底井的水质监测频率应不少于每个月一次。

地下水监测指标:pH、总硬度、溶解性总固体、高锰酸盐指数、氨氮、硝酸盐、亚硝酸盐、硫酸盐、氯化物、挥发性酚类、氰化物、砷、汞、六价铬、铅、氟、镉、铁、锰、铜、锌、粪大肠菌群。

3. 地表水监测

地表水监测是对填埋场附近的地表水进行监测。其目的是确定地表水是否受到填埋场污染。地表水监测主要是在靠近填埋场的河流、湖泊中采样进行分析。采样频率和监测项目根据填埋场监测计划和环保部门要求确定。

4. 气体监测

填埋场气体监测包括场区大气监测和填埋气体监测,其目的是了解填埋气体的排出情况和周围大气质量状况。

采样点布设及采样方法按照 GB 16297 的规定执行。污染源下风向应为主要监测范围,超标地区、人口密度大和距工业区近的地区加大采样点密度。采样频率:填埋场运行期间,每月取样一次。如出现异常,采样频率应适当增加。

二、填埋场环境影响评价

填埋场作为城市建设中环境保护的基础设施,在其可行性研究阶段需要进行环境影响评价。主要内容是根据调查和收集的资料,对填埋场建设期、运行期和封场后场地维护期间的各个环境影响要素进行预测评价,并将预测结果与环境保护标准进行对比,最终从环保角度判断拟建工程的可行性,为填埋场建设的行政主管部门提供决策参考。

1. 评价程序

环境影响评价是填埋场全面规划的重要组成部分,只有在进行全面细致的环境影响评价之后,才可能使填埋场场址选择合理,填埋工艺技术可行。开展环境影响评价时,应结合场地的适宜性进行深入的现场调查,在此基础上,确定环境要素及施工和运行时的影响因素,按环保要求和标准逐一进行评价。

2. 评价目的与内容

填埋场环境影响评价旨在论述填埋场建设的环境可行性,重点回答与项目决策相关的如下问题:

(1)填埋场选址的合理性;

(2)填埋场设计与清洁生产的符合性;

(3)拟定的污染控制方案的经济合理性和技术可行性;

(4)填埋场的总量控制指标。

对拟建填埋场的环境影响评价除应包括《建设项目环境保护设计规定》所涉及的项目外,还应包括场地选择是否合理,渗滤液来源、数量及影响,噪声及振动,恶臭及填埋气体的扩散范围等问题的评述和意见,具体应包括以下内容:

(1)填埋场四周的自然环境和社会环境状况的调查与评价.

(2)填埋场潜在影响区内的公众意见调查。

(3)填埋场的工程分析。主要有场址分析、废物进场路线分析、填埋工艺分析、污染源分析和污染防治措施分析。

(4)填埋场环境影响预测与分析。应根据环境条件和污染源特征,采用适当的模型,重点预测废物渗滤液和填埋气体对周围地表水、地下水和大气等环境要素可能产生的污染程度及范围。水环境的预测因子为 COD、BOD、NH_3-N；大气环境影响的预测因子为 NH_3-N 和 H_2S。对于 CH_4，可以作为安全性评价因子加以考虑。

（5）结合环境影响预测与分析结果，给出填埋场污染物的允许排放量，即总量控制指标。

此外，施工期和维护监管期的生态变化、土地利用性质的变化和水土流失的防治等也是环境影响评价应加以分析的内容。

三、填埋场环境保护措施

1. 废气收集与处理

填埋区设置垂直排气石笼（兼排渗滤液）加导气管，导气管服务半径为 25 m，从而控制气体横向迁移，初期收集的气体通过排放管直接排放或燃烧后排放。

填埋作业过程中的扬尘可以通过渗滤液的回灌来控制。

2. 污水处理

管理区的生活污水、填埋区的渗滤液经输送管道送至污水调节池，然后处理。

3. 固体废物处理

（1）填埋区轻物质和扬尘控制

为了防止在强风天气中垃圾飞散，除了采取覆盖措施外，还需考虑设置移动式栅栏或钢丝编织网，防止轻物质飞散。另外，为防止填埋作业扬尘，可利用垃圾渗滤液进行喷洒。

（2）防止垃圾运输过程中产生的污染

建设填埋场专用道路，采用密闭垃圾运输车运输垃圾，保证沿途环境不受污染。

4. 噪声控制

处理场大部分机械设备噪声在选型上控制在 85 dB 以下，对于噪声较大的机具设备，可以采取消音、隔音和减震措施，这样可以减少机具和设备的噪声污染。

5. 臭气控制

填埋场封场后垃圾堆体中产生的气体由导气系统排出，早期收集后集中点燃，后期加以利用。

6. 保证场内环境质量

填埋区的垃圾填埋应严格按照填埋工艺要求进行，每天填埋的垃圾必须当天覆盖完毕，以减少蚊蝇的孳生和老鼠的繁殖以及尘土飞扬和臭气四溢。封场时最终覆土厚度不小于 1.0 m，其中 0.5 m 为渗透系数小于 10^{-7} cm/s 的黏土，防止雨水入渗，减少渗滤液量。

填埋区和生活区都应当进行绿化，以减少灰尘及杂物的飘散，改善场区生活生产环境。

习题与思考题

1. 填埋场选址的原则是什么？选址时主要考虑哪些因素？
2. 简述填埋场的类型及基本构造。
3. 简述生活垃圾卫生填埋场的典型工艺流程。
4. 简述填埋场水平防渗系统的类型及特点。
5. 简述填埋场终场防渗系统结构的组成及各层的作用。
6. 填埋场库容的确定需要考虑哪些因素？

7. 简述填埋场渗滤液水质特征。

8. 渗滤液处理技术有哪些？并简述渗滤液处理技术发展趋势。

9. 简述渗滤液收集系统的主要功能及其控制因素。

10. 某城市 2018 年人口规模为 400 000 人，人口发展预测为：2020 年 425 000 人，2025 年 450 000 人。该城市 2018 年平均每人每天产生垃圾 1.5 kg，根据国内同类城市经验，城市垃圾人均产量年增长率为 2%，当人均城市垃圾产生量达到 2.0 kg 时，垃圾产生量保持不变。如果采用卫生土地填埋处置，覆土与垃圾体积之比为 1：5，填埋后废物压实密度为 900 kg/m³，试求 1 年填埋废物的容积。如果填埋高度为 8.0 m，设计服务期为 20 年的填埋场占地面积为多少？总容量为多少？

11. 某填埋场总面积为 55 000 m²，分 3 个区进行填埋。目前已有 2 个区填埋完毕，其面积为 30 000 m²，浸出系数 0.2。剩余 1 个区正在进行填埋施工，填埋面积为 25 000 m²，浸出系数 0.6。已知当地的年平均降雨量为 3.3 mm/d，最大月降水量的日换算值为 6.5 mm/d。求污水处理设施的处理能力。

12. 某填埋场底部黏土衬层厚度为 1 m，$K_s = 1 \times 10^{-7}$ cm/s，计算渗滤液穿透防渗层所需的时间。若采用膨润土改性黏土防渗，计算防渗层的厚度。已知防渗层的孔隙率为 6%，防渗层上渗滤液积水厚度不超过 1 m，膨润土改性黏土 $K_s = 5 \times 10^{-9}$ cm/s。

13. 某填埋场中污染物的 COD 为 10 000 mg/L，该污染物的迁移速度为 3×10^{-2} cm/s，降解速率常数为 6.4×10^{-4} s⁻¹。试求污染物浓度降到 1 000 mg/L 时，地层介质的厚度为多少？污染物通过该介质层所需的时间为多少？

14. 生活垃圾在卫生填埋场主要降解过程分为几个阶段？各个阶段的主要特点有哪些？

15. 某垃圾填埋场自 1998 年运行，2018 年关闭，期间填埋垃圾总量约 220 万 m³，填埋场占地 80 000 m²。现欲对此进行封场，请制定填埋气体和渗滤液的控制方案。

16. 填埋气体导排系统有什么作用？主动导排系统的组成部分有哪些？

第九章 危险废物的安全处置

按照《国家危险废物名录》(2021),危险废物分 50 大类,共 467 种,其种类多、成分复杂,具有腐蚀性、毒性、易燃性、反应性或者感染性等一种或者几种危险特性,如果管理不善将对生态环境和人类健康造成严重的危害。根据 2020 年全国大、中城市固体废物污染环境防治年报,2019 年我国 196 个大、中城市工业危险废物产生量达 4 498.9 万 t,我国危险废物安全处置的压力很大。本章主要介绍危险废物固化/稳定化处理技术、焚烧处理技术、水泥窑协同处置技术、安全填埋处置技术,并给出相应工程案例。

第一节 危险废物的固化/稳定化

一、固化/稳定化的定义、目的和方法

(一)固化/稳定化的定义、目的

固化是指在危险废物中添加固化剂,使其转变为不可流动固体或形成紧密固体的过程。固化过程是一种利用添加剂改变废物的工程特性(例如渗透性、可压缩性和强度等)的过程。

稳定化是指将有毒有害污染物转变为低溶解性、低迁移性及低毒性物质的过程。稳定化过程是选用某种适当的添加剂与废物混合,以降低污染物的毒性和减小污染物自废物到生态圈的迁移率。

从上述定义可以看出,固化可以看作是一种特定的稳定化过程,可以理解为稳定化的一个部分。固化所用的材料称为固化剂。危险废物经过固化处理所形成的固化产物称为固化体。

固化/稳定化(化学稳定化、物理稳定化)是危险废物无害化技术之一,是将这些危险废物变成高度不溶性的稳定的物质。固化/稳定化已经被广泛地应用于危险废物管理中。它主要应用于下述各方面:

(1)对于具有毒性或强反应性等危险性质的废物进行处理,使其满足填埋处置的要求。例如,在处置液态或污泥态的危险废物时,由于液态物质的迁移特性,在填埋处置前,必须要经过稳定化的过程。对于这些液体废物必须使用物理或化学方法用稳定剂固定,使其即使在很大压力下,或者在降雨的淋溶下不至于重新形成污染。

(2)对于其他处理过程所产生的残渣,例如焚烧产生的灰分的无害化处理,目的是对其进行最终处置。焚烧过程可以有效地破坏有机毒性物质,而且具有很大的减容效果。但与此同时,也必然会浓集某些化学成分,甚至浓集放射性物质。又例如,在锌铅的冶炼过程中会产生含有高浓度砷的废渣,这些废渣的大量堆积,会对地下水产生严重污染。此时对废渣进行稳定化处理是非常必要的。

（3）在大量土壤被有害污染物污染的情况下对土壤进行去污。在大量土壤被有机或无机废物所污染时，需要借助稳定化技术进行去污或其他方式使土壤得以恢复。对于大量土地遭受较低程度的污染时，稳定化尤其有效。在此时所利用的稳定化技术是通过减小污染物传输表面积或降低其溶解度的方法防止污染物扩散，或者利用化学方法将污染物改变为低毒或无毒的形式而达到目的。

总之，危险废物固化/稳定化处理的目的，是使危险废物中的所有污染组分呈现化学惰性或被包容起来，以便运输、利用和处置。尽管"固化"和"稳定化"常常交替使用，但对于废物控制来说，它们具有不同的概念和含义。

（二）固化/稳定化的方法

已研究和应用多种固化/稳定化方法处理不同种类的危险废物，但是迄今尚未研究出一种适于处理所有类型危险废物的最佳固化/稳定化方法。目前所采用的各种固化/稳定化方法往往只能适用于处理一种或几种类型的废物。根据固化基材及固化过程，目前常用的固化/稳定化方法主要包括以下几种：① 水泥固化；② 石灰固化；③ 塑性材料固化；④ 有机聚合物固化；⑤ 自胶结固化；⑥ 熔融固化（玻璃固化）和陶瓷固化；⑦ 化学稳定化。

上述方法可以用于处理许多废物，包括尾矿、焚烧炉灰、金属表面加工废物、电镀及铅冶炼酸性废物、废水处理污泥、食品生产污泥和烟道气处理污泥等。实践资料表明，自胶结固化法更适用于处理无机废物，尤其是一些含阳离子的废物。有机废物及无机阴离子废物则更适合于用无机物包封法处理。

（三）固化/稳定化处理的基本要求

衡量固化处理效果的主要指标有固化体的浸出率、增容比和抗压强度。

1. 浸出率

浸出率是指固化体浸于水中或其他溶液中时，其中有害物质的浸出速率。因为固化体中的有害物质对环境和水源的污染主要是由于有害物质溶于水所造成的，所以，可以用浸出率的大小预测固化体在贮存地点对环境的危害，同时还可以用于评价和比较固化方法及工艺条件。浸出率的数学表达式如下：

$$k_{in} = \frac{\dfrac{a_r}{A_0}}{\left(\dfrac{F}{M}\right)t} \qquad (9\text{-}1)$$

式中　k_{in}——标准比表面积的样品每天浸出的有害物质的浸出率，$g/(d \cdot cm^2)$；

a_r——浸出时间内浸出的有害物质的量，mg；

A_0——样品中含有的有害物质的量，mg；

F——样品暴露的表面积，cm^2；

M——样品的质量，g；

t——样品浸出时间，d。

2. 增容比

增容比是指形成的固化体体积与被固化危险废物体积的比值，即

$$C_i = \frac{V_2}{V_1} \qquad (9\text{-}2)$$

式中　C_i——增容比；

V_2——固化体体积，m^3；

V_1——固化前危险废物的体积，m^3。

增容比是评价固化处理方法和衡量最终成本的一项重要指标。它的大小实际上取决于能掺入固化体中的盐量和可接受的有毒有害物质水平。

3. 抗压强度

为实现安全贮存，固化体必须具有起码的抗压强度，否则会出现破碎和散裂，从而增加暴露的表面积和污染环境的可能性。

对于一般的危险废物，经固化处理后得到的固化体，如进行处置或装桶贮存，对其抗压强度的要求较低，控制在 0.1～0.5 MPa 便可，如果用作建筑材料，则对其抗压强度要求较高，应大于 10 MPa。

二、固化/稳定化技术

（一）水泥固化

1. 基本原理

水泥是最常用的危险废物固化剂。水泥固化技术通常把普通水泥和水按一定比例掺入危险废物中，拌成泥状混合物，制成一种固态物体，以改变原来废物的物理性质，并降低渗出率。其固化机制是通过硅酸盐与水形成一种水合产品——硅酸钙水合胶，这种胶凝固后形成一种含有硅酸纤维和氢氧化物的水泥联合体，将有害微粒分别包容，并逐步硬化形成水泥固化体。水泥的品种很多，例如，普通硅酸盐水泥、矿渣硅酸盐水泥、矾土水泥、沸石水泥等都可以作为废物固化处理的基材。其中最常用的是普通硅酸盐水泥（也称为波特兰水泥）。

以水泥为基础的固化/稳定化技术已经用来处置电镀污泥，这种污泥包含各种金属，如 Cd、Cr、Cu、Pb、Ni、Zn。该技术也用来处理复杂的废物，如多氯联苯、油和油泥，含有氯乙烯和二氯乙烷的废物，多种树脂，被稳定化/固化的塑料，石棉，硫化物以及其他物料。但由于污泥中常常含有妨碍水泥进行水化反应的物质，例如油类、有机酸、金属氧化物及可溶性盐类，如果仅使用硅酸盐水泥会引起和易性及凝结硬化的异常，干扰固化过程，延长凝固时间，极大地降低了固化体的物理强度。为了避免这种情况，必须加大水泥的配比量，结果使固化体体积随之增加。因此，可以在硅酸盐水泥中混有水淬高炉渣的炉渣水泥、混有粉煤灰的粉煤灰水泥、混有石灰和铝土质原料的高铝水泥。

实践证明，用水泥进行的固化/稳定化处置对 As、Pb、Zn、Cu、Cd、Ni 等重金属的稳定化都是有效的。在固化过程中，由于水泥具有较高 pH，污泥中的重金属离子在碱性条件下生成难溶于水的氢氧化物或碳酸盐等。某些重金属离子也可以固定在水泥基体的晶格中，从而有效防止重金属离子的浸出。这种处置对有机物的效果目前尚无定论。

2. 影响因素

水泥固化工艺较为简单，通常是把有害固体废物、水泥和其他添加剂一起与水混合，经过一定的养护时间而形成坚硬的固化体。固化工艺的配方是根据废物的处理要求以及水泥的种类处理要求制定的，大多数情况下需要进行专门的试验。当然，对于废物稳定化的最基本要求是对关键有害物质的稳定效果，它基本上是通过低浸出速率体现的。除此之外，还需要达到一些特定的要求。影响水泥固化的因素很多，为在各种组分之间得到良好的匹配性

能,在固化操作中需要严格控制以下各种条件:

(1) pH 值

因为大部分金属离子的溶解度和 pH 值有关,对于金属离子的固定,pH 值有显著影响。当 pH 值较高时,许多金属离子将形成氢氧化物沉淀,而且 pH 值高时,水中的 CO_3^{2-} 浓度也高,有利于生成碳酸盐沉淀。应该注意的是,pH 值过高,会形成带负电荷的络合物,溶解度反而升高。

(2) 水、水泥和废物的量比

加入水的量过小,则无法保证水泥的充分水合作用;水的量过大,则会出现泌水现象,影响固化体的强度。水泥与废物之间的量比应用试验方法确定,主要是因为在废物中往往存在妨碍水合作用的成分,它们的干扰程度是难以估计的。

(3) 凝固时间

为确保水泥和废物的混合浆料能够在混合以后有足够的时间进行输送、装桶或者浇注,必须适当控制初凝和终凝的时间。通常设置的初凝时间大于 2 h,终凝时间在 48 h 以内。凝结时间的控制是通过加入促凝剂(水玻璃、氯酸钠、碳酸钠、氯化钙、偏铝酸钠、氢氧化铁等无机盐)、缓凝剂(柠檬酸、酒石酸、硼酸钠等)来完成的。

(4) 其他添加剂

为使固化体达到良好的性能,还经常加入其他成分。例如,过多的硫酸盐会由于生成水化硫酸铝钙而导致固化体的膨胀和破裂。如加入适当数量的沸石,即可消耗一定的硫酸或硫酸盐。为减小有害物质的浸出速率,也需要加入某些添加剂,例如,可加入少量硫化物以有效固定重金属离子等。

(5) 固化块的成型工艺

主要目的是达到预期的机械强度。

(二) 石灰固化

石灰固化是指以石灰、垃圾焚烧飞灰、水泥窑灰以及熔矿炉炉渣等具有波索来反应(Pozzolanic Reaction)的物质为固化基材而进行的危险废物固化/稳定化的操作。其原理是在适当的催化环境下进行波索来反应,将废物中的重金属成分吸附于所产生的胶体结晶中。但因波索来反应不似水泥的水合作用,石灰系固化处理所能提供的结构强度不如水泥固化,因而较少单独使用。

常用的技术是加入熟石灰(氢氧化钙)的方法使废物得到稳定。石灰中的钙与废物中的硅铝酸根反应会产生硅酸钙、铝酸钙的水化物,或硅铝酸钙。与其他稳定化过程一样,加入石灰的同时向废物中加入少量添加剂,可以获得额外的稳定效果。该技术也基本上应用于处理重金属污泥等无机污染物。

石灰固化法的优点是使用的固化基材来源丰富,价廉易得;操作简单,不需要特殊的设备;处理费用低;被固化的废渣不要求脱水和干燥;可在常温下操作等。其主要缺点是石灰固化体增容比大,固化体容易受酸性介质侵蚀,需对固化体表面进行涂覆。

(三) 塑性材料固化法

塑性材料固化法属于有机性固化/稳定化处理技术,从使用材料的性能不同可以把该技术划分为热固性塑料包容和热塑性材料包容两种方法。

1. 热固性塑料包容

热固性塑料是指在加热时会从液体变成固体并硬化的材料。它与一般物质的不同之处在于,这种材料即使以后再次加热也不会重新液化或软化。危险废物也常常使用热固性有机聚合物达到稳定化。热固性有机单体例如脲甲醛和已经经过粉碎处理的废物充分混合,在助絮剂和催化剂的作用下聚合以形成海绵状的聚合物质,从而在每个废物颗粒周围形成一层不透水的保护膜。但在用此方法处理时,经常有一部分液体废物遗留下来。因此在进行最终处置之前,还需要进行一次干化。目前使用较多的材料是聚酯、脲甲醛和聚丁二烯等。有时也可使用酚醛树脂或环氧树脂。由于在绝大多数这种过程中废物与包封材料之间不进行化学反应,所以包封的效果仅取决于废物自身的形态(含水量、颗粒度等)以及聚合条件。

与其他方法相比,该法的主要优点是大部分引入较低密度的物质,所需要的添加剂数量也较少。热固性塑料包容法在过去曾是固化低水平放射性有机废物(如放射性离子交换树脂)的重要方法之一,同时也可用于稳定液体状态的、非蒸发性的有机危险废物。由于需要对所有废物颗粒进行包封,在选择适当包容物质的条件下,可以达到十分理想的包容效果。

此方法的缺点是热固性材料自身价格高昂,操作过程复杂。由于操作中有机物的挥发,容易引起燃烧,所以通常不能在现场大规模应用。该法只能处理少量、高危害性废物,例如剧毒废物,医院或研究单位产生的少量放射性废物等。

2. 热塑性材料包容

热塑性材料是一种热软冷硬的有机塑料。热塑性材料包容是使用熔融的热塑性物质在高温下与危险废物混合,以达到对其稳定化的目的的操作。可以使用的热塑性物质有沥青、聚乙烯、聚丙烯、石蜡等。在冷却后,废物就被固化的热塑性物质所包容,包容后的废物可以在经过一定的包装后进行处置。

沥青具有良好的黏结性,化学惰性,不溶于水,有一定的弹性和可塑性,对于废物具有典型的包容效果。此外,它还有一定的辐射稳定性。沥青固化一般用于处理中、低放射水平的蒸发残液、废水、化学处理产生的泥渣、焚烧炉产生的灰烬、电镀污泥、砷渣等。经沥青固化处理所形成的固化体空隙小、致密度高、难于被水渗透。但另一方面,由于沥青的导热性不好,加热蒸发的效率不高,如果污泥中所含水分较大,蒸发时会有起泡现象和雾沫夹带现象,排出的废气容易造成污染。因此,对于水分大的污泥,在进行沥青固化之前,应降低其含水率。再有,沥青具有可燃性,加热蒸发时如果沥青过热,会引起危险,在贮存和运输时应采取适当的防火措施。

该法的主要缺点是在高温下进行操作会带来很多不便之处,而且耗能较高;操作时会产生大量的挥发性物质,其中有些是有害物质。另外,有时在废物中含有影响稳定性的热塑性物质,或者某些溶剂,影响最终的稳定效果。

在操作时,通常先将废物干燥脱水,然后将聚合物与废物在适当的高温下混合,并在升温的条件下将水分蒸发掉。与水泥等无机材料的固化工艺相比,除污染物的浸出率显著偏低外,由于需要的包容材料少,又在高温下蒸发了大量的水分,它的增容率也较低。

(四)热固微囊技术

该技术利用热固性物质在加热或加入催化剂的过程中能变成固体且凝硬的性质——热固性物质一旦凝固后,当反复加热和冷却时仍能保持固态。在现场聚合时,废物颗粒表面形成一层不能渗透的外壳。聚合之前将有机单体与废物、催化剂混合,从而引起聚合反应。影响固化的因素有 pH、含水率和离子成分。目前最常用的聚合物有不饱和聚酯、脲醛树脂等,环氧树脂和酚醛树脂用得较少。

脲醛树脂是一种无色透明的黏稠液体、多孔性极性材料,有较好的黏附力,使用方便,固化速度快,常温或加热都能很快固化,与有害废物所形成的固化体具有较好的耐水性、耐热性及耐腐蚀性,价格也较其他树脂便宜,其缺点是耐老化性能差,固化体一旦破裂,污染物浸出会污染环境。脲醛树脂通常以强酸做催化剂,因此需要耐腐蚀衬里的混合器或耐腐蚀的混合设备。此外在混合过程中会释放出有害烟雾,污染环境。

（五）自胶结固化

自胶结固化技术是利用废物自身的胶结特性来达到固化目的的方法。该技术主要用来处理含有大量硫酸钙和亚硫酸钙的废物,如磷石膏、烟道气脱硫废渣等。废物中的二水合石膏的含量最好高于 80%。将含有大量硫酸钙和亚硫酸钙的废物在 107～170 ℃温度下煅烧,使其部分脱水至产生有胶结作用的亚硫酸或半水硫酸钙状态,然后与特制的添加剂和填料混合成稀浆,经凝结硬化形成自胶结固化体,其固化体具有抗透水性高、抗微生物降解和污泥浸出率低的特点。

自胶结固化技术的优点是所采用的填料粉煤灰为工业废料,以废治废节约资源;凝结硬化时间短;对固化的泥渣不需要完全脱水。其主要缺点是该技术只适用于含硫酸钙、亚硫酸钙泥渣或泥浆的处理;需要熟练的操作技术和昂贵的设备,煅烧泥渣需消耗一定的能量等。

（六）大型包封技术

该技术利用不渗透的惰性材料将废物密封起来。废物可以是经过预处理的,也可以是不经过预处理的。这种方法包括一些最简单的技术,如将已包装的废物置于不锈钢桶里,再用水泥砂浆灌注。用水泥固化过的废物实际也可置于桶中,然后将这些桶送至安全土地填埋场。

（七）玻璃固化技术

玻璃固化技术是将废物与玻璃原料混合,加热至极高的温度后,再冷却形成类似玻璃的固体的操作。这种技术费用较高,一般用于处理高放射性废物。

（八）化学稳定化技术

化学稳定化技术主要用于处理含重金属的危险废物,如焚烧飞灰、电镀污泥、重金属污染土壤等。按照原理,化学稳定化技术主要包括:基于 pH 值控制原理的化学稳定化技术、基于氧化/还原电势控制原理的化学稳定化技术、基于沉淀原理的化学稳定化技术、基于吸附原理的化学稳定化技术以及基于离子交换原理的化学稳定化技术。

化学稳定化技术处理危险废物,既可以达到废物无害化,又可以达到废物少增容或不增容的目的,提高危险废物处理处置系统的效果和经济性。

三、固化/稳定化技术的应用

固化/稳定化技术,首先是从处理放射性废物发展起来的。如今,固化技术已应用于处理多种有毒有害废物,如电镀污泥、砷渣、汞渣、氰渣、铬渣和镉渣。

（一）电镀污泥的水泥固化

电镀污泥用水泥固化处理时,常采用 400～500 号硅酸盐水泥作为固化剂。电镀干污泥、水泥和水的配比为(1～2)∶20∶(6～10)。其水泥固化体的抗压强度可达 10～20 MPa。

实践证明,水泥固化法的设备和工艺过程简单,设备投资、动力消耗和运行费用都比较低,水泥价廉易得,对含水率高的污泥可直接固化。然而水泥固化体的浸出率较高,需作涂覆处理。

(二)放射性废物的沥青高温熔化混合蒸发法

高温熔化混合蒸发法是将放射性废液加入预先熔化的沥青中,在150～230 ℃下搅拌混合蒸发,待水分和其他组分排出后,将混合物排至贮存器或处置容器中。

中放射水平废液的高温熔化混合蒸发沥青固化主要设备有沥青预热器、给料设备和混合槽以及废气净化系统。其操作步骤是将已熔化的沥青送入混合槽,并通过混合槽的加热装置使其维持在一定的温度范围内,然后将放射性废液以一定的流量加入混合槽内,在约220 ℃条件下高速搅拌使沥青和废液充分混合,当加入的废液与沥青的质量比达40%时,即可把混合物排至贮存桶内,待其冷却硬化后即形成沥青固化体。

混合蒸发过程产生的二次蒸气含有一定量的油质,其中的重油组分可返回混合槽,轻油组分随二次水蒸气进入冷凝器,待冷凝后予以排放,残余的含油废气通过油雾过滤器或静电除尘器进一步净化,最后经活性炭过滤后排入大气。这种固化方式的装置和工艺简单,但水分的蒸发必须通过沥青,而沥青的导热系数较低,且不可能使每个角落都混合均匀,致使处理时间较长,因此该方法处理能力不高,不适于处理大批量废物。

(三)自胶结固化法处理烟道气脱硫泥渣

自胶结固化法处理石灰基烟道气脱硫泥渣的工艺过程是将烟道气脱硫泥渣经沉降槽沉降和真空过滤器脱水后,一部分滤饼直接送入混合器,另一部分滤饼送入煅烧器进行煅烧干燥脱水而转化为胶结剂,与特制的添加剂一起送入混合器,同时将适量的粉煤灰也加入混合器内进行混合反应,经凝结硬化形成自胶结固化体。

第二节　危险废物的焚烧处理

危险废物焚烧处理就其主要工艺过程来说与城市垃圾和一般工业废物焚烧处理相近,但是也有很多差别,主要有以下几个方面:

① 因为危险废物管理法规严格,危险废物焚烧要求比城市垃圾和一般工业体废物要高得多。从设计、建造、试运行到正常运行,管理都有一套严格的要求。

② 焚烧炉的兴建及运转执照必须经过复杂且严格的申请手续,设计上必须非常严谨,考虑也更须周全,同时须参考生态环境主管部门的看法及态度。

③ 危险废物种类繁多,成分及特性变化很大。危险废物焚烧炉的设计必须考虑广泛的废物特性,而以最坏的条件为设计基准。

④ 焚烧炉的废气排放标准更严,尾气处理系统远比一般焚烧炉复杂且昂贵。

⑤ 焚烧炉的废物进料及残渣排放系统较为复杂,如果设计不当会造成处理量的降低。

⑥ 一个已经建成的危险废物焚烧厂只有经过严格的试烧测试,在满足有关的法规要求后,才能准予投入运行。

⑦ 危险废物焚烧系统的操作管理远较一般城市垃圾或工业废物焚烧厂复杂。必须制定完善的操作管理计划,提供充足的人员训练,运营时遵照操作手册所规定的标准步骤,危险废物焚烧之前,必须经过接收、分析鉴别及暂时贮存等步骤。

一、危险废物的接收、分析鉴别和贮存

（一）危险废物的接收

焚烧厂应设置进厂危险废物计量设施。地磅的规格应按运输车最大满载重量的 1.7 倍设置。每个焚烧炉的设计规格及处理对象都有一定的范围，必须建立其接受委托的标准及限制。接收废物应遵循如下准则。

1. 不接收的废物名单

（1）不属于运营执照许可范围内的危险废物；

（2）高压气瓶或液体容器盛装的废物；

（3）放射性废物或含放射性物质的废物；

（4）爆炸性或震动敏感物质；

（5）含水银的废物；

（6）多氯联苯含量超过 50 mg/L 的废物（多氯联苯必须在领取特殊许可的焚烧厂处理，因此一般焚烧厂拒收此类废物）；

（7）含二噁英类的废物；

（8）含病毒或病源及感染性废物；

（9）空气污染防治设备所收集的飞灰；

（10）重金属浸出值超过表 9-1 所列数值的废物。

表 9-1　废物重金属最高浸出值

重金属	最高数值/(mg/L)	
	液体废物	固体废物
砷（As）	250	50
钡（Ba）	1 000	200
镉（Cd）	50	10
铬（Cr）	250	50
铅（Pb）	250	50
汞（Hg）	2	0.4
硒（Se）	250	50
银（Ag）	50	10

2. 散装或桶装工业废物

（1）废物产生者必须提供废物特性表及相关背景资料；

（2）废物的运输必须委托合格的公司负责；

（3）废物的包装及盛装方式必须合乎法律的规定，并在容器上贴附适当的标志。

3. 需特殊包装的废物

必须密封包装于塑胶或纸筒（桶大小视焚烧炉形式及规模而定）之内的废物主要有：

（1）与水接触会产生剧烈反应的废物；

（2）与水接触会产生有毒气体或烟雾的废物；

（3）氰酸盐或硫化物的含量超过 1% 的废物；

（4）腐蚀性废物（pH 值低于 2 或超出 12.5 的废物）；

（5）含有高浓度刺激性气味物质（如硫醇、硫化物）或挥发性有机物质（例如丙烯酸、醛类、醚类及胺类等）；

（6）杀虫剂、除草剂等农药；

（7）含可聚合性单体物的废物；

（8）强烈的氧化剂；

（9）静电涂漆方式产生的漆尘。

（二）危险废物的分析鉴别

危险废物焚烧厂应设置化验室，并配备危险废物特性鉴别及污水、烟气和灰渣等常规指标监测和分析的仪器设备，对焚烧厂日常操作有直接影响的项目进行测试，以便对废物进行合理分类、贮存及处理。

危险废物特性分析鉴别应包括下列内容：

（1）物理性质：物理组成、容重、尺寸；

（2）工业分析：固定碳、灰分、挥发分、水分、灰熔点、低位热值；

（3）元素分析和有害物质含量；

（4）特性鉴别（腐蚀性、急性毒性、浸出毒性、易燃性、反应性或者感染性等）；

（5）反应性；

（6）相容性。

危险废物采样和特性分析应符合《工业固体废物采样制样技术规范》（HJ/T 20—1998）和《危险废物鉴别标准通则》（GB 5085.7—2019）中的有关规定。对鉴别后的危险废物应进行分类。

（三）危险废物的贮存

危险废物贮存容器应符合下列要求：

（1）应使用符合国家标准的容器盛装危险废物；

（2）贮存容器必须具有耐腐蚀、耐压、密封和不与所贮存的废物发生反应等特性；

（3）贮存容器应保证完好无损并具有明显标志；

（4）液体危险废物可注入开孔直径不超过 70 mm 并有放气孔的桶中。

经鉴别后的危险废物应分类贮存于专用贮存设施内，危险废物贮存设施应满足以下要求：

（1）危险废物贮存场所必须有符合《环境保护图形标志 固体废物贮存（处置）场》（GB 15562.2—1995）的专用标志；

（2）不相容的危险废物必须分开存放，并设有隔离间隔断；

（3）应建有堵截泄漏的裙脚，地面与裙脚要用兼顾防渗的材料建造，建筑材料必须与危险废物相容；

（4）必须有泄漏液体收集装置及气体导出口和气体净化装置；

（5）应有安全照明和观察窗口，并应设有应急防护设施；

（6）应有隔离设施、报警装置和防风、防晒、防雨设施以及消防设施；

（7）墙面、棚面应防吸附，用于存放装载液体、半固体危险废物容器的地方，必须有耐腐

蚀的硬化地面,且表面无裂隙;

(8) 库房应设置备用通风系统和电视监视装置;

(9) 贮存库容量的设计应考虑工艺运行要求并应满足设备大修(一般以 15 天为宜)和废物配伍焚烧的要求;

(10) 贮存剧毒危险废物的场所必须有专人 24 h 看管;

(11) 危险废物输送设备应根据焚烧厂的规模和危险废物的物理特性进行选择。贮存和卸载区应设置必备的消防设施。

二、危险废物焚烧前预处理

危险废物进料应符合下列要求:

(1) 危险废物入炉前需根据其成分、热值等参数进行搭配,以保障焚烧炉稳定运行,降低焚烧残渣的热灼减率。

(2) 危险废物的搭配应注意相互间的相容性,避免不相容的危险废物混合后产生不良后果。

(3) 危险废物入炉前应酌情进行破碎和搅拌处理,使废物混合均匀以利于焚烧炉稳定、安全、高效运行。对于含水率高的废物(如污泥、废液)可适当进行脱水处理,以降低能耗。

(4) 在设计危险废物混合或加工系统时,应考虑焚烧废物的性质、破碎方式、液体废物的混合及供料的抽吸和管道系统的布置。

危险废物输送、进料装置应符合下列要求:

(1) 采用自动进料装置,进料口应配制保持气密性的装置,以保证炉内焚烧工况的稳定;

(2) 进料时应防止废物堵塞,保持进料畅通;

(3) 进料系统应处于负压状态,防止有害气体逸出;

(4) 输送液体废物时应充分考虑废液的腐蚀性及废液中的固体颗粒物堵塞喷嘴问题。

焚烧前的预处理通常采用一般预处理(包括分离、挤压、破碎、混合等工艺)和物化预处理(包括氧化还原、絮凝沉淀、压滤等工艺)两种处理方式。

(一) 一般预处理

工业危险废物有胶状有机废物(如树脂胶废物)、渣状废物(如蒸馏残渣)、加温稀化胶状废物(如丙烯酸渣或焦油类废物)、无机硬化废物(如玻璃容器类)、有机硬化废物(如废树脂或废塑料)、软质废物(如废纸桶或纤维类)、污泥废物(如废油墨或油污泥)、桶装糊状废物等。这些危险废物热值差异很大,入炉后会造成焚烧炉运行不稳定等现象。因此入炉前须对危险废物进行预处理,使危险废物进入料坑以前达到形态均一、形状均衡、热值稳定,保证焚烧状态稳定。

典型预处理设施是一个封闭通风的综合建筑,包括储存池、混合池、粉碎设施、捏合系统等,处理方法选用分离、挤压、破碎、混合等工艺步骤进行预处理。具体工艺流程见图 9-1。

1. 桶装糊状废物预处理

有一些废物的黏结性很强,尤其是半固态废物不可能与包装桶分开,又无法破碎。先将桶装糊状废物进行挤压、破桶,再进入破碎机进行切割、破碎,然后按照一定比例同渣状废物如焚烧的废渣、废锯木屑等送入捏合机混合,再运输到焚烧料坑。

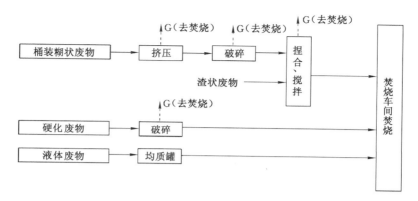

图 9-1　一般预处理工艺流程图

2. 无机硬化废物、有机硬化废物、软质废物预处理

对于无机硬化废物如玻璃容器类、有机硬化废物如废树脂或废塑料、软质废物如废纸桶或纤维类,先进行破碎、打包,再运输到焚烧料坑。

3. 液体废物热值均衡预处理

可用于焚烧的液体主要为废有机溶剂,热值较高,作为综合性焚烧线,焚烧的为固体废物,因此补充焚烧高热值废液体是必不可少的。焚烧液体可替代部分二燃室的辅助燃油,节约能源,降低成本。故液体进料前须进行预处理即均质混合,达到一定热值后,经泵送到回转窑和二燃室的废液雾化喷嘴,通过压缩空气雾化焚烧。废液预处理主要根据收集的废液热值进行搭配,在搅拌槽内进行搅拌均质后,达到工艺技术要求,再经泵送到焚烧生产线进行焚烧。

(二)物化预处理

另外,还有一些不适于直接进行焚烧的危险废物,主要有偏酸或者偏碱性的有机废液、含重金属的有机废液、含水率较高的半固态危险废物,须进行物化预处理。

物化预处理主要采用的处理工艺有酸碱中和、氧化还原、絮凝沉淀、压滤等。对于偏酸或者偏碱性的有机废液,需采用酸碱中和工艺用于调节进入焚烧系统液态物料的 pH 值,使之不会对炉体内耐火材料产生腐蚀;对于含重金属的有机废液,需采用氧化还原、絮凝沉淀工艺,去除废液中的重金属离子,减少焚烧系统尾气处理负担,降低尾气处理风险;对于含水率较高的半固态危险废物,先调节 pH 值、氧化还原、絮凝沉淀后再采用压滤方式进行固、液分离,并对固相、液相分别收集后处理,以提高焚烧炉的焚烧效率,减少燃料的使用。含水率较高的半固态危险废物经处理后,固相进焚烧系统处理,液相进入预处理物化车间中间储罐,当 COD>1 600 mg/L 时送入焚烧系统焚烧处理,当 COD<1 600 mg/L 并且其中一类污染物达《污水综合排放标准》表 1 的标准时进入厂区污水处理车间处理。

具体工艺过程如下所述:

1. 偏酸或偏碱性的有机废液预处理

对偏酸或偏碱性的有机废液采用酸碱中和法,通过加碱(常用的碱中和剂是氢氧化钙)中和,加酸(常用的酸中和剂是硫酸)中和,中和反应形成氢氧化物沉淀或不溶性盐类经压滤机除去,反应槽中上清液和滤液进入预处理物化车间中间储罐。偏酸或偏碱性的有机废液预处理工艺流程见图 9-2。

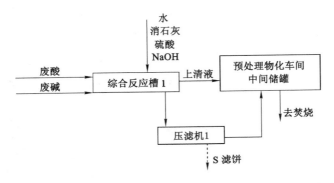

图 9-2　偏酸或偏碱性的有机废液预处理工艺流程图

2. 含重金属的有机废液预处理

对含重金属的有机废液,通过加入适量 NaOH 进行化学沉淀,使重金属离子转变为氢氧化物,再投加絮凝剂和助凝剂使其絮凝沉淀。将沉降泥浆泵至板框压滤机压滤,滤液与上清液泵至预处理物化车间中间储罐,滤饼污泥送至焚烧系统进行焚烧。其中含 Cr^{6+} 废液须采用还原、沉降法处理。具体流程为:在 Cr^{6+} 废液中加入硫化钠进行还原处理,使 Cr^{6+} 还原为 Cr^{3+},然后加入适量 NaOH 进行化学沉淀,使 Cr^{3+} 转变为氢氧化物,再投加絮凝剂和助凝剂使其絮凝沉淀。

含重金属的有机废液预处理工艺流程见图 9-3。

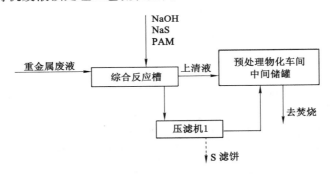

图 9-3　含重金属的有机废液预处理工艺流程图

3. 含水率较高的半固态危险废物预处理

对于含水率较高的半固态危险废物,通过加入相应的试剂调节 pH 值或者去除重金属后,将沉降泥浆泵至板框压滤机压滤,滤饼污泥送入焚烧系统进行焚烧,滤液与上清液泵至预处理物化车间中间储罐。含水率较高的半固态危险废物预处理工艺流程见图 9-4。

(三)焚烧配伍

预处理除必要的固体废物破碎、液体废物的沉降与过滤外,最重要的环节是按设计的方案进行废物配伍。其主要目的是:

(1)使入炉的废物总体均匀,以保证焚烧过程稳定;

(2)使主要有毒有害物质、重金属、有机氯的含量不超过焚烧炉设计指标(以及许可证核定的指标)的上限值;

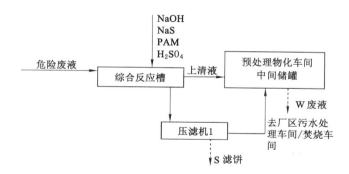

图 9-4　含水率较高的半固态危险废物预处理工艺流程图

（3）使入炉废物的热值在焚烧炉设计工况要求的范围之内。

废物配伍主要依照废物的组分、灰分、热值等参数，以及各批次废物的分析数据，通过计算制定配伍方案。目前国内外普遍采取混合、充分搅拌等方法使得配伍后的废物中主要有毒有害物质、重金属、有机氯等尽可能分布均匀，并保证其含量满足焚烧炉设计的焚毁去除率、重金属去除率、氯化氢去除率及热值等指标的要求。

按照焚烧处置设施设计的主要有毒有害物质焚毁去除率指标，当长时期运行所投入废物中主要有毒有害物质含量接近一致时，可有效保证焚毁去除率稳定达标；按照焚烧处置设施设计的重金属和氯化氢的去除效率指标，当长时期运行所投入废物中重金属和有机氯含量接近一致时，可有效保证排放烟气中重金属和氯化氢稳定达标；按照焚烧处置设施设计的工况参数、辅助燃料的配给条件，当长时期运行所投入废物的热值接近一致时，可有效保证焚烧处置稳定达标运行。

三、危险废物焚烧处置系统

危险废物焚烧处置系统一般包括进料系统、焚烧炉、热能利用系统、烟气净化系统、残渣处理系统、自动控制和在线监测系统及其他辅助装置。危险废物在焚烧处置前应进行前处理或特殊处理，达到进炉要求，以利于其在炉内充分燃烧。处理氟、氯等元素含量较高的危险废物时，应考虑耐火材料及设备的防腐问题。对于用来处理含氟较高或含氯大于 5％ 的危险废物焚烧系统，不得采用余热锅炉降温，其尾气净化必须选择湿法净化方式。整个焚烧系统运行过程中要处于负压状态，避免有害气体逸出。

（一）进料系统

危险废物的形态大致可分为液态、污泥状、浆状态和固态四种，为顾及整体输送与燃烧状况，此四种形态的废物有各自不同的进料设计系统。

1. 液态进料系统

一般液态废物的进料方式以喷雾进料为主，通过雾化喷嘴将液态废物雾化成微细雾滴，以增加与空气的接触面积。由炉内的热辐射对流传导，液态废物雾化后，供给空气以扩散混合，提高燃烧速度，相对燃烧效率高。一般常见的雾化装置与辅助燃烧器类似，可分为加压喷雾、回转式喷雾、高压流体喷雾与低压流体喷雾四种。液态废物进料过程牵涉到液态废物贮存槽、输送管路与喷雾装置。贮存槽应选择与废液能相容的材质，不得发生反应、腐蚀等现象。在输送管路方面，则必须考虑废液的流动性、黏滞性和固体物含量，避免造成输送管路侵蚀、腐蚀、阻塞。若废液中含固体颗粒时最好在喷雾喷射前过滤去除,以避免阻塞喷嘴。

2. 污泥与浆状物进料系统

污泥与浆状物进料系统的设计首先应考虑浆状物或污泥的热值与含水率,若热值低且含水率高,应考虑先将其干燥,再进炉内焚烧;若热值高且含水率低,则可以直接进炉内焚烧。

其次是考虑输送系统,含水率在 85% 以上的浆状物可使用螺旋式输送机、离心泵、渐进式空腔泵等输送器直接打入干燥或焚烧设备内;含水率在 85% 以下的污泥,可使用输送带输送。

3. 固体废物进料系统

一般固体废物的形态,可分为大块状、蓬松状、小块状和粉状。在进入焚烧炉前固体废物必须先经过破碎形成小块状,粉状废物可利用螺旋式输送机送入炉内焚烧。已经破碎成小块状的废物,可利用二段式进料门的进料推杆,此种装置具有气密性,可减少进料时大量空气进入炉内造成的燃烧不稳定现象。进料炉门有两道,第一道为开启门,第二道为闸门,又称火门。一般进料时,开启门打开,将废物送入进料槽内,当进料结束时,关上开启门,打开闸门,推杆将废物推入炉内,然后闸门关合,推杆还原,开启门打开,开始进料。

(二)焚烧炉种类与焚烧操作

1. 危险废物焚烧炉

目前,用于处理危险废物的焚烧炉主要有回转窑焚烧炉、液体喷射焚烧炉、热解焚烧炉、流化床焚烧炉、多层床焚烧炉等,采用较多的是回转窑焚烧炉。危险废物焚烧炉型及典型运行参数如表 9-2 所示,焚烧炉的处理对象如表 9-3 所示。

表 9-2　危险废物焚烧炉型及典型运行参数

炉型	温度范围/℃	停留时间
回转窑焚烧炉	820～1 600	液体及气体:1～3 s 固体:30 min～2 h
液体喷射焚烧炉	650～1 600	0.1～2 s
流化床焚烧炉	450～980	液体及气体:1～2 s 固体:10 min～1 h
多层床焚烧炉	干燥区:320～540 焚烧区:760～980	固体:0.25～1.5 h
固定床焚烧炉	480～820	液体及气体:1～2 s 固体:30 min～2 h

表 9-3　焚烧炉的处理对象

废物种类	回转窑焚烧炉	液体喷射焚烧炉	流化床焚烧炉	多层床焚烧炉	固定床焚烧炉
1. 固体					
(1) 粒状物质	√			√	
(2) 低熔点物质	√		√	√	√
(3) 含熔融灰分的有机物	√	√	√	√	
(4) 大块不规则物品	√				√

表 9-3（续）

废物种类	回转窑焚烧炉	液体喷射焚烧炉	流化床焚烧炉	多层床焚烧炉	固定床焚烧炉
2. 气体 有机蒸气	√	√	√	√	√
3. 液体 （1）含有毒成分的高浓度有机废液	√	√	√		
（2）一般有机液体	√	√	√		
4. 其他 （1）含氯化有机物的废物	√	√			
（2）高水分有机污泥	√		√	√	

回转窑焚烧炉可同时处理固、液、气态危险废物，除了重金属、水或无机化合物含量高的不可燃废物外，各种不同物态（固体、液体和污泥等）及形状（颗粒、粉状、块状及桶状）的可燃性固体废物皆可送入回转窑中焚烧。

目前，我国用于危险废物处置的焚烧炉主要有回转窑焚烧炉和液体喷射焚烧炉，其次是热解焚烧炉、多层床焚烧炉和流化床焚烧炉等。近年来我国建设的危险废物焚烧处置设施多采用回转窑焚烧炉和液体喷射焚烧炉，而对于医疗废物焚烧多采用国产热解焚烧炉。表 9-4 中详细列出了适于回转窑焚烧炉处理的固体废物。

表 9-4　适于回转窑焚烧炉处理的固体废物

氯化有机溶剂（氯仿、过氯乙烯）	药厂废物
氧化溶剂（丙酮、丁醇、乙基醋酸等）	地下水道污泥
烃类化合物溶剂（苯、己烷、甲苯等）	生物废物
混合溶剂、废油	过期的有机化合物
油/水分离槽的污泥	一般固、液体有机化合物
杀虫剂的洗涤废水	杀虫剂、除草剂
废杀虫剂及含杀虫剂的废料	含 10% 以上有机废物的废水
化学物贮槽的底部沉积物	含硫污泥
汽化有机物蒸馏后的底部沉积物	去除润滑剂的溶剂污泥
一般蒸馏残渣	纸浆及一般污泥
含多氯联苯的固体废物	光化合物及照相处理的液固体废物
高分子聚合废物及高分子聚合反应后的残渣	受危险物质污染的土壤
黏着剂、乳胶及涂料	污水处理站污泥

2. 焚烧操作

（1）废物的输入控制

废物的输入速率是影响焚烧炉运营最主要的因素。

挥发性物质含量低的粉状及颗粒状废物或污染土壤不仅较易混合，而且可以经沟槽连续地输入炉内,输入速率较易保持稳定。液体废物可经搅拌方式促使可相溶液体混合均匀,因此只要保持适当的液压及燃烧器或喷嘴的管路畅通,即可连续地输入。由于混合较均匀,热值变化不大,燃烧室内的燃烧状况及温度比较容易控制。

块状废物包装桶只能以批量方式输入,很难控制燃烧情况的稳定。由于任何物体进入焚烧炉后都必须经过加热、挥发、燃烧等过程,挥发及燃烧的速率直接影响燃烧室内的稳定。如果桶内挥发性物质含量高时,这个物质进入高温炉后,会在短时间内骤然挥发燃烧,造成局部过热或温度急速上升的危险,由于过量的有机蒸气同时燃烧,炉内的氧气难以在短时间内增加,会产生燃烧不完全的后果。因此在输入块状或桶装废物时,应将液体废物的输入量降低,空气输入量增至最大容量,同时将温度降至正常运营条件或执照许可的低限。操作回转窑焚烧炉时应先将转速控制由自动改为手动,然后调低转速,如果废物输入后,温度仍然继续下降,即表示桶内废物的热值及挥发性都很低,不致造成过热或急速燃烧的危险,可逐渐增加高热值废液或辅助燃料的输入量,以保持温度的稳定。

一般焚烧工厂都依据炉型、放热率及本身经验,建立一套包装桶(或容器)内废物热值、挥发性物质含量及易燃物质的最大限制,同时将容器依热值及易燃性分类,然后依据经验建立不同类别废物的输入速率准则。

(2)焚烧参数控制

影响危险废物焚烧处置设施运行工况的关键因素分别是燃烧温度、停留时间、混合强度、过剩空气(也称为3T1E原则)。这四个因素并非独立的参数,而是相互影响的。要达到理想的运行状态,达到理想的处置效果,要综合考虑上述四种因素,维持一种综合的稳定状态方可稳定运行。例如,温度越高,固然可以增加燃烧速率,但是气体因加热而膨胀,其停留时间会减少;空气输入量大时,可以增加氧气的供给量及混合程度,但会降低停留时间,而且由于排气处理系统的限制,导致处理量的降低。

燃烧温度的控制主要包括一段炉和二段炉的控制,运行过程中可通过保证入炉废物均匀、调整配风量及引风、设置自动燃烧器、监测炉内外温度、自动控制等技术方法来实现。焚烧炉的燃烧温度必须超过足以销毁废物的最低温度,以达到焚烧的目的。炉壁及燃烧气体的温度应保持稳定,以免耐火砖因过热或热振而损害。即使温度维持稳定,耐火砖也会因摩擦而使黏合剂失效,废物中碱性金属、盐酸或氟化物燃烧产生的氟化氢的腐蚀等因素而造成厚度减少或剥落现象。废物的热值过高,会造成炉内温度的上升。此时除了增加空气输入量、降低辅助燃料量外,还可以将高水分的废弃液雾化后,喷入炉内以调节温度。喷淋时避免水雾接触炉壁,以免炉壁耐火砖骤冷而断裂。有时亦可以用冷水浇淋炉的外壳,以保持炉壁的温度。

停留时间包括一段炉内的物料停留时间和二段炉内的烟气停留时间,运行过程中可通过调整进料速率、回转窑转速、排式焚烧炉推杆动作时间等,来控制废物在一段炉内的停留时间;可通过调整进料速率、控制给风量和引风量等,来控制烟气在二段炉内的停留时间。

混合强度控制要保证废物燃烧完全,减少污染物产生。混合强度的控制主要通过控制扰动方式来实现,主要包括空气流扰动、机械炉排扰动、流态化扰动及旋转扰动等技术方法。

过剩空气控制可通过监测烟气中含氧量来自动调整给风量,以实现焚烧过程中烟气残氧量的有效控制。

《危险废物焚烧污染控制标准》(GB 18484—2020)对焚烧炉的技术性能要求作出规定,

具体见表9-5。

表 9-5　焚烧炉的技术性能指标

指标	焚烧炉高温段温度/℃	烟气停留时间/s	烟气含氧量（干烟气、烟囱取样口）/%	烟气一氧化碳浓度（烟囱取样口）/(mg/m³)		燃烧效率/%	焚烧去除率/%	热灼减率/%
				1小时均值	24小时均值或日均值			
限值	≥1 100	≥2.0	6～15	≤100	≤80	≥99.99	≥99.99	<5

《含多氯联苯废物焚烧处置工程技术规范》(HJ 2037—2013)对PCBs废物焚烧系统作出规定,具体如下:

(1) 含PCBs废物焚烧工艺应采用回转窑接二燃室组成的热解气化焚烧炉。废物中的PCBs在回转窑中热解、气化,含PCBs气体在二燃室高温气氛下充分裂解焚烧。

(2) 回转窑的温度应控制在900 ℃以上,废物在回转窑内的停留时间一般应大于30 min,出炉的焚烧残渣热灼减率应小于5%。

(3) 二燃室烟气焚烧温度应控制在1 200 ℃以上,烟气停留时间不小于2 s。

(4) 回转窑窑壁和二燃室炉壁均应采取保温隔热措施。

(5) 回转窑废物入口、回转窑与二燃室连接处、检修炉门等的设计均应满足系统的密封性要求。

(6) 含PCBs废物焚烧装置宜采用自动连续方式进行排渣,不应采用人工方式。若采用干式出渣,应设有喷淋水装置,用于灰渣冷却,避免扬尘。

(7) 含PCBs废物焚烧装置应设有焚烧残渣和飞灰收集、输送、包装、暂存等装置,各装置应密闭。

此外,应确保焚烧炉出口烟气中的氧气含量应为6%～15%(干气)。焚烧炉运行过程中要保证系统处于负压状态,避免有害气体逸出。当废物热值较低,而含水率较高时,为保证焚烧炉稳定运行,一燃室需加入燃油助燃。采用油燃料时,储油罐总有效容积应根据全厂使用情况和运输情况综合确定;供油泵的设置应考虑一备一用;供油、回油管道应单独设置,并应在供、回油管道上设有计量装置和残油放尽装置;采用重油燃料时,应设置过滤装置和蒸汽吹扫装置。焚烧控制条件应满足国家《危险废物焚烧污染控制标准》(GB 18484—2020)中的有关规定。

(三)热能利用系统

焚烧厂宜考虑对其产生的热能以适当形式加以利用。危险废物焚烧热能利用方式应根据焚烧厂的规模、危险废物种类和特性、用热条件及经济性综合比较后确定。通常利用危险废物焚烧热能生产饱和蒸汽或热水。二燃室出口处的烟气温度为1 100 ℃左右,利用锅炉降温,既满足了后阶段烟气处理对温度的要求,提高重金属在灰尘颗粒上的凝结,使烟气温度降低,又充分利用焚烧产生的热能。

(四)烟气处理系统

根据《危险废物焚烧污染控制标准》(GB 18484—2020),焚烧炉排气中任何一种有害物质浓度不得超过表 9-6 中所列的最高允许限值。烟气净化技术的选择应充分考虑危险废物特性、组分和焚烧污染物产生量的变化及其物理、化学性质的影响,并应注意组合技术间的相互关联作用。

表 9-6　危险废物焚烧设施烟气污染物排放浓度限值[①]　　　　　　单位:mg/m³

序号	污染物项目	限值	取值时间
1	颗粒物	30	1 小时均值
		20	24 小时均值或日均值
2	一氧化碳(CO)	100	1 小时均值
		80	24 小时均值或日均值
3	氮氧化物(NO$_x$)	300	1 小时均值
		250	24 小时均值或日均值
4	二氧化硫(SO$_2$)	100	1 小时均值
		80	24 小时均值或日均值
5	氟化氢(HF)	4.0	1 小时均值
		2.0	24 小时均值或日均值
6	氯化氢(HCl)	60	1 小时均值
		50	24 小时均值或日均值
7	汞及其化合物(以 Hg 计)	0.05	测定均值
8	铊及其化合物(以 Tl 计)	0.05	测定均值
9	镉及其化合物(以 Cd 计)	0.05	测定均值
10	铅及其化合物(以 Pb 计)	0.5	测定均值
11	砷及其化合物(以 As 计)	0.5	测定均值
12	铬及其化合物(以 Cr 计)	0.5	测定均值
13	锡、锑、铜、锰、镍、钴及其化合物 (以 Sn+Sb+Cu+Mn+Ni+Co 计)	2.0	测定均值
14	二噁英类[②]	0.5	测定均值

注:① 表中污染物限值为基准氧含量排放浓度。

　　② 二噁英类浓度单位为 ngTEQ/Nm³。

1. 颗粒物污染物的控制

焚烧尾气中粉尘的主要成分为惰性无机物,如灰分、无机盐类、可凝结的气体污染物质及有害的重金属氧化物,其含量视运转条件、废物种类及焚烧炉型式而异。粉尘颗粒大小的分布亦广,直径有的大至 100 μm 以上,也有小至 1 μm 以下。当焚烧炉的尾气中尘粒含量较少时,设计时不必考虑专门的去除颗粒物设备,急冷用的喷淋塔以及去除酸性气体的填料吸收塔足以将粉尘含量降至许可范围。除尘设备的种类主要有:重力沉降室、旋风(离心)除尘器、喷淋塔、文丘里洗涤器、静电除尘器及布袋除尘器等。重力沉降室、旋风除尘器和喷淋塔等无法有效去除直径为 5~10 μm 的粉尘,只能视为除尘的前处理设备。文丘里洗涤器、静电除尘器及布袋除尘器等三类为焚烧尾气净化系统中最主要的除尘设备。

（1）文丘里洗涤器

文丘里洗涤器可以有效地去除直径小于 $2~\mu m$ 的粉尘,运转温度适合于 $70\sim90$ ℃。典型的文丘里洗涤器由两个锥体组合而成,锥体交接部分(喉)面积较小,便于气、液的加速混合。废气从顶部进入,与洗涤液混合经喉部时,由于截面积缩小,流体的速度增加,产生高度紊流,气体中夹带的粉尘混入液体中,流经喉部后,速度降低,再经气水分离器,干净气体由顶端排出,而混入液体中的粉尘则随液体由气水分离器底端排出。文丘里洗涤器体积小,投资及安装费用低,并且适用于含有毒有害气体的除尘,可以防止易燃物质的着火,对酸性气体也具有吸附作用。但其所需压差较大,抽风机的能源消耗高,并且需要处理大量的废水。

（2）静电除尘器

静电除尘器可以有效地去除平均直径为 $0.25~\mu m$ 的尘粒。静电除尘器可分为干式、湿式静电除尘器及湿式电离洗涤器三种。干式静电除尘器由排列整齐接地线的集尘板及悬挂在板与板之间的带有高压(40 000 V 以上)的负电晕线组成。当烟气通过高压电场时,所含的粉尘荷电,在电场力作用下向集尘板做驱进运动,并最终附着在集尘板上。粉尘的电阻系数是影响静电除尘器设计及使用效果的主要参数。如电阻系数太大,粉尘与集尘板接触后不能丧失所有电荷,容易造成尘垢的堆积;如电阻系数太小,粉尘与集尘板接触后不仅丧失原有的负电荷,并且会充电而带正电荷,反而会被带正电的板面推斥至气流中而影响除尘效果。电阻系数在 $10^{4}\sim10^{10}$ $\Omega\cdot cm$ 之间的粉尘可以有效地被静电除尘器收集。电阻系数受温度的影响较大,所以操作温度必须保持在设计温度范围内。湿式静电除尘器是对干式设备的改良,它增加了进气喷淋系统及湿式集尘板面,从而不仅可以降低进气温度,吸收部分酸气,还可以防止集尘板面尘垢的堆积,同时它的除尘效率还不受电阻系数的影响。但它受气体流量的影响较大,同时产生的大量废水需要处理。湿式电离洗涤器是将干式及湿式洗涤技术结合而发展起来的设备,由高压电离器及交流式填料洗涤器组成,它具有干式及湿式静电除尘器所具有的优点,但同样也产生废液,需要处理。

（3）布袋除尘器

布袋除尘器由排列整齐的过滤布袋组成。废气通过过滤布袋时粒状污染物附在滤层上,再定时以振动、气流逆洗或脉动冲洗等方式清除。其去除粒子大小在 $0.005\sim20~\mu m$ 范围,压力降在 $1\sim2$ kPa,除尘效率可达 99%。近年来滤布材质大有改进,对于温度、酸碱及磨损的抵抗力均大为增强,并且滤布对重金属及微量有机化合物均有良好的去除效果,通过在滤布表面覆盖石灰等碱性物质等也可以去除酸性气体。所以,布袋除尘器广泛应用于焚烧厂后续烟气污染物的净化去除上。

2. 酸性气体污染物的控制

用于控制焚烧厂尾气中酸性气体的技术有湿式洗气法、干式洗气法及半干式洗气法等三种脱酸方法。

（1）湿式洗气法

焚烧尾气处理系统中最常用的湿式洗气塔是对流操作的填料吸收塔,尾气与向下流动的碱性溶液不断地在填料空隙及表面接触、反应,使尾气中的污染气体被有效吸收。常用的吸收药剂(碱性药剂)主要有 NaOH 溶液(15%～20%,质量分数)或 $Ca(OH)_2$ 溶液(10%～30%,质量分数)。洗气塔的碱性洗涤溶液采用循环使用方式,当循环溶液的 pH 值或盐度超过一定标准时,排泄部分洗涤液并补充新鲜的 NaOH 溶液,以维持一定的酸性气体去除效率。排出液中通常有很多溶解性重金属盐类（如 $HgCl_2$、$PbCl_2$ 等），氯盐浓度有时高达 3%，必须予以适当处理。湿式洗气塔的最大优点为酸性气体的去除效率高，对 HCl 去除率为 98%，SO_x 去除率为 90% 以上，并附带有去除高挥发性重金属物质（如汞）的潜力。其缺点为造价较高，用电量及用水量亦较高，为避免尾气排放后产生白烟现象需另加装废气再热器。此外，湿式洗气法产生的含重金属和高浓度氯盐的废水需要进行处理。

（2）干式洗气法

干式洗气法用压缩空气将碱性固体粉末（石灰或碳酸氢钠）直接喷入烟管或烟管上某段反应器内，使碱性消石灰粉与酸性废气充分接触和反应，从而去除酸性气体。为了提高反应速率，实际碱性固体的用量为反应需求量的 3～4 倍，固体停留时间至少需 1 s 以上。干式洗气塔结合布袋除尘器组成的干式洗气工艺是尾气净化系统中较为常见的组合工艺，设备简单，维修容易，造价便宜，消石灰输送管线不易阻塞，但由于固体与气体的接触时间有限且传质效果不佳，常须超量加药，药剂的消耗量大。同其他两种方法相比，干式洗气法的整体去除效率也较低，产生的反应物及未反应物量亦较多，最终需要妥善处置。

（3）半干式洗气法

半干式洗气法实际上采用的是一个喷雾干燥系统，利用高效雾化器将消石灰浆液从塔底向上或从塔顶向下喷入喷雾干燥塔中。尾气与喷入的石灰浆呈同向流或逆向流的方式充分接触，并发生酸碱中和反应。由于雾化效果佳（液滴的直径可低至 30 μm 左右），气、液接触面大，不仅可以有效降低气体的温度，中和酸性气体，并且石灰浆中的水分可在喷雾干燥塔内完全蒸发，不产生废水。本法最大的特性是结合了干式洗气法与湿式洗气法的优点，构造简单，投资低，压差小，能源消耗少，液体使用量远较湿式洗气法低；较干式洗气法的去除效率高，也免除了湿式洗气法产生废水多的问题；操作温度高于气体饱和温度，尾气不产生雾状水蒸气团。其缺点是喷嘴易堵塞，塔内壁容易为固体化学物质附着及堆积，设计和操作中要很好控制加水量。

目前，喷雾干燥塔结合布袋除尘器的脱酸除尘组合工艺是国内外最为广泛采用的工艺技术，美国环保局和欧盟均推荐采用此脱酸除尘工艺。

3. 二噁英污染物的控制

二噁英产生分为初期生成、高温分解、后期合成三个阶段，可以归纳二噁英生成必要条件：氯源、二噁英前体和催化剂的存在；燃烧过程中的不良燃烧组织；低温烟气阶段的存在。因此，危险废物焚烧时应在初始生成和后期合成阶段尽量避免二噁英的产生，而在高温分解阶段尽量消除。

如果在焚烧系统高温区物料均匀、燃烧稳定、供氧充足，并且停留时间充分，那么初期形成二噁英的量将达到最小化，大多数的二噁英和它的前体物在焚烧炉的高温燃烧室被破坏。

高温分解阶段是控制二噁英排放的主要阶段，保证一个温度特别高的区域（850 ℃ 以上），在组织良好燃烧工况下，一方面抑制了二噁英的生成，另一方面保证充分的传热和传质，使二噁英有机前体在这个区域内进行充分的氧化燃烧，从而尽可能消除二噁英的再合成性。很多焚烧炉均具有后续燃烧措施（二燃室），后续燃烧的温度一般不低于 950 ℃，以确保有机化合物的完全燃烧。

焚烧过程中还应注意的是氧含量和低温区。只有具有充分的氧气才能使有机污染物得到充分的氧化从而消除毒性；而低温区是燃烧室内焚烧条件不均匀造成的，低温区（小于

850 ℃)的存在造成有机污染物的不充分燃烧,最终导致大量二噁英的排放。因此,严格控制焚烧过程的运行参数是保证二噁英减排的有效方法。

后期合成控制即为了尽可能减少二噁英的合成几率,扼制焚烧烟道气在净化过程中的二噁英再合成,一般采用控制烟气温度的方法。通常是当具有一定温度的(此时温度不低于500 ℃为宜)焚烧烟道气从锅炉排出后采取急速冷却技术使烟气在 2 s 内急冷到 200 ℃以下(通常为 100 ℃左右),从而跃过二噁英的生成温度区。同时烟气净化过程中需采取一定的措施保证无二噁英生成环境的存在。

4.重金属及其化合物的控制

烟气中重金属主要以气态或吸附态形式存在。气化温度较高的重金属及其化合物在烟气处理系统降温过程中凝结成粒状物质,然后被除尘设备收集去除;气化温度较低的重金属元素无法充分凝结,但飞灰表面的催化作用可能使其转化成气化温度较高、较易凝结的金属氧化物或氯化物,从而被除尘设备收集去除;仍以气态存在的重金属物质,将被吸附于飞灰上或被喷入的活性炭粉末吸附而被除尘设备一并收集去除。活性炭粉末不仅可以吸附烟气中呈气态的重金属元素及其化合物,而且可以吸附一部分布袋除尘器无法捕集的超细粉尘以及吸附在这些粉尘上的重金属。但是,挥发性较高的铅、镉和汞等少数重金属则不易被完全去除。

已有的运行结果表明:布袋除尘器与半干式洗气塔并用时,除了汞之外,对其他重金属的去除效果均非常好,且进入除尘器的尾气温度愈低,去除效果愈好。但为了维持布袋除尘器的正常操作,废气温度不得降至露点以下,以免引起酸雾凝结,造成滤袋腐蚀,或因水汽凝结而使整个滤袋阻塞。汞由于其饱和蒸气压较高,不易凝结,只能靠布袋上的飞灰层对气态汞的吸附作用而去除一部分,其净化效果与尾气中飞灰含量及布袋中飞灰层厚度有直接关系。为了进一步降低汞的排放浓度,在半干式洗气法工艺中于布袋除尘器前喷入活性炭粉末或于尾气处理流程末端使用活性炭滤床加强对汞的吸附作用。

危险废物中含有的易挥发或沸点低的重金属及其化合物在焚烧时易以蒸发气体或金属粒子的状态进入烟气中,目前去除烟气中重金属污染物质的主要技术包括:

(1)降低烟气温度,使蒸发的重金属气体重新凝结或团聚到灰尘的颗粒上,然后通过除尘器去除。烟气的降温通常借助于喷淋过程,此法仅仅适用于在 250 ℃左右能凝结或团聚的重金属气体。

(2)采用催化作用,使重金属气体与其他物质反应生成溶于水溶液的溶剂,在洗涤塔中通过清洗将重金属的化合物去除。

(3)采用活性炭吸附,然后通过布袋等除尘器将含重金属物质的活性炭脱除。

(4)形成饱和温度较高的化合物,进行凝结、收集和脱除重金属物质。

(五)残渣处理系统

焚烧残渣(包括炉渣和飞灰)应按危险废物进行安全处置。对于根据国家《危险废物鉴别标准 通则》(GB 5085.7—2019)鉴别后不属于危险废物的炉渣可按一般工业废物处置。飞灰必须经过稳定化处理后再进行安全填埋。

残渣处理系统应包括炉渣处理系统、飞灰处理系统。炉渣处理系统应包括除渣冷却、输送、贮存、碎渣等设施。飞灰处理系统应包括飞灰收集、输送、贮存等设施。炉渣和飞灰处理系统各装置应保持密闭状态。残渣处理技术选择与规模确定,应根据炉渣与飞灰的产生量、特性及当地自然条件、运输条件等，经过技术经济比较后确定。

炉渣处理装置的选择应符合下列要求：

（1）与焚烧炉衔接的除渣机应有可靠的机械性能和保证炉内密封的措施；

（2）炉渣输送设备应有足够宽度。

飞灰收集应采用避免飞灰散落的密封容器。收集飞灰用的贮灰罐容量宜按飞灰额定产生量确定。贮灰罐应设有料位指示、除尘和防止灰分板结的设施，并宜在排灰口附近设置增湿设施。烟气净化系统采用半干法方式时，飞灰处理系统应采取机械除灰或气力除灰方式，气力除灰系统应采取防止空气进入与防止灰分结块的措施。采用湿法烟气净化方式时，应采取有效的脱水措施。

（六）自动化控制及在线监测系统

焚烧系统的操作是否正常主要根据设备的量测仪表所显示的数值来判断，例如温度、压力、流量、烟气中的氧气、一氧化碳浓度等指示器或侦测器。危险废物集中焚烧处置应有较高的自动化水平，能在中央控制室通过分散控制系统实现对危险废物焚烧线、热能利用及辅助系统的集中监视和分散控制。对贮存库房、物料传输过程以及焚烧线的重要环节，应设置现场工业电视监视系统。对重要参数的报警和显示，可设报警器和数字显示仪。

危险废物焚烧厂的检测应包括下列内容：

（1）主体设备和工艺系统在各种工况下安全、经济运行的参数；

（2）辅机的运行状态；

（3）电动、气动和液动阀门的启闭状态及调节阀的开度；

（4）仪表和控制用电源、气源、液动源及其他必要条件供给状态和运行参数；

（5）必需的环境参数。

焚烧厂应对焚烧烟气中的烟尘、一氧化碳、硫氧化物、氮氧化物实现自动连续在线监测，污染物排放在线监测装置要与当地生态环境主管部门联网。烟气黑度、氟化氢、氯化氢、重金属及其化合物应每季度至少采样监测 1 次。二噁英采样检测频次不少于 1 次/年。

四、江苏省无锡市工业废物焚烧处置案例

（一）概况

无锡市工业废物安全处置有限公司位于无锡市滨湖区青龙山肖家湾，主要从事全市工业废物的安全处置工作，占地面积 17 700 m²。公司于 2014 年扩建一套处理能力 60 t/d 的危险废物（不含医疗危险废物）焚烧装置，该期工程总投资 5 951 万元，其中环保投资 1 800 万元，占总投资的 30.2%。

（二）焚烧工艺流程及说明

危险废物由专用车辆运进厂内，经地磅称量后，卸入危险废物专用仓库。在焚烧车间设置两个料池，在池顶装有两台抓斗起重机，起重机操作室与料池密闭隔离，采用遥控式操作。通过抓斗将危险废物从料池中抓取并投入回转窑入料口进行焚烧。焚烧处置整体工艺流程见图 9-5。

固体废物经给料装置送入回转窑内（一燃室），液体废物经加压泵喷入炉内雾化燃烧。通过窑体的缓慢转动，使物料不停地翻动并滑向尾部，完成烘干、挥发可燃气体、主燃、燃尽、排渣等全过程，一燃室内温度可达 750～850 ℃。残渣自窑尾落入渣斗，由出渣系统连续排出。燃烧产生的烟气从窑尾进入二次燃烧室高温燃烧，燃烧温度 1 100 ℃以上，停留 2 s 以

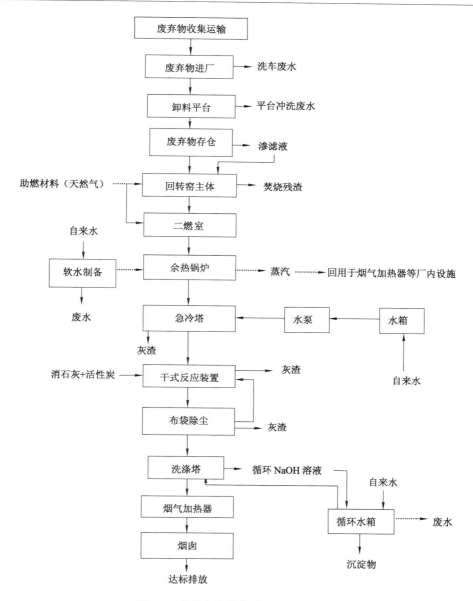

图 9-5　危险废物焚烧处置工艺流程图

上。在二燃室充分燃烧的高温烟气经余热锅炉回收热量,将热能转换为热水和蒸汽,烟气温度降至 530 ℃,然后经急冷塔快速冷却至 180 ℃,防止二噁英再合成。

来自余热锅炉出口的高温烟气从急冷塔顶部进入,经压缩空气雾化后的急冷水雾,烟气温度急速下降,从 550 ℃骤冷至 200 ℃以下,可以避开二噁英再合成的温度段,再经干式反应装置,用消石灰粉和活性炭粉脱除烟气中的酸性气体,而后进入袋式除尘器,通过滤袋有效地捕集烟气中的灰尘,并且未发生反应的消石灰粉和活性炭粉附着在滤袋表面可以继续和烟气中的有害物质反应。烟气通过急冷喷淋和布袋除尘后进入洗涤除雾塔,对酸性气体用湿法处理,烟气洗涤塔后设置烟气加热器,防止烟雾的形成。最后尾气通过引风机由烟囱送入大气。

（三）主要工艺设备

1. 回转窑

该项目设计的回转窑的长径比（L/D）取值为 4.5∶1，保证废物在回转窑内的停留时间，保证危险废物在回转窑内的完全干燥、分解及固态物质的焚烧和炉渣的燃尽。同时采用烟气顺流和回转窑末端适量缩径的设计，使部分在回转窑燃烧区未燃尽的废物在窑尾继续燃烧直至燃尽。回转窑前端安装辅助燃烧器，用于燃烧辅助燃料，也可使用高热值的废液作为燃料（过氧空气系数选取 1.4 作为设计参数）。此外，前墙上还装有检查孔和观察窗。在二燃室的后壁装有监视器，监视回转窑中的燃烧情况。回转窑的温度由设置在二燃室的热电偶检测并控制燃烧器的燃料量。回转窑壁面温度由红外探测器监控，反馈控制燃料量。

焚烧炉和二燃室设有辅助燃烧系统，当废物热值较低不能保证工艺所要求的温度时，辅助燃烧系统自动开启，并可根据温度自动调节大小火保证焚烧所需的温度和焚烧效果。

2. 二燃室

该项目二燃室为立式钢制圆筒型，设计运行温度为 1 100 ℃，最高耐温可达 1 300 ℃。与切线方向流入的补充预热空气形成紊流，使未燃烧烟气达到完全燃烧。二燃室的容积设计将确保烟气在此的停留时间大于 2 s，并保证其完全燃烧。

该项目二燃室有以下特点：

为保证烟气排放达标和去除二噁英，二燃室在设计上严格执行"3T"技术原则，即保证足够的温度（Temperature）（危险废物焚烧炉：>1 100 ℃）、足够的停留时间（Time）（危险废物焚烧炉：1 100 ℃时>2 s）、足够的扰动（Turbulence）（二燃室喉口用二次风或燃烧器燃烧让气流形成漩流）、足够的过剩氧气 E（二燃室的过氧空气系数为 1.25～1.3）。其中前三个作用是由二燃室来完成的，因此烟气经二燃室的处理，可以抑制二噁英的形成。

在二燃室内安装有压力、温度等仪表，并将测试信号送至控制室内，以监测物料焚烧状况，并且通过温度反馈的信号调节燃烧器的大小火。负压状态的控制则通过变频器调节引风机的转速。

为防止炉膛内爆燃对炉体的损坏，焚烧炉设有紧急排放装置。

在二燃室下部设置预热二次风和两个多燃料燃烧器，保证二燃室烟气温度达到标准以及烟气有足够的扰动。回转窑本体内少量没有完全燃烧的气体在二燃室内得到充分燃烧，并提高二燃室温度，二燃室内温度始终维持在 1 100 ℃以上。二燃室钢板由 300 mm 的耐热浇注料筑成，既达到了壳体防腐要求（避开 HCl 的低温和高温腐蚀区），又起到了绝热蓄能的作用，提高了炉温，减少了辅助燃料用量。

在二燃室下面放置除渣机，排除燃尽的炉渣。高温烟气离开二燃室通过烟道进入余热锅炉进行换热。

鼓风机及引风机运行时会产生噪音，故建设风机房，采用建筑隔音、隔音板以及消音器等措施以降低噪音。

3. 布袋除尘

烟气经过干法脱酸、活性炭吸附后进入袋式除尘器，通过滤袋有效地捕集烟气中的灰尘，并且未发生反应的消石灰粉和活性炭粉附着在滤袋表面可以继续和烟气中的有害物质反应。

为防止布袋结露,下部灰斗设电加热装置。设自动短路系统保护除尘器,防止进入除尘器的烟温过高或者过低,损坏滤袋。

布袋除尘器的主要参数有:壳体材质为 Q235A;滤袋材质为复膜型聚四氟乙烯;过滤面积为 1 450 m²;布袋运行温度为 180～200 ℃;滤袋耐温最高 250 ℃;滤袋阻力为 800～1 500 Pa;过滤空气流速为 0.60 m/min。

第三节　危险废物水泥窑协同处置技术

一、协同处置设施要求

危险废物水泥窑协同处置技术是指将满足或经过预处理后满足入窑要求的危险废物投入水泥窑,在进行水泥熟料生产的同时实现对危险废物的无害化处置过程。

协同处置水泥企业在硬件配置方面有下列要求:

(1)协同处置危险废物的水泥窑应为设计熟料生产规模不小于 2 000 t/d 的新型干法水泥窑,窑尾烟气采用高效布袋(含电袋复合)除尘作为除尘设施,水泥窑及窑尾余热利用系统窑尾排气筒(以下简称窑尾排气筒)配备满足《固定污染源烟气排放连续监测系统技术要求及检测方法》(HJ/T 76)要求,并安装与当地生态环境主管部门联网的颗粒物、氮氧化物(NO_x)和二氧化硫(SO_2)浓度在线监测设备。

(2)对于改造利用原有设施协同处置危险废物的水泥窑,在改造之前,原有设施的监督性监测结果应连续两年符合《水泥工业大气污染物排放标准》(GB 4915)的要求,并且无其他环境违法行为。

二、协同处置危险废物的类别和规模

水泥窑禁止协同处置放射性废物,爆炸物及反应性废物,未经拆解的电子废物,含汞的温度计、血压仪、荧光灯管和开关,铬渣以及未知特性的不明废物。危险废物预处理中心或采用集中经营模式的协同处置单位可以接收未知特性的不明废物,但应满足《水泥窑协同处置固体废物环境保护技术规范》(HJ 662—2013)中有关不明性质废物的专门规定。电子废物拆解下来的废树脂可以在水泥窑进行协同处置。

除放射性废物、爆炸物及反应性废物,含汞的温度计、血压仪、荧光灯管和开关,铬渣之外的其他危险废物,若满足或经预处理后满足 HJ 662—2013 规定的入窑或替代混合材要求后,均可以进行水泥窑协同处置。

水泥窑协同处置危险废物的规模不应超过水泥窑对危险废物的最大容量。在保证水泥窑熟料产量不明显降低的条件下,水泥窑对危险废物的最大容量可参考表 9-7 和表 9-8 确定。危险废物作为替代混合材时,水泥磨对危险废物的最大容量不超过水泥生产能力的20%。水泥窑协同处置危险废物的规模还应考虑危险废物中有害元素包括重金属、硫(S)、氯(Cl)、氟(F)和硝酸盐、亚硝酸盐的含量,确保由危险废物带入水泥窑(或水泥磨)的有害元素的总量满足 HJ 662—2013 中第 6.6.7～6.6.9 条的要求,每生产 1 t 熟料由危险废物带入水泥窑的硝酸盐和亚硝酸盐总量(以 N 元素计)不超过 35 g。

表 9-7　水泥窑对危险废物的最大容量

废物特性和形态			可投加的危险废物的最大质量
可燃			与废物低位热值相关,参见表 9-8
不可燃	液态		一般不超过水泥窑熟料生产能力的 10%
	固态	含有机质或氰化物的小粒径	一般不超过水泥窑熟料生产能力的 15%
		含有机质或氰化物的大块状	一般不超过水泥窑熟料生产能力的 4%
		不含有机质(有机质含量<0.5%,二噁英含量<10 ngTEQ/kg,其他特征有机物含量≤常规水泥生料中相应的有机物含量)和氰化物(含量<0.01 mg/kg)	一般不超过水泥窑熟料生产能力的 15%
		半固态	一般不超过水泥窑熟料生产能力的 4%

表 9-8　水泥窑对可燃危险废物的最大容量与危险废物低位热值的关系

可燃危险废物低位热值/(MJ/kg)	3	4	10	15	20	25	30	35	40
可投加的可燃危险废物质量占水泥窑熟料生产能力的百分比/%	15	16	22	19	18	15	12	10	9

三、污染物排放控制

利用水泥窑协同处置危险废物的烟气排放应满足其专用排放标准。这一标准既不同于危险废物焚烧标准,也不同于水泥工业的水泥窑烟气排放标准。根据《水泥窑协同处置固体废物污染控制标准》(GB 30485—2013),废气污染物排放限值要求如下:

(1)利用水泥窑协同处置固体废物时,水泥窑及窑尾余热利用系统排气筒大气污染物中颗粒物、二氧化硫、氮氧化物和氨的排放限值按 GB 4915 中的要求执行。

(2)利用水泥窑协同处置固体废物时,水泥窑及窑尾余热利用系统排气筒大气污染物中除颗粒物、二氧化硫、氮氧化物和氨外的其他污染物执行《水泥窑协同处置固体废物污染控制标准》(GB 30485—2013)表 1 规定的最高允许排放浓度,如表 9-9 所示。

表 9-9　协同处置固体废物水泥窑大气污染物最高允许排放浓度

序号	污　染　物	最高允许排放浓度限值(二噁英类除外)(mg/m³)
1	氯化氢(HCl)	10
2	氟化氢(HF)	1
3	汞及其化合物(以 Hg 计)	0.05
4	铊、镉、铅、砷及其化合物(以 Tl+Cd+Pb+As 计)	1.0
5	铍、铬、锡、锑、铜、钴、锰、镍、钒及其化合物(以 Be+Cr+Sn+Sb+Cu+Co+Mn+Ni+V 计)	0.5
6	二噁英类	0.1 ngTEQ/m³

(3)固体废物贮存、预处理等设施产生的废气应导入水泥窑高温区焚烧,或经过处理达

到 GB 14554 规定的限值后排放。

（4）协同处置固体废物的水泥生产企业厂界恶臭污染物限值应按照 GB 14554 执行。

（5）协同处置固体废物的水泥生产企业，除水泥窑及窑尾余热利用系统、旁路放风、固体废物贮存及预处理等设施排气筒外的其他原料、产品的加工、贮存、生产设施的排气筒大气污染物排放和无组织排放限值及周边环境质量监控按照 GB 4915 执行。

为了保证事故排放不对环境造成严重污染，还要求共处置危险废物的水泥窑，由于设备运行不正常造成的烟气排放超标的时间一次不得超过 4 h，全年累计时间不得超过 60 h。

四、水泥产品环境保护品质标准

由于在共处置危险废物过程中，危险废物处置残渣将全部残留在水泥产品中。这就为水泥产品的使用带来较大的环境和人体健康风险。因此为保证水泥产品在使用过程中所产生的环境和健康风险在可接受程度内，采用共处置危险废物生产的水泥应满足专用的环境保护品质标准。这一标准要求按照《水泥制品中重金属有效量的测定方法》测得的水泥胶砂块中重金属等有害物质有效量不超过表 9-10 所列限值。这一标准制定的依据是假设在水泥使用过程中的极端条件下，其对人的健康不会产生有害的影响。

表 9-10　水泥胶砂块中重金属等有害物质有效量限值

序号	污染物项目	有效量限值/(mg/kg)	序号	污染物项目	有效量限值/(mg/kg)
1	总铬(Cr)	23	8	镍(Ni)	32
2	六价铬(Cr^{6+})	0.18	9	砷(As)	20
3	铜(Cu)	88	10	锰(Mn)	200
4	锌(Zn)	193	11	钼(Mo)	21
5	铅(Pb)	51	12	铊(Tl)	0.04
6	镉(Cd)	5	13	氟(F)	110
7	铍(Be)	0.007			

五、江苏省溧阳市水泥窑协同处置危险废物案例

（一）项目概况

溧阳中材环保有限公司为中材国际环境工程(北京)有限公司全资子公司。溧阳天山水泥 5 000 t/d 熟料生产线协同处置 29 800 t/a 危险废物项目，是江苏省首条利用水泥窑协同处置危险废物示范线项目。该项目占地面积为 2 300 m²，主厂房包括卸料车间、预处理车间、储库等。

项目处置危险废物类别按照《水泥窑协同处置工业废物设计规范》(GB 50634—2010)要求，不处置电子废物、电池、医疗废物、腐蚀剂、爆炸物和放射性废物。具体处置类别见表 9-11。

为保证水泥窑稳定运行，对于所处置的 29 800 t/a 危险废物，其中 20 500 t/a 表面处理废物(HW17)理化性质均匀、重金属最大允许投加量满足规范要求，不需要进行预处理；4 928 t/a 液态危险废物(HW06、HW08、HW09、HW34、HW35、HW39、HW41、HW42)物理化学性质相对单一、稳定，且易于泵送，重金属最大允许投加量满足规范要求，不需要进行预处理;剩余的 4 372 t/a 危险废物需要进行预处理。

表 9-11 项目处置危险废物类别汇总

序号	危险废物类别	危险废物名称	处置量/(t/a)
1	HW02	医药废物	360
2	HW04	农药废物	80
3	HW06	有机溶剂废物	100
4	HW08	废矿物油	600
5	HW09	废乳化液	2 000
6	HW11	精(蒸)馏残渣	2 500
7	HW12	染料、涂料废物	400
8	HW13	有机树脂类废物	900
9	HW17	表面处理废物	20 500
10	HW22	含铜废物	10
11	HW23	含锌废物	1
12	HW31	含铅废物	1
13	HW32	无机氟化物废物	10
14	HW34	废酸	2 000
15	HW35	废碱	10
16	HW37	含有机磷化合物废物	20
17	HW39	含酚废物	9
18	HW41	废卤化有机溶剂	9
19	HW42	废有机溶剂	200
20	HW45	含有机卤化物废物	10
21	HW47	含钡废物	10
22	HW49	其他废物(900-044-49、900-045-49 等两类除外)	70
	合计		29 800

(二)预处理工艺流程

项目预处理的危险废物主要为医药废物、农药残渣、精馏残渣和含铜废物等,呈现固态/半固态,合计 4 372 t/a。危险废物预处理工艺流程见图 9-6。

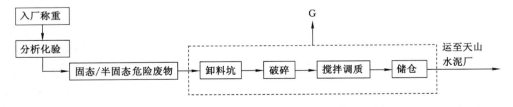

图 9-6 固态/半固态危险废物预处理工艺流程图

（三）危险废物投加工艺流程

天山水泥厂水泥窑在正常运行条件下，窑内物料温度在 1 450～1 550 ℃，气体温度高达 1 700～1 800 ℃。水泥回转窑筒体长，废物在回转窑高温状态下停留时间长，物料从窑尾到窑头总的停留时间在 35 min，气体于 950 ℃以上的停留时间在 12 s 以上，高于 1 300 ℃以上的停留时间大于 3 s。

该项目危险废物投加工艺流程见图 9-7。

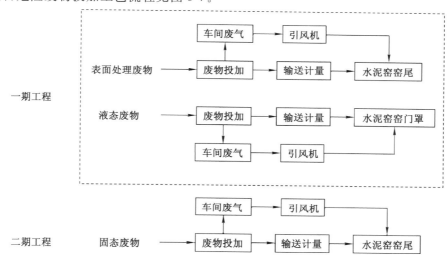

图 9-7 危险废物投加工艺流程图

（1）表面处理废物投加

充分均质后的危险废物表观呈膏状，通过专用危险废物运输车运至水泥厂，卸入废物投加车间储料仓，储料仓下部设有矩形出料口，出料口下接正压给料机入口。危险废物通过正压给料机以压力给料的方式喂入柱塞泵中，再由柱塞泵以高压方式泵出，送至新型干法水泥窑窑尾烟室焚烧处置。

（2）液态危险废物投加

废液输送系统由 5 台隔膜泵、3 个窑头喷枪以及输送管道组成，最终形成 3 条喷射管路。2 台塑料隔膜泵，用于输送酸碱废液；2 台金属隔膜泵，用于输送有机废液；1 台金属隔膜泵，作为备用。

3 条喷射管路输送能力均为 2 t/h，彼此独立不互通，分别连接窑门罩投加点处的三杆喷枪，废液由储罐或吨桶泵送至窑门罩投加点。5 台气动隔膜泵被分为三组，处置废液时仅启动其中的一组和一台泵。

系统运行时，通过控制压缩空气管道上各手动、电动阀门的开闭，可独立控制每台泵的启停；通过调节电动阀门的开度，可独立控制每台泵的泵送流量。结合每条喷射管路上独立设置的电磁流量计和压力变送器，可实现远程的实时监控与调节。

（3）经预处理后的浆渣投加

运至水泥厂的危险废物卸入浆渣投加车间储料仓，储料仓下部设有矩形出料口，出料口下接正压给料机入口。危险废物通过正压给料机以压力给料的方式喂入柱塞泵中，再由柱塞泵以高压方式泵出,送至新型干法水泥窑窑尾烟室焚烧处置。

(4)三废处理

该项目废物投加过程中产生的废气通过负压收集泵入水泥窑焚烧处置。车辆及设备清洗废水进入储料仓后泵送入窑焚烧处置。

第四节　危险废物安全填埋处置

安全填埋是危险废物集中处置必不可少的手段之一。第八章所述有关填埋场的前期准备、设计、运行和场封等方面的原则,均适用于危险废物的填埋。但是,危险废物填埋处置需要有更严格的控制和管理措施。

一、填埋处置技术的选择

现代危险废物填埋场多为全封闭型填埋场,可选择处置技术包括:共处置、单组分处置、多组分处置和预处理后再处置。

1. 共处置

共处置就是将难处置危险废物有意识地与生活垃圾或同类废物一起填埋。主要目的就是利用生活垃圾或同类废物的特性,以减弱所处置危险废物的组分所具有的污染性和潜在危害性,从而达到环境可承受的程度。只有与生活垃圾相容的难处置危险废物才能进行共处置,并且要求在共处置实施过程中对所有操作步骤进行严格管理,确保安全。

但是,对于许多难处置的危险废物来说,其在填埋场中生物地球化学行为不清,因此,许多国家已禁止危险废物在城市垃圾填埋场进行共处置。我国城市垃圾卫生填埋标准也规定危险废物不能进入填埋场。

2. 单组分处置

采用填埋场处置化学、物理形态相同的废物称之为单组分处置。例如,生产无机化学品的化工厂,经常在单组分填埋场大量处置本厂的废物(如磷酸生产产生的废石膏等)。

3. 多组分处置

多组分处置是指在处置混合危险废物时,应确保废物之间不能发生反应而产生更毒的废物或更严重的污染(如产生高浓度有毒气体或蒸气)。多组分处置可分为以下三种类型:

(1)将难处置废物混合在惰性工业固体废物中处置。这实际上是一种不发生反应的共处置。

(2)将被处置的各种混合废物转化成较单一的无毒废物,一般用于化学性质相异而物理状态相似的废物处置,如各种污泥等。

(3)接受一系列废物,但各种废物在各自区域内进行填埋处置。这种多组分处置实际上和单组分处置无差别,只是规模大小不同而已,这种操作应视为单组分处置。

4. 预处理后再处置

预处理后再处置就是将某些物理、化学性质不适合于直接填埋处置的危险废物,先进行预处理,使其达到入场要求后再进行填埋处置。目前的预处理方法有脱水、固化、稳定化技术等。

二、场址选择

危险废物填埋场场址的选择应满足安全、社会、环境等要求,其目的在于使危险废物对人体健康的危害降低到最小,对环境的影响最小。

除应满足第八章所述的填埋场选址的基本要求外,危险废物填埋场场址还应符合下列要求:

(1) 填埋场场址不应选在城市工农业发展规划区、农业保护区、自然保护区、风景名胜区、文物(考古)保护区、生活饮用水源保护区、供水远景规划区、矿产资源储备区和其他需要特别保护的区域内。

(2) 填埋场距飞机场、军事基地的距离应在 3 000 m 以上;场界应位于居民区 800 m 以外,并保证在当地气象条件下对附近居民区大气环境不产生影响;场址必须位于百年一遇的洪水标高线以上,并在长远规划中的水库等人工蓄水设施淹没区和保护区之外;场址距地表水域的距离不应小于 150 m。

(3) 能充分满足填埋场基础层的要求;现场或其附近有充足的黏土资源以满足构筑防渗层的需要;位于地下水饮用水水源地主要补给区范围之外,且下游无集中供水井;地下水位应在不透水层 3 m 以下,否则,必须提高防渗设计标准并进行环境影响评价,取得主管部门同意;天然地层岩性相对均匀、渗透率低;地质构造相对简单、稳定,没有断层。

填埋场场址选择应避开下列区域:

(1) 破坏性地震及活动构造区;

(2) 海啸及涌浪影响区;

(3) 湿地和低洼汇水处;

(4) 地应力高度集中,地面抬升或沉降速率快的地区;

(5) 石灰溶洞发育带;

(6) 废弃矿区或塌陷区;

(7) 崩塌、岩堆、滑坡区;

(8) 山洪、泥石流地区;

(9) 活动沙丘区;

(10) 尚未稳定的冲积扇及冲沟地区;

(11) 高压缩性淤泥、泥炭及软土区以及其他可能危及填埋场安全的区域。

三、危险废物接收处置

危险废物来场之后,对接纳废物的检查和分析是十分必要的(包括废物的来源、种类、重量、特性以及包装方式等信息)。它可以验证废物产生者对于废物的说明是否属实,以保证执行废物处置许可证的要求、保障废物作业人员的健康和安全、证实所选用的处置方法的适用性。

同时满足下述条件的废物可直接进入填埋场进行填埋处置:

(1) 根据《固体废物　浸出毒性浸出方法　翻转法》(GB 5086.1—1997)和固体废物中有毒有害物质测定标准测得的废物浸出液中有一种或一种以上有害成分浓度超过 GB 5085.3—2007 中的标准值并低于《危险废物填埋污染控制标准》(GB 18598—2019)中的允许填埋的控制限值的废物;

(2) 根据 GB 5086.1—1997 和 GB/T 15555.12—1995 测得的废物浸出液 pH 值在 7.0～12.0 之间的废物。

下列废物需经预处理后方能入场填埋:

（1）根据 GB 5086.1—1997 和固体废物中有毒有害物质测定标准测得废物浸出液中任何一种有害成分浓度超过《危险废物填埋污染控制标准》（GB 18598—2019）中允许进入填埋区的控制限值的废物；

（2）根据 GB 5086.1—1997 和 GB/T 15555.12—1995 测得的废物浸出液 pH 值小于 7.0 和大于 12.0 的废物；

（3）本身具有反应性、易燃性的废物；

（4）含水率高于 85% 的废物；

（5）液体废物。

下列废物禁止填埋：

（1）医疗废物；

（2）与衬层具有不相容性反应的废物。

表 9-12 为《危险废物填埋污染控制标准》（GB 18598—2019）中危险废物允许填埋的控制限制。

表 9-12 危险废物允许填埋的控制限制

序号	项目	稳定化控制限值/(mg/L)
1	烷基汞	不得检出
2	汞（以总汞计）	0.12
3	铅（以总铅计）	1.2
4	镉（以总镉计）	0.6
5	总铬	15
6	六价铬	6
7	铜（以总铜计）	120
8	锌（以总锌计）	120
9	铍（以总铍计）	0.2
10	钡（以总钡计）	85
11	镍（以总镍计）	2
12	砷（以总砷计）	1.2
13	无机氟化物（不包括氟化钙）	120
14	氰化物（以 CN⁻ 计）	6

四、安全填埋场作业要求

（一）防渗系统

现代的危险废物安全填埋场通常都有基础及四壁衬层排水系统和表面密封系统，必要时还需要在填埋场的周边建造垂直密封系统，衬层材料多使用黏土和柔性膜（通常为高密度聚乙烯膜 HDPE），此种方案称为柔性防渗方案。对于某些特殊情况下的填埋场，也有使用钢筋混凝土盒子的情况，此种方案称为刚性方案。

目前国内外安全填埋场防渗方案采用较多的是柔性方案，一方面柔性方案的工程造价低,技术成熟;另一方面其工艺技术组合灵活,对场址的地形、地质及水文条件适应性强。柔性方案采用的结构形式主要有双人工衬层、复合衬层和天然材料衬层结构形式。但防渗方案选择还取决于场地的工程地质条件和当地的实际情况。例如,上海危险废物安全填埋场场址选在朱家桥镇雨化村,场址的地层条件埋深 6 m 以下有 3～4 m 厚的淤泥层,地下水位埋深仅为 0.4～1.5 m。上海的土地资源紧张,地价昂贵,选址困难,经对各方案论证后,最终采用刚柔结合防渗方案。

（二）渗滤液集排水系统、雨水集排水系统和集排气系统

采用天然材料衬层或复合衬层的填埋场应设渗滤液主集排水系统,它包括底部排水层、集排水管道和集水井;主集排水系统的集水井用于渗滤液的收集和排出。采用双人工合成材料衬层的填埋场除设置渗滤液主集排水系统外,还应设置辅助集排水系统,它包括底部排水层、坡面排水层、集排水管道和集水井。辅助集排水系统的集水井主要用于人工合成衬层的渗漏监测。且填埋场必须设有渗滤液处理系统,以便处理集排水系统排出的渗滤液。

填埋场应设置雨水集排水系统,以收集、排出汇水区内可能流向填埋区的雨水、上游雨水以及未填埋区域内未与废物接触的雨水。雨水集排水系统排出的雨水不得与渗滤液混排。

填埋场设置集排气系统以排出填埋废物中可能产生的气体。

（三）作业程序

对于判定为可以直接填埋的废物或者经过固化/稳定化处理后检测合格的废物进入填埋库区做填埋处置。填埋场不使用液态废物接收池,而是由填埋场工作人员押运槽车直接至指定接收液态废物处置区域。填埋场接到工程师的判定信息后办理废物出库手续并根据废物的数量、类别、包装等因素进行规划摊铺、压实和覆盖,填埋初期避免有尖锐刺角的废物。进行填埋废物分层摊铺与压实,形成与作业面退后方向相同的下降坡面。工程设备推铺每一废物薄层厚度为 0.5 m 左右,并来回碾压 3 遍,每次作业完成后采用防渗膜进行日覆盖。

五、江苏省南通市危险废物填埋处置案例

（一）项目概况

南通惠天然固体废物填埋有限公司作为专业的危险废物处置单位,按照南通市洋口化工园区的规划,在园区规划的污染集中治理用地内投资建设固体废物填埋处置工程项目。该项目主要服务对象为如东县洋口镇化工园区,兼顾如东县域及南通市其他地区的危险废物和一般工业固体废物。该项目危险废物填埋处置能力为 2×10^4 t/a,一般工业固废填埋处置能力为 1×10^4 t/a,占地面积 158 898 m²,服务年限危险废物填埋 45 年、一般工业固废 25 年。危险废物填埋库区有效库容为 103×10^4 m³,一般工业固废填埋库区有效库容为 24×10^4 m³。该项目填埋库区分期分区建设,预处理车间和其他公铺工程、环保工程一次建成。

该项目的建设内容主要包括危险废物预处理（稳定化/固化）车间、实验室、安全填埋库区（四个危险废物填埋区、两个一般固废填埋区）、库区防渗系统、库区地下水导排系统、库区渗滤液导排系统、库区雨污分流系统,以及给排水、供电等公用辅助工程。

该工程按照使用功能可划分为五大区域,即填埋库区（危险废物填埋库区与一般工业固废填埋库区）、渗滤液调节池、生产生活管理区（包括生活区、称重区、洗车区等）、道路交通系

统区以及其他用地,各功能设施布置如下。

填埋库区:填埋库区四周建设围堤,坝顶修建道路,形成填埋库区。填埋库区分为危险废物填埋四个库区,一般工业固废填埋二个库区。总占地面积为 $10.3 \times 10^4 \mathrm{m}^2$,其中危险废物填埋库区位于整个场的最西侧,占地面积 $7.1 \times 10^4 \mathrm{m}^2$;一般工业固废填埋库区位于场区的中间,占地面积 $3.2 \times 10^4 \mathrm{m}^2$,整个填埋库区由分隔坝及分区坝分隔。

渗滤液调节池:调节池位于场区中间北侧,靠近如东大恒危险废物处理有限公司扩建项目,占地面积 $0.68 \times 10^4 \mathrm{m}^2$。

生产生活管理区:生产生活管理区位于整个场区最东侧,入口侧位于场区的东北角。自北向南依次是计量门卫间、综合楼、废水处理车间、车库、预处理车间及仓库、洗车台,占地面积约 $1.15 \times 10^4 \mathrm{m}^2$。

道路交通系统区:道路交通系统区是指连接场外道路与填埋库区、生产生活管理区、废水处理区、渗滤液调节池等功能设施区之间的道路,以及填埋库区周边的环库道路,占地面积约 $0.87 \times 10^4 \mathrm{m}^2$。

其他用地:其他用地指位于填埋场内,沿填埋库区及其他功能区周边的边坡、隔离带、景观绿化用地等,总占地面积约 $2.84 \times 10^4 \mathrm{m}^2$。

(二)填埋场总体及主要辅助设施设计

1. 竖向布置

根据库区平面布置原则,填埋区库底纵横向坡度均保持 2%,库底标高变化范围为危险废物库区 1.0 m～-3.0 m,一般工业固废库区 1.0 m～-3.0 m。

针对填埋库区特点,按照"效率、安全优先"的原则进行设计。因此,库底开挖深度推荐浅开挖方案,即按照挖深 3.5 m,围堤填筑高度 1.5 m。生产管理区设计地坪标高 3.7 m,开挖后库底平均标高约-1.0 m,围堤堤顶标高 5.0 m。

2. 边坡设计

根据总体工艺要求,库区开挖及围堤内坡度为 1:3.5,围堤填筑的外侧坡度为 1:2,围堤顶标高均为 5.0 m,库区底部平均标高约-1.0 m,围堤堤顶宽度 8.0 m;危险废物库区填埋堆体坡度为 1:3,坡高 2 m。

3. 填埋区基底构建

根据场地地形条件,首先抽干库区范围内的塘内水体,并清除其表层淤泥。基层设计以开挖为主,回填为辅。填埋区的排水方向为由库区南北中轴线部坡向两边。设计主脊线的排水坡度为 2%,以主脊线为控制线,在整个填埋库区内构建了纵横 2%的"波纹状"基底。经开挖后库底标高变化范围为危险废物库区 1.0 m～-3.0 m,一般工业固废库区 1.0 m～-3.0 m。清除填埋区底部存在的杂草、淤泥,并用非表层土回填压实,水沟位置要先清淤,然后回填到设计标高。

4. 围堤工程

为保证填埋堆体稳定和增加填埋库容,根据现状地形和填埋库区总体布置,需在填埋库区构建围堤及隔堤。拟建围堤轴线总长 1 366.2 m,隔堤轴线总长为 342.8 m。根据"因地制宜、就地取材"的设计原则,考虑到库区构建需开挖部分土方,为充分利用这一有利条件,节省工程费用,围堤挡坝采用碾压土石坝结构。

5．垂直防渗帷幕

该项目填埋库区及调节池外围设置 ϕ650 mm 三轴水泥膨润土搅拌桩(渗透系数 10^{-6} cm/s 级)垂直防渗系统,搅拌桩深 29 m,底部深入第(6)层黏土层(渗透系数 10^{-6} cm/s 级) 2 m。搅拌桩与黏土层形成一个相对封闭的空间,可有效阻止地下水渗入填埋库区及渗滤液渗入地下水。

6．水平防渗系统

该工程采用双层衬垫系统。其由两层防渗膜构成,两层防渗层中间设置渗滤液检测收集层。根据《危险废物填埋污染控制标准》(GB 18598—2019)中规定,双人工合成衬垫中上层衬层 HDPE 材料厚度不小于 2.0 mm,下层衬层 HDPE 材料厚度不小于 1.0 mm。因此,主防渗层采用 2.0 mm HDPE 土工膜,次防渗层采用 1.5 mm HDPE 土工膜。防渗结构如下:

(1)基底防渗设计

① 基底:压实基土(压实度≥93%);

② 地下水导排层:300 mm 厚砾石(内含导排盲沟);

③ 地下水导排系统保护层:400 g/m² 针刺长丝土工布;

④ 压实黏土保护层:500 mm 压实黏土;

⑤ 次防渗层:1.5 mm HDPE 双光面膜;

⑥ 渗滤液检漏层(辅助导排层):6.3 mm 三维复合土工排水网格;

⑦ 主防渗层:2.0 mm HDPE 双光面膜;

⑧ 膜上保护层:600 g/m² 针刺长丝土工布(2层);

⑨ 渗滤液导流层:300 mm 厚砾石(内含导排盲沟);

⑩ 反滤层:200 g/m² 针刺长丝土工布。

(2)边坡防渗设计

① 下垫及保护层:压实基土(压实度≥90%);

② 次防渗层:1.5 mm HDPE 双光面膜;

③ 渗滤液检漏层(辅助导排层):6.3 mm 三维复合土工排水网格;

④ 主防渗层:2.0 mm HDPE 双光面膜;

⑤ 膜上保护层:600 g/m² 针刺长丝土工布。

7．渗滤液收集与导排系统

为了使填埋场尽快稳定和降低渗滤液对土壤和地下水的污染风险,便于场内产生的渗滤液迅速导出填埋库区,在填埋场底部设置了渗滤液收集导排系统。

膜上渗滤液收集系统位于上衬层表面和填埋对象之间,用于收集和导排初级防渗衬层上的渗滤液,由导流层、主副盲沟构成。

渗滤液导流层采用粒度 16～32 mm 级配砾石,厚度为 300 mm。

主盲沟沿库底清基线最低端铺设,考虑到分区分单元,主盲沟内的 HDPE 管管径为 De315,沿渗滤液重力流的方向,管径依次变大,主盲沟两侧间隔 25 m 布置副盲沟,主副盲沟之间夹角 60°,成鱼刺状分布。经主、副盲沟收集的渗滤液通过重力流流向位于渗滤液收集导排系统末端的渗滤液收集井,并由渗滤液导排泵泵送至渗滤液调节池。

库区底部主、副盲沟采用倒梯形形式。盲沟内填粒径 32～100 mm 的砾石,粒径按上细下粗设置。主盲沟外包 200 g/m² 机织土工布以防淤堵。为保证填埋作业的进行,渗滤液提升泵满足日最大降雨量时,作业单元产生的渗滤液在 24 小时内排完,主渗滤液提升泵参数 $Q=20$ m³/h,$H=20$ mH₂O,$N=3.0$ kW,共 12 台,六用六备;其中一期 6 台,3 用 3 备。

8. 地下水导排系统

根据国内外填埋场设计与管理运行的成功经验,一般而言无论在施工期间或投入营运阶段,均应采取措施控制地下水位,避免地下水与库底防渗系统接触。该填埋场地下水收集与导排工程包括满铺导流层、主(次)导排盲沟、集水管与排放管等,以砾石作为导流层,以多孔 HDPE 管道作为地下水排水通道。

满铺导流层采用粒度 16～32 mm 级配砾石,厚度为 300 mm。沿库底最低处清基控制线铺设主盲沟,主盲沟断面采用梯形形式,下底宽 800 mm,上底宽 1 400 mm,深 400 mm,坡度同场平坡度,盲沟内导流砾石采用 32～100 mm 级配砾石,内设 De225 的 HDPE 花管,为防止周围泥沙通过导排层进入导排管,采用 200 g/m² 机织土工布包裹砾石及集水管。

沿库底坡脚铺设地下水库底坡脚盲沟,主盲沟两侧间隔 25 m 设置副盲沟。库底坡脚盲沟及副盲沟断面形式一致,均采用梯形断面,下底宽 600 mm,上底宽 1200 mm,深 400 mm,坡度同场平坡度,盲沟内导流砾石采用 32～100 mm 级配砾石,内设置 De160 的 HDPE 花管,并采用 200 g/m² 机织土工布包裹砾石及集水管,同时和主盲沟衔接。经地下水收集盲沟收集的地下水经地下水导排泵提升后排入雨水明沟。提升泵参数 $Q=50$ m³/h,$H=15$ mH₂O,$N=4.0$ kW。共 16 台,10 用 6 备;其中一期 4 台,3 用 1 备。

9. 地表水导排系统

地表水导排系统包括库区四周排水沟、堆体表面地表水导排明沟、临时性地表水导排明沟。通过环库排水沟,将汇水范围内的雨水导排至下游水体。

为保证地表水有效导排,填埋作业时应保持堆体中间高,四周低,最小坡度不小于 5%,并在堆体表面设置地表水导排明沟,汇集地表水。地表水导排明沟等临时性地表水导排设施,使用袋装黏土、碎石及薄膜等材料,因地制宜在堆体表面修建。

该工程初期雨水通过初期雨水收集池进行收集,收集量为下雨前 5 min 的雨水量,按 50 年一遇的初期 5 min 计算量约为 250 m³,该工程共设置 3 个排水口和 3 个初期雨水收集池,每个收集池容积约为 83 m³。

初期雨水收集池采用钢砼结构,尺寸 $L=5$ m,$B=4$ m,$H=5$ m,容积为 100 m³。每个收集池配备一台雨水导排泵。

10. 填埋气导排系统

该填埋场处置的是经过稳定化处理的工业废物,因此填埋库中产生的气体量极少。为了防止在填埋过程中产生气体对防渗层及其他设施造成破坏,填埋库设置以导气石笼为主的被动气体导排系统。

此外在封场系统的最底部设置 30 cm 厚的建筑垃圾排气层,并在排气层上安装气体导出管。

11. 封场工程

填埋场封场覆盖系统的目的是将危险废物覆盖起来,同时防止雨水、空气和动物进入其中。封场的作用一方面在于为以后填埋场地的利用打下基础,另一方面在于减少渗入垃圾堆体中的降雨量。封场覆盖系统结构由危险废物堆体表面至顶表面应依次分为:排气层、保护层、防渗层、排水层、保护层、覆盖土层、营养土层。

（三）填埋运营作业

1. 填埋处理工艺流程

当场地的基础设施完工后，即可进行废物的填埋工序。填埋场工艺流程见图9-8。

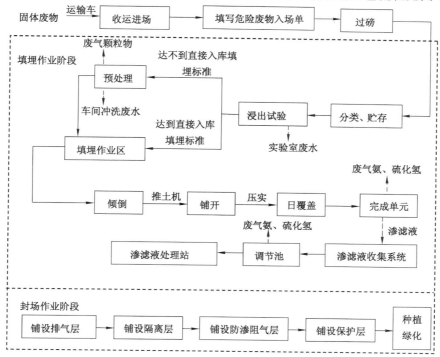

图 9-8　填埋场总体工艺流程图

对于判定为直接填埋的废物或者经过固化/稳定化处理后检测合格的废物进入填埋库区做填埋处置，填埋场接到固废工程师的判定信息后办理废物出库手续并根据废物的数量、类别、包装等因素进行规划摊铺、压实和覆盖，填埋初期避免有尖锐刺角的废物。进行填埋废物分层摊铺与压实，应形成与作业面后退方向相同的下降破面（坡度1∶3）。填埋废物必须在指定的填埋区域进行填埋，并做好填埋单元作业记录，记录的数据进行归档，以便管理。填埋单元的作业方法以机械摊铺为主，并辅以人工作业。危险废物由自卸汽车运入填埋库区内倾倒，然后用推土机进行逐层摊铺填埋作业。工程设备推铺每一废物薄层厚度为0.5 m左右，并来回碾压3遍。

每次填埋完成需记录相关填埋信息，如废物来源、种类、重量以及填埋位置。

2. 填埋工艺要求

（1）建立三维网格图形并填写填埋记录

填埋库区填埋废物性质各异，为了跟踪填埋废物，必须建立三维网格图形。按作业分层，垂直方向以0.3 m作平面网格，填埋库区每平面（单元）网格尺寸为10 m×10 m，网格的尺寸可根据废物数量进行调整，每个网格均用数学符号区别，不得更改。进入库区的危险废物需填写填埋记录，标记在图上，并记录在电子档案内，注明其在填埋场的方位、距离、深度及填埋单元，另外每一个填埋单元填埋的废物形式及方位均须记录。

（2）危险废物预处理及检测

预处理后的危险废物需进行包括浸出毒性在内的检测，符合危险废物填埋场入场标准后方能填埋。

（3）场内运输

危险废物经预处理后采用自卸汽车运输至填埋库区。在堤顶标高以下的区域作业时，自卸汽车从预处理车间经堤顶道路、临时作业道路至库区底部，临时作业道路随废物堆体的不断抬高而自然埋入填埋体。随着废物堆体的堆高，重新调整布置临时作业道路。

当填埋至堤顶标高以上区域时，可根据不同的填埋高程，从堤顶道路上引出临时作业道路到不同填埋作业平台处。随着封场的进行，部分临时作业道路逐步改建为永久性道路。

（4）卸车作业

危险废物预处理后，采用自卸汽车运输至填埋场，在现场管理人员指挥下将废物卸在指定作业区域内。

（5）库底初始填埋

各单元开始填埋时，危险废物预处理后通过自卸汽车运至库区，人工进行摊铺。

（6）摊铺压实

符合入场要求的物料在库区进行推铺及压实作业，由推土机单独完成。摊铺采用平面堆积法，由推土机在作业面上将卸下的废物推向作业面外侧的斜坡，并向纵深方向推开、逐渐推进，并来回碾压 3 次，每次碾压履带轨迹要盖过上次履带轨迹的 3/4，直至形成新的作业面。作业面高度为 2 m，每日倾卸废物的操作面的大小应使当日填埋的最后高度接近每日操作的终点。

（7）日覆盖和中间覆盖

根据《危险废物填埋污染控制标准》（GB 18598—2019），危险废物安全填埋场的运行不能暴露在露天运行。为了减少废物填埋渗滤液的产生量，避免雨水直接进入废物堆体，在废物堆体上采用 1.0 mm 的低密度聚乙烯膜（LDPE）搭接覆盖，对填埋区表面进行全面覆盖，作业时再揭开部分覆盖膜进行填埋作业，每日填埋完成后立即将膜盖好。

（8）填埋封场

封场按照 1∶3 的坡度设计。顶部封场坡度为 5%，以满足排水要求。封场后需进行封场覆盖和生态修复。

习题与思考题

1. 目前常用的危险废物固化/稳定化处理技术方法有哪些？它们的适用对象和特点分别是什么？

2. 简要评价固化/稳定化处理效果的指标。

3. 简述危险废物焚烧预处理方法及工艺流程。

4. 危险废物焚烧处置系统包括哪些子系统？

5. 简述水泥窑协同处置危险废物的种类和要求。

6. 简述安全填埋场选址有哪些要求。

7. 简述安全填埋场结构。

8. 某市拟建立一座日处理 100 t 的危险废物集中处置中心,中心项目包括危险废物储存车间,50 t/d 危险废物焚烧厂和 60 t/d 危险废物填埋场,当地常年主导风向为东北风,下列哪些选项符合危险废物集中处置中心工程建设选址要求?

A. 拟建在城市发展规划区外正南 5 km 处

B. 场址位于 50 年一遇的洪水标高线上

C. 场界西侧 1 000 m 处有一个居民村庄

D. 距离集中处置场(厂)界 180 m 处有一条 100 m 宽河面的干流通过

参 考 文 献

[1] 边炳鑫,张鸿波,赵由才.固体废物预处理与分选技术[M].北京:化学工业出版社,2005.

[2] 陈伯适.21世纪我国煤化工发展方向[J].中氮肥,2002(1):10-12.

[3] 陈德喜.我国医院垃圾集中焚烧处理技术的探讨[J].环境保护,2002,30(12):13-15.

[4] 陈刚.国内医疗废物处置最佳可行性技术应用浅析[J].环境保护与循环经济,2010,30(7):64-66.

[5] 陈华君,刘全军.金属矿山固体废物危害及资源化处理[J].金属矿山,2009(4):154-156.

[6] 陈建中,沈丽娟,王永田,等.煤泥水系统技术改造分析及其思考[J].煤炭工程,2004,36(2):7-11.

[7] 陈俊涛,张乾龙,杨露.煤泥水浓度检测的现状与发展趋势[J].煤炭技术,2014,33(11):253-255.

[8] 陈明莲.矿山固体废物综合利用的几种途径[J].南方金属,2011(4):1-4.

[9] 陈曦,祁国恕,刘舒.危险废物焚烧处置设施性能测试技术研究[J].环境保护科学,2009,35(3):27-30.

[10] 陈扬,李培军,孙阳昭,等.我国医疗废物领域履行POPs公约对策研究[J].环境科学与技术,2008,31(3):123-126.

[11] 程川,何屏.煤泥利用现状及分析[J].新技术新工艺,2012(9):66-69.

[12] 邓飞飞,孔为丽,岳梅.厨余垃圾与污泥联合厌氧消化实验研究[J].中国资源综合利用,2015,33(11):24-28.

[13] 东野广磊,李玉,李丛峰,等.煤泥和煤矸石混烧技术在循环流化床锅炉上的应用[J].中国煤炭,2003,32(2):49-50.

[14] 方立春.絮凝剂在难净化煤泥水中的应用[J].煤矿现代化,2006(2):49.

[15] 方源圆,周守航,阎丽娟.中国城市垃圾焚烧发电技术与应用[J].节能技术,2010,28(1):76-80.

[16] 冯翠花.粗煤泥回收工艺及设备对比[J].选煤技术,2005(3):22-25.

[17] 高丰.粗煤泥分选方法探讨[J].选煤技术,2006(3):40-43.

[18] 高磊,董发勤,钟国清,等.煤焦油渣的组成分析与吸附性能研究[J].安全与环境学报,2011,11(1):79-82.

[19] 苟鹏,叶向德,吕永涛,等.煤泥水的水质特性及处理技术[J].工业水处理,2009,29(1):53-57.

［20］郭丽岗.煤化工行业环境风险评价与控制研究［D］.保定:河北大学,2009.

［21］郭树才,胡浩权.煤化工工艺学［M］.3 版.北京:化学工业出版社,2012.

［22］国家环境保护总局污染控制司,国家环境保护总局危险废物管理培训与技术转让中心.危险废物管理政策与处理处置技术［M］.北京:中国环境科学出版社,2006.

［23］韩斌.聚氯乙烯等塑料废弃物热解特性及动力学研究［D］.天津:天津大学,2012.

［24］韩敏,沈众,柏立森.危险废物焚烧处置项目环评应重点关注的几个问题［J］.污染防治技术,2008(5):57-59.

［25］何亚群,段晨龙,王海锋,等.电子废弃物资源化处理［M］.北京:化学工业出版社,2006.

［26］何永学.煤泥燃烧发电中的煤泥处理技术及设备［J］.中国新技术新产品,2011(1):130-131.

［27］贺永德.现代煤化王技术手册［M］.北京:化学工业出版社,2004.

［28］胡炳南.我国煤矿充填开采技术及其发展趋势［J］.煤炭科学技术,2012,40(11):1-5.

［29］胡立宏.煤矸石综合利用初探［J］.环境保护与循环经济,2005,25(3):37-38.

［30］黄光许,谌伦建,申义青.煤泥无废排放综合利用模式［J］.洁净煤技术,2005,11(2):59-62.

［31］黄洪文.煤泥节能环保综合利用［J］.中国新技术新产品,2010(3):190-191.

［32］蒋昌潭,杨三明,郑建军,等.危险废物焚烧中污染防治的过程控制［J］.四川环境,2008,27(2):47-51.

［33］蒋建国.固体废物处置与资源化［M］.2 版.北京:化学工业出版社,2013.

［34］蒋建国.固体废物处置与资源化［M］.北京:化学工业出版社,2008.

［35］康大友.垃圾焚烧发电布袋除尘系统的研究［D］.重庆:重庆大学,2008.

［36］况武.污泥处理与处置［M］.郑州:河南科学技术出版社,2017.

［37］赖艳华,吕明新,马春元,等.秸秆类生物质热解特性及其动力学研究［J］.太阳能学报,2002,23(2):203-206.

［38］李彬,张宝华,宁平,等.赤泥资源化利用和安全处理现状与展望［J］.化工进展,2018,37(2):714-723.

［39］李晶,华珞,王学江.国内外城市生活垃圾处理的分析与比较［J］.首都师范大学学报(自然科学版),2004,25(3):73-80.

［40］李文,李保庆,孙成功,等.生物质热解、加氢热解及其与煤共热解的热重研究［J］.燃料化学学报,1996,24(4)341-347.

［41］李新国,周欣,张于峰.医疗垃圾的热解焚烧法处理［J］.煤气与热力,2004,24(9):495-497.

［42］李秀金.固体废物工程［M］.北京:中国环境科学出版社,2003.

［43］李延锋.液固流化床粗煤泥分选机理与应用研究［D］.徐州:中国矿业大学,2008.

［44］李媛媛,卢立栋,刘瑞,等.危险废物焚烧烟气排放标准对比研究［J］.环境科学与管理,2008,33(11):26-31.

［45］林喆,杨超,沈正义,等.高泥化煤泥水的性质及其沉降特性［J］.煤炭学报,2010,35(2):312-315.

[46] 刘汉湖,高良敏.固体废物处理与处置[M].徐州:中国矿业大学出版社,2009.

[47] 刘学冰,徐秀国,牛宪峰.煤泥综合利用电厂氨法脱硫除尘工艺优化与应用[J].节能与环保,2012(1):60-62.

[48] 刘永志,胡才梦,包从望,等.建筑垃圾资源化利用研究分析[J].科技与创新,2017(17):79-80.

[49] 马承荣,肖波,杨家宽,等.生物质热解影响因素研究[J].环境技术,2005,23(5):10-12.

[50] 马荣.建筑垃圾的环境危害与综合管理利用[J].北方环境,2012,24(4):65-66.

[51] 马世文,丁菽,佘世云,等.焦油渣的综合利用[J].冶金动力,2003,22(5):17.

[52] 闵海华,王琦,刘淑玲.危险废物安全填埋场的研究与探讨[J].环境卫生工程,2005,13(4):4-6.

[53] 缪协兴,张吉雄,郭广礼.综合机械化固体充填采煤方法与技术研究[J].煤炭学报,2010,35(1):1-6.

[54] 那明浩.煤气发生炉焦油渣的利用研究[J].内蒙古煤炭经济,2013(8):157-158.

[55] 聂永丰.三废处理工程技术手册:固体废物卷[M].北京:化学工业出版社,2000.

[56] 宁平.固体废物处理与处置[M].北京:高等教育出版社,2007.

[57] 彭雁宾.焦油渣的性质与综合利用[J].环境科学丛刊,1990(2):48-50.

[58] 钱炜.污泥干化特性及焚烧处理研究[D].广州:华南理工大学,2014.

[59] 乔亚华,张春明,刘建琴,等.放射性废物中等深度处置安全目标研究[J].原子能科学技术,2016,50(6):977-982.

[60] 曲剑午.煤泥水煤浆的制备和应用[J].选煤技术,2003(1):34-36.

[61] 沈伯雄.固体废物处理与处置[M].北京:化学工业出版社,2010.

[62] 沈华.湖南省医疗废物处理处置现状分析及对策研究[J].中国医院,2006,10(8):35-37.

[63] 施勇刚,马云龙.国内煤泥燃烧循环流化床锅炉研究现状[J].应用能源技术,2012(6):25-29.

[64] 石常省,王泽南,谢广元.煤泥分级浮选工艺的研究与实践[J].煤炭工程,2005,37(3):58-60.

[65] 孙丽娟,任秀华.煤泥燃烧的分析及应用[J].内蒙古科技与经济,2008(8):183.

[66] 孙宁,吴舜泽,侯贵光.医疗废物处置设施建设规划实施的现状、问题和对策[J].环境科学研究,2007,20(3):158-163.

[67] 孙宁,吴舜泽,蒋国华,等.我国医疗废物焚烧处置污染控制案例研究[J].环境与可持续发展,2011,36(5):37-41

[68] 孙轶刚,邓君萍.矿山固体废弃物处理与再利用[J].价值工程,2010,29(12):233.

[69] 孙英杰,赵由才.危险废物处理技术[M].北京:化学工业出版社,2006.

[70] 覃铭,赵大力.赤泥的性质及其资源化利用途径探究[J].化工管理,2016(3):61-62.

[71] 唐宏青.现代煤化工新技术[M].北京:化学工业出版社,2009.

[72] 唐蓉,李如燕.建筑垃圾的危害及资源化[J].中国资源综合利用,2007,25(11):25-27.

[73] 唐小辉,赵力.污泥处置国内外进展[J].环境科学与管理,2005,30(3):68-70.

[74] 唐雪娇,沈伯雄.固体废物处理与处置[M].2版.北京:化学工业出版社,2018.

[75] 汪力劲,邹庐泉,卢青,等.医疗废物焚烧处理核心技术的开发及应用[J].中国环保产业,2010(9):19-22.

[76] 王成惠.煤泥煤矸石资源综合利用发电情况浅析[J].煤炭工程,2004,36(4):59-61.

[77] 王敦球.固体废物处理工程[M].3版.北京:科学出版社,2016.

[78] 王华,卿山.医疗废物焚烧技术基础[M].北京:冶金工业出版社,2007.

[79] 王佳雁,吕建华.煤泥水药剂添加的技术改进[J].煤质技术,2010(1):57-59.

[80] 王琳.固体废物处理与处置[M].北京:科学出版社,2014.

[81] 王铭华,孟博,郭庆杰,等.电子废弃物资源化处理现状[J].中国粉体技术,2007,13(1):33-37.

[82] 王琪.工业固体废物处理及回收利用[M].北京:中国环境科学出版社,2006.

[83] 王倩.浅谈石油化工固体废物的处理与处置[J].石化技术,2016,23(8):9.

[84] 王歆,易均.论城市垃圾资源化的前景研究[J].资源节约与环保,2015(2):157-158.

[85] 王彦彪,郭晓静.煤化工项目实施环境风险评价的探讨[J].能源环境保护,2011,25(5):52-56.

[86] 王亦农,李小勇.化工危险废物焚烧技术探讨[J].江西教育学院学报,2011,32(3):20-23.

[87] 尉永波,江爱伟,秦兴中.煤泥与综合利用[J].节能与环保,2006(11):43.

[88] 吴淼,巩长勇,孙浩,等.煤泥管道远距离输送新技术[J].中国煤炭,2004,30(12):48-50.

[89] 吴样明,陈榕生,曾广智,等.焦油渣制型煤技术的实践[J].燃料与化工,2012,43(3):31-32.

[90] 西安建筑科技大学绿色建筑研究中心.绿色建筑[M].北京:中国计划出版社,1999.

[91] 谢志峰.固体废物处理及利用[M].北京:中央广播电视大学出版社,2014.

[92] 辛妍.全球新型煤化工产业发展[J].新经济导刊,2013(12):57-59.

[93] 邢杨荣.危险废物焚烧配伍与燃烧反应分析[J].环境工程,2008,26(S1):203-204.

[94] 徐金球,马红,王景伟,等.电子废弃物资源化处理技术[J].上海第二工业大学学报,2007,24(4):263-270.

[95] 徐晓军,管锡君,羊依金.固体废物污染控制原理与资源化技术[M].北京:冶金工业出版社,2007.

[96] 晏晓红.农业固体废物回收及利用[J].江西化工,2009(3):32-35.

[97] 杨春平,吕黎.工业固体废物处理与处置[M].郑州:河南科学技术出版社,2017.

[98] 杨建设.固体废物处理处置与资源化工程[M].北京:清华大学出版社,2007.

[99] 叶文旗,赵翠,潘一,等.高级氧化技术处理煤化工废水研究进展[J].当代化工,2013,42(2):172-174.

[100] 殷庆勇,于海,蔡祥义,等.煤泥、煤矸石混烧循环流化床锅炉的特点分析[J].锅炉技术,2005,36(6):18-20.

[101] 尹剑彤.城市餐厨垃圾处理现状及资源化利用进展[J].能源研究与管理,2015(1):12-14.

[102] 袁珂,蔡美芳.电子废弃物的资源化回收利用[J].中国西部科技,2008,7(30):37-38.

[103] 再协.电子垃圾资源化研究[J].中国资源综合利用,2016,34(10):5-8.

[104] 湛含辉,罗彦伟.高浓度细粒煤泥水的絮凝沉降研究[J].煤炭科学技术,2007,35(2):76-79.

[105] 张辰卓.建筑垃圾的危害及其再利用策略[J].科技风,2013(15):149.

[106] 张东晨,张明旭,陈清如.煤泥水处理中絮凝剂的应用现状及发展展望[J].选煤技术,2004(2):1-3.

[107] 张建民,李春梅.我国煤泥综合利用现状、问题及建议[J].中国能源,2010,32(10):38-40.

[108] 张建民.我国利用煤层气、煤矸石、煤泥发电现状、问题与建议[J].中国能源,2011,33(11):25-27.

[109] 张健,梁钦锋,郭庆华,等.煤化工行业 CO_2 的排放及减排分析[J].煤化工,2008,36(6):8-12.

[110] 张利珍,赵恒勤,马化龙,等.我国矿山固体废物的资源化利用及处置[J].现代矿业,2012,27(10):1-5.

[111] 张林,张寅璞.危险废物焚烧处置的理论和实践[J].中国环保产业,2010(11):36-38.

[112] 张明青,曾艳,刘炯天.选煤厂煤泥水澄清处理技术研究进展[C]//煤矿节能减排与生态建设论坛论文集.[S.l.:s.n.],2009:42-46.

[113] 张明旭.选煤厂煤泥水处理[M].徐州:中国矿业大学出版社,2005.

[114] 张庆庚,李凡,李好管.煤化工设计基础[M].北京:化学工业出版社,2012.

[115] 张淑青,赵海峻,李英春.医疗废物监督管理现状分析与对策[J].中国公共卫生管理,2009,25(3):291-293.

[116] 张小凡.环境微生物学[M].上海:上海交通大学出版社,2013.

[117] 张晓丹.浅析煤泥综合利用电站的发展[J].煤炭工程,2007,39(11):25-27.

[118] 张艳艳,张蕊.生活垃圾与危险废物的焚烧工艺及污染防治措施比较[J].环境监控与预警,2011,3(2):51-53.

[119] 张英民,尚晓博,李开明,等.城市生活垃圾处理技术现状与管理对策[J].生态环境学报,2011,20(2):389-396.

[120] 张智日.赤泥的资源化利用研究[J].中国科技信息,2013(1):42.

[121] 章备.浅析城市生活垃圾的资源化处理方式[J].中国市政工程,2013(3):53-55.

[122] 赵海.医疗废物高温蒸汽灭菌处置工艺[J].环境工程,2008,26(增刊):209-211.

[123] 赵学义,付建卓,崔玉江,等.煤泥的流变特性实验研究[J].中国矿业大学学报,2006,35(1):75-78.

[124] 赵由才,蒋家超,张文海.有色冶金过程污染控制与资源化[M].长沙:中南大学出版社,2012.

[125] 赵由才,牛冬杰,柴晓利.固体废物处理与资源化[M].北京:化学工业出版社,2006.

[126] 赵由才,张全,蒲敏.医疗废物管理与污染控制技术[M].北京:化学工业出版社,2005.

[127] 赵由才.固体废物处理与资源化技术[M].上海:同济大学出版社,2015.

［128］郑磊,方祥洪,向纬琳.国内外近地表处置场处置技术研究［J］.四川环境,2014,33(5):115-119.

［129］郑磊,杨玉楠,吴舜泽.我国医疗废物焚烧处理适用技术筛选及管理研究［J］.环境保护,2008,36(22):63-66.

［130］周大纲.我国农膜行业的现状及其发展对策［J］.塑料助剂,2015(6):13-15.

［131］周焕熊.煤泥及其利用初探［J］.洁净煤技术,2000,6(3):31-33.

［132］周结焱.析煤泥燃烧发电应用工艺［J］.淮南职业技术学院学报,2011,11(3):7-9.

［133］周立祥.固体废物处理处置与资源化［M］.北京:中国农业出版社,2007.

［134］周苗生,李春雨,蒋旭光,等.危险废物焚烧处置烟气达标排放研究［J］.中国环保产业,2011(1):30-33.

［135］朱昌广,黄洪文.煤泥发电技术及效益分析［J］.煤炭加工与综合利用,2001(1):44-46.

［136］朱亦仁.环境污染治理技术［M］.北京:中国环境科学出版社,2002.

［137］竹涛.矿山固体废物处理与处置工程［M］.北京:冶金工业出版社,2016.

［138］LEE B K,ELLENBECKER M J,MOURE-ERASO R. Analyses of the recycling potential of medical plastic wastes［J］. Waste Management,2002,22(5):461-470.

［139］TCHOBANOGLOUS G,THEISEN H,VIGIL S.固体废物的全过程管理:工程原理及管理问题［M］.北京:清华大学出版社,2000.